高等职业院校教学改革创新示范教材·网络开发系列

网络工程项目化教程

任 琦 鲁 立 主 编
李安邦 严学军 副主编
王路群 主 审

電子工業出版社
Publishing House of Electronics Industry
北京·BEIJING

内容简介

本书结合真实的网络工程实践，设计一个完整的网络工程项目，并按照项目“需求分析→规划设计→工程实施→测试验收”的流程，将项目实施过程分解为8个典型任务：网络工程规划、逻辑网络设计、物理网络设计、网络互联设备配置与调试、服务器配置、网络安全技术应用、综合布线系统测试和网络性能评估。每个任务都以“任务情境要求→涉及理论知识学习→任务具体实施”为主线进行详细讲解，突出基于工作过程、工学结合的特点，并通过知识扩展介绍网络工程新技术、新产品，指导读者后续学习。

本书既可作为高职院校网络类专业学生的教学用书，也可作为高等院校计算机、电子等专业学生的自学教材，同时亦可作为系统集成类课程的实验指导书以及网络工程技术人员、管理人员的技术参考书。

图书在版编目（CIP）数据

网络工程项目化教程/任琦，鲁立主编. —北京：电子工业出版社，2015.5
ISBN 978-7-121-25843-5

Ⅰ. ①网… Ⅱ. ①任… ②鲁… Ⅲ. ①计算机网络－高等学校－教材 Ⅳ. ①TP393

中国版本图书馆 CIP 数据核字（2015）第 072579 号

策划编辑：程超群
责任编辑：郝黎明
印　　刷：三河市鑫金马印装有限公司
装　　订：三河市鑫金马印装有限公司
出版发行：电子工业出版社
　　　　　北京市海淀区万寿路 173 信箱　邮编 100036
开　　本：787×1 092　1/16　印张：15.75　字数：403 千字
版　　次：2015 年 5 月第 1 版
印　　次：2015 年 5 月第 1 次印刷
印　　数：3 000 册　　定价：35.00 元

凡所购买电子工业出版社图书有缺损问题，请向购买书店调换。若书店售缺，请与本社发行部联系，联系及邮购电话：（010）88254888。

质量投诉请发邮件至 zlts@phei.com.cn，盗版侵权举报请发邮件至 dbqq@phei.com.cn。

服务热线：（010）88258888。

前　　言

20世纪70年代，网络技术飞速发展，Internet被广泛运用，以工程化的思想和方法来解决计算机网络系统问题的工程应用也迅速发展起来，这就是网络工程。作为一门学科，网络工程需要研究和总结与网络规划设计、工程实施、网络运维等相关的概念和客观规律，从而设计和构建满足Internet发展需要的计算机网络系统。在此背景下，网络工程技术人才的需求量不断加大，于是网络工程作为一个专业方向或一门课程出现在各高校中，希望培养出从事网络工程及相关领域中的各类计算机网络系统和通信系统的组网、规划、设计、开发、维护、管理、评估等工作的高级工程技术人才。

为贴近高职计算机网络技术专业的发展和实际需要，本书结合真实的网络工程项目，按照项目“需求分析→规划设计→工程实施→测试验收”的流程，将项目实施过程分解为8个典型任务：网络工程规划、逻辑网络设计、物理网络设计、网络互联设备配置与调试、服务器配置、网络安全技术应用、综合布线系统测试和网络性能评估。每个任务相对独立又紧密联系，按照“任务情境”→“任务学习引导”→“任务实施”→“知识扩展”四部分展开，体现“从项目任务要求入手→引导理论基础学习→分析任务要求并运用理论知识指导实践操作→扩充知识储备、指导自学”的工学结合的过程。

本书的编写强调实用性、通用性、可操作性，结合笔者多年的教学经验，在内容上主要选择网络工程系统集成过程中各种主流技术及其应用技巧。针对高职教育教学的特点，以实践为导向，采用任务驱动的方式，由浅入深地帮助读者理解网络工程相关知识，将理论和实践相结合，并通过实践加深读者的理解。

本书共分为8个任务，具体内容如下。

任务1，主要介绍网络工程系统集成、网络工程需求分析、网络规划与设计等网络工程规划相关概念、原理和具体应用方法。

任务2，主要介绍网络技术选型和逻辑网络设计的相关理论及具体应用，并介绍如何制作网络拓扑图。

任务3，主要介绍结构化布线技术、网络介质和网络互联设备选型方法、布线施工进度实施与质量控制技术相关概念、原理以及具体应用方法。

任务4，主要介绍以太网、交换机、路由器等技术概念与工作原理，同时介绍在项目中实现VLAN、NAT、网关冗余与负载均衡、策略路由、链路聚合等功能的配置方法。

任务5，主要介绍如何选择服务器和网络操作系统、实现服务器群集，同时介绍项目中常用的服务以及群集服务的配置方法。

任务6，主要介绍涉及接入与认证、操作系统、服务器等的网络安全技术相关理论知识以及如何实现ACL、VPN、AAA认证、IPS、ACS、操作系统加固等功能的安全配置。

任务7，主要介绍电缆传输通道、光纤传输通道等的测试技术理论与方法，同时介绍如何制定和实施具体测试方案、如何备案网络工程文档。

任务8，主要介绍网络性能及指标、网络性能测试、网络故障诊断与排除等网络性能评估技术相关理论和实际应用方法。

本书由武汉软件工程职业学院教师任琦（编写任务4、任务8和任务6的部分内容）和鲁立（编写任务1和任务2的部分内容）担任主编，李安邦（编写任务3、任务7和任务2的部分内容）和严学军（编写任务5和任务6的部分内容）担任副主编，王胜、刘媛媛和武汉市中等职业艺术学校的刘桢也参与了本书部分内容的编写。本书由王路群教授担任主审，并在编写过程中给予指导和帮助。全书统稿、定稿由任琦完成。

编者在编写本书过程中参考的专著、教材在参考文献中列出，在此对各位作者表示衷心的感谢，若部分引用内容由于疏漏未标明出处的，在此向相关作者表示诚挚的歉意。

由于网络技术发展迅速，加上编者水平有限且时间仓促，书中的疏漏和不足之处在所难免，恳请同行、专家和读者给予批评指正。

编　者

目　录

任务 1　网络工程规划

1.1　任务情境

网络建设是企业信息化建设中的重要环节。现有一家企业希望搭建一个企业园区网络，利用网络技术实现现代化企业运营模式，不仅要满足信息化建设的需求，而且要保证企业员工能够正确高效地完成日常工作。

1.2　任务学习引导

1.2.1　网络工程系统集成

随着计算机网络及其应用的日益普及，计算机网络越来越深刻地影响着整个世界的发展。计算机网络的建设，也向着越来越标准和规范的方向发展。用工程化的思想和方法来解决计算机网络系统问题的工程应用称为网络工程。网络工程中的建设方和施工方在遵守国家相关法律、法规的情况下，按照国际/国家标准实施计算机网络建设的全过程，该过程涵盖计算机网络规划与设计、工程招标和投标网络硬件和软件平台构建、网络运行和管理等多方面内容。

在网络工程中，由于系统的复杂程度、技术含量、建设规模、实施难度以及涉及范围有所不同，网络工程的实施可能会存在巨大的差异。如果完全依靠一己之力，从头到尾设计开发一个这样的网络系统，无论从技术性、经济性、实用性还是时效性来看，都不太可行。

系统集成是目前网络工程建设的一种高效、经济、可靠的方法，它既是一种重要的工程建设思想，也是一种解决问题的思想方法论。网络工程的系统集成过程可分为 3 个阶段：阶段一是对系统功能进行需求分析，得到系统集成的总体指标；阶段二是将该总体指标分解成各个子系统的指标，依据国际/国家标准对网络进行规划与设计，包括方案设计、设备选型、软硬件系统配置、应用软件开发等；阶段三是组织工程施工、调试、测试、验收和培训等工作。

1.2.2　网络工程需求分析

网络工程需求分析是针对用户需求而言的，用户类型不同，网络的需求也不同。用户需求包括业务需求、应用需求、网络需求、管理需求和安全需求等。需求分析的过程主要包括收集需求和编制需求说明书。

1．收集需求

（1）了解网络应用新技术

目前，网络应用发展迅速，在建设网络之前，必须了解网络技术的新趋势、网络应用的新动态、网络功能的新发展，才能准确提出符合技术发展的需求。在该阶段，可以多参考一些网络工程应用的成功案例。

（2）用户需求调查

用户需求调查的目的是弄清用户对网络的具体要求和当前存在的问题，如楼宇的结构与分布，工作站和终端的位置，现有通信设施的类型、计算机系统，以及网络用户的数据处理和通信需求等。

用户需求调查可以采用面谈、问卷调查、查阅以往的技术报告和文档等方式，尽可能多的了解有关服务器、工作站、网络设备等的位置、型号、配置以及网络拓扑结构、网络协议、网络服务、传输速度、编码方式等。

2．需求说明书

需求说明书是通过全面、细致的调查，充分了解用户建设网络的目的和目标，最终形成的一种文件。需求说明书应从以下几个方面来进行阐述。

（1）网络建设目标

明确网络建设目标。例如，搭建现代化管理平台、现代化教学平台、现代化信息服务平台等。通常，是将用户网络组建成园区局域网，实现 Internet 接入，提供一些常用的基本服务、办公系统、管理系统等。

（2）楼宇分布、结构和信息点分布

掌握用户的地理环境、楼宇分布和楼宇结构，明确网络的覆盖范围、网络接点的数量和位置、站点间的最大距离、用户群组织、特殊需求和限制、原有网络资源是否要集成到新建网络中等，并进行统一规划和管理，提高资源利用率。

（3）用户设备类型

结合原有的网络资源，明确网络服务与应用的系统需求，确定服务器、主机和其他设备系统等的软硬件类型及其兼容性。

（4）通信类型

明确用户的通信类型、网络带宽、数据速率、延迟、吞吐率，以及是否支持实时视频传输和视频点播等多媒体数据通信。

（5）网络管理和安全

明确网络管理对象、用户对网络管理和安全功能的要求，涉及机房建设时，还要考虑网络配置、性能、故障、安全和计费管理等问题。

1.2.3 网络规划与设计

网络设计分为逻辑设计和物理设计。逻辑设计主要是逻辑拓扑设计，考虑站点连通方式、地址分配方式、网络技术选择等问题。物理设计主要是逻辑设计的物理实现，主要包括网络设备选型、结构化综合布线设计等。在进行网络设计时要考虑网络设计原则、网络技术选型等方面的内容（具体请参见本书任务 2、3 中的相关内容），此外，还要考虑网络拓扑设计。

网络中各个结点相互连接的方式称为网络拓扑（Topology）。构成局域网络的拓扑结构有很多种，主要有总线型拓扑、环形拓扑、星形拓扑等。

1．总线型拓扑结构

总线型拓扑（Bus Topology）网络通常由单根电缆组成，该电缆连接网络中所有结点，图 1-1 所示为一种典型的总线型拓扑结构。

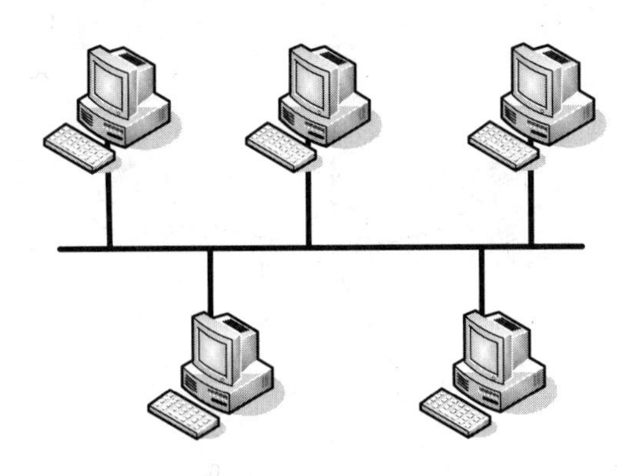

图 1-1　总线型拓扑结构

由于总线型拓扑结构单信道的局限性，一个总线型网络上的结点越多，网络发送和接收数据就越慢，网络性能就越差，导致扩展性也较差。总线型拓扑的故障检测需在该网络的各个结点之间进行，这给故障检测造成不便。另外，总线上的某个结点中断或缺陷会影响整个网络，因此这种拓扑的容错性较差。所以，一个网络运行在一个单纯的总线型拓扑结构上的方式不太可取，可采用包括一个总线部分的混合型拓扑结构。

2．环形拓扑结构

环形拓扑（Ring Topology）结构中，每个结点与最近的结点相连，使整个网络形成一个封闭的圆环，如图 1-2 所示，数据绕着环向一个方向发送（单向）。每个工作站接收并响应发送给它的数据包，然后将其他数据包转发到环中的下一个工作站。

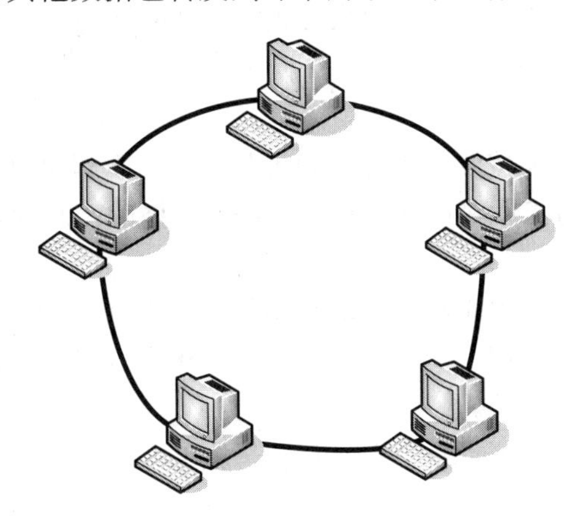

图 1-2　环形拓扑结构

环形拓扑结构的优点是容易协调使用计算机、易于检测网络是否正常运行。但它的缺点是单个工作站发生的故障可能使整个网络瘫痪。除此之外，参与令牌传递的工作站越多，响应时间也就越长。因此，单纯的环形拓扑结构灵活性差、不易于扩展。与总线型拓扑类似，当前的局域网几乎不使用单纯的环形拓扑结构，但可采用环形拓扑结构的变化形式。

3．星形拓扑结构

星形拓扑（Star Topology）结构中，每个结点通过一个中心结点，如集线器（Hub）连接在一起，如图 1-3 所示。

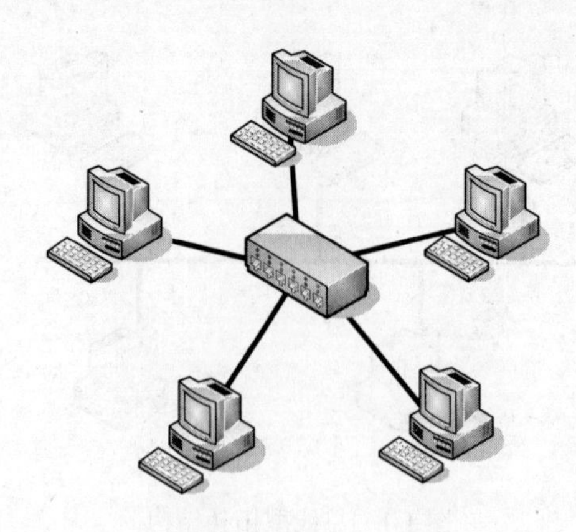

图 1-3　星形拓扑结构

星形拓扑结构需要的电缆和配置比环形和总线型网络多，发生故障的单个电缆或工作站不会使星形网络瘫痪，但一个中心结点出现故障将导致一个局域网段瘫痪。星形拓扑结构是局域网中基本的网络体系结构，其易于移动且能够隔绝与其他网络的连接，具有较好的扩展性。通常单个星形网络通过中心结点与其他网络互联形成更复杂的拓扑结构。这也是现代以太网中使用较为广泛的一种拓扑结构。

除了上述三种网络拓扑结构外，还有树型拓扑（Tree Topology）、混合型拓扑（Hybrid Topology）等结构。树型拓扑结构是分级的集中控制式网络，与星形拓扑类似，但它的通信线路总长度短，成本低，易于结点扩充和寻找路径，但非叶子结点的故障会使网络受影响。混合型拓扑是将几种网络拓扑结构混合起来形成的一种网络拓扑结构，常用于中大型局域网。

1.2.4　网络工程实施

由于计算机网络工程必须按照相关标准和规范进行施工和验收，因此网络工程的施工方必须组成专门的项目组，对工程进度和工程质量进行严格的控制和管理。

1．项目管理组织

网络工程的施工方为了确保工程项目顺利实施，应设立一个项目经理，在项目经理下面可分设设备材料组、布线施工组、网络系统组、培训组和项目管理组等机构分别负责相关的工作，每个小组应设立一名组长。

网络工程的建设方要设立项目负责人，负责与施工方进行协调。

施工方各机构职责阐述如下：

（1）项目经理

该角色负责全面组织协调工作，包括编制总体实施计划、各分项工程的实施计划；负责工程实施前的专项调研工作；负责工程质量、工程进度的监督检查工作；负责对用户的培训计划的实施；负责项目组内各工程小组之间的配合协调；负责组织设备订购和到货验收工作；负责与用户的各种交流活动；负责组织阶段验收和总体项目的验收工作。

（2）设备材料组

该组负责设备、材料的订购、运输、到货验收等工作。

（3）布线施工组

该组负责编制其分项工程的详细实施计划；负责网络结构化布线的实施；负责其分项工程的施工质量、进度控制；负责布线测试；提交阶段总结报告。

（4）网络系统组

该组负责网络设备的验收、安装调试；负责操作系统、网管系统、计费系统、远程访问和网络应用软件系统的安装调试，初始化数据的建立；负责编制该分项工程的详细实施计划；负责其分项工程的施工质量、进度控制；负责网络系统的单项测试和最终测试；提交阶段总结报告。

（5）培训组

该组负责编制详细的培训计划；负责培训教材的编写或订购及培训计划的实施；负责培训效果反馈意见的收集、分析整理、解决办法等；提交培训总结报告。

（6）项目管理组

该组负责管理其项目的数据库；负责全部文档的整理入库工作；负责整个项目的质量、进度统计报表和分析报告；负责项目中所用材料、设备的订购管理；协助项目经理完成协调组织工作和其他有关的工作。

2．施工进度控制

施工进度控制是对工程项目科学地进行计划、安排、管理和控制，使项目按时完工。为了对施工进度进行控制和协调，可用甘特图（Gantt Chart）画出施工进度表。表 1-1 所示为一个经过简化的甘特图施工进度表。施工进度原则上应严格按照进度表进行，以确保施工在预期内完成。

表 1-1　施工进度表（甘特图）

时间 任务	1～2 周	3～4 周	5～6 周	7～8 周	9～10 周
布线设计	▬				
布线材料采购	▬	▬			
布线施工、测试	▬	▬	▬		
设备到货验收		▬	▬		
网络设备安装调试			▬	▬	
主机系统安装调试			▬	▬	
建立网络服务				▬	
网络系统运行					▬
培训		▬	▬	▬	▬
技术支持	▬	▬	▬	▬	▬

3．质量监督管理

质量监督管理的关键是严格按照相关标准进行施工。网络工程施工应该按照国际/国家标准、规范建立完备的质量保证体系，并有效地实施。网络工程施工方应该具有较强的综合实力，有先进、完整的软件及系统开发环境和设备；具有较强的技术开发能力；具有完备的客户服务体系，并设立专门的机构，以确保整个工程施工过程中的质量监管（具体请参见本书 3.2.4 中的内容）。

1.2.5 网络工程测试验收

1．测试验收的内容

网络工程的测试验收，主要针对以下三方面的内容。

1）购买的设备、软件等是否与规定的品牌、规格、型号吻合，是否按规定进行了验收、登记；相关的设备手册、资料、保修单、产品许可证等是否完备。

2）施工方是否严格按照规定施工。

3）整个网络系统是否经过测试，运行是否畅通；各项网络服务、管理是否已经达到设计要求。

网络工程的验收是一项非常系统的工作，综合布线系统工程的验收可分为：施工前检查、随工检验、竣工检验等几部分。它不仅仅是利用各类电缆测试仪进行现场认证测试，同时还包括对施工环境，设备质量及安装工艺，电缆、光缆在楼内及楼宇之间的布放工艺，缆线端接和竣工技术文件等众多项目的检查。

2．测试验收的相关文档

网络工程文档是描述网络建设全过程的相关文档，包含网络规划设计，工程招标投标，网络施工，测试验收，网络使用、管理、维护等相关文档。

在工程验收前，施工方必须将下列与工程有关的资料完整移交建设方。

1）所有网络设备、器材、软件等明细表。

2）所有软硬件设备的全部随机技术资料，使用、管理和诊断技术手册，产品许可证等文档。

3）软硬件系统的配置记录，IP 地址分配表，用户使用权限表等。

4）综合布线系统工程报告及完整的系统图（布线逻辑图、布线工程图、设备配置图等）。

5）配线表（配线架与信息插座对照表、配线架与交换机/路由器等接口对照表）。

6）测试报告（各个结点的接线图与测试数据）。

7）其他与工程相关的资料。

工程验收完毕，建设方项目负责人应将上述资料连同工程招标投标合同等资料完整交档案室保存。

1.3 任务实施

1.3.1 任务情境分析

在本任务中，组建企业园区网需要针对目前建筑物的布局、网络结构、网络基础及安全配套、信息化应用、数据综合利用等方面进行需求分析、规划和设计。该企业园区网络需要在总体规划的前提下，集中设计、分步实施实现网络工程的组建，将企业所需要的各种相互分散的网络资源（包括硬件、软件等资源）互联起来，进行合理的利用和共享，同时与互联网连接起来，对外进行技术交流和信息发布。

1.3.2 网络需求分析

1．企业园区网的建设目标和内容

根据本任务情境，建设企业园区网的总体目标如下：利用计算机网络将企业各部门的设备、数据有机地集成起来；综合运用系统工程技术、信息技术和现代管理技术，实现企业办公过程中有关人员、技术、设备和管理以及信息流、物流和资金流的有效集成，以实现企业工作环境的整体优化，显著提高企业的经济效益和社会效益。

企业园区网建设对于该企业核心竞争力的提升以及长远发展起着至关重要的作用：使现有的企业环境在时间和空间上得到延伸，解决企业因地域分散、部门众多带来的管理障碍；改变管理手段，优化资源配置，提高管理效益，节约人力资源成本；提供快捷渠道，提高对外交流与服务能力。

企业园区网系统工程建设的内容主要分为硬件平台建设和软件平台建设。

（1）硬件平台建设

构建企业园区范围内的高速网络硬件平台，实现企业内部和各机构的计算机互联，充分保证整个网络工程信息系统的可靠性、安全性、可用性和经济性，为企业管理和科研开发的信息资源的共享、远程连接的实现以及成为地区级网络接入打下坚实的硬件基础。

（2）软件平台建设

搭建企业园区范围内的软件平台，实现各种企业应用系统，如企业 Web 服务、FTP 服务、Email 服务、视频点播服务、企业资源和产品信息共享系统、财务服务系统、办公系统、供应链管理系统、客户服务关系管理系统等。

2．企业园区场景描述

如图 1-4 所示，企业总部园区内有两栋大楼，其中一栋为办公大楼，主要用于企业内部办公，另一栋为服务大楼，主要用于对外服务、接待等，还有若干生产厂房和仓库，网络中心设在办公大楼一层。园区网所在的街道对面有四栋楼房为职工宿舍。企业分部距离总部 20 公里，内有一栋办公楼，网络中心在该大楼一层。

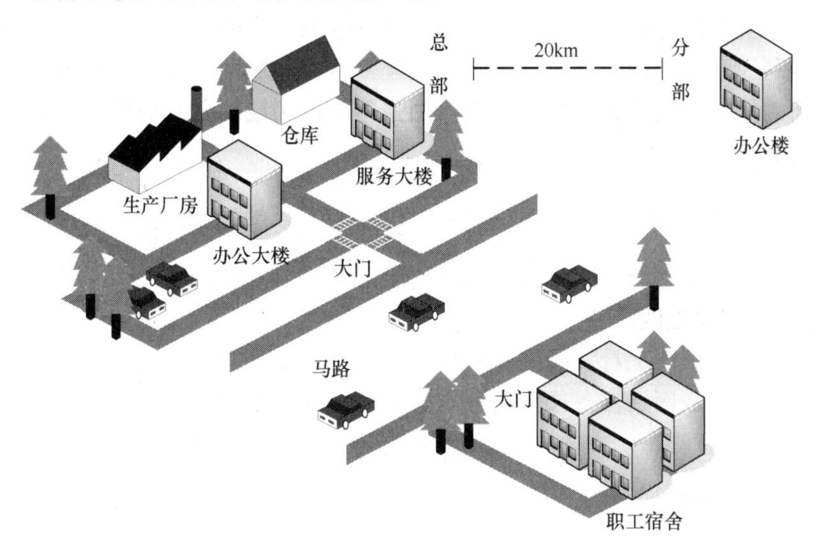

图 1-4　园区建筑物布局

企业园区网设计以总部为主。总部内组建园区局域网络，覆盖六栋大楼，总部内设计信息点约 4000 余个，分部信息点约 300 余个。

3．企业园区网需求分析

（1）可靠性需求

企业总部网络的可靠性设计包括设备级、业务级和链路级。企业的设备级可靠性设计要从设备整体设计架构、处理引擎种类、关键设备冗余等方面考虑；业务级可靠性设计要从设备的故障是否影响业务的正常运行考虑；链路级可靠性设计要从以太网链路的安全性、容错性等方面考虑。

（2）带宽需求

企业总部的网络除了要承载企业的自动化办公等一些简单的业务数据外，还要承载企业生产运营的各种业务应用系统数据，包括 IP 电话、视频会议等多媒体业务，形成一个多业务承载平台。因此，面对不断增加的数据信息，企业网络的核心层及骨干层必须具有万兆级带宽和处理性能，并具有支持 10GE 或高于 10GE 的带宽。另外，办公楼的信息点均要实现高带宽网络传输。园区网接入 Internet 方式要实现可以选择多个不同的网络运营商。总部可以和分部的网络实现互联并能够实现内部资源互访。

（3）QoS 保障需求

企业总部的网络建设要能智能识别业务应用的重要或紧急程度，例如视频、音频数据流等，能够灵活调度网络中的资源，以保证重要或紧急业务的带宽、时延、优先级和无阻塞传送。并能动态监控网络流量和端口状态，做到网络负载均衡。

（4）网络安全需求

企业总部的网络要保证网络内的设备和信息安全，企业网络需要有一整套从用户接入控制到对病毒、攻击的监控、识别、主动抑制等一系列安全控制手段。设置园区网的访问控制，防止来自外部或内部的对某些重要信息的非授权访问，控制信息进出，增强网络的安全性。动态监控网络登录、网络代理用户数量。对网络故障进行及时准确的报警，并实现隔离。

（5）网络管理需求

企业总部的网络管理能力要求上升到业务层次，需要网络设备具备智能网络运营维护的功能，并需要一套智能化的管理软件，以减轻网络管理人员的工作负担。网络设备支持虚拟局域网划分，利用网络管理软件能动态地调整配置虚拟局域网。使划分的各虚拟局域网之间既能共享所需的信息，又能分别独立运作，加强各虚拟局域网之间的信息安全性，实现网络重组和风暴隔离。

（6）其他需求

企业总部的网络中心内要分别设计对内和对外的不同服务器集群，同时要设有数据容灾中心、安全认证服务等功能。园区内同时应设计无线网络覆盖，但只有内部员工才能使用。

4．企业园区网建设四阶段

从企业的实际需求情况看，园区网网络工程可分为 4 个阶段完成。第一阶段完成网络基本连接，第二阶段完成网络覆盖园区内所有建筑，第三阶段完成网内服务器的搭建，第四阶段完成网络的安全管理。

1.3.3　网络总体设计

1．设计原则

本任务情境中的网络设计应遵循如下原则：①网络总体设计时要考虑采用先进技术和系统工程方法，注意设计的合理性和可行性，同时注重保护前期投资，便于将来进行网络扩展；②要从网络总体结构、技术措施、安全管理等方面着手，确保整个网络系统运行的可靠性和稳定性；③按照网络工程的安全方案，采取不同措施，考虑资源保护和隔离，并提供良好的管理和维护方式。

2. 网络拓扑结构选择

根据本任务情境中企业园区网的建筑物格局，结合目前使用最为广泛的局域网拓扑结构，该园区网的网络拓扑结构选用星形拓扑、环形拓扑结构、树型拓扑相结合的混合型拓扑，该拓扑结构中的结点具有高度独立性，特别适用于大中型企业园区网络。

3. 组网技术选择

该企业园区网采用千兆交换以太网作为组网技术。千兆交换以太网具有技术先进、带宽高、吞吐量大、传输速率高等特点。本任务情境中的园区网选择采用千兆光缆为主干，千兆光缆到大楼，办公楼内采用千兆铜缆、百兆铜缆到桌面。

4. 其他技术设计

（1）三层路由交换功能

在传统网络技术中，常将通用路由器与交换机一起使用，路由器成为较大规模网络的瓶颈。在本任务情境中，使用三层交换技术将第二层交换机和第三层路由器两者的优势结合成一套灵活的网络解决方案，可在各个层次提供高速性能，不仅提高网络性能，降低了网络成本，而且使第二层和第三层相互关联起来，便于实现动态的基于策略的网络管理和调整。

（2）支持多种方式的 VLAN

在本任务情境中，采用 VLAN 技术来隔离网络广播，减少网络风暴的影响。现有的 802.1Q 标准，可对网络中的所有交换机和路由器进行 VLAN 配置和跨越网络设备连接，对信息的管理和维护更方便（更多技术设计详见本书后续任务）。

1.4 知识扩展

1.4.1 网络工程招标与投标的相关法律法规

招标投标是在相关法律、法规之下进行的一种规范交易方式，其目的是为了实现公平交易，避免暗箱操作，从根本上保护买卖双方的利益。对买方来说，通过招标，可以吸引和扩大投标人的竞争，以更低的价格，买到符合质量要求的产品和服务。对卖方来说，参加投标可以获得公平竞争的机会，以合理的价格出售合格的产品和服务。毫无疑问，诚信的买卖双方都欢迎招标投标这种规范的交易方式，现就计算机网络工程招标投标和相关的政策法规进行简要介绍（本小节仅介绍相关政策法规的部分内容，更多内容请读者参看相关政策法规）。

1. 系统集成资质管理办法

《计算机信息系统集成资质管理办法（试行）》由工信部于 1999 年发布，共八章，三十五条。

（1）系统集成定义

计算机信息系统集成是指计算机应用系统工程和网络系统工程的总体策划、设计、开发、实施、服务及保障。

（2）资质含义

计算机信息系统集成的资质是指从事计算机信息系统集成的综合能力，包括技术水平、管理水平、服务水平、质量保证能力、技术装备、系统建设质量、人员构成与素质、经营业绩和资产状况等要素。

（3）系统集成资格

凡从事计算机信息系统集成业务的单位，必须经过资质认证并取得《计算机信息系统集成资质证书》。

（4）系统集成资质分级

计算机信息系统集成资质等级分为一、二、三、四级。一、二级资质向信息产业部申请，三、四级资质向省信息产业厅申请。

（5）申请资质认证的条件

申请资质认证的条件有以下几个。

1）具有独立法人地位。

2）独立或合作从事计算机信息系统集成业务两年以上（含两年）。

3）具有从事计算机信息系统集成的能力，并完成过三个以上（含三个）计算机信息系统集成项目。

4）具有胜任计算机信息系统集成的专职人员队伍和组织管理体系。

5）具有固定的工作场所和先进的信息系统开发、集成的设备环境。

（6）选择合格集成商

凡需要建设计算机信息系统的单位，应选择具有相应等级资质证书的计算机信息系统集成单位来承建计算机信息系统。

2．招标投标法

《中华人民共和国招标投标法》共七章六十八条，2000 年 1 月 1 日起施行。

（1）必须招标的项目

在我国境内进行下列工程建设项目，包括项目的勘察、设计、施工、监理以及与工程建设有关的重要设备、材料等的采购，必须进行招标，任何单位和个人不得将依法必须进行招标的项目化整为零或者以其他任何方式规避招标。

1）大型基础设施、公用事业等关系社会公共利益、公众安全的项目。

2）全部或者部分使用国有资金投资或者国家融资的项目。

3）使用国际组织或者外国政府贷款、援助资金的项目。

（2）招标原则

招标投标活动应当遵循公开、公平、公正和诚实信用的原则。

（3）招标方式

招标方式分为公开招标和邀请招标。公开招标是指招标人以招标公告的方式邀请不特定的法人或者其他组织投标。邀请招标是指招标人以投标邀请书的方式邀请特定的法人或者其他组织投标。

招标人采用公开招标方式的，应当发布招标公告。依法必须进行招标项目的招标公告，应当通过国家指定的报刊、信息网络或者其他媒介发布。招标公告应当载明招标人的名称和地址、招标项目的性质、数量、实施地点和时间以及获取招标文件的办法等事项。

招标人采用邀请招标方式的，应当向三个以上具备承担招标项目能力的、资信良好的特定的法人或者其他组织发出投标邀请书。

招标人可以根据招标项目本身的要求，在招标公告或者投标邀请书中，要求潜在投标人提供有关资质证明文件和业绩情况，并对潜在投标人进行资格审查。

（4）招标文件

招标人应当根据招标项目的特点和需要编制招标文件。招标文件应当包括招标项目的技术要求、对投标人资格审查的标准、投标报价要求和评标标准等所有实质性要求和条件以及拟签订合同的主要条款。

国家对招标项目的技术、标准有规定的，招标人应当按照其规定在招标文件中提出相应要求。招标项目需要划分标段、确定工期的，招标人应当合理划分标段、确定工期，并在招标文件中载明。

招标人不得向他人透露已获取招标文件的潜在投标人的名称、数量以及可能影响公平竞争的有关招标投标的其他情况。

（5）投标

投标人应当按照招标文件的要求编制投标文件。投标文件应当对招标文件提出的实质性要求和条件作出响应。招标项目属于建设施工的，投标文件的内容应当包括拟派出的项目负责人与主要技术人员的简历、业绩和拟用于完成招标项目的机械设备等。投标人不得以低于成本的报价竞标，也不得以他人名义投标或者以其他方式弄虚作假，骗取中标。投标人应当在要求提交投标文件的截止时间前，将投标文件送达投标地点。

（6）评标

评标由招标人依法组建的评标委员会负责。评标委员会应当按照招标文件确定的评标标准和方法，对投标文件进行评审和比较，设有标底的，应当参考标底。评标委员会完成评标后，应当向招标人提出书面评标报告，并推荐合格的中标候选人。招标人根据评标委员会提出的书面评标报告和推荐的中标候选人确定中标人。招标人也可以授权评标委员会直接确定中标人。

（7）签订合同

招标人和中标人应当按照招标文件和中标人的投标文件订立书面合同。招标人和中标人不得再行订立背离合同实质性内容的其他协议。

1.4.2 网络工程的招标

计算机网络工程招标的目的是以公开、公平、公正的原则和方式，从众多系统集成商中选择一个有合格资质、并能为用户提供最佳性价比的。

1. 招标文件的制定

应当根据招标投标法和计算机网络工程的特点和实际需要编制招标文件。招标文件应当包括网络工程建设的目的、目标、原则，具体的技术要求、对投标人资格审查的标准、投标报价要求和评标标准等所有实质性要求和条件以及拟签订合同的主要条款。

招标文件中应该确定以下几项内容。

1）工程建设的目的、目标和原则。由于网络技术发展迅速，网络设备更新换代很快，要组建的网络类型，组建网络的目的、目标，建网应遵循的原则，都要经过深入的调研才能确定。

2）网络技术和网络拓扑结构。只有做好需求分析，明确建网要解决哪些问题，才能正确地选择网络技术和网络拓扑结构。

3）确定设备选型和 Internet 接入方式。

4）确定系统集成商的资质等级、工程期限、付款方式等。

2．招标

招标应该按招标投标相关法律、法规进行。能够采用公开招标的项目，必须公开招标，发布招标公告，说明招标人的名称和地址、招标项目的性质、数量、实施地点和时间以及获取招标文件等事项。

采用邀请招标方式的，应当向三个以上具备承担网络工程项目能力、资信良好的特定的法人或者其他组织发出招标邀请书。在招标公告或者招标邀请书中，要求潜在投标人提供有关计算机信息系统集成资质等级证明文件和业绩情况，并对潜在投标人进行资格审查。

1.4.3 网络工程的投标

投标人在索取、购买标书后，应该仔细阅读标书的投标要求及投标须知。在同意并遵循招标文件的各项规定和要求的前提下，提出自己的投标文件，投标文件应该对招标文件的所有要求作出明确的响应，符合招标文件的所有条款、条件和规定。投标人应该对招标项目提出合理的投标报价。过高的价格一般不会被接受，低于成本报价将被废标。投标人的各种商务文件、技术文件等应依据招标文件要求备齐，缺少任何必要的文件都不能中标。一般的商务文件包括：资格证明文件（营业执照、税务登记证、企业代码以及行业主管部门颁发的资质等级证书、授权书、代理协议等）、资信证明文件（业绩证明、已履行的合同等）。技术文件一般包括工程投标方案及说明等。投标文件中还应有售后服务承诺、优惠措施等。投标文件还应按招标人的要求进行密封、装订，按指定的时间、地点、方式递交，否则投标文件将不被接受。投标文件应以先进的方案、优质的产品或服务、合理报价、良好的售后服务等为成功中标打下基础。

1．投标文件的制定

计算机网络工程是根据用户需要，按照国际/国家标准，将各种相关硬件、软件组合成为有实用价值的、具有良好性价比的计算机网络系统的过程。它能够最大限度地提高系统的有机构成、效率、完整性、灵活性等，简化系统的复杂性，并最终为用户提供一套切实可行的完整的解决方案。在编写计算机网络工程投标文件时要重点体现所选方案的先进性、成熟性和可靠性，同时，要为用户考虑将来的扩展和升级。

网络工程投标书主要内容包括以下几点。

1）投标公司自我介绍；

2）投标方案论证、介绍；

3）投标报价（明细和汇总）；

4）项目组；

5）培训与售后服务承诺；

6）资格文件等。

2．投标

（1）递交投标文件

投标时，必须在要求提交投标文件的截止时间前将投标文件送达投标地点，并按要求携带相关资格文件的原件或复印件，如营业执照、计算机信息系统集成资质等级证书、认证工程师的认证和授权委托书等。

（2）评标

评标委员会将主要依据以下两条来确定中标人。

1）投标人是否能够最大限度地满足招标文件中规定的网络工程各项综合评价标准。

2）投标人是否能够满足招标文件对网络工程的实质性要求，并且投标价格较低（但不能低于成本价）。

因此，价格并不是网络工程中标的唯一因素，性价比更为重要。另外，评标时可能要进行答辩，参加网络工程投标时要作相关准备。

（3）中标

经评标委员会确定网络工程的中标人后，招标人会向中标人发出中标通知书，同时将中标结果通知所有未中标的投标人。中标通知书对网络工程的招标人和中标人具有法律效力。中标通知书发出后，招标人如果改变中标结果，或者中标人放弃中标的网络工程，都要承担相关法律责任。

（4）签订合同

网络工程的招标人和中标人应当在中标通知书发出之日起30日内，按照招标文件和中标人的网络工程投标文件订立书面合同。招标人和中标人不能再订立背离合同实质内容的其他协议。招标文件要求网络工程中标人提交履约保证金的，中标人应当提交。

网络工程的中标人应当按照合同约定履行义务，按时保证质量完成中标的网络工程。中标人不能向他人转让中标的网络工程，也不能将网络工程分包后分别向他人转让。中标人按照合同约定或者经招标人同意，可将网络工程中部分非主体、非关键性工作分包给他人完成。接受网络工程分包的人应当具备相应的资格条件，并不得再次分包。网络工程中标人应当就分包项目向网络工程招标人负责，接受分包的人就分包项目承担连带责任。

任务2 逻辑网络设计

2.1 任务情景

某企业采用先进的网络通信技术完成集团企业网的建设，实现公司总部与各分公司的信息化通信，在整个企业集团内实现所有部门的办公自动化，提高工作效率和管理服务水平。在该企业总部，约有4000个信息点，在距离总部20km处有一分部，约有300个信息点。

现在整个企业集团网内需要提供以下服务功能：企业资源和产品信息共享服务、财务电算化服务、集中式的供应链管理服务、客户服务关系管理服务、企业Web服务、E-mail服务、FTP服务、视频点播服务、IP语音电话服务、拨号上网服务等。

2.2 任务学习引导

2.2.1 网络技术选型

对于一个网络工程项目，网络工程人员首先需要对用户进行调查并进行现场勘查，在全面掌握网络需求的每个细节后进行网络需求分析，接下来便可进行网络系统初步设计。网络系统初步设计的第一步，就是对网络系统中运用到的技术进行选型，网络工程人员需要熟练掌握这些技术并灵活运用到网络工程中。

1．物理层技术选型

（1）技术选型原则

物理层的技术选型主要涉及线缆和网卡的选型，选择的主要依据来自用户需求分析说明书和通信规范说明书，这些说明书中，明确了各种参数的要求。以下是技术选型的常见通用原则。

1）可扩展性。

在选择底层物理介质时，除了要满足当前的用户需求外，应综合考虑各种线缆、网卡的各项参数和价格成本，并考虑将来的技术扩展需要。例如，在用户需求分析说明书中某信息点的带宽要求是10Mb/s，那么在实际的工程设计中，就应选择五类非屏蔽双绞线和10M/100M自适应网卡，若是将来网络升级为快速以太网，这样的选择可以避免大量更换线缆和网卡，只需更换交换设备即可。

2）可靠性。

物理层的可靠性主要来自于应用的需求，物理层如果不稳定，那么其承载的应用必然会出现问题，比如在选择线缆时，应选择正规厂商生产的线缆，这样线缆质量才有所保证，才能确保在工程验收时各项参数指标通过测试。又如，在某些电磁干扰较严重的特定环境下，尽管屏蔽双绞线的价格远远高于非屏蔽双绞线，但由于非屏蔽双绞线不能满足工作环境的要求，此时必须采用屏蔽双绞线。

3）安全性。

物理层的安全性主要针对未经授权的非法访问网络介质，如监听线缆。由于不同的物理介质安全特性不一样，在物理层技术选型时，还可根据用户的安全需求进行选型。例如，某特殊部门对物理介质的安全性要求较高，考虑到光缆很难被监听，可选择光缆替代其他传输介质。

4）成本节约。

成本节约是从经济的角度着重考虑的一个问题。例如，在铺设光纤的选型中，如果多模光纤和单模光纤都能满足需求，则应选择价格（含光纤和光纤收发器）较低的多模光纤，从而节约成本。

（2）物理介质和网卡的选型

在分析和掌握了用户需求后，即可对物理介质和网卡进行选型。

1）物理介质。

常见的物理介质有有线和无线两类，有线介质包含双绞线、同轴电缆和光纤，无线介质包含短波、微波和卫星。表 2-1 所示是几种常用物理介质的特性对比，可以根据不同物理介质的特性对介质进行初步选择，选定物理介质的种类后，再根据实际需要，进行介质的产品选型（有线介质的详细介绍参见 3.2.2）。

表 2-1　常用物理介质特性

介质媒体	速　率	传输距离	抗干扰性	价　格	应　用
双绞线	10~1000 Mb/s	<100m	可以	低	模拟/数字传输
50Ω 同轴电缆	10 Mb/s	<1km	较好	较低	基带数字信号
75Ω 同轴电缆	<300 Mb/s	100km	较好	较高	模拟传输、电视、数据、音频
光纤	<160Gb/s	<110km	很好	较高	远距离传输
短波	<50 Mb/s	全球	较差	—	远程低速通信
地面微波	<500 Mb/s	<1000km	好	—	远程通信
卫星	256 kb/s	<18000km	很好	—	远程通信

2）网卡。

网卡选型要考虑到网络的物理介质、拓扑结构、MAC 层协议，因此，网卡要在物理介质确定后进行选型。表 2-2 所示为网卡的主要特征，可根据实际需要选择不同的网卡。

表 2-2　网卡的主要特征

支持的局域网	以太网、FDDI、快速以太网、千兆以太网、ARCNET、ISDN、令牌环网
RAM 缓冲大小	8KB、16KB、32KB
支持的计算机总线	MCA、ISA、EISA、PCI、NuBus、VME、USB
数据速率	4Mb/s、10Mb/s、16Mb/s、100Mb/s、1Gb/s
介质类型	10Base-2、10Base-T、UTP、STP、光缆
支持的版本	VINES、NetWare、Apple Talk、Windows NT 等

2．局域网技术选型

（1）VLAN 技术

虚拟局域网（Visual LAN，VLAN）是局域网技术中一个重要的内容。VLAN是在交换机上用逻辑的方式划分出的子网，从而有效阻挡广播风暴发生的一种技术。通常交换机工作在OSI 模型的第二层，它能有效地隔绝冲突域，但是不能阻隔广播域，若要阻隔广播域只能采用三层设备（如路由器）。VLAN 技术的出现实现了在一个二层交换机上能同时存在多个子网，从而在二层设备上成功地实现了对广播域的阻隔。

VLAN 技术使网络存在的方式更加灵活，它具备的优势有：保证用户组的安全、网络升级成本降低、链路带宽利用率提高、网络性能高、防范广播风暴、简化网络管理等。

VLAN 的划分使网络对业务目标的支持更加灵活，例如划分 VLAN 时可以根据不同的功能将 VLAN 划分为管理 VLAN、服务器 VLAN 和部门 VLAN 等。管理 VLAN 是网络管理员专用的网络，可以将交换机上网络设备的管理接口、提供特殊远程管理网络端口的大型服务器接口、向网管服务器提交 SNMP 协议数据的设备网络接口、网管平台服务器或网管工作站接口等划到此 VLAN 中。服务器 VLAN 划分的对象主要是局域网内部服务器，必要时可以根据服务内容进行更细的 VLAN 划分，比如管理类服务器 VLAN、应用服务器 VLAN、数据库服务器 VLAN 等。也可以针对不同的部门划分不同的 VLAN，例如财务 VLAN、销售 VLAN 等。针对这些 VLAN 的网络地址设定特定的访问控制策略，以增强服务器的安全性（VLAN 技术详解参见本书 4.2.2）。

（2）链路冗余和负载分担

局域网设计中，设计冗余链路是较常见的做法。它可防止因单个故障点（如网络线缆或交换机故障）而导致的网络瘫痪，以此提升网络的可用性。冗余链路通常的应用方式有备份和负载分担两种。

1）备份方式。

设计了冗余链路的网络，通过生成树算法的运行，使这些网络设备之间的冗余链路只有一条处于生效（工作）状态，其他链路处于备份（阻塞）状态。当正在使用的链路失效时，生成树重新计算收敛，使备份链路生效，以保证网络不间断工作，但当备份的链路处于备份状态时，实际也是网络资源浪费的一种表现。

2）负载分担方式。

负载分担可以有效避免冗余设备和冗余链路在网络中的闲置状况。在使用了 VLAN 的网络中，每个 VLAN 都要维护各自的生成树，冗余设备和冗余链路被分配到不同的 VLAN 中，充当着不同的角色，并分担了负载。例如，一条链路可以作为 VLAN 10 的冗余链路处于备份（阻塞）状态，同时可以作为 VLAN 20 的通信链路处于生效（工作）状态。

（3）生成树协议

在向网络的二层设计引入冗余功能时，会导致环路和重复帧的现象出现，这对网络有着极为严重的影响，因此需要借助生成树协议来解决这些问题。

生成树协议（Spanning Tree Protocol，STP）是通过交换机协商生成一棵生成树来防止网络拓扑中形成桥接环路，STP 在 IEEE 802.1d 国际标准中定义。它是通过让交换机与交换机间传递网桥协议数据单元（Bridge Protocol Data Unit，BPDU）消息来监测环路的，然后关闭选择的交换机端口来阻止环路的形成（STP 技术详解参见本书 4.2.2）。

（4）链路聚合

以太通道（Ether Channel）是应用于设备之间的多链路捆绑技术，也称为链路聚合技术（Link Aggregation），其基本原理是：将两个设备间若干条相同特性的以太网物理链路捆绑在一起组成一条以太网逻辑链路，该条链路以更高带宽的逻辑链路出现，在设备之间建立高速容错链路。

链路聚合一般用来连接一个或多个带宽需求大的设备，例如连接骨干网络的服务器或服务器群。除此之外，链路聚合技术可以在交换机与交换机间、交换机与路由器间、交换机与服务器间实现，要求参与链路聚合的所有端口需要具备相同的端口属性，如接口速率、双工模式等。例如，将千兆以太网交换机的 10 个 1Gb/s 端口绑定在一起，端口能提供 10Gb/s 的数据吞吐量，链路聚合后的吞吐量为之前交换机单个端口连接的 10 倍。

采用链路聚合技术可以增加逻辑链路的带宽，同时，逻辑链路的可靠性也相应增加，因为只要其中一条链路可以正常工作，该逻辑链路就能正常工作（链路聚合技术详解参见本书 4.2.2）。

（5）网关冗余

网关冗余技术是指由多个路由器组成一个组，虚拟出一个网关，其中一台路由器处于活动状态，当它故障时由备份路由器接替它的工作，从而实现对用户透明的切换。例如，对局域网而言，VLAN 间通信需要使用网关，一般的网关设备是带有三层数据处理功能的核心交换机，若该核心交换机出现故障，那么 VLAN 间通信就中断了。为了避免出现这种情况，使至少两台交换机作为各个 VLAN 的网关，实现网关冗余（网关冗余技术详解参见本书 4.2.3）。

（6）以太网供电

以太网供电（Power Over Ethernet，POE）是指在现有布线基础架构上不作任何改动，能为一些基于 IP 的终端（如 IP 电话机、无线局域网接入点 AP、网络摄像机等）传输数据信号的同时，还能为此类设备提供直流供电的技术，以降低成本。

POE 也被称为基于局域网的供电系统（Power over LAN，POL）或者有源以太网（Active Ethernet），这是利用现存标准以太网传输电缆的同时传送数据和电功率的最新标准规范，并保持了与现存以太网系统和用户的兼容性。

（7）无线局域网

无线局域网（Wireless Local Area Networks，WLAN）是计算机网络与无线通信技术相结合的产物，是一种利用无线方式提供服务的通信系统。WLAN 采用射频技术，在空气中通过电磁波发送和接收数据，通信范围不受环境条件限制，数据传输范围较大，最大传输范围可达到几十公里。

利用射频的技术和简单的存取架构使用户通过无线设备访问网络，可以满足移动用户对网络的接入要求。它的组建、配置和维护较为简单，比传统局域网灵活，且抗干扰能力强，网络保密性好。近几年 WLAN 的发展十分迅速，已经在许多场合得到了广泛的应用，使用效果也得到用户的肯定。

设计一个无线局域网结构需要了解一个无线单元的覆盖区域大小和无线单元的数量才能满足整体区域的覆盖要求，影响无线单元的因素包括数据速率、电源、天线功率和位置，同时现场的建筑特性也会影响覆盖区域。对于有冗余要求的无线局域网也可以通过支持热备份功能的 AP 来实现。为了保证用户在移动的同时保持访问网络，在 IP 分配时，尽量保证所有

AP 的地址在同一个网段内，这样可以将切换 AP 时丢失数据的可能性降到最低，若划分多个网段，在切换 AP 时会造成数据的丢失（无线局域网技术详解参见本书 4.2.5）。

（8）服务器负载均衡

为了提高服务器的性能和负载能力，网络管理者通常会使用 DNS 服务器、网络地址转换等技术来显现服务器负载均衡，特别是 Web 服务器，许多都是通过几台服务器来完成服务器访问的负载，常用的方法有以下几种。

1）使用负载均衡器。

负载均衡器实际是应用系统的一种控制服务器，它对外公开域名和 IP 地址。所有用户的请求首先到达该服务器，该服务器随后会根据各个服务器实际处理的服务请求进行具体分配。

使用负载均衡器可以实现服务器群流量的动态负载均衡，并互为冗余备份，也便于添加新服务器到负载均衡系统。

2）使用网络地址转换。

支持负载均衡的地址转换网关可以将一个外部 IP 地址映射为多个内部 IP 地址，每次 TCP 连接请求动态使用其中一个内部地址，从而实现负载均衡功能。

使用网络地址转换有硬件实现和软件实现两种实现方式。硬件实现是将这种技术集成在网络设备中，一般根据服务器连接数量、相应时间、随机选择等方式来分担负载。采用硬件实现灵活性不强，不能支持较优化的负载均衡策略和较复杂的应用协议。软件实现是在服务器上安装负载均衡的地址转换网关，可以对服务器的各种状态（CPU、磁盘、网络 I/O）进行监控，并根据各种策略来转发对服务器的访问请求，灵活性较强（网络地址转换技术详解参见本书 4.2.3）。

3）使用 DNS 服务器。

在 DNS 服务器上注册多个有独立 IP 地址的服务器，使这些服务器拥有相同的域名。当用户访问 DNS 服务器请求访问该域名时，DNS 服务器会循环调用各个服务器的 IP 地址来应答，使得用户访问的服务器不同，从而实现负载均衡。

使用这种方式实现负载，不能根据服务器的具体情况进行动态调整，当某一台服务器不能提供服务时， DNS 服务器可能仍指向该服务器而导致访问失败。

2.2.2 逻辑网络设计

1．网络结构设计

网络工程人员根据用户需求，分析、评估、论证网络成本、网络效益以及用户现状后，开始进行逻辑网络设计。

（1）网络模式设计

由于不同企业的规模、业务种类各异，应根据企业的特点和要求设计不同的网络模式，并且采用不同的网络技术。在设计网络模式时，一般可以分为群组模式、部门模式、企业模式三类。

群组模式是一种在科、室、组等办公室环境中使用局域网技术组建网络的模式。该模式的特点是计算机数量较少，广域网通信需求不大，可以选择通过小型局域网构成属于办公室专用的网络平台。

部门模式是存在多个相对独立并且属于不同群组的局域网，局域网之间通过路由器或交换机互联构成主干网，有自己的服务器和信息源，这些服务器和信息源构成属于部门的网络平台。

企业模式是由多个部门模式的网络通过路由器互联组成，这些部门网络以公网、私网等作为信息传输平台，实现资源共享和相互通信。

（2）网络体系结构设计

网络体系结构设计主要包含传输方式和传输速率设计、网络体系结构和拓扑结构设计。

1）传输方式和传输速率。

①设计传输方式为基带传输或宽带传输；②设计通信类型和通道参数；③设计数据传输速率。

2）网络体系结构和拓扑结构。

①设计网络规模大小；②设计网络层次结构，各层所用协议；③设计网络划分，子网、虚拟网的划分，子网连接方式；④设计网络客户接口、服务器和网络互联设备等。

（3）网络的分层结构设计

当设计的网络工程规模较大时，通常采用分层结构进行设计，将网络分为核心层、汇聚层（也可称为分布层）、接入层三个层次，分层设计让网络结构更加清晰。

1）各层作用概述。

核心层是实现骨干网络之间的优化传输，设计重点是传输的高速、可靠性和冗余性，主要负责数据包的交换，网络控制功能应尽可能少的在骨干网络中实施。汇聚层是连接接入层和核心层的部分，为接入层提供数据的汇聚、传输、管理、分发处理，同时也提供接入层虚拟网之间的互联，控制和限制接入层对核心层的访问，通过网段划分与网络隔离防止接入层的问题蔓延到核心层，保证核心层的安全和稳定。接入层是网络中直接面向用户连接或访问的部分，终端用户通过接入层连接到网络。

2）层次化设计的原则。

设计时，应尽量控制层次化的程度。一般情况下，只包含核心层、汇聚层、接入层三个层次即可。设计过多的层次会导致整体网络性能下降，增加网络延迟，不利于网络故障排查和文档编写。为了保证网络层次性，不得在设计中随意加入破坏层次性的额外连接，以免导致网络出现问题。

设计的顺序应先从底层开始，即从接入层开始设计，然后再根据流量负载等数据的分析，对汇聚层进行设计规划，最后完成核心层的设计。除了接入层，其他层次应该尽量采用模块化方式，每个层次由多个模块或设备集合构成，每个模块的边界应清晰明了。

3）各层设计要点。

核心层是网络的高速骨干，地位极其重要。在经济条件允许的情况下，可以对核心层采用冗余组件设计，提高网络可靠性和适应力。尽量避免设计核心层使用数据包过滤、策略路由等降低数据包转发处理的特性，应降低核心层的转发延迟，增强可管理性。而且，设计核心层应具有有限和一致的范围，如果核心层覆盖范围过大，连接的设备过多，会使网络的复杂度增大，导致网络管理性降低；如果核心层覆盖范围不一致，会在核心层设备中出现大量处理不一致功能的情况，这会降低核心层设备的工作性能。另外，对于需要连接外网的情况，应设计核心层包含一条或多条连接到外部网络的链路，以提高外部连接的可靠性、高效性和可管理性。

汇聚层是核心层和接入层的分界点，出于安全因素考虑的资源访问控制、出于性能原因的核心层流量控制，都在汇聚层实施。设计汇聚层向核心层隐藏接入层的详细信息，例如，汇聚层向核心层路由器宣告路由时，不论接入层划分了多少个子网，汇聚层仅会宣告这些子网的汇总路由，而且汇聚层路由器不向接入路由器宣告其他网络部分的路由，而仅仅宣告自己是默认路由。设计汇聚层完成各种协议的转换，以保证核心层能连接运行着不同协议的区域，例如，局域网中运行传统以太网和弹性分组环网，运行不同路由算法的区域借助汇聚层设备完成路由汇总和重新发布。

接入层为用户提供本地网络访问应用系统的能力。设计接入层解决相邻用户之间的互访需要，并提供足够带宽。同时，还可以设计接入层适当负责一些用户管理功能（如地址认证、用户认证、计费管理等内容）和一些用户信息收集工作（如用户的 IP 地址、MAC 地址等）。设计接入层应保持对网络结构的严格控制，禁止接入层用户为了获取更大的外网访问带宽，任意申请其他渠道访问外网。

层次化设计的优势十分明显：在不同层次设计特定的设备，避免各层不必要的资金花费，降低网络成本；在不同层次安排不同的网络运行管理人员进行管理，便于合理控制管理成本；在不同层次实现模块化设计、简化设计，体现层次间的交界点，有效隔离故障；在不同层次中改变网络某个环节时，不会影响网络整体太多。但层次化设计也存在缺点，例如，当网络中关键设备出现故障时，会导致网络遭到严重的破坏，可以采用冗余措施进行预防，但会相应提高网络成本。

2．网络地址设计和命名模型

（1）分配网络地址的原则

对网络地址的合理的分配规划，不仅可以使管理员管理地址更便捷，也为路由协议的收敛提供良好的基础，在逻辑设计阶段，对网络地址的分配应遵循一些原则。

1）使用结构化网络层编址模型。

IP 地址本身就是层次化的，分为网络和主机两个部分。使用结构化网络层编址模型的基本思路是先为企业网络分配一个 IP 网络号段，然后将网络号分成多个子网，最后再将子网划分成为更细的子网。

使用结构化网络层编址，有利于地址的管理和故障排除，帮助理解网络结构、网关软件实施管理和分析设备，同时易于设置路由器、防火墙等设备上的过滤规则，易于实现网络优化和网络安全。

2）通过中心授权机构管理地址。

企业的信息管理部门应该为网络编址提供一个全局模型，网络设计者必须先提供这个参考模型，它根据核心层、汇聚层、接入层的层次化对各个区域、分支机构等在模型中的位置进行明确标识。

在网络中，IP 地址由两类地址构成：公有地址、私有地址。公有地址是全局唯一的地址，必须在授权机构注册才能使用。私有地址一般是保留地址段，只在企业内部使用，企业信息管理部门拥有对其管理权。在地址设计阶段，应该明确以下内容。

①是否需要公有地址和私有地址；②只需要访问专用网络的主机分布；③需要访问公网的主机分布；④私有地址和公有地址如何转换；⑤私有地址和公有地址的边界。

3）编址的分布授权。

企业应该有一个地址授权管理中心和相应的管理制度，该中心不仅可以直接分配、管理网络地址，还可以根据需要在区域网络建设分中心，授权分中心的相关人员对区域网络的地址进行管理。

在分中心网络管理业务较强和网络规模较大的情况下，可采用分布授权模式。由设计人员根据结构化模型，将各个地址段的编址和管理分配于相应的分中心。

4）动态编址的使用。

对于频繁更换位置，移动性较大的终端用户，不宜采用静态地址，动态编址协议的使用既可以保证分配的地址纳入管理范畴，也可以减少管理工作量。

在 TCP/IP 体系中，一般采用 DHCP 来完成主机的 IP 地址、网关、域名等的自动分配，DHCP 支持以下三种地址分配方法。

① 自动分配：服务器为客户机分配一个永久的 IP 地址。

② 动态分配：服务器为客户机分配一个 IP 地址，并在分配前设定好时间，在使用完后回收。

③ 手工分配：网络管理员为客户机分配一个永久 IP 地址，DHCP 仅用于将手工分配的地址传送给客户机。

动态分配地址通过租用机制，使有限的地址为大量的不同时间段的客户机提供地址分配服务，并减少了网络管理人员工作量。设计人员在逻辑设计阶段应确定如下问题：可使用自动分配的客户机群，可使用动态分配的客户机群，DHCP 可以管理的 IP 地址范围等。

5）私有地址的使用。

私有地址用于企业内部的地址分配，IETF（互联网工程任务组）为内部使用的私有地址预留如下。

- 10.0.0.1～10.255.255.255
- 172.16.0.0～172.31.255.255
- 192.168.0.0～192.168.255.255

私有地址的使用使网络内部安全性提高，外网无法发起针对私有网络地址的攻击。私有地址不需要授权机构的管理，灵活性强，可在网络内部替代公有地址使用。但是私有地址也存在一些缺点，例如，地址分配容易混乱，管理起来困难，在实现 VPN 互联时，由于大多数用户的私有地址是相近的，容易造成地址冲突。因此，设计人员可以考虑采用一些技术手段协调好私有地址和公有地址间的关系，例如，可以设计采用私有地址和公有地址的转换方式，目前在地址转换方面主要有三种技术：NAT、PAT、Proxy。

NAT 技术是由网络管理员提供一个公有 IP 地址池，私有地址的主机在访问公网时，建立起私有地址和地址池中某个 IP 地址的映射关系，从而访问公网。

PAT 技术严格讲也属于 NAT，它是多个私有地址共用一个公有 IP 地址，在两种地址的边界设备上，建立端口映射表，这个表由私有源地址、私有地址源端口、公有地址源端口组成，通过这种映射关系来完成多个私有地址同时访问公网（NAT、PAT 技术详解参见本书 4.2.3）。

Proxy 主要工作在应用层，由代理软件完成数据包地址转换工作。

（2）使用层次化模型分配地址

层次化编址易于管理、故障排查和性能优化，能加快路由协议收敛，优化可用地址空间。具备占用资源低，灵活度强，可扩展性好、稳定性优等特点。

1）层次化路由选择。

层次化路由是指路由不需要知道所有路由信息，只需要了解管辖范围的路由信息，层次化路由选择需要选择层次化的地址编码。

在进行地址分配时，为配合实现层次化的路由器，必须遵守一条规则：如果网络中存在着分支管理，并且一台路由器连接上级机构和下级机构，则分配给这些下级机构网段的地址应属于一个连续的地址空间，并且这些连续空间可以用一个子网或者超网段表示。例如，某企业申请的地址网段为201.59.0.0～201.59.10.255，对分支机构分配连续的C类地址，如201.59.0.0/24～201.59.3.0/24，则这四个C类地址可以用201.59.0.0/22这个超网来表示。

2）无类路由协议。

路由协议分为有类路由协议与无类路由协议。有类路由协议中的每个有类IP网络无法拥有多于一个子网掩码，即使掩码长度相同的网络也是通过不同的有类网络来分离子网，所有的设备接口都是相同的子网掩码，路由表项根据有类地址类型产生。采用这种方式会浪费大量地址，并会增加路由表项数量。

无类路由协议是基于IP地址的前缀长度而非有类地址类型，允许将一个网络组作为一个路由表项，并使用前缀区分组内网络，现在多采用这种方式设计网络地址。

3）路由汇总。

假如地址是层次化方式分配的，无类路由协议可以将多个子网或网络汇总成一条路由，从而减少开销，这意味一个区域的问题不会扩散到其他区域。

在进行IP地址规划时，为保证各个层次路由汇总的正确性，需根据IP地址的分配情况，对路由汇总进行验证，为了方便及时找到扩展性等方面的问题，可根据以下规则对各个路由器下联网络进行路由汇总测试。

① 可汇总的多个网络IP地址的二进制形式的最左侧数字必须相同。

② 路由器必须依据32位的IP地址和前缀长度确定路由选择。

③ 路由协议必须承载32位地址的前缀长度。

4）可变长子网掩码。

为避免IP地址浪费，出现了子网和可变长子网掩码的概念。在使用无类路由协议时，网络中可以有大小不同的子网，不同大小的子网对应不同的子网掩码，即为可变长子网掩码（Variable Length Subnet Mask，VLSM）。

使用VLSM，可以在不同的地方具有不同的前缀长度，提高了使用IP地址空间的效率和灵活性。有类路由协议不适合在子网划分的网络中使用，它们不支持VLSM和不连续网络，无法关闭在边界路由器上产生的路由自动汇总。无类路由协议支持VLSM和不连续网络，可关闭在边界路由器上产生的路由自动汇总。

选择无类路由协议，可以在网络内部根据需要任意划分不同规模的网络，并采用可变长子网进行表示。

（3）设计命名模型

命名在满足客户易用性目标方面起到关键的作用，简短、容易理解的名字能让用户非常简洁地定位服务的位置。设计人员应从资源的角度设计出易用性、可管理性强的命名模型，便于用户使用。

在企业网络中，需要命名的设备较多，如路由器、交换机、服务器、打印机等，借助优秀的命名模型，用户可以直接通过便于记忆的名字而不是地址来访问设备。

在网络命名系统中，有两种名字映射到地址的方法，一种是使用命名协议的动态方法，一种是借助于文件等方式的静态方法。网络中的命名主要涉及NetBIOS名称和域名两方面。

1）命名的分布授权。

命名的授权管理可以借助于特定的中心授权机构采用集中方式，也可以采用分布授权方式。由于名称管理的特殊性，命名自身的层次性，命名直接面对用户，大多数情况采用分布授权，这样可以提高分支机构对自身内部名称变更的快速性。

2）分配名称的原则。

①增强易用性，名称应该简短、有意义、无歧义。如交换机使用 SW 或 S 开头、服务器使用 SRV 开头、路由器使用 RT 或 R 开头等。②名称应包含位置代码，设计人员可在名字模型中加入特定的物理位置代码。③名称中应尽量避免使用连字符、下划线、空格等字符。④名称不应该区分大小写，否则会导致用户使用不方便。

3）NetBIOS 名称。

NetBIOS 目前应用较少，它具备计算机名称解析能力，在 NetBIOS 中，计算机需先注册自己的名称，才能解析该名称。从 NetBIOS 名称查找相应的结点地址有以下几种不同的查找方式。

① 本地广播：广播自己的 NetBIOS 名称，完成注册和查询对应 IP 地址的工作。

② 缓存：支持 NetBIOS 的计算机维护 NetBIOS 名称和 IP 地址的临时列表。

③ 名称服务器：通过 WINS 服务器实现 NBNS（NetBIOS Name Server）功能，计算机通过 NBNS 完成注册与查询工作。

④ lmhosts 文件：本地文件 lmhosts 存放着手动设定的 NetBIOS 与 IP 的对应关系，便于计算机查询。

⑤ DNS/hosts 方式：在其他方法无法查询时，借助 DNS 和 hosts 文件实现名称与 IP 的转换。

网络设计人员需要在这些查找方式中进行选择，确保局域网具有正常的 NetBIOS 注册与解析能力。

4）域名解析。

DNS 用于完成难于记忆的 IP 地址与便于记忆的域名之间的转换，主要有两项功能，分别为正向解析和逆向解析。正向解析的主要任务是将域名转换为 IP 地址，使应用程序能访问目标主机，逆向解析的任务是将 IP 地址转换为域名。

DNS 不是简单的 C/S 系统，凭借一台 DNS 服务器无法完成庞大、复杂的域名解析工作，解析工作由无数台 DNS 服务器构成的分布式系统共同完成。DNS 域名服务器按功能分可分为四类：主服务器、次服务器、缓存服务器、解析服务器。主服务器负责维护某个域的域名解析数据库，并向其他主机提供域名查询；次服务器利用区域传送，从主服务器复制网络区域内的域名解析数据，当主服务器不能正常工作时，次服务器可提供查询服务；缓存服务器的功能是缓存域名解析的结果，减轻域名服务器的负荷；解析服务器是一个客户端软件，执行本机的域名查询。DNS 服务器主机上都由两到三种服务器进程共同提供 DNS 服务。

设计人员应确定网络系统中的 DNS 服务器数量和类型，同时对需要进行正向解析的域名区域、逆向解析的 IP 地址范围进行确定（DNS 的定义请参见本书 5.2.3 小节）。

3. 网络安全设计

网络安全设计是整体设计的重要内容之一，在设计网络体系时存在多种安全架构模型，内容如下。

- 设计人性化的安全管理体系，使安全问题易于管理和控制。

- 设计安全技术措施，使安全手段更可靠。
- 设计容灾保障措施，使网络易于重建。
- 设计安全运维服务技术支持，使安全问题能及时解决。

（1）机房与物理线路安全

机房安全指的是计算机、设备、UPS 电源、监控等场地设施以及周围环境及消防安全，设计应该符合国家标准。

物理线路安全是指通信线路应该远离电磁场辐射源或作好相关保护措施，定期测试信号强度和检查接线盒等易被人接近部位，防止非法接入或干扰。对骨干线路作好冗余保护和防雷措施。

（2）网络安全

1）安全域的划分。

在网络工程设计中，设计人员应根据需要自行进行安全域的划分。例如，核心局域网安全域、部门网络安全域、分支机构网络安全域、异地备灾中心安全域、互联网门户网站安全域等。还可对核心局域网安全域进一步划分为中心服务器子区、数据存储子区、核心网络设备子区、线路设备子区、托管服务器子区等。

2）边界安全策略。

边界安全访问总体策略为：允许高安全级别的安全域访问低级别的安全域，限制低级别的安全域访问高安全级别的安全域，不同安全域内部分区进行安全防护，做到安全可控。

核心网络与互联网的边界安全措施设计应满足的要求：用防火墙进行隔离，设置DMZ 区，禁止互联网用户访问内部网络服务，关闭网络病毒相关端口，对进出网络数据流监控、分析和审计，阻止来自互联网的攻击等。

核心网络与部门、分支机构网络的边界安全措施设计应满足的要求：中小型网络在边界无需增加隔离设备，大型网络根据需要增加类似防火墙功能的隔离设备，对进出核心局域网数据流监控并关闭网络病毒相关端口，允许核心网络访问部门或分支机构网络，根据需要对数据库和服务器资源设置相关安全策略。

核心网络与异地容灾中心的边界安全措施设计应满足的要求：对数据级容灾，无需添加逻辑隔离设备；对应用级容灾，可以添加逻辑隔离设备，并只允许开放远程数据存储和备份所需的相关服务。

3）网络设备安全配置。

对密码口令进行严格管理，及时修补操作系统漏洞，对网络设备逻辑访问进行限制，对配置更改进行监控，定期对配置进行备份和记录日志，明确维护人员更改配置时间、原因、操作方式，并在更改前，做好逆操作规程。

4）防止 DDoS 攻击安全配置。

防止 DDoS 攻击设备一般部署于网络边界。例如，在 DMZ 区域部署抗 DDoS 攻击设备，大型网络应该部署独立抗 DDoS 攻击设备，中小型网络应采用具有抗 DDoS 攻击模块的防火墙或路由器。

5）VPN 功能要求。

应提供灵活的 VPN 网络组建方式，支持 IPSec VPN 和 SSL VPN，保证系统的兼容性，支持多种认证方式，支持隧道传输保障技术，支持穿越网络和防火墙，支持网络层以上的 C/S 应用，为用户分配专网地址并确保其安全，对通过互联网的数据必须加密，并提供审计功能。

6）流量管理。

在带宽资源较紧张的网络链路中支持调节网上各应用类型数据流量，限定带宽，保证重要应用系统的网络带宽。提供基于 IP 的总流量控制、多时段的网络流量统计分析、实时负载分析、关键业务流量实时监控、应用流量带宽分配与控制、用户分组管理等管理手段。

7）网络监控的设计部署与功能要求。

在核心网络中部署网络监控系统，采集和监控流量、时间、设备运行状况等信息，并能对其进行分析。实现对监控事件实时性响应和多种方式的报警功能，具有对相关事件的关联处理和分析能力，对异常事件进行处理和审计，对于审计中的异常信息建立相关处理流程。

8）访问控制。

在网络边界部署访问控制设备，启用访问控制功能。根据会话状态信息为数据流提供明确的允许/拒绝访问的能力。对进出网络的信息内容过滤，实现对 HTTP、FTP、SMTP 等服务的控制。限制网络最大流量和连接数，并在会话处于非活跃一段时间后或会话结束后终止网络连接。重要网段需采取技术手段防止地址欺骗。明确用户和系统之间的资源访问权限，并限制拨号用户对网络不同区域的访问。

（3）系统安全

1）身份认证。

登录系统时进行身份认证，定义认证尝试允许次数，对认证失败后设置再次允许认证设置一定的时间间隔，并对整个过程进行记录。对登录用户来源进行监控，用户名和口令需在信道中加密传输。定期设计身份认证日志，对异常行为进行及时处理。

2）账户管理。

建立账户管理制度，定期检查账户分配情况及权限设置的正确性。为不同用户分配不同的用户名或用户标识符，确保其唯一性。记录用户的登录活动，定期审计和分析用户账户的使用情况，对发现的异常情况及时处理。

3）系统管理。

使用正版操作系统软件，合理分配用户和管理员在系统的权限，严格管理对系统目录、文件、进程、服务的访问权限。限制服务器对外提供的服务资源，屏蔽或禁用不使用的端口。对不同用户使用磁盘配额，并开启日志系统日志与审计功能。对内核加固，及时更新补丁，，并采用专业工具对系统漏洞扫描。确保文件完整性、服务完整性、系统日志的保护，做好病毒防护。

4）桌面安全管理。

加强对计算机终端状态、行为以及事件的管理，对网络上的每台计算机设备实施有效的接入管理、资产管理和安全管理。对于安全性要求较高的网络，应该对其拓扑终端、桌面资源、安全策略进行管理，对设备行为、策略、非法连接进行监控。

5）系统备份与恢复。

重要的系统必须具备恢复功能，在发生故障的情况下，能够恢复到系统故障前的状态。要定期对全系统进行备份，对部分系统的服务中断，能在无人值守的情况下使系统恢复到安全状态，对其他的服务中断可手动恢复。

（4）应用安全

1）数据库安全。

使用数据库目录表、存取控制表、能力表等确定主体对客体的访问权限，允许命名用户以用户、用户组的身份规定并控制对客体的共享权限，阻止未授权用户读取信息。将访问控制、身份认证、审计相结合，确认用户身份，对访问进行记录，使用户对自己的行为承担明确责任。限制授权传播，对不可传播的授权进行明确定义，由系统自动检查对这些授权的传播限制。系统安全员在数据库用户建立注册账号后标记用户的安全属性，客体的安全属性则以默认方式生成或由系统安全员通过操作界面进行标记。建议在条件允许的情况下，将系统的常规管理、安全相关管理、审计管理分别交由不同的人员负责，并赋予其职责范围内承担任务所需最小权限，形成相互制约。数据库安全级别必须高于C2安全级别，并注意对其备份。

2）其他服务安全。

邮件服务安全，能有效阻止恶意程序或病毒、垃圾邮件进入网络内部，邮件安全系统应具有国家相关安全部门的证书；Web服务安全，对网页进行实时监控保护，防止非授权人员随意篡改Web页面，保持Web业务面向外部和面向内部服务业务的独立性，防止出现问题造成整体服务中断，做好Web日志审计。

3）应用系统的安全。

应用软件方面：必须是正版软件，未经认证的环境或工具，必须提交源设计代码，经相关专家组评价审定后方可使用。运行新开发的应用软件，须保留人工工作方式至少6个月，软件版本升级，必须对旧系统数据进行必要的备份，并对新系统进行跟踪至少3个月。重要的数据应提供数据有效性检验功能，保证输入的数据格式或长度等符合系统设定要求。提供自动保护功能，当发生故障时能自动保护当前所有状态，保证系统能进行恢复还原。禁用未经授权的开发管理工具连接实际的网络设备、操作系统、数据库、服务器等。

身份识别与认证方面：应用系统应尽量采用基于数字证书的用户身份认证，登录时应采用用户身份、口令验证，必要时加入验证码。应该提供强制修改口令、登录失败处理、超时处理等功能。重要的应用系统采用一次性口令密码。不允许超级用户访问数据库系统、操作系统、网络设备等。

其他方面：数据的机密性和完整性保护，对敏感或重要信息采用数字签名、加密等手段加以保护，对重要的数据能检测到存储或传输过程中完整性是否受到的破坏，采取必要的恢复措施，并做好应用系统访问控制和安全审计相关工作。

（5）数据容灾与恢复

1）总体要求。

有专门的运行维护人员检查和执行定期数据备份任务，备份的数据必须有效且能进行恢复。制定数据恢复源，由相关部门备案。

中小型网络应拥有备用基础设施和本地数据备份系统，大型网络应该有独立的备用基础设施、备用网络系统和数据备份系统，并建立备用数据处理系统。

2）容灾系统建设。

建设地址的选择：灾难恢复/备份中心与核心网络中心的距离应大于10km，应具有完善的基础设施，能提供充足的广域网带宽和双回路电力保障。地址不宜选在洪涝、台风、雷击等自然灾害多发地区，也不能选在重要设施密集地区、交通要道和重要建筑物附近。

基础建设要求：机房建设应符合国家标准，存储基础设施应建立有效地存储系统，针对网络中的主要服务，应建立备份服务器，保证数据安全性、备份的简单性和管理的简易性。

备用网络系统：配备与核心网络相同等级的备用通信线路和网络设备，并部署已定的安全系统，保证容灾系统的安全。

建设方式：企业可通过自行建设、多方共建、商业化租用或其他方式获得灾难备份中心的基础设施。

3）数据备份与恢复要求。

提供本地数据备份与恢复功能，完整数据备份应每天一次，重要数据应备份到光盘、磁盘、存储卡等介质中。制定合理的备份策略并对其实施情况进行检查，包括介质的分类、标记、查找方法，介质的适用、维护、保养、销毁，备份频率和保存时间等。采用异地备份方式，可通过网络自动备份到异地的磁盘阵列。数据恢复时应制定数据恢复计划，并申报主管批准，按计划执行。业务数据恢复前应严格审查数据是否已丧失连续适用的可能、数据库是否需要重建，严格检查备份数据是否有效。另外，还需对数据恢复工具严格控制，尽可能避免误操作。

除此之外，还应建立完善的安全运维服务体系和安全管理体系来保障网络安全。其中，安全运维服务体系包括：对信息安全风险进行评估，制订应急预案，从容应对遇到的各种信息安全事件。要安排人员值班进行安全监管，做好对网络设备、服务器、应用系统的运行状态、性能和事件信息的采集工作，对安全事件进行过滤、关联分析和报警，同时也要做好定期安全巡检、安全培训、对重要服务器定期加固等其他安全相关服务。安全管理体系包括：建立安全组织机构，制定安全管理规章制度，加强对安全系统建设、信息安全人员、安全相关变更的管理，积极获取外部技术支持。

2.3 任务实施

2.3.1 任务情境分析

该企业的资源和产品信息共享服务、财务电算化服务、集中式的供应链管理服务、客户服务关系管理系统服务等正常业务开展都依赖于网络，如果网络发生故障会给企业带来巨大损失。因此，在设计阶段应着重考虑网络的稳定性和可用性。工程人员首要任务是与企业网络管理相关人员进行充分沟通，了解企业网络当前及将来的业务需求，为网络设计工作提供可靠的数据资料和设计依据。

该企业园区网属于大中型网络，信息点较多，网络结构要进行分层设计，网络编址要正确规范，局域网技术和设备选型要合理适中，不能为追求网络性能而不计成本。企业网络中加入了 IP 语音电话、视频点播服务等多媒体业务，设计时要考虑 QoS 实现和接入层的 PoE 等设备技术支持（本部分仅讨论支持 IP 语音服务，不讨论 IP 语音电话）。除此以外，在设计时一定要着重考虑、设计并论证网络安全问题、网络管理运维问题，这些问题会对后期网络的使用产生巨大的影响，一定不能忽视。

2.3.2 逻辑网络设计

1. IP 骨干网设计

骨干网是连接多个局域网的高速网络，新一代的 IP 骨干网络结构必须能够提供多种业务服务。该企业除了正常业务开展外，对广泛的多媒体业务有着应用需求，所以 IP 骨干网既提供 IP 连接服务，而且还提供更先进的服务，包括 IP 组播多媒体服务、对 QoS 的控制服务、虚拟专网/虚拟拨号专网服务（Virtual Private Network/Virtual Private Dial-up Networks，VPN/VPDN）等，IP 骨干网对硬件结构和软件服务的要求也越来越高，其硬件已发展为采用全交换的高速背板结构，是实现 IP 语音、视频实时传输的基础。

目前，在 IP 骨干网最有效的多媒体传输技术是 IP 组播，在 IP 服务层必须有效支持与 IP 组播相关的全部标准化协议。IP 骨干网提供根据用户不同级别、不同业务类型的 QoS 服务。对于 QoS 而言，主要是通过资源预留协议（Resource Reservation Protocol，RSVP）和区分服务来实现的，基于这两种 QoS 服务模式的原理，可以考虑在总部部署 RSVP，而总部与分布之间部署区分服务。IP 骨干网还提供 VPN/VPDN 技术，可实现通过宽带多媒体网络建立私有专网提供标准化。

在企业网络的建设中，IP 骨干网的技术实现方式可以是不同的，但 IP 骨干网设计的原则是一致的：高带宽、可扩展、有冗余连接、有服务质量保证及运行的稳定可靠性。在设计时根据不同的建设要求和具体情况，建设企业网络平台，同时必须保证企业的 IP 骨干网拥有充足的宽带，从网络层满足各系统、各部门接入时宽带网络的承载能力，同时满足用户网络规模、用户冗余性等要求。

2．核心层设计

设计时可以考虑在该企业网络的核心层采用三层交换设备，在网络骨干不运行 STP 算法，以避免广播在骨干传播。并且，在网络核心采用 OSPF 路由协议，使骨干网在链路故障时能够在 1 秒内迅速收敛。

在本任务情境中，在网络核心层采用双机热备份的核心交换机系统解决方案，选用具有三层交换设备如 Cisco 6500 系列设备两台，它们之间通过 GBIC 接口卡相连，核心层与分布层通过光纤接口 GBIC 双连，以保证网络核心骨干冗余。

网络可考虑设计为如下分层模型，如图 2-1 所示。

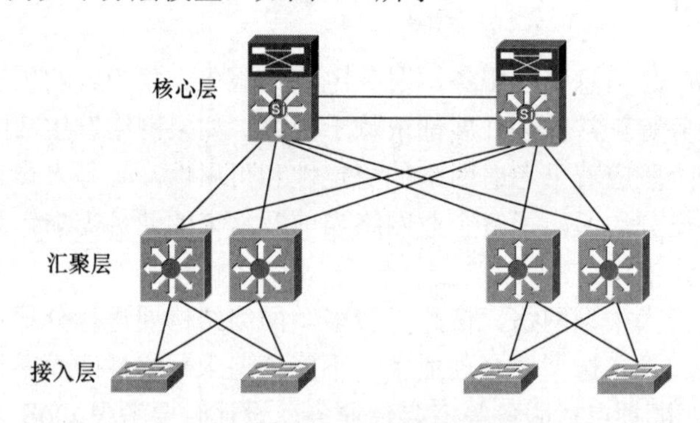

图 2-1　设计网络分层模型

核心层采用智能网络三层路由协议如 OSPF、IS-IS 等保证核心路由稳定。同时，在核心层和分布层的三层交换设备中不运行 STP 算法。核心层环网中设计采用 HSRP 或 VRRP，以提高核心网络的健壮性，实现链路的安全保障。对于各个业务的 VLAN 可以指向这个虚拟的 IP 地址作为网关，实现在核心层交换机之间的硬件冗余，两台设备共用一个虚拟的 IP 地址和 MAC 地址，通过内部的协议传输机制自动进行工作角色的切换。核心层可设计双引擎、双电源为网络高效处理大量集中数据提供了可靠的保障。

核心层为提供对关键部件的安全保障，可选用思科 WS-SUP720-3B 模块，实现对多种病毒和攻击防护。设备管理安全提供 SSHv1/v2 的加密登录和管理功能，避免管理信息明文传输引发的潜在威胁，同时提供良好的接入安全功能。另外，从带宽需求、布线距离、PoE 支持等方面综合考虑，添加了以下思科模块：WS-X6724-SFP、WS-X6548-GE-45AF、GLC-T、GLC-SX-MM。

核心层拟购设备如表 2-3 所示（表内设备价格仅作参考）。

表 2-3　核心层拟购设备表

产品编码	描　述	单价/元	数　量	合计/元
WS-C6509-E	Enh C6509 Chassis, 9slot, 15RU, No Pow Supply, No Fan Tray	40000	2	80000
WS-CAC-3000W	Catalyst 6500 3000W AC power supply	15000	2	30000
WS-SUP720-3B	Catalyst 6500/Cisco 7600 Supervisor 720 Fabric MSFC3 PFC3B	100000	1	100000
MEM-C6K-CPTFL128M	Cat6500 Sup720/Sup32 Compact Flash Mem 128MB	500	2	1000
WS-X6724-SFP	Catalyst 6500 24-port GigE Mod: fabric-enabled (Req. SFPs)	50000	2	100000
WS-X6548-GE-45AF	Cat 6500 PoE 802.3af 10/100/1000 48-port(RJ45)CEF256 card	50000	1	50000
GLC-T	1000BASE-T SFP	2500	6	15000
GLC-SX-MM	GE SFP, LC connector SX transceiver	1000	6	6000
			总计	￥382000

在该设计方案中，采用业务、路由、交换一体化的设计架构，具有强大的业务和路由交换处理能力，能提供如多协议标签交换（Multi-Protocol Label Switching，MPLS）、VPN、QoS、策略路由、NAT、以太网上承载的点对点协议（Point to Point Protocol over Ethernet，PPPoE）/Web/802.1x/L2TP 认证等丰富业务能力，并可通过内置防火墙模块实现各种强大的网络安全策略，可以充分满足大型企业不同园区网络的高速数据交换和支持多业务功能的要求，并能够提供完善的安全防御策略，保障企业园区网络的稳定运行。

3. 汇聚/接入层设计

汇聚层设计主要是针对企业园区内各大楼接入交换机的数据的汇聚和交换。本任务情境中，采用思科 WS-C3750G-24TS-E 多层交换机作为汇聚层的交换机，该型号交换机在提供高密度千兆端口接入的同时，还能够满足汇聚层智能高速处理的需要，并能灵活的部署在网络边缘的各个位置，能同时提供多个高速专用堆叠端口和百兆、千兆光/电口。该交换机能提供多业务处理，支持智能的MPLS、组播等各种业务，为用户提供丰富、高性价比的组网选择。

传统设计中的安全控制和 QoS 支持能力依赖于汇聚层或核心层设备，给汇聚层和核心层设备带来了较大压力，往往在网络内部病毒泛滥成灾时导致核心层设备无法工作，使网络无法保障 QoS 服务质量。Cisco 2900 系列接入交换机产品能满足高安全、多业务承载、高性能的网络环境，具备传统二层交换机大容量、高性能等优点，同时还具有领先的安全特性，能加强企业网络对边缘接入层的安全控制能力。该产品具备的端口带宽限制、端口镜像、QoS、端口安全、广播风暴抑制等功能，可根据用户需要来订制安全策略并进行部署，以协助用户实现网络的管理和维护。除此之外，该产品还具备多个专用堆叠接口，可以满足楼层，楼宇内多个交换机高性能汇聚的需要。

汇聚/接入层拟购设备如表 2-4 所示（表内设备价格仅作参考）。

表 2-4　汇聚/接入层拟购设备表

产品编码	描述	单价/元	数量	合计/元
汇聚层交换机				
WS-C3750G-24TS-E	Catalyst 3750 24 10/100/1000 + 4 SFP Enhcd Multilayer;1.5RU	35000	5	175000
GLC-SX-MM	GE SFP, LC connector SX transceiver	1000	5	5000
			合计:	180000
接入层交换机				
WS-C2970G-24TS-E	Catalyst 2970 24 10/100/1000T + 4 SFP, Enhanced Image	20000	4	80000
GLC-SX-MM	GE SFP, LC connector SX transceiver	1000	4	4000
WS-C2950T-24	24 10/100 ports w/ 2 10/100/1000BASE-T ports, Enhanced Image	6000	15	90000
WS-C2950G-24-EI	Catalyst 2950, 24 10/100 with 2GBIC slots, Enhanced Image	15000	4	60000
WS-G5484	1000BASE-SX Short Wavelength GBIC (Multimode only)	2000	6	12000
WS-C2950-24	24 port, 10/100 Catalyst Switch, Standard Image only	￥5000	20	$100000
			合计	￥346000

4．服务器冗余设计

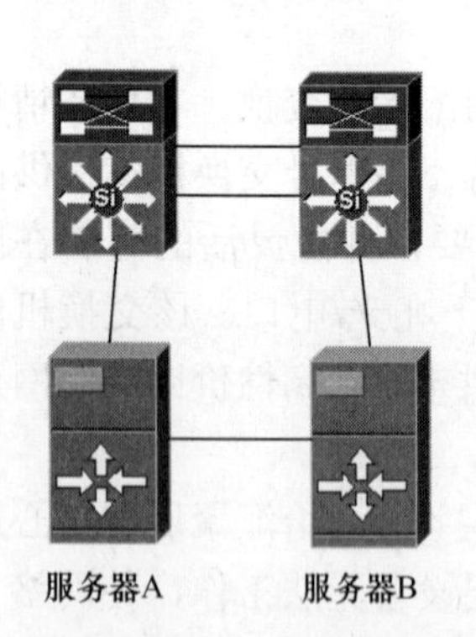

图 2-2　服务器双机热备技术

企业网中的网络存储服务器、SQL Server 服务器等大型机器，其存储的数据对于企业来说至关重要，一方面，核心数据被视为企业的生命，另一方面，一些数据的性质决定了其有可能较多地被访问和使用，这要求服务器稳定和快速，死机会产生严重的后果，所以，保障服务器的可靠性和可用性是重中之重。采用双机热备技术能够有效满足核心服务器高效、稳定的要求，而且是成本较为经济的技术。

如图 2-2 所示，双机热备技术具体实现如下：每个核心服务器均具有两个以太网接口（可以通过安装双网卡实现），在此基础上，服务器 A 与服务器 B 先分别通过自己的一个以太网接口实现两个服务器之间的直连，同时，这两个服务器另一个接口则与服务器区的网络进行互联，从而达到双机热备的目的。本任务情境中可设计具有多台服务器设备，包括 Web、Email、FTP、多媒体服务器等。

根据本任务情境的需求分析和园区网建筑物布局，对企业园区网总体拓扑结构设计如图 2-3 所示（制作方法详见本书 2.3.3）。

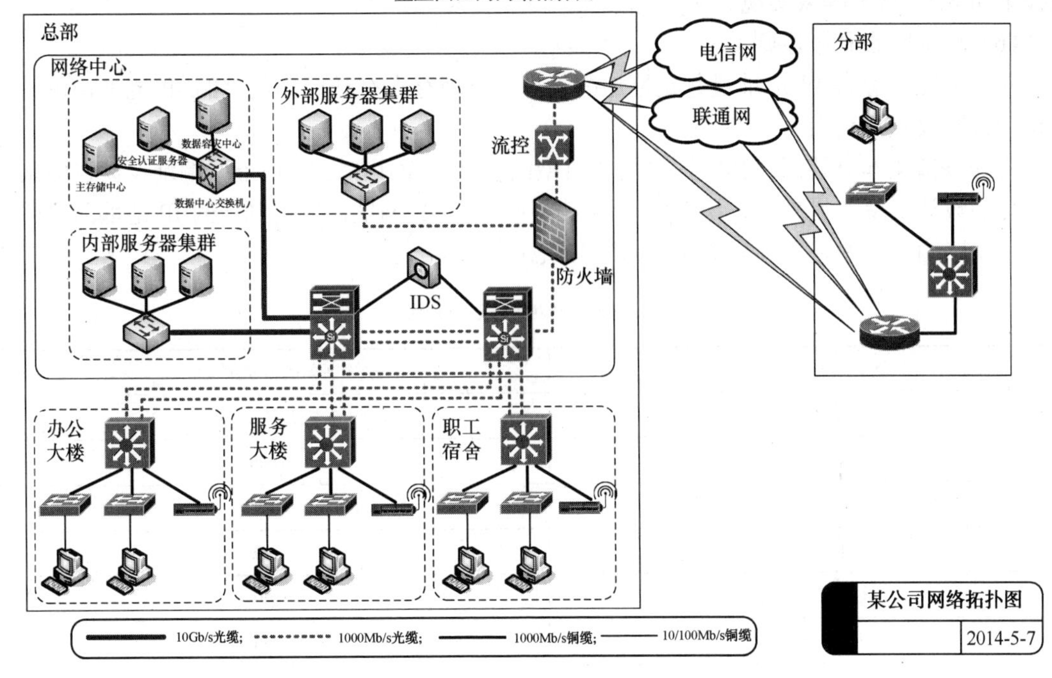

图 2-3　网络拓扑图

5．IP 地址设计

IP 地址资源是整个 Internet 的基本核心资源，它构成了整个 Internet 的基础，对 IP 地址资源的合理分配和有效利用是整个 Internet 发展过程中一项持续有效的、极具分量的研究工作。

在对本任务情境中企业园区网的 IP 地址编址设计、分配时，应遵循以下几个原则。

（1）自治原则

将整个园区网络划分成几个大的自治区域，每个大自治区域再被划分成几个小的自治区域。

（2）有序原则

网络进行自治区域划分后，再根据地域范围、设备分布及区域内用户数量进行子网规划，并结合考虑 IP 地址规划和网络层次规划、路由协议规划、流量规划等因素。为了提高地址分配效率和地址利用率，编址设计时采用较先进的自顶向下（Top-Down Network Design）网络设计方法，满足有序原则。

（3）可持续性原则

考虑到园区内网络用户数量将持续高速增长，网络所要承载的业务量和业务种类会越来越多，网络需要不断进行技术改造、升级和扩容。所以，本任务情境中，在进行地址分配时，会充分考虑以上因素，为网络的每个部分留有部分备用地址，以保证网络的可持续发展。

（4）可聚合原则

互联网日新月异的发展和日益庞大的规模是设计之初未预料到的，在路由表急剧膨胀的情况下，可聚合原则是网络地址分配时所必须遵守的最高原则，它提供了地址规划的路由冗余功能。

（5）节约地址原则

由于 IPv4 地址越来越少，所以对于 IPv4 地址的使用需要格外节约，这可以通过动态编址技术和 NAT 技术等来实现。

（6）地址回收利用原则

对已分配的静态 IP 地址进行定期追踪管理，发现存在有长时间闲置的 IP 地址，可经过确认后再回收重复利用。

本任务情境本身的网络拓扑图采用了典型的层次化设计，故 IP 地址的编址设计也应采取层次化的设计实现。另外，采用 VLSM 来拓展有限的 IP 编址，以达到节约 IP 地址的目的同时，实现路由汇总的使用。表 2-5 所示为 IP 地址数分配表。

表 2-5　IP 地址数分配表

网 段 描 述	所需的 IP 地址数
骨干核心层链路	5（2 个用于拓展备份）
集团总部	1000
宿舍	1500
服务大楼	300
生产部门/仓库	100
大型机/服务器群	200
企业 VOIP 语音系统	1500

在本任务情境中，首先采用一个内部私有 A 类地址（10.0.0.0）对园区网主体结构进行编址，采用自上而下的设计思路。其次，在语音电话系统中，设计使用 172.16.0.0 的网络私有编址的 IP 电话作为语音电话编址方案。由于每一个 IP 电话需要一个 IP 地址以及子网掩码、默认网关等的相关信息，这意味着一个组织需要指派两倍于 IP 电话的 IP 地址给当前所有的用户，此处设计由 DHCP 提供。

各部门 IP 地址和所属 VLAN 分配，如表 2-6 所示。

表 2-6　集团总部各部门 IP 地址与所属 VLAN 分配表

VLAN 信息 / 部门	IP 地址网段	VLAN 编号	默认网关
A 部门	10.0.10.0/24	10	10.0.10.254/24
B 部门	10.0.20.0/24	20	10.0.20.254/24
C 部门	10.0.30.0/24	30	10.0.30.254/24
D 部门	10.0.40.0/24	40	10.0.40.254/24

设计企业内网服务器 IP 地址 10.200.1.0/24，企业外网服务器 IP 地址及路由出口 IP 地址为 202.170.100.3~23/24。

2.3.3　网络拓扑图的制作方法

Microsoft Office Visio 是一款独立的关于图表解决方案的软件，它有助于 IT 专业人员轻松地分析复杂信息，能够将难以理解的复杂文本和表格转换为直观的 Visio 图表，通过创建与数据相关的 Visio 图表来显示数据，并易于刷新。下面以 Microsoft Office Visio 2003 为例，介绍网络拓扑图的制作方法。

Visio 包含了许多 Microsoft Office 的特性，并且与 Microsoft Office 兼容，提供了基本的 Office 功能，如标准的工具栏、菜单、内置自动更正功能、Office 拼写检查器、快捷键等。

安装好并打开软件，会出现选择绘图类型界面，如图 2-4 所示。选择类别为“网络”，由于详细网络图模板比基本网络图模板可选工具更多，此处选择“详细网络图”，则进入了拓扑图制作界面，如图 2-5 所示。也可以在菜单栏依次选择 “文件”→“新建”→“网络”→“详细网络图”进入拓扑图制作界面。

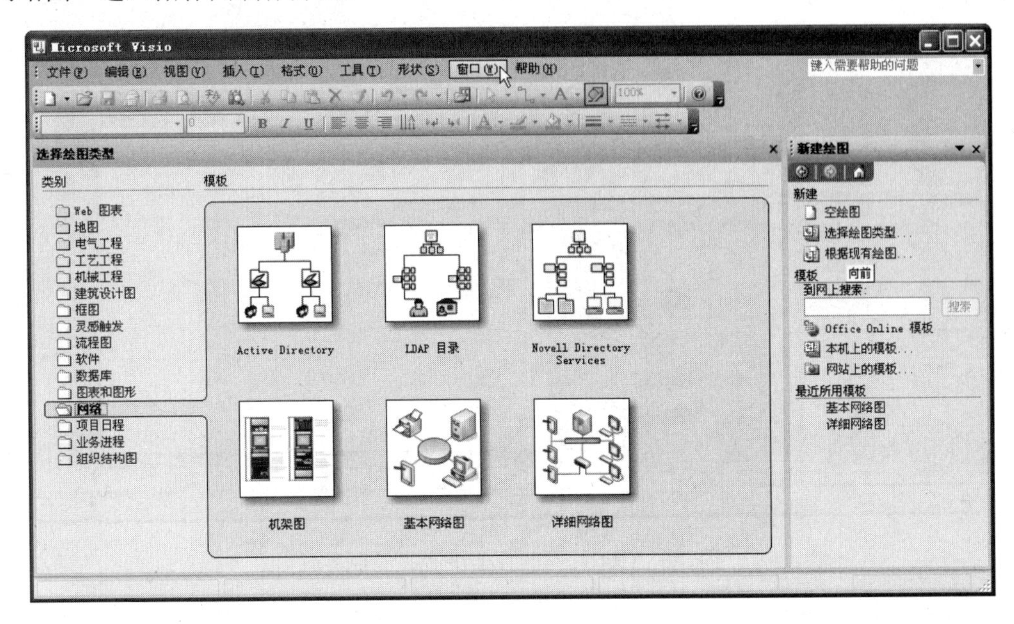

图 2-4　Visio 界面

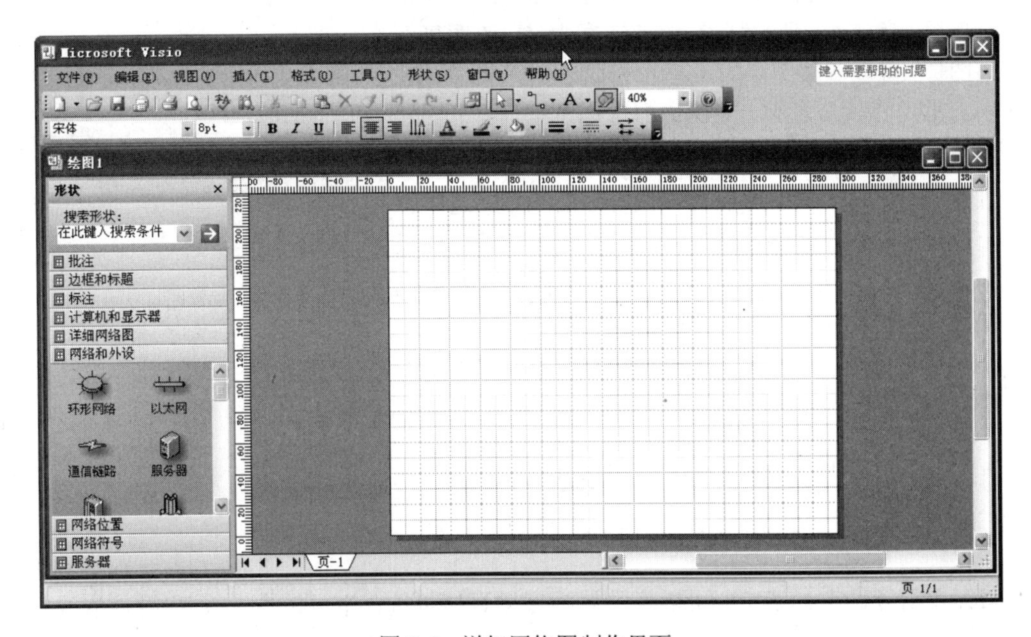

图 2-5　详细网络图制作界面

1. 下载和安装设备图标

该软件自带很多网络设备图标，也可以从互联网上下载很多 Visio 网络设备图标，下载后双击图标即自动打开 Visio 并进入到详细网络图绘制界面。本任务中下载了一个 2009 年的 Cisco 网络设备图标，双击后如图 2-6 所示。

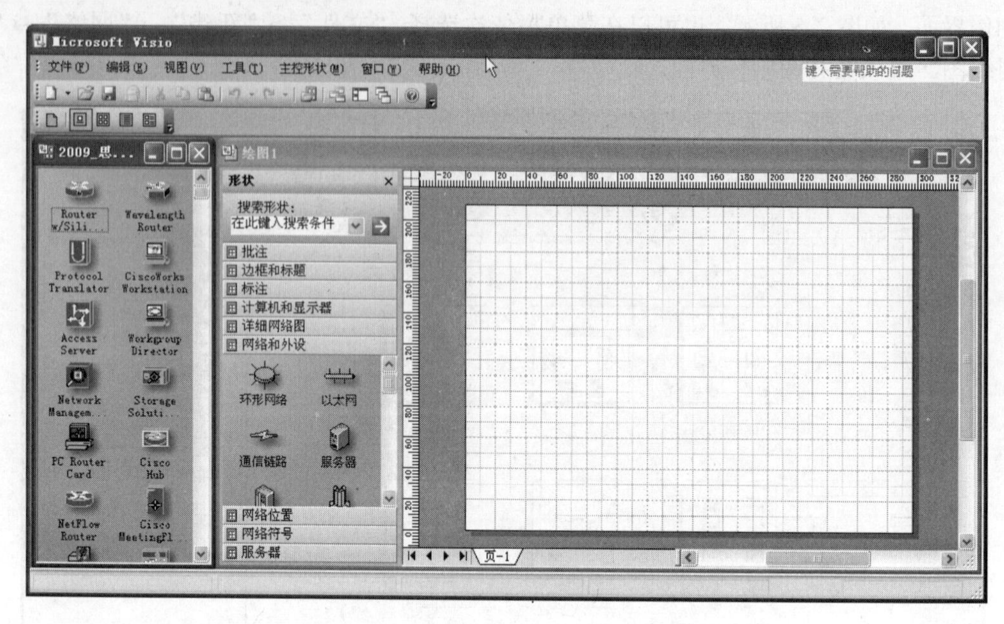

图 2-6 Cisco 图标的详细网络图绘制界面

2. 设置网络设备图标

绘图时，选择需要的拓扑图标，这里选择一个二层工作组交换机，单击该图标拖至右边设计框内。在绘图界面选中该图标，可以调整图标的大小和方向，如图 2-7 所示。图标的大小设定比较重要，太小可能读图不清，太大影响整体的效果。

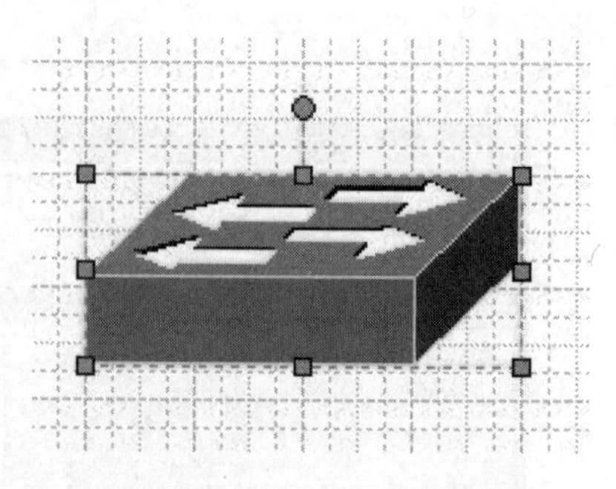

图 2-7 调整图标大小方向

设置好合适大小后，可以对该图标进行复制。选中该图标，按住“Ctrl”键，左键拖动该图标到空白处，同样的图标就会出现在绘图框中，释放“Ctrl”键，这样有助于添加多个同样的图标。

在菜单栏中选择“视图”→“工具栏”→“动作”，会出现如图 2-8 所示的“动作”工具条。

图 2-8 “动作”工具条

将需要对齐的图标选中，可以拖动鼠标左键直接框选，也可按住“Ctrl”键依次选中，选中后如图 2-9 所示。

然后单击“动作”工具条中的第一个按钮“对齐形状”，由于设备大小一致，在下拉菜单中选择“中部对齐”、“顶端对齐”、“底部对齐”均可，效果都是使其水平对齐。

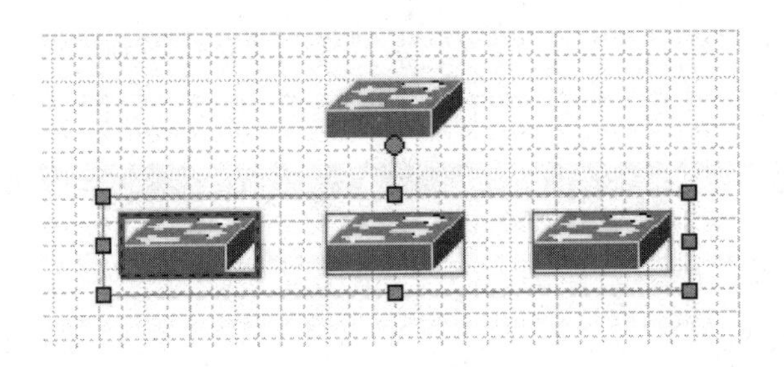

图 2-9　选中多个图标

如果拓扑设计中有多个同样设计，可以将其组合，选中要组合的图标，然后单击“动作”工具条的“组合”按钮，这样可将多个图标当作一个图标进行操作。选中组合后的图标，进行复制，按照上面介绍的对齐方式再将组合重新对齐，如图 2-10 所示。

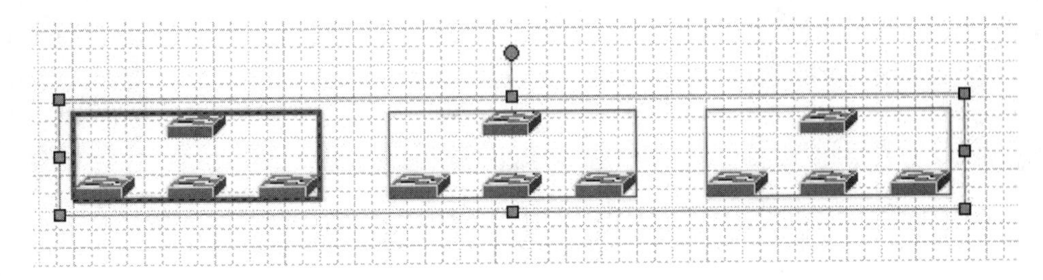

图 2-10　组合图形对齐

更换左边的汇聚层的二层交换机为三层交换机，选中该组合，单击“动作”工具条中的“取消组合”按钮，然后选择要去掉的图标，按“Delete”键进行删除，插入需要的图标，并调整其大小。以此类推，可根据设计构想，拖入其他网络设备图标。

3. 绘制设备连线

添加好所有设备并摆好位置后，开始连线。为便于连线，先要将图放大，一般放大到 150%即可，然后依次选择菜单栏中的“视图”→“工具栏”→“绘图”选项，弹出“绘图”工具栏，如图 2-11 所示。

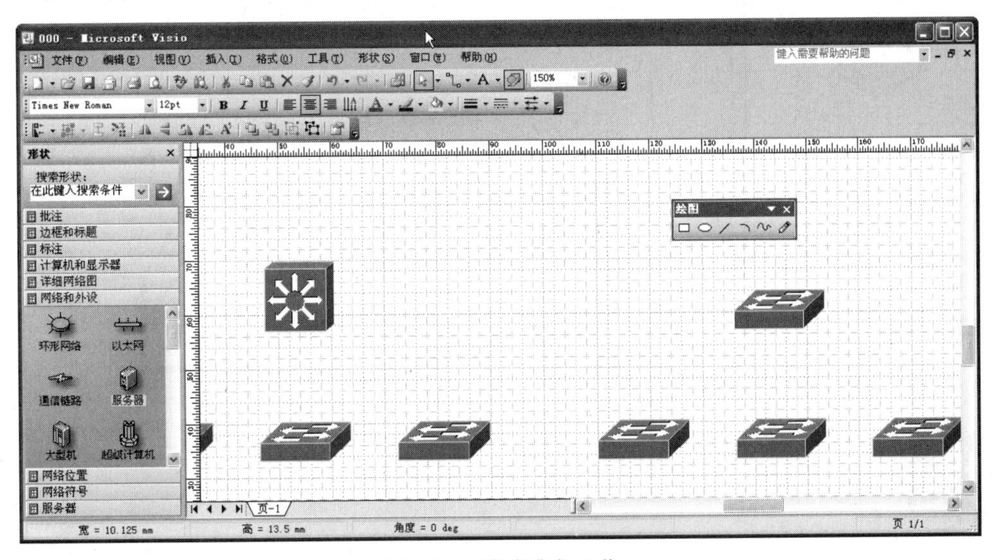

图 2-11　连线准备工作

选择“绘图”→“线条工具”选项，“线条工具”是直线绘制工具，选择连接点，然后拖放至另一个点形成直线，以此类推，可将所有设备连接起来，如图 2-12 所示。

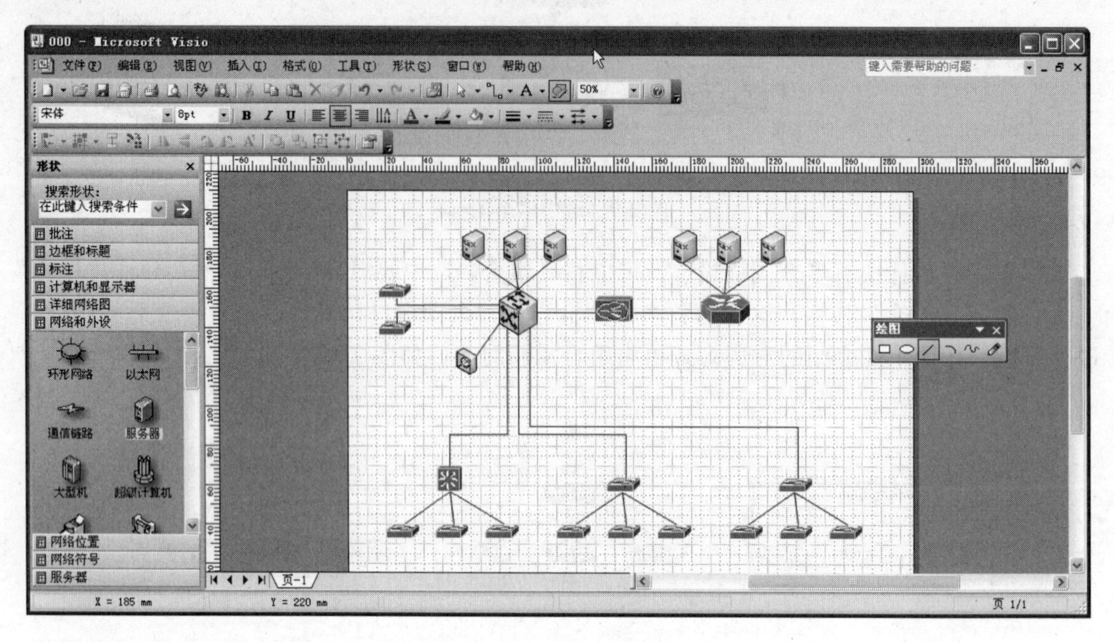

图 2-12 绘制设备连接线

然后单击工具箱中的 “指针工具”切换成选择状态。按“Ctrl”键依次选择选择要修改的连线，如图 2-13 所示，紫红色部分即为选定状态。

单击鼠标右键依次选择“格式”→“线条”选项，弹出线条配置框，根据需要设置“图案”、“粗细”、“颜色”的相关参数，单击“应用”可以预览修改效果，如图 2-14 所示。

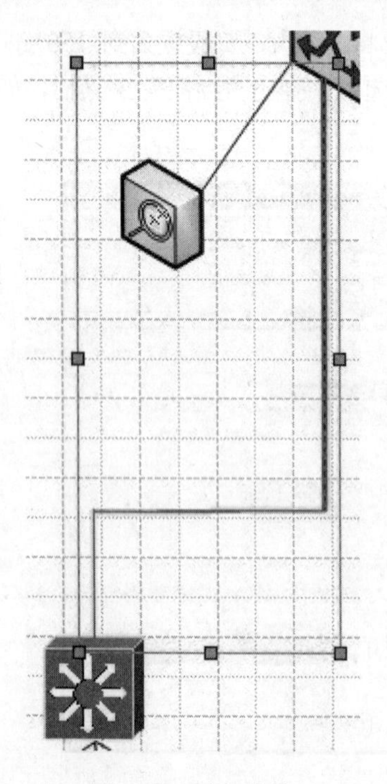

图 2-13 选择连线

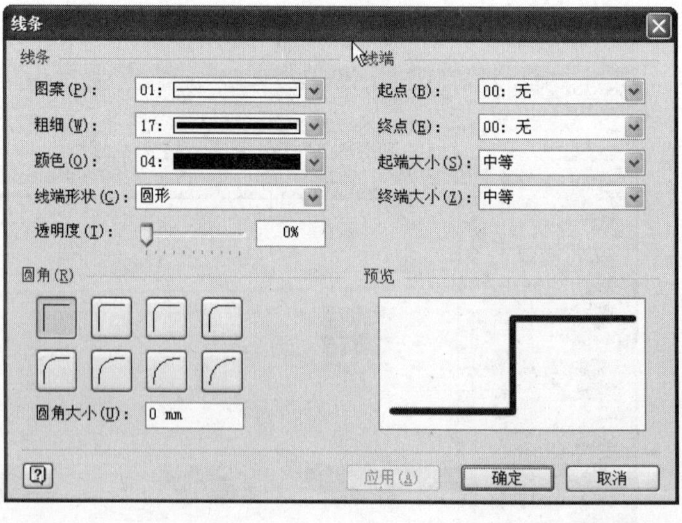

图 2-14 修改连线

4．添加文字说明

按设计初衷修改所有连线后，然后再在图中加入标注。在 Visio 软件中，如果用户需要在 Visio 绘图页某个位置添加标题、文字标注或注释，可以通过创建纯文本来实现。在要加入文字标注的图标下方，选择“绘图”→“矩形工具”选项，绘制一个矩形，然后双击该矩形，即可在该矩形中添加需输入的文本内容。依次选择“视图”→“工具栏”→“常用”选项，Visio 界面会出现“常用”工具条，可编辑文字大小、字体、下划线等属性。编辑好后，选中矩形并右击，在弹出的快捷菜单中依次选择“格式”→“线条”选项，将边框颜色改为白色，即去掉边框。最后尽量将矩形缩小，拖曳至标注位置。以此类推，可完成拓扑所有的标题和注释。如图 2-15 所示。

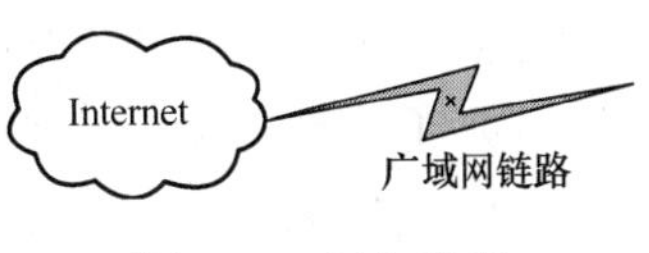

图 2-15　添加注释

5．添加区域界线

为了让拓扑区域一目了然，需要对区域边界进行说明。先建立与区域大小相匹配的图形，单击“绘图”工具条中的“矩形工具”，覆盖需注明的区域。选择“矩形”，依次选择“格式”→“填充”选项，将透明度设置为 100%，如图 2-16 所示。依次选择“格式”→“线条”选项，设置“图案”、“粗细”、“圆角”参数，完成区域的选择，然后加入文本标注。

按照以上方法，加入连线说明，最后从形状框中选择合适的边框和标题，填写公司名称和绘制人姓名，即完成拓扑图制作。

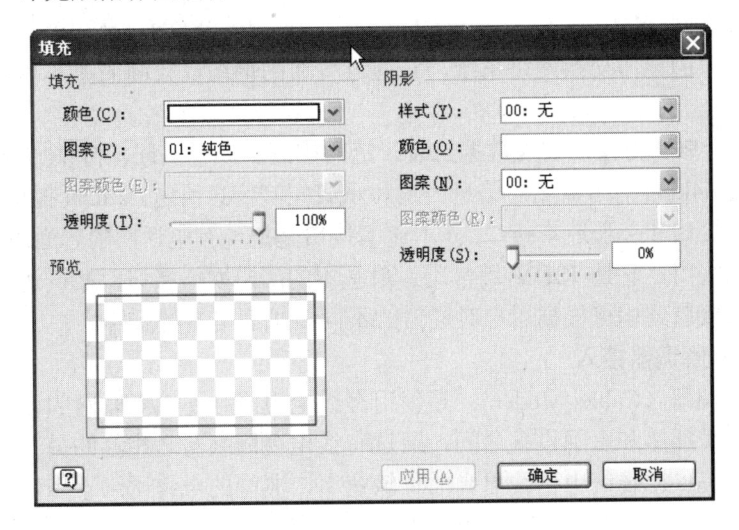

图 2-16　选择区域透明度修改

2.4　知识扩展

2.4.1　城域网远程接入技术

在选择城域网接入技术时主要依据本地城域网的建设情况。网络设计人员需要根据远程用户的分布、是否需要专网、运营商的线路铺设、租赁费用等具体情况，并与运营商进行协商讨论，形成最终接入方案。常见的城域网远程接入技术有以下几种。

1．公用电话交换网

公用交换电话网（Public Switch Telephone Network，PSTN）是一种常用的旧式电话系统，即日常生活中的电话网。PSTN 接入的传输速率较低，常见速率为 33.6kb/s 或 56kb/s。PSTN 接入技术主要使用点对点协议（Point-to-point protocol，PPP）和串行线路 IP 协议（Serial Line Internet Protocol，SLIP）两种协议。SLIP 只能为 TCP/IP 协议提供传输通道，PPP 可以为多种网络协议提供传输通道，因此 PPP 协议是应用较广的协议。

PSTN 的入网方式比较简便灵活，通常有以下几种。

1）通过普通拨号电话线入网。只要在通信双方原有的电话线上并接 Modem（调制解调器），再将 Modem 与相应的上网设备相连即可。这种连接方式的费用较低，收费价格与普通电话的收费相同，适用于通信不太频繁的场合。

2）通过租用电话专线入网。与普通拨号电话线方式相比，租用电话专线可以提供更高的通信速率和数据传输质量，但相应的费用也较高。使用专线的接入方式省去了普通拨号方式的拨号连接过程，但用户需向所在地的电信部门提出申请，由电信局负责架设和开通。

3）通过普通拨号或租用专用电话线方式由 PSTN 转接入公共数据交换网的入网方式。利用该方式实现与远程的连接是一种较好的远程方式，因为公共数据交换网为用户提供可靠的面向连接的虚电路服务，其可靠性与传输速率都比 PSTN 强得多。

2．综合业务数字网

综合业务数字网（Integrated Services Digital Network，ISDN）是一个数字电话网络国际标准，是一种典型的电路交换网络系统，它通过普通的铜缆以较高的速率和质量传输语音和数据。

ISDN 上使用 PPP 协议，实现数据封装、链路控制、口令认证、协议加载等功能。ISDN 提供的电路包括 64kb/s 的承载用户信息信道和承载控制信息信道。ISDN 提供两种用户接口，分别为基本速率接口和基群速率接口。基本速率接口是把现有电话网的普通用户线作为 ISDN 用户线而规定的接口，它是 ISDN 最常用、最基本的用户网络接口；基群速率接口主要用于企业的接入，其接口结构可根据用户对通信的不同要求而有多种安排。

3．电缆调制解调器接入

电缆调制解调器（Cable Modem）是使用有线电视网络连接互联网的设备，它串接在用户的有线电视电缆插座和上网设备之间，通过有线电视网络与之相连的另一端是在有线电视台。使用它可以提供比传统电话线更高的传输速率，典型的电缆网络不需要进行拨号，而且提供 25～50Mb/s 的下行带宽和 2～3Mb/s 的上行带宽。

4．数字用户线路

数字用户线路（Digital Subscriber Line，DSL）以电话线为传输介质，它在传统公用电话网络的用户环路上支持对称和非对称传输模式，能解决常发生在 ISP（网络服务供应商）和终端用户间的“最后一公里”的传输瓶颈问题。由于电话用户环路被大量铺设，所以通过现有铜缆实现高速接入的 DSL 技术得到广泛应用。

DSL 技术存在多种类型，常见的技术类型有：非对称 DSL（Asymmetric DSL，ADSL）、对称 DSL（symmetric DSL，SDSL）、ISDN DSL、高比特率（High bit-rate DSL，HDSL）、甚高 DSL（Very High bit-rate DSL，VDSL）。这些技术中，ADSL 是城域网接入技术中应用范围最广的技术。

2.4.2 广域网性能优化

分析网络通信的所有组成部分，以提高总体性能并降低综合费用为目的，进行广域网性能优化，具体可以从下几个方面来考虑。

1．广域网网络瓶颈

在企业网整体设计中，要避免网络访问出现瓶颈。①在保证总体投资不超过预算的情况下，尽量提升广域网的带宽；②各局域网借助广域网互联后，对各局域网互访进行严格限制，只允许必要的通信流量，使广域网资源得到合理分配和利用。

2．利用路由器进行优化

路由器具有针对信息流的优化措施，在局域网互联应尽量使用路由器。①在路由器的广域网接口过滤掉不必要的局域网流量，包括广播通信流量，不支持路由协议的通信和发向未知网络的信息等；②利用路由器实现数据包检查、验证机制，通过数据包的优先级别、队列机制对网络流量进行优化；③通过路由器针对广域网各类协议参数进行优化；④通过路由器将各类错误控制在一定范围内。

3．拨号网络的使用

拨号网络的成本较低，下列情况考虑使用拨号网络时可对广域网进行优化。①网络中用户对广域网的访问需求不固定且访问量不大时，其使用可以降低用户在不访问广域网时对资源的占用；②除正常线路外，其可作为附加带宽线路，增加带宽；③在正常线路出现故障时，其使用可作为备用线路。

4．数据压缩

数据压缩主要由广域网中的路由器来实现，主要有以下两种数据压缩方式。①基于历史数据的压缩，路由设备从多个数据包中找出重复的数据模式，使用更短的代码进行替代，发送方和接收方都有相应代码与数据的转换机制对实施转换，但数据包丢失造成的影响较大，通常在较可靠的链路运用该技术；②对所有的数据包使用较短的代码进行替换，每个压缩后的数据包都是独立的压缩体，由于单个数据包的丢失造成的影响不大，通常可以在不可靠的链路上运用该技术。

5．数据优先排序

将每个数据包分配固定的优先权，按紧急、高级、一般和低级四个级别进行排序。管理员可以按数据对时间的要求不同进行划分。例如网络拓扑改变的路由协议更新分配到紧急队列中。

6．协议带宽预留

协议带宽预留是将总带宽按不同的百分比分配给不同的协议。例如，将 40%的带宽分配给 HTTP 协议，将 30%的带宽分配给 SMTP 和 POP3 协议，剩余带宽保留，此时即使存在其他高优先权的数据需要发送，也不能占用以上预留带宽。但如果预留的带宽特定协议使用不了，其他协议可以进行占用。

7．对话公平

对话公平是协议预留方案的增强，所有用户间保持通信平等，不允许单个用户独占广域网带宽。例如，分配 40%带宽给 HTTP 协议，当前有 50 个用户使用 HTTP 对话连接，则每个用户的连接限制为 HTTP 协议预留带宽的 1/50，也就是总带宽的 0.8%，以保证每个 HTTP 用户能均衡地访问网络。

任务 3　物理网络设计

3.1　任务情景

该企业园区内现有办公大楼、服务大楼、厂房、仓库及宿舍若干，根据企业的建筑物布局（图 1-4）绘制企业布局平面结构图，如图 3-1 所示。经过统计，各建筑物内信息点总数为 4000 余个，如表 3-1 所示。现对此园区网进行物理网络设计。

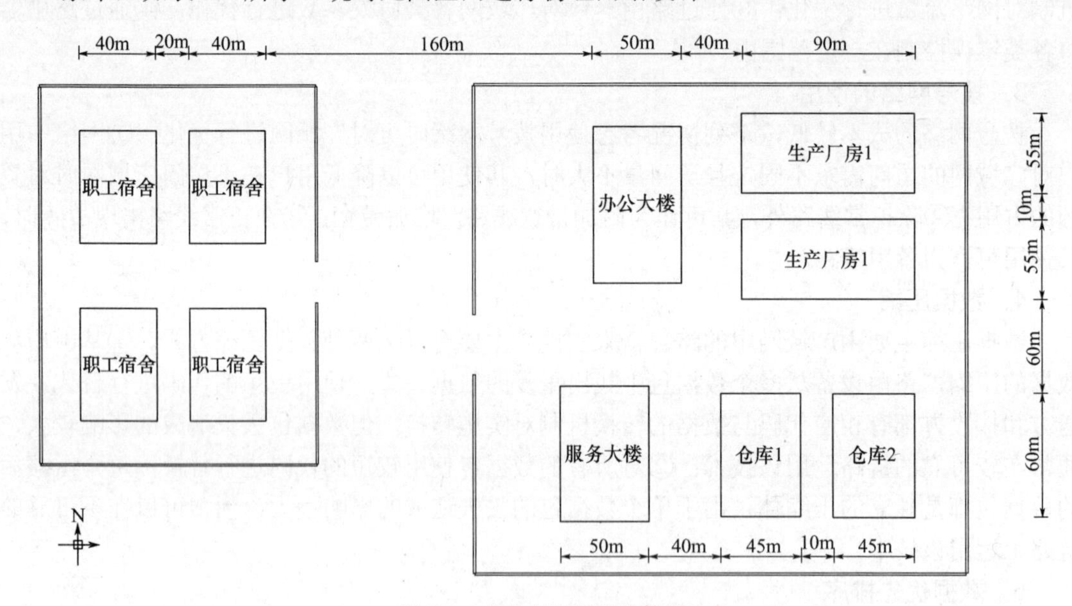

图 3-1　企业布局平面结构图

表 3-1　企业网建筑信息点分布表

建筑物名称	楼　层　数	每层房间数（最多）	信息点数量
办公大楼	16	24	1800
服务大楼	6	18	500
厂房 1	1	10	100
厂房 2	1	6	50
仓库 1	1	1	10
仓库 2	1	1	10
宿舍 1	6	20	450
宿舍 2	6	20	450
宿舍 3	6	20	450
宿舍 4	6	20	450
总计			4270

3.2 任务学习引导

3.2.1 结构化布线技术

1．综合布线系统相关标准

中国综合布线系统标准的主管部门为信息产业部，批准部门为建设部，具体由中国工程建设标准化协会信息通信专业委员会综合布线工作组负责编制。

（1）常用的综合布线国际标准

① 国际布线标准《信息技术—用户建筑物综合布线》ISO/IEC 11801:1995（E）；

② 欧洲标准《建筑物布线标准》EN 50173；

③ 美国国家标准协会《商业建筑物电信布线标准》TIA/EIA 568A；

④ 美国国家标准协会《商业建筑物电信布线路径及空间距标准》TIA/EIA 569A。

（2）综合布线国内主要标准

①《建筑与建筑群综合布线系统工程设计规范》GB/T 50311；

②《建筑与建筑群综合布线系统工程验收规范》GB/T 50312；

③ 我国通信行业标准《大楼通信综合布线系统》YD/T 926。

（3）综合布线其他相关标准

1）电气防护、机房及防雷接地标准。

① 综合布线电缆与附近可能产生高电平电磁干扰的电动机、电力变压器、射频应用设备等电器设备之间应保持必要的间距。

③ 综合布线系统缆线与配电箱的最小净距宜为 1m，与变电室、电梯机房、空调机房之间的最小净距宜为 2m。

③ 墙上铺设的综合布线缆线及管线与其他管线的间距应符合表 3-2 所示的规定。当墙壁电缆铺设高度超过 6m 时，与避雷引下线的交叉间距应按下式计算：

$$S \geqslant 0.05L$$

式中：S 为交叉间距（单位为 mm）；L 为交叉处避雷引下线距地面的高度（单位为 mm）。

表 3-2　综合布线缆线及管线与其他管线的间距

其他管线	平行净距/mm	垂直交叉净距/mm	其他管线	平行净距/mm	垂直交叉净距/mm
避雷引下线	1000	300	热力管(不包封)	500	500
保护地线	50	20	热力管(包封)	300	300
给水管	150	20	煤气管	300	20
压缩空气管	150	20	—	—	—

④ 综合布线系统应根据环境条件选用相应的缆线和配线设备，或采取防护措施，并应符合下列规定。

当综合布线区域内存在的电磁干扰场强低于 3V/m 时，宜采用非屏蔽电缆和非屏蔽配线设备。

当综合布线区域内存在的电磁干扰场强高于 3V/m 时，或用户对电磁兼容性有较高要求时，可采用屏蔽布线系统和光缆布线系统。

当综合布线路由上存在干扰源，且不能满足最小净距要求时，宜采用金属管线进行屏蔽，或采用屏蔽布线系统及光缆布线系统。

⑤ 在电信间、设备间及进线间应设置楼层或局部等电位接地端子板。

⑥ 综合布线系统应采用共用接地的接地系统，如单独设置接地体时，接地电阻不应大于 4Ω。如布线系统的接地系统中存在两个不同的接地体时，其接地电位差不应大于1Vr.m.s。

⑦ 楼层安装的各个配线柜（架、箱）应采用适当截面的绝缘铜导线单独布线至就近的等电位接地装置，也可采用竖井内等电位接地铜排引到建筑物共用接地装置，铜导线的截面应符合设计要求。

⑧ 缆线在雷电防护区交界处，屏蔽电缆屏蔽层的两端应做等电位连接并接地。

⑨ 综合布线的电缆采用金属线槽或钢管铺设时，线槽或钢管应保持连续的电气连接，并应有不少于两点的良好接地。

⑩ 当缆线从建筑物外面进入建筑物时，电缆和光缆的金属护套或金属件应在入口处就近与等电位接地端子板连接。

2）防火标准。

《综合布线系统工程设计规范》第 8 条规定：根据建筑物的防火等级和对材料的耐火要求，综合布线系统的缆线选用和布放方式及安装的场地应采取相应的措施。综合布线工程设计选用的电缆、光缆应从建筑物的高度、面积、功能、重要性等方面加以综合考虑，选用相应等级的防火缆线。

对欧洲、美洲、其他国家和地区的缆线测试标准进行同等比较以后，建筑物的缆线在不同的场合与采用不同安装铺设方式时，建议选用符合相应防火等级的缆线，并按以下几种情况分别列出：在通风空间内(如吊顶内及高架地板下等)采用敞开方式铺设缆线时，可选用 CMP 级或 B1 级；在缆线竖井内的主干缆线采用敞开的方式铺设时，可选用 CMR 级或 B2、C 级；在使用密封的金属管槽做防火保护的铺设条件下，缆线可选用 CM 级或 D 级。这里的 CMP、CMR、CM 均为电缆防火等级，其防火要求由高到低的顺序依次为：增压级-CMP 级、干线级-CMR 级、商用级-CM 级、通用级-CMG 级。

3）智能建筑与智能小区相关标准与规范。

在国内，综合布线的应用可以分为建筑物、建筑群和智能小区。目前信息产业部、建设部都在加快这方面标准的起草和制定工作，已出台或正在制定中的标准与规范有如下。

①《城市住宅建筑综合布线系统工程设计规范》CECS 119：2000。

②《城市居住区规划设计规范》GB 50180—1993。

③《住宅设计规范》GB 50096—2011。

④《中国民用建筑电气设计规范》JGJ/T 16—2008。

⑤《居住区智能化系统配置与技术要求》CJ/T 174—2003。

4）地方标准和规范。

①《北京市住宅区与住宅楼房电信设施设计技术规定》DB J01-601-99。

② 上海市《智能建筑设计标准》DB J08-47-95。

③《江苏省建筑智能化系统工程设计标准》DB 32/181—1998。

④ 四川省《建筑智能化系统工程设计标准》DB 51/T5019—2000。

2．综合布线系统相关术语与缩略词

在 GB 50311—2007《综合布线系统工程设计规范》中对相关术语以及缩略词、符号进行了如下定义。

1）相关术语

① 布线（Cabling）：能够支持信息电子设备相连的各种缆线、跳线、接插软线和连接器件组成的系统。

② 建筑群子系统（Campus Subsystem）：由配线设备、建筑物之间的干线电缆或光缆、设备缆线、跳线等组成的系统。

③ 电信间（Telecommunications Room）：放置电信设备、电缆和光缆终端配线设备并进行缆线交接的专用空间。

④ 信道（Channel）：连接两个应用设备端到端的传输通道。信道包括设备电缆、设备光缆和工作区电缆、工作区光缆。

⑤ 集合点（Consolidation Point，CP）：楼层配线设备与工作区信息点之间水平缆线路由中的连接点。

⑥ CP 链路（CP Link）：楼层配线设备与集合点之间，包括各端的连接器件在内的永久性的链路。

⑦ 链路（Link）：一个 CP 链路或者一个永久链路。

⑧ 永久链路（Permanent Link）：信息点与楼层配线设备之间的传输线路。它不包括工作区缆线和连接楼层配线设备的设备缆线、跳线，但可以包括一个 CP 链路。

⑨ 建筑物入口设施（Building Entrance Facility）：提供符合相关规范机械与电气特性的连接器件，将外部网络电缆和光缆引入建筑物内。

⑩ 建筑群主干电缆、建筑群主干光缆（Campus Backbone Cable）：用于在建筑群内连接建筑群配线架与建筑物配线架的电缆、光缆。

⑪ 建筑物主干缆线（Building Backbone Cable）：连接建筑物配线设备至楼层配线设备及建筑物内楼层配线设备之间相连接的缆线。建筑物主干缆线可为主干电缆和主干光缆。

⑫ 水平缆线（Horizontal Cable）：楼层配线设备到信息点之间的连接缆线。

⑬ 永久水平缆线（Fixed Horizontal Cable）：楼层配线设备到 CP 的连接缆线，如果链路中不存在 CP，则为直接连至信息点的连接缆线。

⑭ CP 缆线（CP Cable）：连接集合点至工作区信息点的缆线。

⑮ 信息点(Telecommunications Outlet，TO)：各类电缆或光缆终接的信息插座模块。

⑯ 线对（Pair）：一个平衡传输线路的两个导体，一般指一个对绞线对。

⑰ 交接(交叉连接)（Cross-Connect）：配线设备和信息通信设备之间采用接插软线或跳线上的连接器件相连的一种连接方式。

⑱ 互连（Interconnect）：不用接插软线或跳线，使用连接器件把一端的电缆、光缆与另一端的电缆、光缆直接相连的一种连接方式。

（2）相关符号和缩略词

表 3-3 所示为 GB 50311—2007 规定的符号和缩略词。

3．综合布线系统子系统及其设计

GB 50311—2007 规定，在综合布线系统工程设计中，宜按照下列 7 个部分来进行：工作区子系统、配线子系统、干线子系统、建筑群子系统、设备间子系统、进线间子系统、管理间子系统。

表 3-3　GB 50311—2007 对于符号和缩略词的规定

英文缩写	英文名称	中文名称或解释
ACR	Attenuation to Crosstalk Ratio	衰减串音比
BD	Building Distributor	建筑物配线设备
CD	Campus Distributor	建筑群配线设备
CP	Consolidation Point	集合点
dB	dB	电信传输单元：分贝
d.c.	Direct Current	直流
ELFEXT	Equal Level Far End Crosstalk Attenuation(loss)	等电平远端串音衰减
FD	Floor Distributor	楼层配线设备
FEXT	Far End Crosstalk Attenuation(loss)	远端串音衰减
IL	Insertion Loss	插入损耗
ISDN	Integrated Services Digital Network	综合业务数字网
LCL	Longitudinal to Differential Conversion Loss	纵向对差分转换损耗
OF	Optical Fibre	光纤
PSNEXT	Power Sum NEXT Attenuation(Loss)	近端串音功率和
PSACR	Power Sum ACR	ACR 功率和
PS ELFEXT	Power Sum ELFEXT Attenuation(Loss)	ELFEXT 衰减功率和
RL	Return Loss	回波损耗
SC	Subscriber Connector(Optical Fibre Connector)	用户连接器(光纤连接器)
SFF	Small Form Factor Connector	小型连接器
TCL	Transverse Conversion Loss	横向转换损耗
TE	Terminal Equipment	终端设备
Vr.m.s	Vroot.mean.square	电压有效值

《建筑与建筑群综合布线系统工程设计规范》（GB/T 50311—2000）中对综合布线系统的设计总则如下。

1）综合布线系统的设施及管线的建设，应纳入建筑与建筑群相应的规划之中。

2）综合布线系统应与大楼办公自动化（OA）、通信自动化（CA）、楼宇自动化（BA）等系统统筹规划，按照各种信息的传输要求做到合理使用，并应符合相关的标准。

3）工程设计时，应根据工程项目的性质、功能、环境条件和近、远用户要求，进行综合布线系统设施和管线的设计。工程设计施工必须保证综合布线系统的质量和安全，考虑施工和维护方便，做到技术先进，经济合理。

4）工程设计中必须选用复合国家有关技术标准的定型产品。未经国家认可的产品质量检验机构鉴定合格的设备和主要材料，不得在工程中使用。

5）综合布线系统的工程设计，除应符合本规范外，还应符合国家现行的相关强制性标准的规定。

（1）工作区子系统

工作区子系统又称为服务区子系统，它由跳线与信息插座所连接的设备组成。其中信息插座包括墙面型、地面型、桌面型等，常用的终端设备包括计算机、电话机、传真机、报警探头、摄像机、监视器、各种传感器件、音响设备等。

在工作区子系统的设计方面，必须要注意以下几点。

① RJ45 插座到计算机等终端设备间的连线宜用双绞线，且不要超过 5m。

② RJ45 插座宜首先考虑安装在墙壁上或不易被触碰到的地方。

③ RJ45 信息插座与电源插座等应尽量保持 20cm 以上的距离。

④ 对于墙面型信息插座和电源插座，其底边距离地面一般应为 30cm。

（2）水平子系统

在 GB 50311—2007 中，水平子系统称为配线子系统，有时也称水平干线子系统。水平子系统应由工作区信息插座模块、模块到楼层管理间连接缆线、配线架、跳线等组成，它实现了工作区信息插座和管理间子系统的连接，包括工作区与楼层管理间之间的所有电缆、连接硬件（信息插座、插头、端接水平传输介质的配线架、跳线架等）、跳线线缆及附件。

水平子系统一般采用星形结构，它与垂直子系统的区别如下：水平子系统总是在一个楼层上，仅与信息插座、楼层管理间子系统连接。水平子系统通常由 4 对 UTP 组成，能支持大多数现代化通信设备，当有磁场干扰或信息保密时可用屏蔽双绞线，而在高带宽应用时，宜采用屏蔽双绞线或者光缆。

水平子系统的设计要点如下。

① 确定介质布线方法和线缆的走向。

② 双绞线的长度一般不超过 90m。

③ 尽量避免水平线路长距离与供电线路平行走线，应保持一定的距离（非屏蔽线缆一般为 30cm，屏蔽线缆一般为 7cm）。

④ 缆线必须走线槽或在天花板吊顶内布线，尽量不走地面线槽。

⑤ 在特定环境中布线时要对传输介质进行保护，使用线槽或金属管道等。

⑥ 确定距离服务器接线间距离最近的 I/O 位置。

⑦ 确定距离服务器接线间距离最远的 I/O 位置。

（3）垂直子系统

垂直子系统在 GB 50311—2007 中称为干线子系统，提供建筑物的干线电缆，负责连接管理间子系统到设备间子系统，实现主配线架与中间配线架，计算机、PBX、控制中心与各管理子系统间的连接。垂直子系统由所有的布线电缆组成，或由导线和光缆以及将此光缆连接到其他地方的相关支撑硬件组合而成。其传输介质包括一幢多层建筑物的楼层之间垂直布线的内部电缆或从主要单元（如计算机房或设备间）和其他干线接线间的电缆。

在确定垂直子系统所需要的电缆总对数之前，必须确定电缆中语音和数据信号的共享原则。传输电缆的设计必须具有高性能和高可靠性，支持高速数据传输。

为了与建筑群的其他建筑物进行通信，垂直子系统将中继线交叉连接点和网络接口连接起来。垂直子系统布线走向应选择干线线缆最短、最安全和最经济的路由。

垂直子系统的设计要点如下。

① 垂直子系统一般选用光缆，以提高传输速率。

② 垂直子系统应为星形拓扑结构。

③ 垂直子系统干线光缆的拐弯处不要用直角拐弯，而应该有相当的弧度，以避免光缆受损，干线电缆和光缆布线的交接不应该超过两次，从楼层配线到建筑群配线架间只应有一个配线架。

④ 垂直子系统线路不允许有转接点。

⑤ 为了防止语音传输对数据传输的干扰，语音主电缆和数据主电缆应分开。

⑥ 垂直主干线电缆要防遭破坏，确定每层楼的干线要求和防雷电设施。

⑦ 满足整幢大楼的干线要求和防雷击设施。

（4）管理间子系统

管理间子系统也称为电信间或者配线间子系统，一般设置在每个楼层的中间位置，主要用来安装建筑物配线设备，是专门安装楼层机柜、配线架、交换机的楼层管理间。管理间子系统也是连接垂直子系统和水平干线子系统的设备。当楼层信息点很多时，可以设置多个管理间。

管理间子系统的布线设计要点如下。

① 配线架的配线对数由所管理的信息点数决定。

② 进出线路以及跳线应采用色表或者标签等进行明确标识。

③ 配线架一般由光配线盒和铜配线架组成。

④ 供电、接地、通风良好、机械承重合适，保持合理的温度、湿度和亮度。

⑤ 有交换器、路由器的地方要配有专用的稳压电源。

⑥ 采取防尘、防静电、防火和防雷击措施。

（5）设备间子系统

设备间在实际应用中一般称为网络中心或者机房，是每栋建筑物进行网络管理和信息交换的场地。其位置和大小应该根据系统分布、规模以及设备的数量来具体确定，通常由电缆、连接器和相关支撑硬件组成，通过线缆把各种公用系统设备互连起来。设备间子系统的主要设备有计算机网络设备、服务器、防火墙、路由器、程控交换机、楼宇自控设备主机等，它们可以放在一起，也可分别设置。

设备间子系统的设计要点如下。

① 设备间的位置和大小应根据建筑物的结构、布线规模和管理方式及应用系统设备的数量综合考虑，一般安排在电梯附近，以便装运设备。

② 设备间要有足够的空间，具有防静电、防尘、防火和防雷击措施。

③ 设备间温度应保持为0～27℃，相对湿度应保持在60%～80%，亮度适宜，通风良好。

④ 设备间内所有进出线装置或设备应采用色表或色标区分各种用途。

⑤ 设备间尽量远离存放危险物品的场所。

⑥ 设备间应使用防火门，提供合适的门锁，并保留一扇窗口作为安全出口。

（6）进线间子系统

进线间是建筑物外部通信和信息管线的入口部位，并可作为入口设施和建筑群配线设备的安装场地。进线间是GB 50311—2007在系统设计内容中专门增加的，要求在建筑物前期系统设计中要有进线间，满足多家运营商业务需要，避免一家运营商自建进线间后独占该建筑物的宽带接入业务。进线间一般通过地埋管线进入建筑物内部，宜在土建阶段实施。

建筑群主干电缆和光缆、公用网和专用网电缆、光缆及天线馈线等室外缆线进入建筑物时，应在进线间端转换成室内电缆、光缆，并在缆线的终端处由多家电信业务经营者设置入口设施，入口设施中的配线设备应按引入的电、光缆容量配置。电信业务经营者在进线间设置安装的入口配线设备应与 BD 或 CD 铺设相应的连接电缆、光缆，实现路由互通。另外，进线间缆线入口处的管孔数量应满足建筑物之间、外部接入业务及多家电信业务经营者缆线接入的需求，并应留有 2～4 孔的余量。

（7）建筑群子系统

建筑群子系统也称为楼宇子系统，主要实现楼与楼之间的通信连接，一般采用光缆并配置相应设备，它支持楼宇之间通信所需的硬件，包括缆线、端接设备和电气保护装置。设计建筑群子系统时应考虑布线系统周围的环境，确定楼间传输介质和路由，并使线路长度符合相关网络标准规定。

设计建筑群子系统时应配置浪涌保护器，其目的是防止雷电通过室外线路进入建筑物内部设备间，击穿或者损坏网络系统设备。GB 50311—2007 第 709 条规定 ：当电缆从建筑物外面进入建筑物时，应选用适配的信号线路浪涌保护器，信号浪涌保护器应符合设计要求，我国建设部公告（第 619 号）明确规定该条文为强制性条文，必须严格执行。

建筑群子系统中室外缆线铺设方式，一般有架空、直埋、地下管道 3 种情况。具体情况应根据现场的环境决定。

3.2.2 网络介质选择

网络介质是指网络传输数据的载体，是发送数据的物理基础，它位于 OSI 的物理层。

早期的网络是通过铜缆发送数据的，如常用的电话线、双绞线，内部大多使用铜线。随着网络的快速发展，现在的网络不仅使用铜线，还使用光纤、红外线、无线电波等各种介质。

1．常用网络介质

（1）双绞线

双绞线（Twisted Pair，TP）是目前计算机网络综合布线中最常用的一种传输介质。双绞线由一对一对的带绝缘塑料保护层的铜线组成。每对绝缘的铜导线按一定密度互绞在一起，可以有效降低信号干扰的程度，每一根导线在传输中辐射的电波会被另一根导线上发出的电波抵消。把成对的双绞线放在绝缘套管中便形成了双绞线电缆。在双绞线电缆内，不同线对具有不同的扭绞长度。与其他传输介质相比，双绞线在传输距离、信道宽度和数据传输速度上均受到一定限制，但价格相对便宜。

目前，双绞线可分为屏蔽双绞线（Shielded Twisted Pair，STP）和非屏蔽双绞线（Unshielded Twisted Pair，UTP）。网络工程布线中，一般采用的是 UTP。

1）屏蔽双绞线。根据屏蔽方式的不同，屏蔽双绞线又分为两类，即 STP 和铝箔屏蔽双绞线（Foil Twisted Pair，FTP）。STP 是指每条线都有各自屏蔽层的屏蔽双绞线，而 FTP 则是采用整体屏蔽的屏蔽双绞线，如图 3-2 所示。需要注意的是，屏蔽只在整个电缆均有屏蔽装置且两端正确接地的情况下才起作用。所以，要求整个系统全部是屏蔽元器件，包括电缆、插座、水晶头和配线架等，同时建筑物需要有良好的地线系统。

屏蔽双绞线电缆的外层由铝箔包裹，以减小辐射，但并不能完全消除辐射。屏蔽双绞线价格相对较高，安装时要比非屏蔽双绞线电缆困难。类似于同轴电缆，它必须配有支持屏蔽功能的特殊连接器和相应的安装技术。但它有较高的传输速率，100m 内可达到 155Mb/s。

2）非屏蔽双绞线。非屏蔽双绞线电缆是由多对双绞线和一个塑料外皮构成的，如图 3-3 所示。

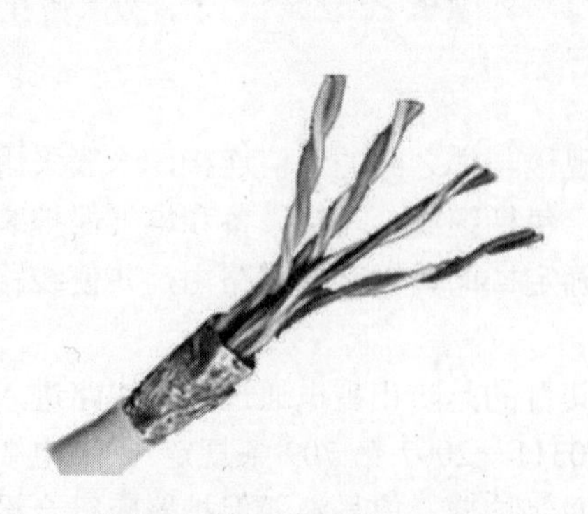

图 3-2　超五类屏蔽双绞线

图 3-3　五类非屏蔽双绞线

按电气性能划分，双绞线可以分为 1 类、2 类、3 类、4 类、5 类、超 5 类、6 类、超 6 类、7 类共 9 种双绞线类型。类型数字越大，版本越新、技术越先进、带宽也越高，当然价格也越贵。这些不同类型的双绞线标注方法规定如下：如果是标准类型，则按"catx"方式标注，如常用的 5 类线，在线的外包皮上标注为"cat5"，注意字母通常小写，而不是大写；而如果是改进版，则按"xe"进行标注，如超 5 类线标注为"5e"，同样字母是小写，而不是大写。

双绞线技术标准都是由美国通信工业协会制定的，其标准是 EIA/TIA-568B，目前综合布线应用比较普遍的有 3 类、5 类、超 5 类、6 类线及大对数电缆，具体如下。

① 3 类（Category 3）线是 EIA/TIA-568A 和 ISO 3 类/B 级标准中专用于 l0BASE-T 以太网络的非屏蔽双绞线电缆，传输频率为 16MHz，传输速率可达 l0Mb/s。

② 5 类（Category 5）线是 EIA/TIA-568A 和 ISO 5 类/D 级标准中用于运行 CDDI（CDDI 是基于双绞铜线的 FDDI 网络）和快速以太网的非屏蔽双绞线电缆，传输频率为 100MHz，传输速率达 l00Mb/s。

③ 超 5 类（Category excess 5）线是 EIA/TIA-568B.1 和 ISO 5 类/D 级标准中用于运行快速以太网的非屏蔽双绞线电缆，传输频率为 100MHz，传输速率可达到 100Mb/s。与 5 类线缆相比，超 5 类在近端串扰、串扰总和、衰减和信噪比 4 个主要指标上都有较大的改进。

④ 6 类（Category 6）线是 EIA/TIA-568B.2 和 ISO 6 类/E 级标准中规定的一种非屏蔽双绞线电缆，它主要应用于百兆位快速以太网和千兆位以太网中。它的传输频率可达 200～250MHz，是超 5 类线带宽的 2 倍，最大速率可达到 1000Mb/s，可满足千兆位以太网需求。

⑤ 25 对大对数线缆。一般而言，大对数线缆通常用作语音的主干线缆，该线缆色谱共由 10 种颜色组成，分为 5 种主色和 5 种次色，如图 3-4 所示。5 种主色和 5 种次色又组成了 25 种色谱。

图 3-4　25 对大对数线缆

线缆主色为白、红、黑、黄、紫。

线缆配色为蓝、橙、绿、棕、灰。

（2）同轴电缆

同轴电缆中用于传输信号的铜心和用于屏蔽的导体都是共轴的，同轴之名由此而来。同轴电缆的屏蔽导体是一个由金属丝编织而成的圆形空管，铜心是圆形的金属芯线，内外之间填充了一层绝缘材料，而整个电缆外包有一层塑料管，起保护作用，如图 3-5 所示。

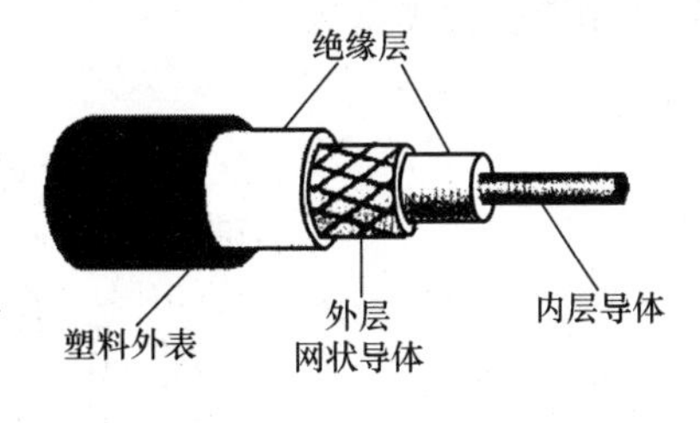

图 3-5　同轴电缆的结构

1）粗同轴电缆：粗同轴电缆的屏蔽层是由铜制成的网状层，特性阻抗为 50Ω，用于数字传输，由于多用于基带传输，故也称基带同轴电缆。同轴电缆的特殊结构使得它具有高带宽和极好地噪声抑制特性。同轴电缆的带宽取决于电缆长度，1km 的电缆可以达到 1～2Gb/s 的数据传输速率，也可以使用更长的电缆，但这是以降低传输速率或使用中间放大器为代价的。

2）细同轴电缆：细同轴电缆的屏蔽层由铝箔构成，特性阻抗为 75Ω，用于模拟传输。

一般而言，使用有线电视电缆进行模拟信号传输的同轴电缆系统被称为宽带同轴电缆。“宽带”来源于电话业，指比 4kHz 宽的频带，而在计算机网络中，“宽带电缆”指任何使用模拟信号传输的电缆网。

3）同轴电缆的主要参数：同轴电缆的电气参数如下。

① 同轴电缆的特性阻抗：同轴电缆的平均特性阻抗为（50±2）Ω，沿单根同轴电缆的阻抗的周期性变化为正弦波。

② 同轴电缆的衰减：一般指 500m 长的电缆段的衰减值。当使用 10MHz 的正弦波进行测量时，它的值不超过 8.5dB（17dB/km）；而使用 5MHz 的正弦波进行测量时，它的值不超过 6.0dB（12dB/km）。

③ 同轴电缆的传播速度：同轴电缆的最低传输速度为 0.77 倍光速。

④ 同轴电缆直流回路电阻：电缆的中心导体的电阻和屏蔽层的电阻之和不超过 10mΩ/m（20℃下测量）。

同轴电缆的物理参数如下。

① 同轴电缆具有足够的可柔性。

② 能支持 254mm（约 10 英寸）的弯曲半径。

③ 中心导体是直径为（2.17±0.013）mm 的实心铜线。

④ 屏蔽层是由满足传输阻抗和 ECM 规范说明的金属带或薄片组成的，屏蔽层的内径为 6.15mm，外径为 8.28mm。外部隔离材料一般选用聚氯乙烯或类似材料。

（3）光纤

光纤的全称是“光导纤维”，是由前香港中文大学校长高锟提出并发明的。1970 年美国康宁公司首先研制出衰减为 20dB/km 的单模光纤，从此以后，世界各国纷纷开展光纤研制和光纤通信研究，并得到广泛的应用。

光纤是由玻璃或塑料制成的纤维，利用光的全反射原理而进行光传导的介质，光纤通常由石英玻璃制成，其横截面积很小的双层同心圆柱体称为纤芯，它质地脆，易断裂，鉴于该缺点，纤芯外面需要加一层保护层，如图 3-6 所示。

光纤通信系统是以光波为载体、光导纤维为传输介质的通信方式，起主导作用的是光源、光纤、光发送机和光接收机。光纤通信系统主要优点有：线径细、质量轻，传输频带宽，通信容量大，线路损耗低，传输距离远，抗干扰能力强，抗化学腐蚀能力强，应用范围广，光纤制造资源丰富等。

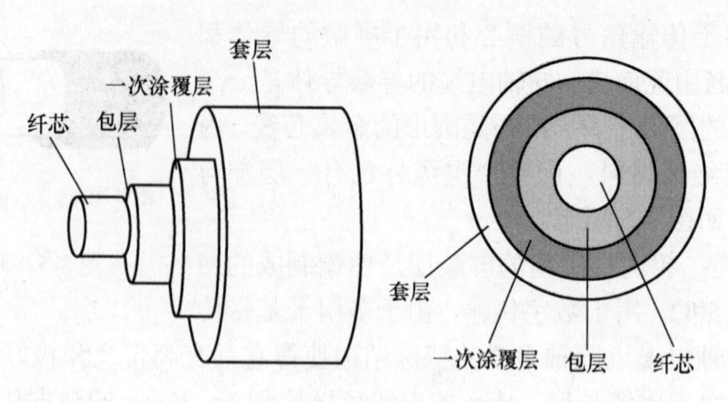

图 3-6 光纤的结构

光纤主要有两大类，即单模光纤和多模光纤。

1）单模光纤。单模光纤的纤芯直径很小，在给定的工作波长上只能以单一模式传输，传输频带宽，传输容量大。光信号可以沿着光纤的轴向传播，因此光信号的损耗很小，离散也很小，传播的距离较远。单模光纤 PMD 规范建议芯径为 8～10μm，包括包层直径为 125μm。户外布线大于 2km 时可选用单模光纤。

2）多模光纤。多模光纤是在给定的工作波长上，能以多个模式同时传输的光纤。多模光纤的纤芯直径一般为 50～200μm，而包层直径的变化范围为 125～230μm，计算机网络用纤芯直径为 62.5μm，包层为 125μm，也就是通常所说的 62.5/125μm。与单模光纤相比，多模光纤的传输性能要差。

不同的光纤产品的传输速率有所不同，且与之对应的最大传输距离也有所不同。例如，当数据传输速率要求达到百兆时，62.5/125μm、50/125μm 多模光纤最大传输距离为 2000m；当数据传输速率要求达到千兆时，62.5/125μm 多模光纤最大传输距离为 275m，50/125μm 多模光纤最大传输距离为 550m。在网络工程中，常用的是 62.5 /125μm 规格的多模光纤，有时使用 50/125μm 规格的多模光纤。

2．网络介质选择依据

每种传输介质都有自己的优缺点以及不同的应用环境，通常在一个大型的网络工程中选用了多种网络传输介质。在选择时应该仔细调查、分析用户需求并做好沟通交流，以用户需求为准，结合实际情况，提出性价比最高的解决方案。

网络介质的选择应该从以下几个方面进行综合考虑。

（1）带宽需求

不同类型的传输介质所支持的最大传输速率不同，如双绞线中的超 5 类线缆和 6 类线缆，前者支持的最大速率为 100Mb/s，而后者所支持的最大速率可达到 1000M/ps。要考虑网络拓扑结构，如果用户数量不大或者对网络带宽的要求不高，则选择较低带宽支持的传输介质，如五类或超五类双绞线即可；而如果对网络带宽要求较高，则主干线缆要选择支持较大传输速率的传输介质。

（2）传输距离

几乎所有的传输介质都有一定距离的限制，网络工程中的布线则必然要考虑物理位置和布线路由。如果布线距离超过了传输介质的极限距离，通常的做法是加中继设备延长布线距离，但是如果加入的中继设备过多，则会增加施工成本和设备成本，这时可以考虑换一种传输距离更远的传输介质。

（3）铺设环境

在选择传输介质时，需要考虑布线路由所处的环境。例如，不能将室内光缆布置在日晒、雨淋的室外环境下，而且室内光缆和室外光缆价格有差别，需要根据不同的场地进行挑选。又如，在类似车间这种电磁干扰较强的地方，应该选择抗干扰能力较强的介质，如屏蔽双绞线或光缆，而不能选用普通的非屏蔽双绞线缆。

（4）可扩展性

要考虑当前选择对未来网络升级的影响，一旦网络介质成为网络升级的瓶颈，更换时所付出的成本是巨大的。所以在选择介质时，应该仔细衡量一次到位与逐次升级的利与弊。

（5）兼容性

要考虑终端设备是否和网络兼容。例如，铺设光纤到用户时，判断用户使用的终端是否支持光纤。

（6）成本

一般而言，介质的好坏和价格是成正比的，网络工程要受支付能力的限制，不能一味选择最好最贵的介质。另外，在计算成本时，除了要考虑建设网络工程所需要的费用，还要考虑由于网络介质原因而造成的工作效率降低、安全隐患所带来的损失。

除此之外，还应考虑网络的管理需求以及相关的标准、协议、规范，在需要且资金允许的情况下再考虑铺设线路的冗余和备份。

3.2.3 网络互联设备选型

1．交换机选型

20 世纪 90 年代集线器曾是搭建局域网的主要设备，但由于其工作原理的限制，现在已经完全被交换机（Switch）所取代，目前市面上已很少看到集线器。交换机作为集线器的替代产品，在网络中的主要有以下几个作用。

（1）提供网络接口

交换机在网络中最重要的应用就是提供网络接口，计算机、服务器、网络打印机、网络摄像头、IP 电话、路由器、防火墙、无线接入点等网络设备的互联都必须借助交换机才能实现。

（2）扩充网络接口

当网络的规模扩大，原有的交换机接口不能满足网络需要的时候，可在原有设备的基础上添加交换机。某些型号的交换机可以通过扩展槽进行扩充。

（3）扩充网络范围

由于传输介质距离限制、物理位置、工程施工等原因，可以利用交换机作为中继设备，来扩展网络传输距离、扩大网络范围。

交换机作为常用设备在网络工程中被大量使用，因此交换机的选择对网络十分重要。目前，交换机品牌繁多，主要有 Cisco、H3C、锐捷、神州数码、华为、TP-LINK、D-LINK、IP-COM 等。在选择交换机时，功能需求和性价比是第一重要的，同时要注意交换机各个端口配置的灵活性、技术和网络功能是否全面等，具体可从以下几方面进行考虑。

1）支持直通转发或存储转发

直通转发的交换方式会在两个工作站同时发送数据产生碰撞时，导致传输数据丢失，从而影响网络传输的可靠性。一般直通转发技术用于以令牌方式传输的 FDDI 交换机。存储转发可支持异种网互联。这两种技术在应用时应进行权衡（技术详解请参见4.2.2）。

2）效率与支持全双工

交换机效率，指的是交换机的实际吞吐量，采用一种好的队列算法可使整个交换机的利用率达到95%以上。交换机支持全双工，能提高传输速率，增加带宽，且能提高传输距离。

3）流量控制

以太网交换机需要采取流量控制。当网络发生冲突引起数据丢失时，数据重传使得碰撞更加严重，数据包也就丢失得更多，此时需要建立一个虚拟冲突，使得对应交换机端口的以太网减慢或停止发送数据包，这样可保证没有包丢失。另外，如果主机处理速率不够快，或总线速度过慢，或主机上的网卡和驱动程序与操作系统结合得不好，主机来不及接收数据，就会出现拥塞引起丢包，工作站重发，再丢包再重发，如此循环将导致大量数据包丢失。

（4）交换机的结构

交换机结构是交换机性能好坏的关键因素，一般有两种形式：矩阵交换和总线交换。矩阵交换结构速度快，允许多点同时连接，而且为全双工传输。总线交换结构，当端口数较少时，运行效果较好，但随着端口的增加，其总线或共享式内存的内部管理和调度将越来越复杂，这会引起整个系统性能的下降。

（5）过滤特性

交换机的过滤性能主要是从安全性角度出发的，动态过滤可以根据数据包的源和目的MAC地址、协议类型、网络地址来过滤，以硬件方式实现的过滤比软件方式快得多。过滤可用矩阵交换结构来实现，任何一对通信端口之间均可根据不同的矩阵实现流量控制，如目的地址过滤矩阵、源地址过滤矩阵、协议类型过滤矩阵。

（6）支持的网络地址数

不同级别的交换机支持不同数目的网络地址数。一般交换机对网络地址个数或连接的机器数量有一定的限制，有的交换机一个端口只支持一个地址，有的则几乎可以随意设置。

（7）使用场景

企业网交换机的使用场景将涉及各网络厂商的网络体系结构和发展战略。按网络规模可以将网络分为3级，即企业级、部门级和工作组级。

在企业级主干网上建议采用高速的FDDI交换或ATM交换技术。因为企业主干网覆盖面积较大、分布范围较广、传输距离较长，需要较高的带宽、速度及较低的延时。部门级可采用快速以太网交换机，这些交换机均有高速链路接口。工作组级可采用个人以太网交换机 。

（8）虚拟网支持与安全性

交换机上的虚拟网功能使得网络更具智能化和灵活性，如支持不同类型的VLAN技术。

另外，企业级交换机一般应设有极强的容错特性，如电源容错、带电插拔、模块容错、风扇备份、链路容错等。

（9）灵活性和升级性

交换机的介质可选是灵活性的重要体现之一。一些交换机可为用户提供各种介质端口，以适应不同用户的需求。交换机的升级性的主要目标是保护用户的已有投资，可将交换机中的某些固件设计为可通过软件升级的形式，或将交换机设计成可在两种方式下工作：当网络环境较为分散时，可采用单独使用方式，而当网络发展到一定的规模时，可将交换机放入企业级网络中，参与企业级交换。

如何选择交换机产品还要取决于其他因素，如设备的价格、经销商的售后服务、技术支持等。

2. 路由器选型

路由器是一种连接多个网络或网段的网络设备，通过它能实现不同网络或网段之间的数据信息。路由器有两大主要功能：数据通道功能和控制功能。数据通道功能包括转发决定、背板转发以及输出链路调度等，一般由特定的硬件完成；控制功能一般用软件来实现，包括与相邻路由器之间的信息交换、系统配置、系统管理等。目前，路由器的品牌主要有 Cisco、H3C、锐捷、神州数码、华为、TP-LINK、D-LINK、腾达等。路由器产品的选购可从以下几方面进行考虑。

（1）配置管理方式

新购置的路由器的配置文件是空的，用户通常需要对路由器进行基本配置和相关功能配置后，才能使用路由器进行工作。路由器一般具有一种或几种配置管理方式。其中，最基本管理方式是使用超级终端工具通过专用配置线连接到路由器的配置端口上（Console 口）进行配置。除了这种管理方式外，路由器还提供 Telnet 进行远程配置，有的路由器还可以通过 Web 的方式来实现配置，目前家用路由器多属于这种。

（2）支持的路由协议

路由器的功能是连接多个不同类型的网络，其所能支持的通信协议、路由协议有可能不一样，如果路由器不支持某种协议，则无法实现相应的路由功能，因此在选购路由器时要注意根据企业实际需求发展，来决定路由器需要支持的协议种类，特别是有可能在广域网中使用的路由器。

（3）安全保障

选购安全的路由器对保障局域网的安全非常重要。现在路由器自身可配置相应的安全功能，如通过设置权限列表，来控制进出路由器的流量，防止非法用户的入侵；设置地址转换，将内网中的私有地址转换成电信部门提供的广域网地址，以屏蔽公司内网的地址，防止外部用户获知而采取攻击行为。

（4）相关性能参数

路由器的主要性能参数包括：丢包率、背板能力、吞吐量、转发时延等。

丢包率的大小会影响路由器线路的实际工作速率，严重时会导致线路中断。在流量不大的情况下，出现丢包的概率很小，但对于流量较大的网络而言，要特别注意选购性能更优、处理能力更快、丢包率更小的路由器。

背板能力是指路由器背板容量或者总线带宽能力，它决定了整个网络之间的连接速度。通常，在较大规模的网络中，流量较大的情况下，应选择高背板带宽容量的路由器。

吞吐量是指路由器对报文的转发能力，转发时延是指被转发报文的最后一个比特进入路由器端口到该报文第一个比特出现在端口链路上的时间间隔。性能较好的路由器的转发能力较好，它可对大报文进行正确的快速转发，转发延迟短，而性能较差的路由器只能转发小报文，大报文需要拆分成许多小的数据包来分开转发，转发延迟大。

（5）可靠性

可靠性是指路由器的可用性、无故障工作时间和故障恢复时间等指标，这些指标在选购路由器时无法进行现场验证，只能通过产品介绍以及用户口碑进行了解，选购时可以考虑选择信誉较好、知名度较高的品牌。

3. 防火墙选型

防火墙是一种设置在不同网络或不同网络安全域之间的一种设备，它是不同网络或不同网络安全域之间信息的唯一出入口。防火墙本身具有较强的抗攻击能力，且能够根据设置的安全策略控制进出网络的信息流，有效地监控内部网和外网之间的通信活动，以保证内网的安全。

选购防火墙之前要考虑 3 个问题：第一，防火墙的防范范围，要明确哪些应用要求允许通过，哪些应用要求不允许通过；第二，防火墙的监测和控制级别，需要根据网络实际需要，建立相应的风险级别，形成具体的策略清单；第三，防火墙的成本，需要根据预算科学地配置各种防御措施，使防火墙充分发挥作用。目前国外的主要品牌有 Cisco、赛门铁克、诺基亚等，国内的主流品牌则有天融信、启明星辰、联想网御、清华得实、瑞星等。具体来说，防火墙产品的选型可从以下几方面进行考虑。

（1）品质的保证

作为企业信息安全保护的基础硬件，应选购具有品牌优势、质量可靠的产品。近几年，国内防火墙技术发展非常迅猛，实力可见一斑，特别是在行业低端应用上，技术、服务更具优势，对于中小企业，在高端功能应用不多的情况下，建议选择性价比更高的国内品牌。

（2）性能保证

选购企业级的应用防火墙时，应选择最适合企业需求的产品。在选择时，应综合考虑：产品的效率与安全防护能力、网络吞吐量、提供专业代理的数量、与其他信息安全产品的联动等基本性能较好；产品应易于管理，操作简便，管理员容易上手；产品自身应安全可靠，不要因关注防火墙的功能上而忽略它本身的安全问题；产品应有较好的适应性，要能为用户提供不同平台的选择，能满足企业的特殊需求，且能弥补其他操作系统的不足；产品应有较好的扩展性，能随时应对网络中出现的攻击、威胁。

（3）售后服务

防火墙在使用过程中，可能出现一些技术问题，需要有专人进行维修和维护。同时，由于攻击手段的层出不穷，与防病毒软件一样，防火墙也需要不断进行升级和完善。因此用户在选择防火墙时，除了考虑性能与价格外，还应考虑厂商提供的售后服务。

3.2.4 布线施工进度实施与质量控制

国家通信产品质量监督检测中心曾对综合布线工程进行过验收测试，其中 50%左右的工程存在问题，这些问题存在的主要原因有：某些工程承担者缺乏综合布线的技术资质，少数综合布线工程技术人员缺乏应有的职业道德， 工程施工缺乏有效的督导和验收机制，工程建设缺乏相应的管理约束机制。所以，按照一定的规范和步骤来严格实施和控制布线施工尤为重要。

1. 工程集成商的选择

通常，选择一个合适的综合布线系统工程集成商对保障工程质量十分重要，需要从以下几方面进行考虑。

1）工程的甲、乙双方密切配合，提出合理的整体解决方案。一方面，企业内部对于项目规划、方案设计评估、布线产品选择、工程管理实施、测试验收规程、文档资料提交、服务响应措施等应有一套流程规范，要严格按照流程规范来执行。另一方面，工程集成商要顺应新技术、新产品的发展，从用户的实际需求出发，结合国内外有关标准，为用户提供合理的产品组合、方案设计，并组织工程施工。

通常，设计与实现综合布线系统整体解决方案有以下几个步骤。

① 获取建筑物有关资料和设计图。

② 分析用户需求及了解用户在投资方面的承受能力。

③ 信息点设计。

④ 系统结构设计。

⑤ 支撑系统设计（桥架、管道设计）。

⑥ 布线路由设计。

⑦ 绘制布线施工图。

⑧ 编制材料清单。

⑨ 安排工程实施、确定工期进度、计划。

⑩ 加强工程管理（包括施工管理、技术管理和质量管理）。

⑪ 测试及提供竣工文档。

⑫ 用户验收及确定维护方案。

工程集成商对上述内容要认真对待，根据具体项目提出具体解决办法和实施措施。

2）工程集成商的工程技术人员需要进行理论培训，应具备计算机网络、通信网络、机房建设、楼宇自控等相关的综合业务技术基础，且工程集成商应具有较丰富的工程经验，在工程实施过程中，要从专业的角度给予用户相关的建议。工程经验是决定工程质量的前提条件，在工程施工过程中，对于随时可能出现的问题，经验丰富的工程师能快而好的解决问题，甲方更应考虑选择有丰富经验的集成商。

3）工程集成商应具备一定的市场把握能力，随时把握不断变化着的市场行情。集成商应根据甲方资金预算，提供相对优质的产品，而甲方应把成本控制在适当的价位上，一味压低成本最终会影响工程质量。

4）工程集成商要具备一定的工程组织、实施和管理的能力。综合布线的工程组织、实施是一项实践性很强的系统工程。工程管理是工程集成商将一套完整系统交给客户的重要环节，包括：

① 工程施工管理（包括进度安排、界面管理和组织管理）。

② 工程技术管理（包括技术标准和规范管理、安装工艺和技术文件管理）。

③ 工程质量管理（包括施工图的规范化和制图质量标准、管线施工的质量检查和监督、配线规格的质量检查和要求、系统验收的标准、办法和步骤等）。

为了更好地保证工程质量，应当做好从项目选项、方案设计到工程组织、实施、管理一条龙服务，不宜采用包工包料的做法，否则难以保证工程质量。

5）工程集成商应具有规范的测试章程以及完善的测试设备。综合布线测试从工程的角度可分为验证测试和认证测试。验证测试主要在施工中进行，保障工程中的每一个链路的正确连接；认证测试通常在工程验收过程中由第三方进行，按照某种综合布线测试标准，测得综合布线的各种相关参数，包括各种电气性能、连接情况，甚至包括网络性能，看是否达到预期的设计目标。通常，工程完工后，在第三方测试之前，工程集成商会进行预测试，以检验工程是否达到设计要求，所以选择的工程集成商应具有一定的经济实力，能提供工程实施过程中所必需的一切工具和设备。

2. 布线施工进度实施

布线施工应依据工程合同的要求、施工图概预算、施工组织计划及人力、资金等保证条件，并结合工程总体计划，对施工过程进行合理组织、科学安排，对工序的安排要根据施工进度及时调整，同时要满足材料设备进场组织、工期进度控制、质量安全体系保证等的要求。分阶段进行施工计划，步骤如下。

（1）施工准备阶段

在准备阶段，首先，对布线工程进行实地勘测，了解布线的实地环境，对特殊的情况需要记录备案；其次，针对实地考察环境，对布线施工设计方案进行深入细化；再次，组织经验丰富的工程人员对技术方案进行论证，并与工程甲方相关人员进行商讨，确定最终设计方案；最后，进行施工图设计、施工方案交底，使工程参与人员对布线施工技术特点、质量要求、工作方法等有一个较详细的了解。对选配并采购的各种布线材料和设备进行一一检测。

（2）施工阶段

第一，进行线管槽铺设。线管槽及配件材料进场报验，确定综合布线工程与土建工程在工期进度上的配合方案，配合结构施工，安装和预埋布线管槽，铺设桥架。对线管槽隐蔽工程进行记录与验收，按照设计图样要求的位置高度逐一检查预留、预埋的线管槽，对有误处及时进行调整，重点检查线管槽内是否干燥，出口处是否光滑等。

第二，进行线缆铺设。线缆材料进场报验，铺设垂直光缆、电缆，铺设楼宇内各层水平线缆，电缆一次穿入管道可对照表 3-4（线槽计算与此类似），对铺好的线缆进行检测、记录和验收。要注意水平、垂直通道部分必须保留一定的空间余量，以确保在今后系统扩充使用。

表 3-4　电缆一次穿入管道对照表（占空率 60%）

管道内径/mm		20	25	32	40	50
电缆对数	电缆直径/mm	容许穿入电缆条数				
4	5.3	2 或 3	4 或 5	6～8	10～12	13～16
25	11	1	2	3	4	7
50	16	1	1	2	2	4
100	23	—	1	1	1	3

第三，进行连接件安装。设备进场报验，安装主配线架、分配线架，进行光纤端接，垂直、水平电缆连接到配线架，工作区子系统安装信息模块，各布线系统测试与调试。

（3）完工阶段

需要对布线系统进行自检及整改，并对竣工资料整理汇总、制作交验。最后对竣工进行验收，办理工程结算，交付使用。

3．布线施工质量控制

对布线施工过程进行质量控制，是最终工程质量的保证，在对材料、配件、设备的质量进行控制的同时，更要对工序质量进行控制。工程双方共同的合同文件、设计图样，还有各种技术性标准和法规都是质量控制的依据。布线施工质量目标是各分项工程合格率保证在 100%，优良率保证高于 85%。

在施工的准备阶段，严把材料、设备采购供应关，由专业技术人员到正规的供方处采购优质合格的布线产品，材料进场后，由三方联合按规定进行检验和确认，合格的产品才能用于现场施工，不合格产品应全部清退。建立、健全施工现场组织机构，及时编制施工方案和各项质量管理制度，项目经理、项目管理人员、技术工程师、施工人员都要明确自己的工作职责和工作范围。配备专职人员负责管理施工图样、标准图集、设计方案、技术核定等文件。准备好施工设备、测量仪器和测试工具，做好施工人员技术交底等工作。

在工程施工阶段，专业技术人员按照施工工序安排，严格执行施工标准及验收规范，对各项施工内容进行详细准确的技术交底，专职质检人员应随时随地对施工过程进行严格监管和检查。凡采用新技术、新材料、新工艺的工程，应事先设计试验方案进行试验，制定出施工工艺规程，并进行必要的技术鉴定，技术合格方可用于布线施工。

对施工工序检验实行三级质量管理：施工工程小组随时自检和互检、专职质检人员定时检验、技术部人员定期抽检。检验工作由专人做记录，落实质量监管责任制，当某一项目或区段施工完成后，报经监理验收，验收合格再进行下道工序的工作。将相关部门、工作岗位、各环节的管理和施工工作紧密联系起来，落实施工准备、施工中、完工后 3 个阶段的工作内容、流程和方法，形成质量保证的有机整体，使质量在形成过程中处于受控状态。

施工过程中也要保证施工实施的安全性，实现文明施工，安全施工。

3.3 任务实施

3.3.1 任务情境分析

本任务情境拟采用线管暗埋的方式在各建筑物之间铺设光纤。现通过综合布线实训设备模拟办公大楼，完成其中二层部分房间到设备间的综合布线。综合布线系统涉及公司的主干及水平链路安装，其中中心设备机架模拟为综合布线系统的 BD(建筑物配线架)，模拟楼为 FD（楼层配线架），参考综合布线链路结构图及墙体立面安装图（图 3-7），结合国家综合布线系统工程相关标准完成本任务的安装。

主要参考标准：

GB 50311—2007《综合布线系统工程设计规范》。

GB 50312—2007《综合布线系统工程验收规范》。

其结构如图 3-7 所示。

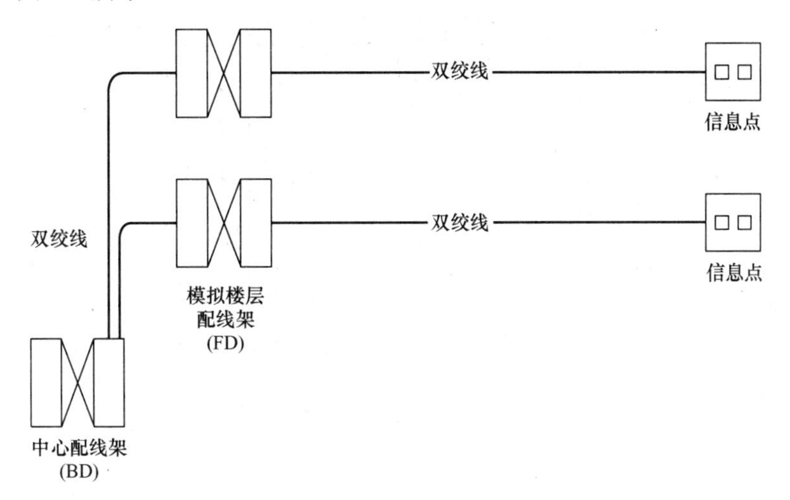

图 3-7 综合布线技术项目链路结构图

说明：
1）中心配线架：24口RJ45打线式配线架，位于中心设备机架。
2）模拟楼配线架：模块化24口配线架、110语音配线架。
3）信息点：双口信息面板、超五类信息模块。
4）双绞线：超五类非屏蔽4对双绞线。
5）大对数电缆：五类25对室内双绞线。

3.3.2 网络物理设计及相关文档制作

在本任务情境中，以办公大楼为例进行综合布线，办公大楼的信息点如表 3-5 所示。

表 3-5 办公大楼信息点统计表

楼 层	信 息 点	楼 层	信 息 点
1/F	20	9/F	62
2/F	84	10/F	68
3/F	76	11/F	68
4/F	84	12/F	68
5/F	62	13/F	68
6/F	62	14/F	68
7/F	62	15/F	32
8/F	62	16/F	28
合计	914		

通过综合布线实训设备完成部分模拟布线。其中，配线架模拟设备间，在钢板墙上模拟工作区子系统、水平子系统、管理间子系统、垂直子系统，按照图 3-9～图 3-11 所示说明和要求完成综合布线，连接情况如表 3-6～表 3-8 所示。

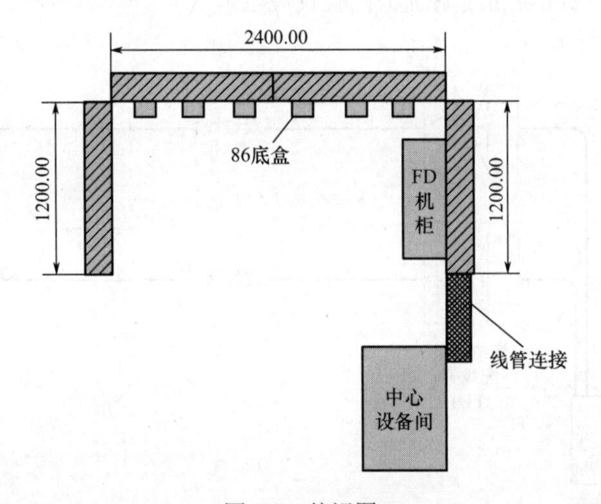

图 3-8 俯视图

1）BD 为 1 台开放机架，模拟建筑物子系统网络配线机柜。

2）FD1 为 1 台壁挂式机柜，模拟建筑物一层网络配线子系统管理间机柜。

3）FD2 为 1 台壁挂式机柜，模拟建筑物二层网络配线子系统管理间机柜。

4）双口示意在面板内安装 2 个 RJ45 网络模块，两横两纵凹槽模拟暗管安装模式。

5）该建筑物网络综合布线系统全部使用超五类双绞线铜缆。

注意：根据网络设备需要连接信息点。

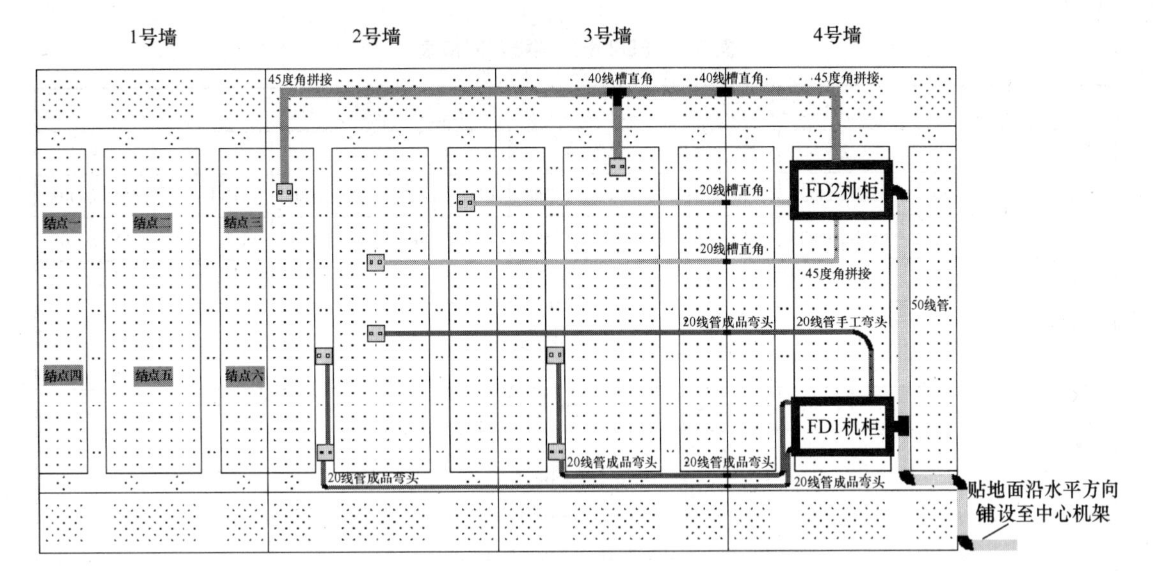

图 3-9 模拟墙施工图

表 3-6 FD1 配线架端口对应表

配线架名称：FD1-1 配线架				代号：FD1-1				
端口号	1	2	3	4	5	6	7	8
编号	FD1-1-D01	FD1-1-D02	FD1-1-D03	FD1-1-D04	FD1-1-D05	FD1-1-D06	FD1-1-D07	FD1-1-D08
远端	FD1-2-D01	FD1-2-D02	FD1-2-D03	FD1-2-D04	FD1-2-D05	FD1-2-D06	FD1-2-D07	FD1-2-D08
端口号	9	10	11	12	13	14	15	16
编号	FD1-1-D09	FD1-1-D10						
远端	FD1-2-D09	FD1-2-D10						
端口号	17	18	19	20	21	22	23	24
编号	预留端口							
远端								
备注								
配线架名称：FD1-2 配线架				代号：FD1-2				
1	1	2	3	4	5	6	7	8
编号	FD1-2-D01	FD1-2-D02	FD1-2-D03	FD1-2-D04	FD1-2-D05	FD1-2-D06	FD1-2-D07	FD1-2-D08
远端	1 号信息点	2 号信息点	3 号信息点	4 号信息点	5 号信息点	6 号信息点	7 号信息点	8 号信息点
端口号	9	10	11	12	13	14	15	16
编号	FD1-2-D09	FD1-2-D10						
远端	9 号信息点	10 号信息点						
端口号	17	18	19	20	21	22	23	24
编号	预留端口							
远端								
备注								

表 3-7 FD2 配线架端口对应表

配线架名称：FD2-1 配线架				代号：FD2-1				
端口号	1	2	3	4	5	6	7	8
编号	FD2-1-D01	FD2-1-D02	FD2-1-D03	FD2-1-D04	FD2-1-D05	FD2-1-D06	FD2-1-D07	FD2-1-D08
远端	FD2-2-D01	FD2-2-D02	FD2-2-D03	FD2-2-D04	FD2-2-D05	FD2-2-D06	FD2-2-D07	FD2-2-D08
端口号	9	10	11	12	13	14	15	16
编号	预留端口							
远端								
端口号	17	18	19	20	21	22	23	24
编号	预留端口							
远端								
备注								

配线架名称：FD2-2 配线架				代号：FD2-2				
端口号	1	2	3	4	5	6	7	8
编号	FD2-2-D01	FD2-2-D02	FD2-2-D03	FD2-2-D04	FD2-2-D05	FD2-2-D06	FD2-2-D07	FD2-2-D08
远端	11 号信息点	12 号信息点	13 号信息点	14 号信息点	15 号信息点	16 号信息点	17 号信息点	18 号信息点
端口号	9	10	11	12	13	14	15	16
编号	预留端口							
远端								
端口号	17	18	19	20	21	22	23	24
编号	预留端口							
远端								
备注								

表 3-8 BD 配线架端口对应表

配线架名称：BD 配线架				代号：BD				
端口号	1	2	3	4	5	6	7	8
编号	BD-D01	BD-D02	BD-D03	BD-D04	BD-D05	BD-D06	BD-D07	BD-D08
远端	FD1-1-D01	FD1-1-D02	FD1-1-D03	FD1-1-D04	FD1-1-D05	FD1-1-D06	FD1-1-D07	FD1-1-D08
端口号	9	10	11	12	13	14	15	16
编号	BD-D09	BD-D10	BD-D11	BD-D12	BD-D13	BD-D14	BD-D15	BD-D16
远端	FD2-1-D01	FD2-1-D02	FD2-1-D03	FD2-1-D04	FD2-1-D05	FD2-1-D06	FD2-1-D07	FD2-1-D08
端口号	17	18	19	20	21	22	23	24
编号	FD2-1-D09	FD2-1-D10						
远端			预留端口					
备注								

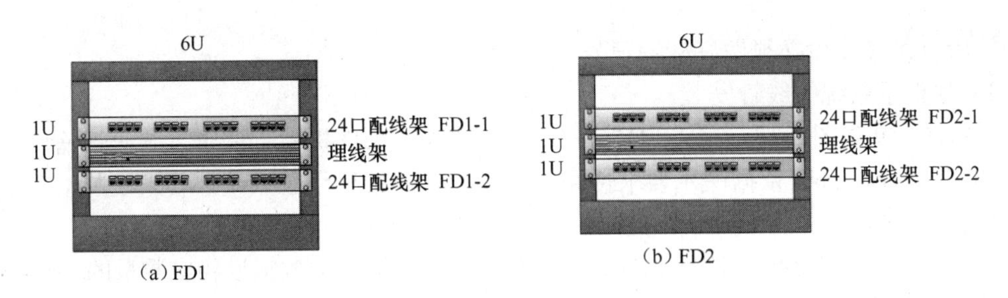

图 3-10　管理间机柜安装图

3.3.3　项目安装、施工及管理

1．中心设备间子系统的安装和端接

1）按照图 3-8 和图 3-9 所示，完成 BD 机柜至 FD1、FD2 壁装机柜干线子系统线管的铺设，安装 1 根 PVC 线管ϕ50mm，墙体至 BD 机柜部分线管贴地铺设，要求安装位置正确，接口处安装牢固。

2）完成 BD 配线架 1～14 号端口的端接，模块端接线序统一按照 EIA/TIA-568B 进行端接，并做好标签记号。

3）依据网络拓扑图计算跳线数量，完成 BD 配线架 1～14 号端口至交换机的跳线跳接，要求跳线经理线架整齐排列后接入配线架及交换机。

4）所有跳接线缆必须做好标签记号。

2．管理间的端接

（1）壁装机柜 FD1 配线架的端接安装

① 按照图 3-9 所示位置完成 FD1 壁装机柜的安装，要求安装位置正确，安装牢固。

② 按照图 3-10 所示位置完成 FD1 壁装机柜内配线架及理线架的安装，要求安装位置正确，安装牢固。

③ 完成 FD1 壁装机柜 FD1-1 配线架的端接，模块端接线序统一按照 EIA/TIA-568B 进行端接，并做好标签记号。

④ 完成 FD1 壁装机柜 FD1-2 配线架的端接，模块端接线序统一按照 EIA/TIA-568B 进行端接，并做好标签记号。

⑤ 计算跳线数量，完成 FD1-1 配线架至 FD1-2 配线架的跳线跳接，要求跳线经理线架整齐排列后接入配线架。

⑥ 所有跳接线缆必须做好标签记号。

（2）壁装机柜 FD2 配线架的端接安装

① 按照图 3-9 所示位置完成 FD2 壁装机柜的安装，要求安装位置正确，安装牢固。

② 按照图 3-10 所示位置完成 FD2 壁装机柜内配线架及理线架的安装，要求安装位置正确，安装牢固。

③ 完成 FD2 壁装机柜 FD2-1 配线架的端接，模块端接线序统一按照 EIA/TIA-568B 进行端接，并做好标签记号。

④ 完成 FD2 壁装机柜 FD2-2 配线架的端接，模块端接线序统一按照 EIA/TIA-568B 进行端接，并做好标签记号。

⑤ 计算跳线数量，完成 FD2-1 配线架至 FD2-2 配线架的跳线跳接，要求跳线经理线架整齐排列后接入配线架。

⑥ 所有跳接线缆必须做好标签记号。

（3）垂直子系统的线管安装

① 按图 3-9 和图 3-10，完成 FD1、FD2 壁装机柜至 BD 机柜干线子系统线管铺设，安装 1 根 PVC 线管ϕ50mm，依据图示要求使用的成品配件连接干线子系统，要求安装位置正确，接口处安装牢固。

② 按图 3-9 和图 3-10，依据 FD1、FD2 壁装机柜信息点位数铺设相应数量的干线线缆至 BD 机柜，要求干线线缆预留长度不得超过 200cm。

（4）水平子系统的管槽及布线安装

按照图 3-9 所示位置完成水平子系统线槽、线管安装及线缆的铺设。要求安装位置正确，固定牢固，接头整齐美观，布线施工规范合理。

1）一层终端布线施工如下。

① 按照图 3-9 完成 FD1 壁装机柜到终端的水平子系统的安装，使用ϕ20mm 的 PVC 线管实现链路的安装，线管与机柜接口处使用黄蜡管连接，要求安装位置正确，固定牢固，接头整齐美观，布线施工规范合理。

② 按照图 3-9，使用相应的线管配件，除了图示要求使用成品弯头之外，均自行制作弯头。

③ 暗槽模拟管线必须严格依据图样要求，线管需固定牢固，线管与线管、线管与底盒的接缝处不得有松动或空隙出现，并使用暗盒安装面板。

④ 完成 FD1-2 配线架双绞线到信息面板的线缆铺设，要求 FD 壁装机柜内线缆预留不得超过 50cm，工作区面板预留线缆不超过 10cm。

2）二层终端布线施工如下。

① 按照图 3-9 完成 FD2 壁装机柜到终端的水平子系统的安装，使用 40PVC 线槽、20 线槽来实现链路的安装，要求安装位置正确，固定牢固，接头整齐美观，布线施工规范合理。

② 如图 3-9 所示，除了图示要求使用的成品三通之外，均自行制作弯头。

③ 完成 FD2-2 配线架双绞线到信息面板的线缆铺设，要求 FD 壁装机柜内线缆预留不得超过 50cm，工作区面板预留线缆不超过 10cm。

（5）工作区子系统的安装

按照图 3-9 所示位置，完成一层、二层信息点的安装，要求位置正确，按照端口对应表编号，把工作区信息点标记清楚，其中每层网络插座信息点水平方向均要求平均分布，达到美观效果。

① 按照图 3-9 完成 FD1、FD2 终端共 9 个底盒及面板安装，要求安装位置正确，固定牢固，布线施工规范合理。

② 按照图 3-9 完成所有信息点的模块端接，模块端接线序统一按照 EIA/TIA-568B 进行端接。

③ 所有面板、路由走线必须做好标签记号。

任务 4 网络互联设备配置与调试

4.1 任务情境

根据设计的拓扑图，在园区网络中实现以下功能：隔离网络广播，减少网络风暴的影响，但必要时不同的广播域之间仍然能实现通信；核心层交换机之间的链路实现带宽加倍和链路备份；实现广域网的点对点连接；企业的公有 IP 地址数量有限，要满足网内主机同时访问 Internet 的需求；提高网络设备的可靠性，实现在网络高峰时段的网络分流和对流量走向的控制；实现园区无线网络的覆盖。

4.2 任务学习引导

4.2.1 以太网技术

1．以太网技术的发展

以太网技术是当今计算机网络技术的重要组成部分。政府、企业、工厂、学校、家庭等都使用以太网技术来组建内部局域网，使得企业网、校园网的应用十分普及。以太网技术已占领大部分局域网领域，并向着城域网和广域网方向发展。

以太网技术最早出现在 20 世纪 70 年代，由施乐公司（Xerox）于 1973 年创建，当时达到的传输速率为 2.98Mb/s。在近 40 年的发展过程中，以太网技术不断发展，从最初的 10M 带宽到现在的 100G 带宽，以太网技术以其结构简单、价格低廉、兼容性优越、扩展性强等诸多优越性，受到大众青睐。

现今，随着计算机用户数量的迅速增加，以太网建设全面铺开，吉比特以太网技术与光纤技术有机结合，产生了“光以太网”技术，以太网帧信号实现了 100km 长距离传输及从“干线直接到桌面”的简易连接，以太网技术开辟了在通信领域应用的新天地。

2．以太网技术的标准

电气与电子工程师协会（Institute of Electrical and Electronics Engineers，IEEE）是制定通信领域涉及的辖区的技术标准的机构，它下设有 IEEE 标准联合会（IEEE Standard Association，IEEE-SA），IEEE-SA 在其标准局里下设两个分支委员会：新标准委员会（New Standards Committees）和标准评审委员会（Standards Review Committees）。它们负责推荐属于 IEEE 辖域之内的新标准呈递到 IEEE-SA 进行审核。IEEE 802 主要规范如下。

IEEE 于 1980 年 2 月成立 IEEE 802 委员会，制定关于局域网标准，称为 IEEE 802 标准，其代表 OSI 七层模型中的 IEEE 802.n 标准系列，主要描述局域网系列标准协议结构。

IEEE 802.1 是 IEEE 802 标准系列中的解释性指导文件，主要规范的是 IEEE 802 系列标准协议中各标准之间的关系、涉及物理层和数据链路层与上层协议间的接口关系、网络互联与管理等问题。

IEEE 802.2 定义的是通用的逻辑链路控制协议，主要规范的是局域网数据链路层中的逻辑链路控制（Logical Link Control，LLC）子层的规范，包括 LLC 子层的特性、功能和协议，以及 LLC 对 LLC 自身、介质接入控制子层和网络层 MAC（Media Access Control）的管理功能的服务接口范围。

IEEE 802.3 规范的是载波侦听多路访问/冲突检测 CSMA/CD（Carrier Sense Multiple Access with Collision Detection）的介质接入控制方法和相关物理层协议。

IEEE 802.4 规范的是令牌总线（Token Passing Bus）的介质接入控制方法，物理层所采用的格式、协议和连接令牌总线物理介质的方法。

IEEE 802.5 规范的是令牌环路（Token Ring）的介质接入控制方法和物理层协议。

IEEE 802.6 规范的是分配式排队双向总线（Distributed Queue Dual Bus，DQDB）物理介质接入方法和物理层协议。这是城域网主要的标准规范，用于在更宽的区域范围中提供局域网条件的公共服务网。

IEEE 802.7 规范的是宽带局域网的物理介质接入控制方法和物理层协议。

IEEE 802.8 规范的是局域网的光纤传输介质，包括采用光纤的种类、特性和允许传输的距离。

IEEE 802.9 规范的是局域网中传输数据与话音的综合业务网和物理层协议。

IEEE 802.10 规范的是局域网中传输信息的安全、加密和物理层协议。

IEEE 802.11 规范的是无线局域网的各种特性，包括无线局域网接入站点内部协议、信息传输数据率、传输载波频段、服务质量、调制方法及安全性能等。该标准也被当作无线以太网标准规范。

IEEE 802.12 规范的是局域网根据设置的优先权级别按需优先接入物理介质控制方法，即快速局域网访问方法。

IEEE 802.15 规范的是专用（个人）无线局域网技术规范，包括站点接入和物理层相关协议。

IEEE 802.16 规范的是宽带无线局域网技术规范，包括站点的接入和物理层相关协议。

3．介质访问控制技术

1983 年，IEEE 802.3、IEEE 802.4、IEEE 802.5 共同成为局域网领域的三大标准，这三大标准中 802.3 标准定义的是在总线拓扑结构的同轴电缆传输网络中，各个终端设备发送数据帧到共享介质上时所采用的介质访问控制技术。目前，该标准占据主流地位。图 4-1 所示为 IEEE 802.3 的数据帧结构。

前导码	帧起始界定符	目的物理地址	源物理地址	长度	数据	帧校验序列
字符数 7	1	6	6	2	46～1500	4

图 4-1 IEEE 802.3 的数据帧结构

1）前导码：该字段用于指示帧的起始，便于网络中的所有接收器建立同步。该字段由 1 和 0 交替出现而组成。

2）帧起始界定符（SFD）：该字段是前导码字段的延续，它是长度为 1 个字节的 10101011 二进制序列，最后两个比特位置是 11，指示中断了同步模式并提示后面接收的是帧数据。

3）目的物理地址（DA）：该字段用于标识接收帧的工作站的地址，可以是单址、多址或全地址。

4）源物理地址（SA）：该字段用于标识发送帧的工作站的地址。

5）长度（L）：用于定义数据字段包含的字节数。

6）数据（LLC PDU）：帧长至少为 64 字节，所以用于数据字段的最小长度为 46 字节。若该字段的信息少于 46 字节，则要用“0”填充其余部分以保证满足最小长度的要求。数据字段的最大长度为 1500 字节。

7）帧校验序列（FCS）：该字段提供冗余校验，每一个发送器计算包括地址字段、长度字段和数据字段在内的一个循环冗余校验码（CRC）填入该字段。

CSMA/CD 是一种对介质访问权的争用协议，这种争用协议仅适用于总线拓扑结构的网络。在这种拓扑中，每个站点能独立发送数据帧，若两个或两个以上站点同时发送数据帧，则会产生冲突，从而导致发送帧出错。为避免这种冲突的产生，站点只能在线路空闲的时候发送数据帧。发送帧前，首先要考虑的是如何监测线路是否空闲，其次要考虑的是当两个不同站点同时发送帧产生冲突时如何中断传输。

4．以太网技术通信介质分类

（1）传统以太网技术

早期的以太网称之为 10M 标准以太网，只有 10Mb/s 带宽，表 4-1 所示为传统以太网技术介质标准。

表 4-1　传统以太网技术介质标准

介质标准	通信介质	最大传输距离	网络直径	物理拓扑
10Base-5	粗同轴电缆	500m	2500m	总线型
10Base-2	细同轴电缆	185m	925m	总线型
10Base-T	双绞线电缆	100m	500m	星形
10Base-F	光缆	2000m	2500m	点到点型

（2）快速以太网技术

随着网络快速发展，10M 标准的以太网技术显然不能满足日益增长的网络数据传输速率的需求。1993 年，Grand Junction 公司生产了第一台 100Mb/s 以太网交换机，1995 年 3 月 IEEE 推出 IEEE 802.3u 100Base-T 快速以太网标准（Fast Ethernet），标志着快速以太网的时代的到来，表 4-2 所示为快速以太网技术介质标准。

表 4-2　快速以太网技术介质标准

介质标准	通信介质	最大传输距离	网络直径	物理拓扑
100Base-T	5 类非屏蔽双绞线或 1 类屏蔽双绞线	100m	200m	星形
100Base-TX	5 类数据级无屏蔽双绞线或屏蔽双绞线	100m	200m	星形
100Base-T4	3、4、5 类无屏蔽双绞线或屏蔽双绞线	100m	200m	星形
100Base-FX	光缆	2000m	400m	点到点型

（3）千兆以太网

快速以太网普及后，网络以惊人的速度飞速发展，1998 年 6 月，IEEE 发布了千兆（吉比特）以太网标准：IEEE 802.3z 和 IEEE 802.3ab。前者制定了光纤和短程铜线连接方案的标准，后者制定了五类双绞线上较长距离连接方案的标准，表 4-3 所示为千兆以太网技术介质标准。

表 4-3　千兆以太网技术介质标准

介质标准	通信介质	传输距离	工作波长	物理拓扑
1000Base-SX	多模光纤	220～550m	770～860nm	星形
1000Base-LX	单模光纤	5000m	1270～1355nm	星形
1000Base-CX	屏蔽双绞线	25m	—	星形
1000Base-T	双绞线	100m	—	星形

（4）万兆以太网

千兆以太网还未大范围应用时，人们提出了万兆（10 吉比特）以太网的概念。2000 年，IEEE 802.3 工作组制定了万兆以太网标准，2002 年 6 月，10Gb/s 速率的以太网标准 IEEE 802.3ae 正式通过。万兆以太网仍沿用 IEEE 802.3 标准的帧格式和流量控制方法，但在速度上更快了，表 4-4 所示为 10 吉比特以太网技术介质标准。

表 4-4　10 吉比特以太网技术介质标准

介质标准	通信介质	传输距离	物理拓扑
10GBase-S	短波光缆	300 m	多星形
10GBase-L	长波光缆	10000m	多星形
10GBase-E	长波光缆	40000m	多星形

（5）超高速以太网

2006 年，IEEE 成立了超高速以太网研究工作组（Higher Speed Study Group，HSSG），专门研究制定 100 吉比特以太网标准。2007 年 12 月，HSSG 正式更换为 IEEE 802.3ba 工作组，其任务是制定在光纤和铜缆上实现 40Gb/s 和 100Gb/s 数据速率的标准。2010 年 6 月，40Gb/s 和 100Gb/s 速率的以太网标准 IEEE 802.3ba 正式通过。该标准解决了数据中心、网络运营商及其他高性能计算等环境中越来越多的宽带需求，满足了流量密集环境内部虚拟化，各种视频点播、社交网络等各种网络业务的发展需求。

目前，100 吉比特以太网尚未广泛使用，随着技术的成熟和路由器、交换机等配套技术的进一步发展，以太网技术将进入一个新的网络通信时代。

4.2.2　交换机技术

1．交换机概述

交换机是一种用于数据信号转发的网络设备，采用局域网交换技术，能减小局域网的共享传输介质的冲突域，能为任意两个网络结点提供独享的传输通路，改善网络通信质量，是局域网中最常见的重要设备之一。通常，二层交换机工作在 OSI 模型的数据链路层，三层交换机工作在 OSI 模型的网络层。

交换机由 CPU、内存储器、输入/输出接口等部件组成，CPU 主要负责维护交换地址和处理数据帧的转发，有 32 位和 64 位两种 CPU。内存储器包含 4 种类型：ROM（只读内存）、Flash RAM（闪存）、RAM（随机存取内存）和 NVRAM（非易失性 RAM）。ROM 负责存储交换机的操作系统，引导和诊断交换机；Flash RAM 负责保存交换机操作系统的扩展部分，负责交换机的正常工作；RAM 负责支持操作系统运行、建立交换地址表和缓存、保存与运行活动配置文件；NVRAM 负责保存交换机启动配置文件，供交换机启动时调用。交换机种类很多，有以太网交换机、电话语音交换机、光纤交换机等。

2. 交换机的功能与特性

（1）交换机的功能

交换机主要具备以下几种功能。

学习功能：交换机起初的 MAC 地址表是空的，当接收和转发数据帧时，交换机会将每一端口相连设备的 MAC 地址同相应的端口映射起来，保存在交换机内部的 MAC 地址表中，建立数据帧的发送者和接收者之间的临时交换路径。这是交换机的“学习”功能。

转发（过滤）功能：当一个非广播或组播的数据帧的目的 MAC 地址在 MAC 地址表中有映射时，它仅将被转发到映射所对应的端口上，而不是被发送到所有端口上。

消除回路功能：交换机自身具备生成树协议，当交换机所在的网络拓扑存在冗余回路时，交换机可通过生成树协议避免回路的产生，同时具备备用路径在链路断开时提供冗余的功能。

除了上述功能外，交换机还具备物理编址、错误校验、流控制、实现全双工通信、自动速度调节等功能。随着交换机技术的发展，交换机也逐渐实现了支持虚拟局域网、链路汇聚及防火墙等功能。交换机上不同类型的端口也为其连接不同类型的网络提供了更高的灵活性，如现在很多交换机提供支持快速以太网端口或者 FDDI 的高速连接端口，为其他交换机或者为高带宽服务器提供了更多的数据流量，供关键服务器及重要用户快速接入。

（2）交换机的特性

在分层网络中，交换机有如下特性。

1）交换机的外形。选择交换机时，首先要考虑交换机的外形因素，交换机外形分为：固定配置交换机、模块化配置交换机、可堆叠配置交换机。固定化配置交换机的配置是固定的，在出厂时配置的基础上不能再增加额外功能。模块化配置交换机配置较灵活，允许安装不同数量的模块化线路卡，可以根据需要扩展交换机的端口数量和规模。可堆叠配置交换机是若干个交换机使用专用的背板电缆互连起来作为一台更大的交换机运行，以此提供更高交换机的吞吐力。

2）交换机的性能。交换机的端口密度、转发速率、带宽聚合需求因素对挑选交换机也至关重要。端口密度指的是交换机上固定可用的端口数量，高密度的端口可以在空间有限和电源接口短缺的情况下发挥更大的作用，将资源更加充分地利用起来。若采用一组固定配置交换机实现高端口密度，必将额外占用端口提供带宽聚合，所以可选择在模块化交换机上增加模块化线路卡以增加端口数量，有的模块化交换机可提供多达 1000 多个端口。

转发速率是交换机处理能力的体现，指的是交换机每秒能处理的数据量，过低的转发速率会导致无法在所有端口上实现全线速（线速，指理论上最大数据传输效率）运行。通常，会在汇聚层（或称为分布层）和核心层选择能达到全速运行的交换机。

3）第三层功能。三层交换机是具有部分路由器功能的交换机，它工作在 OSI 模型的网络层，能够加快大型局域网内部的数据交换，能够做到一次路由多次转发，实现了对以太网的优化，实现三层的精确匹配查询。通过硬件高速实现数据包转发等规律性的过程，靠软件实现路由信息更新、路由表维护、路由计算、路由确定等功能。这样的交换机也称为多层交换机。

3. 交换机的工作原理

交换机的工作原理是基于 MAC 地址识别、封装转发数据包。交换机的交换结构由集成电路和机器编程组成，机器编程用来实现对经过交换机的数据链路的控制。交换机使用 MAC 地址表来处理传入的数据帧，所以交换机首先需要了解自身每个端口（也可称为接口）上存在的结点的 MAC 地址，才能判断用哪个端口来传送单播帧。

MAC 地址表是交换机自己构建的，它会记录与每一个端口相连的结点的 MAC 地址来构建 MAC 地址表。交换机拥有一条较高带宽的背部总线和内部交换矩阵，所有的端口都挂接在这条背部总线上，当交换机从某端口收到一个数据帧时，交换机从该帧中获得源 MAC 地址，连同接收该帧的端口一起记录到 MAC 地址表中，形成 MAC 地址和端口的映射关系。同时，交换机会检查该帧的目的 MAC 地址，并对照 MAC 地址表进行查询，以确定目的 MAC 挂接在那个端口上。若 MAC 地址表中存在着该帧的目的 MAC 地址，则内部交换矩阵会迅速将数据帧传送到目的端口。若 MAC 地址表中没有发现该帧的目的 MAC 地址，交换机会将该帧从除接收该帧的端口之外的所有接口广播出去，接收端口响应后，交换机会将接收端口的目的 MAC 地址和对应端口添加到 MAC 地址表中。通常，交换机连接其他交换机的端口在 MAC 地址表中记录有多个 MAC 地址，用来代表远端结点。通过 MAC 地址和端口的映射关系，交换机可知道在后续传输中，如何将数据帧从对应的端口上发送出去。

交换机多个端口之间可在同一时间进行数据传输，每一个端口都可看作独立的网段，其中的网络设备独自享有全部的带宽。

4. 交换机的交换方式

交换机可以在不同的模式下采用不同的方式转发以太网帧，这些模式各有利弊。

（1）存储转发交换

存储转发方式是应用最广泛的方式。该方式的交换机接收到帧时，数据帧被一点点存储在缓冲区中直到整个数据帧被接收完，这就是存储过程，在这个过程中，交换机分析帧获得目的 MAC 地址，用循环冗余校验执行错误检查。在确认帧的完整性之后，通过数据包的目的地址查找对应端口转发出去，出错的帧会直接抛弃。

存储转发交换方式对交换机的数据帧进行错误检测，减少了已损坏的数据帧占用的带宽量，有效地改善了网络性能。同时，它能够支持不同速率的端口之间的转换，保持高速端口与低速端口间的协同工作。但是这种交换方式在数据处理时延时较大。

（2）直通交换

直通交换方式的交换机在收到数据帧时，会立即处理该数据帧，获取目的 MAC 地址进行缓存，并查找交换表中的 MAC 地址，确定相应的输出端口，在输入与输出端口之间接通，把数据帧直通到相应的端口，实现交换功能。交换机在这个过程中不执行任何数据校验检查。

由于不需要存储，不需要进行错误检查，该交换方式的延迟很小、交换速度很快。但是，因未检查数据帧内容是否有误，故交换机会在网络中转发损坏的帧，而且由于没有缓存，所以不能将具有不同速率的输入和输出端口直接相连进行通信，否则容易出现丢包现象。

（3）快速转发交换

该交换方式是直通交换方式的变体。快速转发交换在读取目的 MAC 地址之后，立即转发数据帧。在该方式中，延时是指从收到第一个位到传出第一个位之间的时间差，该方式可以提供最低程度的延时。

（4）免分片交换

该交换方式也是直通交换方式的变体。交换机在转发之前仅存储数据帧的前 64 个字节，因为大部分网络错误和冲突通常发生在前 64 个字节中，然后对帧的前 64 个字节执行小错误检查，检查数据帧的长度是否满足 64 个字节，如果小于 64 字节，则说明是假包，随即丢弃该帧；如果大于 64 字节，则发送该帧。这种方式也不提供数据校验检查。

该方式能增强直通交换功能，它的数据处理速度、延时和完整性介于存储转发交换方式和直通交换方式。

5．交换机的连接技术

通常在企业局域网中，单靠一台交换机来集中连接所有设备是不现实的，组建局域网需要用到多台交换机，而这些交换机之间的互联，就涉及交换机之间的连接技术问题。为了实现不同的用途，交换机分为 3 种不同的连接技术：堆叠、级联、集群。

（1）堆叠

堆叠是 Cisco 中的术语。网络规模快速增长，对交换机端口的需求迅速增多，固定配置交换机的低扩展性逐渐显现，堆叠可用来解决交换机端口数不足的问题。将几个可堆叠交换机通过使用专用的背板电缆、堆叠模块和堆叠接口进行相连，创建了一条双向的封闭环路，这种连接距离是非常短的。交换机堆叠后作为单个逻辑实体运行，端口密度迅速增加。

负责堆叠配置和控制的交换机称为堆叠主，堆叠中的其他交换机都是堆叠成员，工作中的堆叠交换机可以在不中断工作的情况下，添加和删除堆叠成员，连接到堆叠中的任何一台交换机上都能配置到堆叠中的其他交换机。交换机共享配置和路由信息，也被 OSI 模型的第二、三层协议支持。需要注意的是，堆叠所用的交换机必须是同一厂家生产的设备，且这些设备必须具有堆叠功能，如图 4-2 所示。

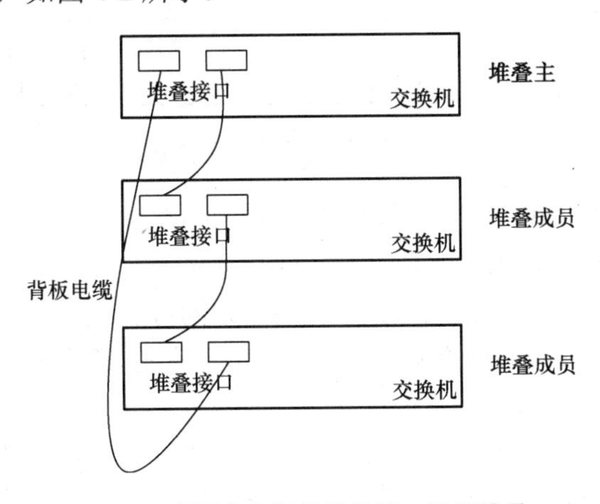

图 4-2　利用交换机的堆叠端口进行堆叠

堆叠可增加交换机的背板带宽，与模块化配置交换机所能实现的相同端口密度相比，堆叠以较低成本优势实现了高带宽、高密度的优良性能，帮助中小企业解决了利用低成本实现高密度端口的实际需求。

（2）级联

级联是最基本、最常见、应用最广的一种端口和距离扩展连接方式。通过一根双绞线在不同厂家的网络设备之间即可完成级联，级联主要用于快速增加交换机的端口数量和延伸网络直径。

现在很多交换机提供 Uplink 端口，如图 4-3 所示，专门用于与其他交换机的连接，也有一些交换机使用普通的端口“充当”Uplink 端口，辅以一个 MDI-II（级联端口）/MDI-X（普通以太网端口）转换开关在两种类型间进行转换。如图 4-4 所示，交换机的级联方式根据交换机的端口配备情况也有所不同：若交换机备有 Uplink 端口，则可直接采用该端口进行级联；若交换机未备有 Uplink 端口，则可采用交换机的普通以太网端口进行交换机的级联。

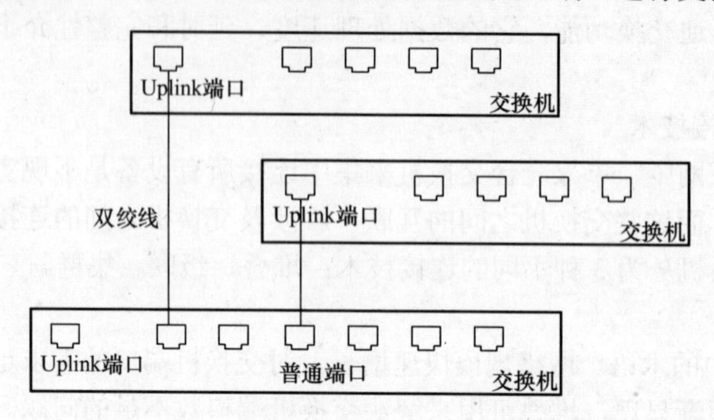

图 4-3 利用交换机的 Uplink 端口进行级联

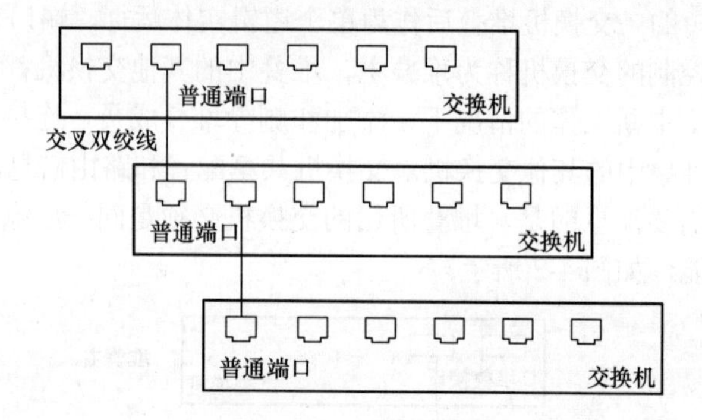

图 4-4 利用交换机的普通端口进行级联

级联设备逻辑上是相互独立的，若想配置级联中的所有设备，必须一一连接到每台交换机中。采用普通以太网端口级联交换机时，下级交换机的有效总带宽相当于上级交换机的一个普通以太网端口带宽，因此该级联方式将损失一定的带宽。另外，从理论上来讲，交换机的级联个数没有限制(集线器级联个数是有限制的)，但是在实际应用中，当级联层数较多时，容易出现一定的网络收敛延时，为了保证网络的效率，可以提高上行设备性能来解决这个问题，也可以缩减级联的层次，一般不超过 4 层。

级联可实现相隔较远的计算机和交换机之间的互联。通过在计算机与远端交换机之间添加额外的交换机，依次级联来扩展交换机连接的距离范围。

（3）集群

集群可看作堆叠和级联技术的结合，集群技术能够将分布在不同地理位置的交换机有效地整合在一起，成为一个逻辑实体，进行统一管理，这一点与堆叠类似。但与堆叠不同的是，集群的目的不是扩展端口数量，而是提供容错和负载均衡。集群使用普通以太网接口连接，在各主流品牌设备中有相应的技术。通常在交换机集群中，有一台交换机会作为命令交换机，类似堆叠中的堆叠主，该集群命令交换机是单点访问的，用来配置、镜像、管理集群成员交换机。命令交换机可以有一台，也可以有多台备份命令交换机。除了命令交换机，集群中的其他交换机都是集群成员交换机，它们在同一时刻仅属于一个集群。

交换机集群具备很多优势：集中管理集群中的交换体机时，集群中各交换机之间采用的介质类型和拓扑结构均不受限制。若某个当前集群命令交换机失效，则可立即采用备用命令交换机接替其工作，以避免丢失其与集群成员之间的连接。通过集群命令交换机单一的 IP 地址集中管理集群内的所有设备，并能通过该 IP 地址实现交换机集群的所有通信。

以上描述的连接方式的本质是不一样的，它们各有利弊，以满足不同的要求。在应用中，可根据实际需要、实际情况选择不同的连接技术。

6．VLAN 技术

VLAN 的划分是将不同物理网络中的若干主机进行逻辑位置的划分，即将原本在同一个广播域中的主机划分到不同广播域中。使用 VLAN 技术时，每台交换机都需配置 VLAN，计算机之间必须有统一的 VLAN 的 IP 地址和子网掩码才能完成通信。

（1）VLAN ID 的范围

以 Cisco 交换机为例，创建 VLAN 时，需创建 VLAN 的 ID，VLAN ID 一般分为普通范围和扩展范围两种。

普通范围的 VLAN，VLAN ID 为 1～1005。1002～1005 的 ID 保留给令牌环 VLAN 和 FDDI VLAN 使用。ID 1 和 ID 1002～1005 是交换机自动创建的，不能删除。该类型的 VLAN 配置信息保存在 VLAN 数据库文件 vlan.dat 中，并存放于交换机的闪存中。普通范围的 VLAN 适用于中小型商业网络和企业网络。

扩展范围的 VLAN，VLAN ID 为 1006～4094。支持的 VLAN 功能比普通范围的 VLAN 更少。该类型的 VLAN 配置信息保存在运行配置文件中。扩展范围的 VLAN 适用于规模较大的跨国企业。

通常，每台 Cisco Catalyst 2960 交换机最多可支持 255 个普通范围或者扩展范围的 VLAN，过多的 VLAN 数量会影响交换机硬件的性能，所以需要根据实际需要创建。

（2）VLAN 的类型

以 Cisco 交换机为例，VLAN 主要分为以下几种类型。

数据 VLAN：只传送用户产生的数据流量，有时也称为“用户 VLAN”。

默认 VLAN：交换机初始启动后，所有端口即加入默认 VLAN，全部端口位于同一个广播域中。Cisco 交换机的默认 VLAN 是 VLAN 1。

本征 VLAN：本征 VLAN 分配给 802.1q 中继端口，此端口支持多个有标记流量和无标记流量，会将无标记流量发送到本征 VLAN。

管理 VLAN：配置用于访问交换机管理功能的 VLAN。VLAN 1 默认充当管理 VLAN。

语音 VLAN：用于支持 IP 语音（VoIP）的 VLAN。

（3）VLAN 的划分方法

VLAN 的划分方法是指采用何种标准来确定 VLAN 中结点的方法，主要有以下 5 种。

1）基于设备端口：该方法是最常用的 VLAN 划分方法，通过将设备端口划分给不同 ID 的 VLAN，使连接该端口的工作站隶属于不同的 VLAN。

使用该方法的优点是配置简单，缺点是如果工作站改变连接到处于不同 VLAN ID 的端口，则管理员必须重新配置 VLAN。

2）基于 MAC 地址：该方法先收集网络中通信结点的 MAC 地址，为每个 VLAN 形成一个 MAC 地址库，只有属于同一个 MAC 地址库的计算机才允许通信。

使用该方法的优点是VLAN不需要因为工作站的连接配置变化而重新配置，同一个MAC地址可以处于多个VLAN中，缺点是MAC地址库的初始化工作量大，更换网卡（MAC地址改变）或增加工作站时必须更新VLAN数据库。

3）基于网络地址：该方法借助第三层协议的地址来划分 VLAN 成员，常用的网络层地址是IP地址，通过确立VLAN和网络地址段的关系来划分VLAN。

使用该方法的优点是工作站的网卡改变，只要不对网络地址做改变，对VLAN没有影响。工作站如要改变VLAN，则只需要改变网络地址即可，不需要人工干预。对网络设备而言，减少了数据帧标记的消耗，并且有利于实现基于服务和基于应用的各种策略；其缺点是缺乏安全性，对用户的控制力较弱，同时该方法涉及三层数据的处理，给设备性能带来一定的损耗。

4）基于IP组播：该方法是指各站点可以自由动态决定地参加到任意IP组播组中，当向一个组播组发送一个IP报文时，此报文将被传送到此组中的各个工作站中。

使用该方法的优点是将VLAN扩大到了广域网，具有更大的灵活性，也很容易通过路由器进行扩展；缺点是该方法效率低，不适合局域网。

5）基于策略：该方法是实施VLAN划分最复杂的方法，也是最灵活的VLAN划分方法，具有自动配置的能力，能够把相关的用户连成一体。网络管理员只需在网管软件中确定划分VLAN的规则（或属性），当一个站点加入网络时，软件自动匹配其规则，并被自动地映射到正确的VLAN中。同时，对站点的移动和改变也可自动识别和跟踪。

使用这种方法可使整个网络非常方便地通过路由器扩展网络规模，有的产品还支持一个端口上的主机分别属于不同的VLAN，这在交换机与共享式Hub共存的环境中显得尤为重要。

（4）VLAN中继

由于在交换机转发的以太网帧的帧头中没有包含以太网帧隶属于哪个 VLAN 的相关信息，因此交换机创建了 *N* 个 VLAN，就只能占用 *N* 个端口来收发 *N* 个 VLAN 信息，VLAN的创建数量受到了交换机端口数量的制约。中继技术实现在同一链路上实现多个 VLAN 消息的传输。

中继是实现两台交换机之间传输多个VLAN流量的点对点链路的技术，其作为VLAN在交换机或路由器之间的管道，不属于某个具体的VLAN，而是被多个VLAN共享。VLAN中继技术将VLAN技术扩展到整个网络中。

当原始以太网帧进入中继端口时，以太网帧用额外的信息来标识自身属于哪个 VLAN，这种添加标记的方式称为封装802.1q。

（5）VLAN之间的路由

在网络交换机上配置 VLAN 后，每个 VLAN 都是独立的广播域，默认情况下，不同VLAN中的计算机之间是无法在数据链路层直接通信的，只能借助网络层协议进行通信，这称为VLAN间路由。

VLAN与网络中唯一的IP子网相关联，这种配置为实现VLAN间路由提供依据，路由器接口可连接到不同的VLAN中，VLAN中的终端通过路由器向其他VLAN发送流量。传统的VLAN路由方式中，不同的交换机物理端口以接入模式连接到路由器的不同物理接口，路由器接口能接收并转发来自所连接的交换机接口的VLAN流量。但这对路由器和交换机的物理接口的数量要求很高，特别是当VLAN数量过多时，并非所有的路由器和交换机的接口数量都能满足要求。

因此为了节省端口数量，特别是路由器的端口数量，考虑通过单个物理接口的方法来实现 VLAN 之间的通信，这称为单臂路由。在这种方法中，VLAN 间数据帧要经过网络层处理，才能通过路由进行传递。将路由器连接到交换机的一个物理接口在逻辑上划分为多个虚拟接口，这些虚拟接口称为子接口。每个子接口单独配置了 IP 地址，并对应分配到唯一的 VLAN 中，以便在数据帧被标记 VLAN 并从物理接口发送回之前进行逻辑路由。此外，路由器接口被配置为中继链路，并以中继模式连接到交换机端口，通过识别接收的 VLAN 标记流量，子接口进行内部路由后，路由器会将 VLAN 标记流量从同一物理接口转发出去，便实现了 VLAN 间的路由。在这个过程中，每个子接口上配置的 IP 地址将作为特定 VLAN 子网的网关。

除了单臂路由，三层交换机也可代替专用路由器，实现 VLAN 间的路由，与路由器不同的是，三层交换机不需要对所有的 VLAN 数据包进行解封、重新封装的操作，可以基于“一次路由、多次交换”原理在 VLAN 间线速交换替代数据包的路由。现在使用三层交换机实现 VLAN 间通信较为常见。

7. 链路聚合技术

以太通道可以用以下两种协议进行自动协商：端口聚合协议（Port Aggregation Protocol，PAgP），这是 Cisco 专有的协议；链路聚合控制协议（Link Aggregation Control Protocol，LACP），这是基于 IEEE 802.3ad 国际标准的。形成以太通道的模式有以下 3 种：强制模式、主动模式和被动模式。PAgP 协议有 desirable 和 auto 两种模式，LACP 有 active 和 passive 两种模式。强制模式为 on 模式，它强制接口成为以太通道，该模式下不交换 PAgP 或 LACP 数据包，该模式的接口组所连接的对端接口组也必须配置为 on 模式；主动模式为主动协商状态，它通过发送数据包与其他接口进行协商，PAgP 的 desirable 模式和 LACP 的 active 模式均为主动模式；被动模式为被动协商状态，接口会响应数据包，但不会进行协商，PAgP 的 auto 和 LACP 的 passive 模式均为被动模式。表 4-5 和表 4-6 所示为两种协议的自动协商结果。

表 4-5　PAgP 协议的自动协商结果

PAgP 协议		端口组 2	
		desirable	auto
端口组 1	desirable	协商成功	协商成功
	auto	协商成功	协商失败

表 4-6　LACP 协议的自动协商结果

LACP 协议		端口组 2	
		active	passive
端口组 1	active	协商成功	协商成功
	passive	协商成功	协商失败

8. 生成树技术

（1）生成树协议生成的过程

生成树协议（Spanning Tree Protocol，STP）生成的过程实际上是一个交换机的选举过程，其过程可以归纳为 3 个部分：选举根网桥、选举根端口、选举指定端口。

每次交换机启动，都会假定自己是根网桥，通过 BPDU 将自己的桥 ID 与其他交换机的进行比较，确定最小的为真正根网桥。BPDU 有配置 BPDU 和拓扑变更通知（TCN）BPDU 两种，前者用于计算生成树，或者用于通知网络拓扑的变化。在协议运行过程中，交换机能收到的BPDU端口都将记录收到的 BPDU，由最优BPDU来决定生成树算法的运行，确定BPDU的顺序标准如下：最小根网桥ID→到根网桥的最低路径开销→发送者最小桥ID→最小端口ID。

首先要在拓扑中的所有交换机中选举根网桥，每台交换机都有唯一的区别于其他的网桥ID，它一共有8个字节，其中包含2个字节的网桥优先级和6个字节的MAC地址。交换机启动时会假设自己是根网桥，然后将自己的网桥ID作为根网桥ID发送给其他交换机，交换机在收到其他交换机发来的网桥ID时，会将自己的网桥ID与之比较，先比较优先级，值越小的越好，若优先级相同，则比较MAC地址，同样是值越小的越好，交换机发现更好的网桥ID后，会将该网桥ID替换为根网桥ID发送出去，如此反复直到所有交换机一致推举其中一台交换机成为根网桥。选出根网桥后，由根网桥负责发送配置BPDU，其他交换机进行转发。

其次是选举根端口，在非根网桥上需要选择根端口来计算它与网桥的相对位置，根端口的选择通过计算通往根网桥的所有路径成本之和得到，越低的路径成本越优先成为根端口，通常链路的带宽越高，其路径成本越低。

再次是选举指定端口，在每个网段上确定一个指定端口，用于转发进出该网段的数据流。在一个网段中，排除那些被选举为根端口的端口以外的剩余的端口中，根据到达根网桥的路径成本进行选举，依然是成本越低越优先成为指定端口。

最终，组成环路拓扑的交换机端口中既未被选举成为根端口也未被选举成为指定端口的其余端口成为阻塞端口。至此STP决策过程完成。

（2）STP状态

STP 状态包含阻断、监听、学习和转发。交换机端口初始化后处于阻断状态，防止环路的形成，交换机端口在被选作根端口或者指定端口时，进入监听状态；经过一段时间后，进入学习状态，再经过一段时间可进入转发状态，即交换机进入正常工作的状态。所以，交换机的所有端口在启动后经历以下4个阶段：阻塞（只接收BPDU）→监听（创建STP）→学习（创建交换表）→转发（发送和接收用户数据）。

（3）STP使用注意事项

1）在网络设计中，根网桥的选举不能任由交换机自动计算实现，因为自动完成的选举有可能选举出的根网桥是性能较差的交换机而非较好的，应当避免这种情况。可以对交换机的优先级进行手工设置，确保合适的交换机成为根网桥。

2）要提供对根网桥的保护，防止性能较低的交换机抢占成为根网桥。有必要在所有不应成为根网桥的交换机的所有端口上开启根保护功能，避免这些端口可能成为根端口。

3）配置 STP 的传送时延计时和最大计时的值，当网络拓扑发生改变时，缩短生成树协议的收敛时间，但这会产生大量的BPDU，产生资源浪费。

4.2.3 路由器技术

路由是指通过互连的网络把数据从源结点移动到目的结点的过程，实现这一过程的设备称为路由器，它工作在OSI模型的网络层，

路由器（Router）是互联网的主要结点设备，主要用于连接不同的网络。通常，路由过程中，数据可能仅经过一个中间结点，但也有可能经过两个甚至更多个中间结点。路由器通过路由决定数据的转发，转发策略称为路由选择，这也是路由器名称的由来。

路由器的组成类似于计算机，也由硬件和软件部分组成，包括CPU、RAM、NVRAM、

闪存、ROM、操作系统等。CPU 是路由器的运算和控制部件，负责数据包的转发，路由选择等；RAM 主要负责路由表信息的建立和操作系统的运行；NVRAM 主要负责保存操作系统启动时的启动配置脚本；闪存主要用途是保存操作系统的扩展部分，维持路由器的正常运行；ROM 保存路由器操作系统，负责路由器的引导和诊断。

路由器是不同网络之间互连的枢纽，是网络核心脉络，它的性能的好坏以及可靠性的高低直接决定了网络运行质量。因此，路由器技术始终处于网络领域研究的核心地位。

1. 路由器的功能与特性

（1）路由器的功能

路由器的功能主要有两个：一个是使不同类型的网络结构连通，另一个是为经过路由器的每个数据帧确定最佳转发路径。

路由器连通网络靠路由器的接口完成。路由器上包含不同的局域网和广域网接口：高速同步串口、同步/异步串口、以太网接口，可根据不同的设备类型和选用的介质来选择不同的端口与其他设备相连。除此外，路由器还包括 AUX 端口和 Console 端口，主要用于对路由器的远程和本地配置。

路由器最重要的功能是确定最佳转发路径，主要包含两步：第一步是确定发送数据包的最佳路径；第二步是就将数据包转发到目的地。选择快捷通畅的路径不仅能提高通信速率，减轻网络通信压力，而且能有效节省带宽开销，提高网络利用率、网络性能和可靠性。

（2）路由器的特性

路由器具备多种数据链路的封装方式和网络流量过滤等特性。

路由器转发数据帧时采用数据链路封装方式，通常取决于路由器转发的接口类型及其所连接的介质类型。路由器可连接多种不同的数据链路技术，包括以太网技术、广域网串行连接技术、帧中继技术和异步传输模式技术等。路由器能在多网络互连环境中，建立灵活的连接，可使用不同的介质访问和数据分组方法连接各类子网，非常适合多个异种网络互连的复杂结构网络。

路由器使用专门的软件协议从逻辑上对整个网络进行划分，只有路由表中存在的 IP 地址的网络流量才可以通过路由器进行转发，并可自动过滤广播流量。对于每个接收到的数据包，路由器会重新计算校验值和写入新的 MAC 地址。因此，使用路由器转发和过滤数据的速度要比交换机慢。

2. 路由表与路由器工作原理

（1）路由表的构建

以 Cisco 路由器为例，路由表由多条路由条目构成，这些条目由各种传输路径的相关数据组成，这些路由条目的来自于直连网络、静态路由、动态路由。路由表结构是一个分层结构，这样有利于在查找路由并转发数据包时，加快查找速度。通常，路由表分为两级：1 级路由和 2 级路由。

1 级路由是指路由的子网掩码小于或等于网络地址有类掩码。1 级路由可用作默认路由、网络路由、超网路由 3 种。其中，默认路由指地址为 0.0.0.0/0 的静态路由；网络路由指子网掩码等于有类掩码的路由；超网路由指掩码小于有类掩码的网络地址。

路由条目包含下一跳 IP 地址或者出口的路由称为最终路由。例如，查看路由器的路由表条目，存在如下路由信息：

```
C 172.16.0.0/16 is directly connected, Serial0/0/1
```

其中，C 和 is directly connected 表示直连网络，172.16.0.0 表示路由条目，16 表示子网掩码，Serial0/0/1 表示转发数据包的出口。172.16.0.0/16 的掩码是 B 类网络的有类掩码，所以它属于 1 级网络路由。由于该路由包含出口，所以它也是最终路由。

1 级路由的另一种类型是父路由。1 级父路由是指路由条目不包含任何网络的下一跳 IP 地址或者出口的路由。它表示下面还有一个 2 级路由存在，而 1 级父路由仅是一个标题，它不能用于数据包转发的最终路径。2 级路由也称为子路由，是指有类网络地址的子网路由。它表示网络中存在着子网，当向路由表中添加一个子网路由信息时，1 级父路由便自动创建；当路由表中的唯一一个子路由被删除时，1 级父路由也随之被删除。例如，查看路由器的路由表条目，存在如下几种情形的路由。

情形一：

```
172.16.0.0/24 is subnetted, 1 subnets
C 172.16.1.0 is directly connected, FastEthernet0/0
```

其中，172.16.0.0 是 1 级父路由，24 是所有子路由的子网掩码，is subnetted,1 subnet 表示它含有一个子网，即子路由；172.16.1.0 是 2 级子路由，也是最终路由。

情形二：

```
172.16.0.0/16 is variably subnetted, 2 subnets, 2 masks
C 172.16.1.0/24 is directly connected, FastEthernet0/0
C 172.16.2.1/30 is directly connected, Serial0/0/0
```

其中，172.16.0.0 是 1 级父路由，16 表示父路由的有类子网掩码，is variably subnetted 表示进行了可变长子网划分，2 subnet 表示它含有两个子网，即子路由；2 masks 表示它含有两个不同的子网掩码；172.16.1.0 是 2 级子路由，24 是该子路由具体的子网掩码；172.16.2.1 是另一个 2 级子路由，30 是该子路由具体的子网掩码。

1）有类路由行为和无类路由行为。有类和无类路由行为不同于有类和无类路由协议，它们决定了如何搜索路由表。在 Cisco 路由器 IOS 11.3 之前，有类是 Cisco 路由器的默认路由行为。

2）路由查找过程。当路由器接收到一个数据包时，会检查数据包中的目的 IP 地址，然后实施以下路由查找过程。

① 路由器会检查 1 级路由，查找与 IP 数据包的目的地址最匹配的路由。若最匹配的路由是 1 级最终路由，则直接使用该路由转发数据包；若最匹配的路由是 1 级父路由，则跳到步骤②。

② 路由器检查该父路由下面的子网路由，看是否存在最匹配的路由。若 2 级子路由中存在匹配的路由，则选择使用该子网路由转发数据包；若没有 2 级子路由符合匹配条件，则跳到步骤③。

③ 判断路由器当前执行的是有类路由行为还是无类路由行为。若执行的是有类路由行为，则会终止查找过程并丢弃数据包；若执行的是无类路由行为，则跳到步骤④。

④ 在路由表中继续搜索 1 级超网路由，看是否存在匹配条目。若存在匹配位数相对较少的 1 级超网路由，则使用该路由转发数据包。若不存在匹配的超网路由，则跳到步骤⑤。

⑤ 继续在路由表中搜索，看是否存在 0.0.0.0/0 的默认路由，若存在，则使用默认路由转发数据包，否则丢弃数据包。

在整个过程中，路由匹配的原则是选用最长匹配为最佳匹配路由，路由表中的地址与数据包的目的IP地址的二进制数从左向右开始匹配，左边存在最多匹配位数的路由称为最长匹配，也是首选的转发路由。另外，当匹配的最终路由条目中仅含有下一跳IP地址而没有送出接口时，则需在路由表中对此下一跳IP地址执行递归查找的解析工作，直到找到送出接口为止。

（2）路由器工作原理

路由器使用路径选择和包交换的方式，将接口上接收的数据包传送到另一个接口上，路由器靠路由表来确定转发数据包的最佳路径，即选择最合适的接口转发。当路由器从一个接口上收到数据链路帧时，提取数据包目的IP地址，并在路由表中搜索最匹配的网络地址和转发接口。一旦找到路由匹配条目，路由器就将IP数据包封装到数据链路帧中，传到选定的接口，向下一跳传递。

如图4-5所示，PC1发送数据到PC2，PC1将目的IP地址为192.168.1.1的数据包发送给直连的路由器R1；R1收到数据包后，从数据包包头中取出目的IP地址，根据路由表计算出发往PC2的最佳路径如下：从R1到R2，再到R3，于是R1将数据包发往路由器R2；R2重复路由器R1的工作，并将数据包转发给路由器R3；R3取出数据包的目的IP地址，发现192.168.1.1在该路由器所直连的网段上，则将该数据包直接发送给PC2。

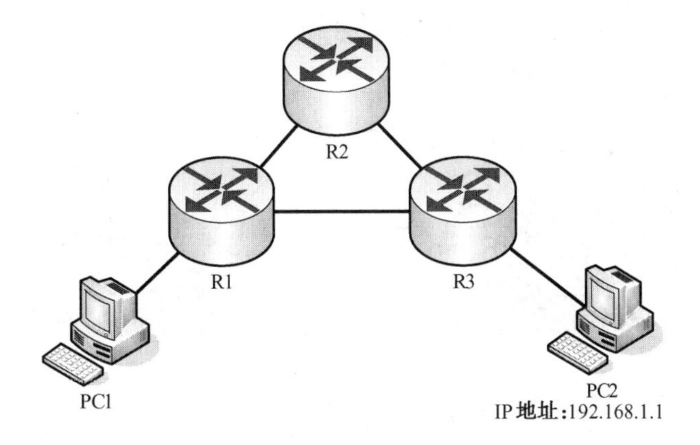

图4-5　路由器工作原理举例

3．路由协议

路由协议（Routing Protocol）用于创建和维护路由表，描述了网络拓扑结构，它与路由器协同工作，能用于在路由器之间交换路由信息，执行路由的选择和数据包的转发。路由协议分为静态路由协议和动态路由协议两种。

（1）静态路由协议

静态路由协议的路由表称为静态路由表，由网络管理员根据网络的配置情况手动配置静态路由条目形成。静态路由条目不能自动更新，当网络结构发生变化时，需由网络管理员手动修改获得新的静态路由条目。添加的静态路由条目只需要包括远程网络的网络地址、子网掩码、下一跳路由器或送出接口的IP地址。

静态路由中有一种特殊的路由称为默认路由（Default Route），它指的是当数据包在路由表中没有更加精准的匹配的路由条目时，路由器将使用默认路由将数据包转发出去，否则数据包将被丢弃。覆盖面最广的默认路由的网络地址和子网掩码均为0.0.0.0。

静态路由易于配置，占用的CPU处理时间少，所需的处理开销低于动态路由协议，便于管理员了解路由。但是静态路由配置和维护需要了解整个网络，较为耗时，配置易出错，不能随着网络的增长而自动扩展。

静态路由适用于包含路由器数量较少的、仅通过单个ISP接入Internet的小型网络或集中星形拓扑结构配置的大型网络。

（2）动态路由协议

动态路由协议的路由表称为动态路由表，由路由器根据不同的路由协议的特性自动计算数据包转发的最佳路径形成，动态路由条目会随着网络运行的变化而变化，可动态共享有关远程网络的信息，自动将路由信息添加到路由表中，无需网络管理员手动配置和修改。

动态路由协议减轻了网络管理员维护路由配置的工作量，协议可以随网络拓扑变化而自动调整，配置不易出错，扩展性强。但是动态路由协议需要额外占用路由器CPU时间、内存和链路带宽等资源，同时对网络管理员业务技能要求较高。

一个共同管理区域内的一组路由器称为自治系统（Autonomous System，AS），在Internet中，根据路由器在自治系统中的位置，可将路由协议分为使用内部网关协议（IGP）和外部网关协议（EGP）。IGP用于自治系统内部路由，适用于单个公司、学校或者组织管理；EGP用于自治系统之间的路由，也称为域间路由协议，适用于不同机构管控组织管理。EGP分为有两种：外部网关协议（EGP）和边界网关协议（BGP）。EGP是设计一个简单的树形拓扑结构，随着越来越多的用户加入Internet，EGP在设置路径选择策略和路径循环处理上有明显的缺陷，目前已被BGP代替，如图4-6所示。

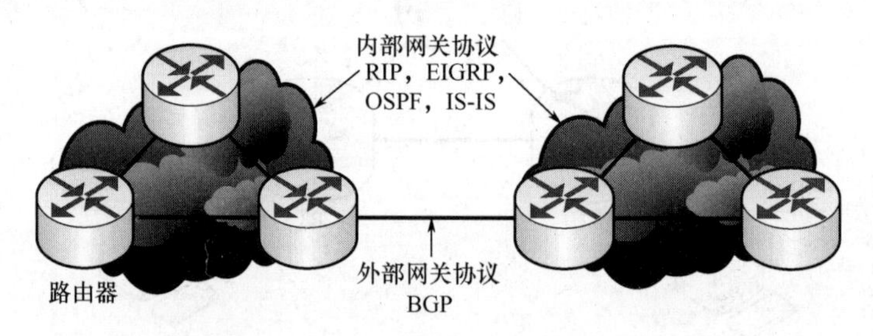

图4-6　内部网关协议与外部网关协议

IGP可以划分为距离向量路由协议（Distance Vector Routing Protocol）和链路状态路由协议（Link State Routing Protocol）。

距离向量路由协议基于贝尔曼-福特（Bellman-Ford）算法确定最佳路由，指以距离（用跳数度量）和方向（下一跳的路由器或出口）构成的向量来通告路由信息，路由器会定期将部分或完整的路由表传递给所有相邻的路由器。距离向量路由协议可积累足够的网络距离和接口信息来维持路由表，但是却并不了解完整而确切的网络拓扑结构。因此，距离向量路由协议适用于网络结构简单、集中星形网络和对收敛时间（收敛指所有路由器的路由表达到一致的过程所需要的时间）无严格要求的网络。距离向量路由协议包含RIP、EIGRP（是Cisco公司开发的私有协议）。

链路状态路由协议基于图论中非常著名的Dijkstra算法确定最佳路径，即最短优先路径算法。在链路状态路由协议中，链路状态信息会被传递给在同区域内的所有路由器，然后被用来“绘制”拓扑图，并在拓扑中选择到达目的地的最佳路径。只有当拓扑发生变化时，链路状态才重新被发送出去。因此，链路状态路由协议适用于分层设计的大型网络、对网络收敛时间要求较高的网络。链路状态路由协议包含OSPF、IS-IS。与IS-IS相比，OSPF更适用于IP协议，较IS-IS更有活力。OSPF现在已成为应用广泛的一种路由协议。

动态路由协议中的有类路由协议在路由信息更新过程中不发送子网掩码。较早的路由协议都是有类路由协议，它们的网络地址是按 A 类、B 类、C 类来分配的，即使发送的更新中不包括子网掩码，子网掩码也可以根据网络 IP 地址的第一个字节所在的范围来确定。有类路由协议包括 RIPv1 和 IGRP。而无类路由协议在路由信息更新中同时发送网络地址和子网掩码。当今绝大多数的网络已不再按照类来分配地址了，所以子网掩码也无法立即确定。无类路由协议包括 RIPv2、EIGRP、OSPF、IS-IS 和 BGP。

4．网关冗余技术

作为默认网关的设备如果发生故障，则会影响所有使用该网关进行的通信，即便有多个备用的默认网关，但往往也需要重新启动后才能更换。为了提高网络的可靠性，有 3 种容错协议可以提供帮助，这 3 种协议是热备份路由协议（Hot Standby Router Protocol，HSRP）、网关负载均衡协议（Gateway Load Balance Protocol，GLBP）和虚拟路由冗余协议（Virtual Router Redundancy Protocol，VRRP），前两种是 Cisco 公司开发的专业协议。

1）HSRP 把多台路由器组成一个“热备份组”，形成一个虚拟路由器，组内有一个活动路由器和一个备份路由器，活动路由器负责转发数据包。HSRP 利用 Hello 包来互相监听各自的存在，如果发现活动路由器出现故障，备份路由器就成为活动路由器，这个过程对使用网关的设备或用户来说是透明的。HSRP 通过设置优先级（默认是 100）来设置活动路由器。HSRP 的使用会造成路由器的闲置，可以通过形成多个不同的虚拟路由器的方式，来实现负载分担。

2）与 HSRP 类似，GLBP 也是把多台路由器组成一个组，虚拟出一个网关，它除了提供网关冗余外，还在各网关之间提供负载均衡。GLBP 选举出一个活动虚拟网关（Active Virtual Gateway，AVG）和一个备份 AVG，AVG 分配最多 4 个 MAC 地址给一个虚拟网关，并在计算机进行 ARP 请求时，用不同的 MAC 进行响应，这样计算机把数据发送给了不同的路由器，从而实现了负载均衡，GLBP 控制组中活动的 MAC 地址对应活动的路由器。GLBP 中负责转发数据的是活动虚拟转发器（Active Virtual Forwarder，AVF），一台路由器可以同时是 AVG 和 AVF。

3）VRRP 是 IEEE 制定的国际标准协议，允许在不同厂商的设备之间运行。多台 VRRP 路由设备组成一个 VRRP 组，同一组的路由设备间相互交换报文，在组内将多台物理路由设备映射为一台虚拟路由设备，该虚拟路由设备对外表现一个唯一固定的 IP 地址，且充当为网络主机的网关。当网络上的主机的下一跳路由设备失效时，由另一台路由设备迅速来替代，从而保持通信的连续性和可靠性。

VRRP 协议采用的是主备模式，一个 VRRP 组只有一台处于主控角色的路由设备，其他的路由设备则处于备用角色，网络上的主机与虚拟路由器进行通信时，实际上是和主控角色的路由设备进行通信，备用角色的路由设备处于监听状态。当 VRRP 组中的主控路由设备失效时，备用路由设备升级为主控路由设备，接替其工作。

如图 4-7 所示，两台配置了 VRRP 协议的路由器 R1（IP 地址为 11.1.1.1/24）和 R2（IP 地址为 11.1.1.2/24）组成的 VRRP 组中，经过交换报文，构成的虚拟路由器的 IP 地址为 11.1.1.100/24，R1 为主控路由器，R2 为备用路由器。PC1 和 PC2 的网关必须配置为 11.1.1.100/24 才能和外网通信，且实际的流量都是经过 R1 向外转发的。当 R1 发生故障时，R2 立即升级为主控路由器，负责 PC 与外界的通信。

运行 VRRP 协议的路由设备，可以同时参与到多个 VRRP 组中，在不同的组中，该台

VRRP 路由器可以充当不同的角色。VRRP 除了能实现网关冗余外，还能使用多备份组实现网络负载均衡。

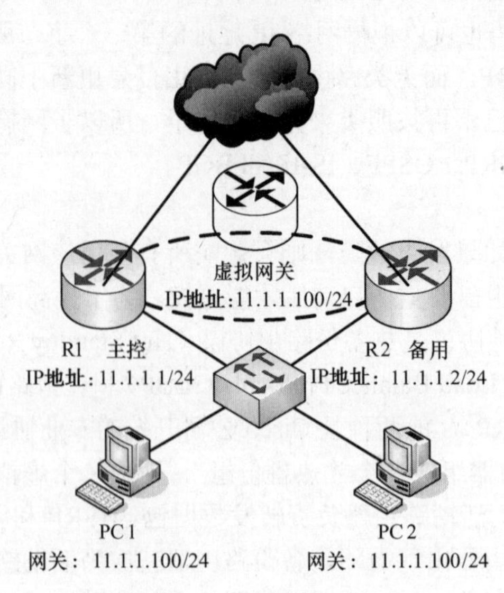

图 4-7 VRRP 网关冗余技术原理举例

5. 策略路由技术

与传统的根据数据包的目的地址查找路由表寻找最佳路径进行转发有所不同，策略路由可以依据预制定的策略进行路由选择，这种机制提供了更加灵活的转发机制，并可以对流量进行负载均衡和安全控制。

策略路由是一种转发规则，也可以看作流量牵引。它的特点是针对某些特别的流量不使用当前路由表中的转发路径，而选择使用其他特定路径进行转发，它在数据包转发的时候发生作用，不更改路由表的内容。

路由设备执行策略路由是通过创建和使用路由图（Route Map）实现的，一个路由图中含有多条策略，每个策略定义了一个或多个匹配规则与对应操作，应用了策略路由的路由设备的接口会自动检查接收到的数据包，并依照策略来指定数据包的下一跳转发路由设备。如果收到的数据包与路由图中某条策略相匹配，数据包就会依照策略中定义的对应操作进行转发，否则将按照基于目的地址查找路由的方式进行转发。策略路由中的策略可以根据目的IP地址、源 IP 地址、数据包的大小、协议类型和应用来制定。

如图 4-8 所示，在路由器 R3 上启用基于源 IP 地址的策略路由，当 R3 收到来自 R1 发送的数据包时，先将数据包发送给 R2，再从 R2 返回到 R3，最后送达 R4。

6. NAT 技术

私有 IP 地址是一段地址范围，它提供很大的地址空间，而且私有 IP 地址是免费的，不论是在编址方案上还是在管理上它都提供了便利，但私有 IP 地址地址不能发往 Internet，Internet 上的路由器无法对其进行路由。如果使用公有 IP 地址，则必须向所属地域的 Internet 管理机构注册或者向 ISP 租用，考虑到公有 IP 地址的数量有限且使用成本过高，为网络中每台主机都提供一个公有 IP 地址的做法不太现实，为了解决这一问题，NAT 技术出现了。

网络地址转换（Network Address Translation，NAT）将公有 IP 地址与私有 IP 地址进行一对一转换，不仅能节省公有 IP 地址的数量，还能使任何一台私有 IP 地址的计算机与 Internet

上的其他计算机进行通信。

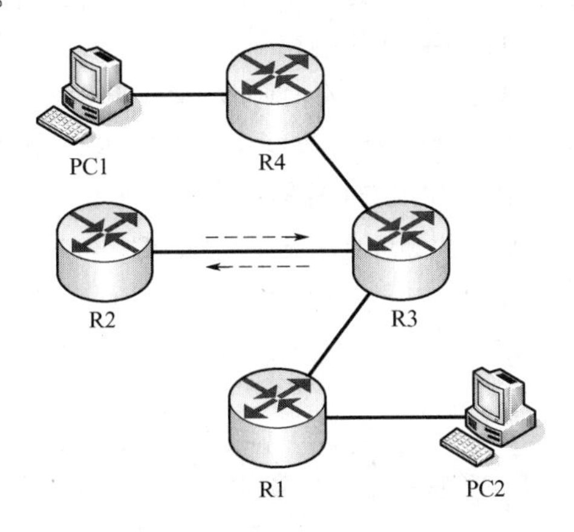

图 4-8　基于源 IP 地址的策略路由技术原理举例

NAT 技术通常配置在边界路由设备上，该设备能将从内网发往外网的数据包的源 IP 地址从私有 IP 地址转换为公有 IP 地址，也能将从外网发往内网的数据包的目的 IP 地址从公有 IP 地址转换为私有 IP 地址。

如图 4-9 所示，内部主机 PC（IP 地址为 192.168.1.1/24）与外部服务器（IP 地址为 202.113.2.1/24）进行通信，它发送数据包给配置了 NAT 的网络边界路由器 R1，R1 会将私有 IP 地址（称为内部本地地址）转换成公有 IP 地址（称为内部全局地址），即将 192.168.1.1/24 转换为 210.145.10.23/24，它将此本地地址与全局地址的映射关系存储在 NAT 表中，路由器将数据包发送到目的地 202.113.2.1。当服务器回应时，数据包回到 R1 的全局地址为 210.145.10.23/24，R1 根据 NAT 表查找是否存在映射关系，如果存在映射关系，它将内部全局 IP 地址转换成内部本地 IP 地址后，将数据包转发给 IP 地址为 192.168.1.1 的 PC。如果不存在映射关系，则丢弃数据包。

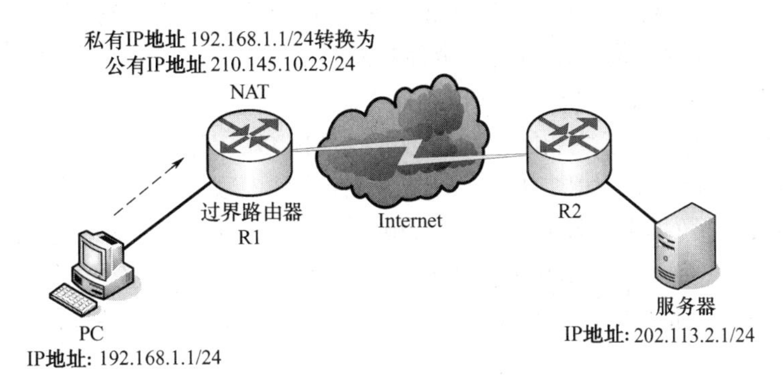

图 4-9　NAT 技术原理举例

NAT 的映射类型有静态和动态之分，静态 NAT 将私有 IP 地址与公有 IP 地址进行一对一映射，并保持不变，主要用于那些作为企业服务器内部主机或网络设备。动态 NAT 使用公有地址池，并以先到先得的原则分配这些地址，当具有私有 IP 地址需进行地址转换时，动态 NAT 会从地址池中选择一个未被占用的 IP 地址进行转换。

不管是静态 NAT 还是动态 NAT，都要保持足够多的可用的公有地址，当公有地址不够用时，则采用 NAT 过载的方法。NAT 过载，也被称为 PAT（端口地址转换），它将多个私有 IP

映射到一个或极少数几个公有 IP，与 NAT 的不同之处在于，每个私有 IP 用不同的端口号加以跟踪，它会同时转换发送者的私有 IP 和端口号。

如图 4-10 所示，内部主机 PC1、PC2 与外部服务器（IP 地址为 202.113.2.1/24）进行通信，它们同时发送数据包给配置了 PAT 的网络边界路由器 R1，R1 读取数据包的目的 IP 地址，R1 将私有地址 192.168.1.1/24 和 192.168.1.2/24 都转换为同一个公有地址 210.145.10.23/24，并修改端口号为两个不同的值，即 20000 和 20001，分别跟踪 PC1 和 PC2。在这个例子中，当数据包从服务器返回内部主机时，R1 根据数据包的目的端口号来判断应该送达的主机是哪一台。

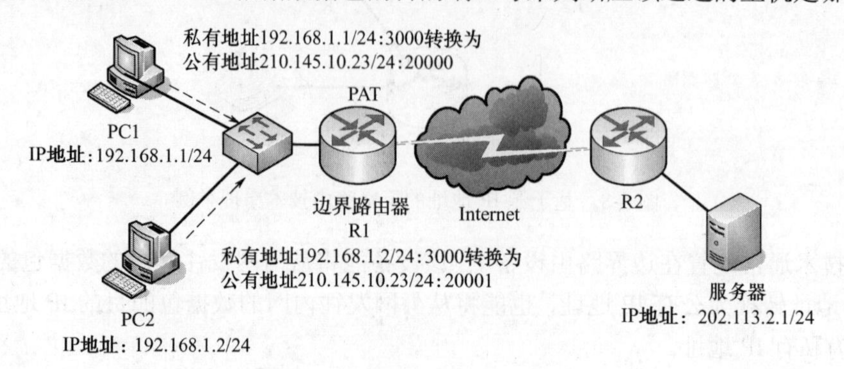

图 4-10 NAT 过载技术原理举例

4.2.4 广域网技术

1. WAN 链路连接技术

广域网（Wide Area Network，WAN）是包含多个局域网地理范围的数据通信网络。

局域网指一间房、一层楼、一栋楼或一个园区等地理范围较小的区域的网络，广域网则超越了局域网范围，是比局域网更远距离的网络。局域网的高速度和低成本不容置疑，但是随着网络技术的普及，通过广域网服务才能让世界各地的计算机之间的不同类型流量进行互访，并且能为 Internet 技术提供足够的安全性和隐私保护，这足以满足企业及个人对广域网的通信要求。但是，广域网技术仍需要靠网络运营商提供设备来实现。

WAN 接入物理层定义了企业网络和服务提供商网络之间的物理连接，包括用户驻地设备（CPE）和服务提供商设备。如图 4-11 所示，CPE 包含数据通信设备（Data Communication Equipment，DCE）、数据终端设备（Data Terminal Equipment，DTE），服务提供商设备包含本地环路、中心局交换机等。DCE 提供用于将用户连接到 WAN 的链路接口，DTE 用于收发客户网络数据。CPE 通过服务提供商设备连入 WAN，而 CPE 与服务提供商设备之间靠分界点分隔。

WAN 使用的设备种类很多，主要包括：调制解调器、CSU/DSU（通道服务单位/数据服务单元）、接入服务器、WAN 交换机、核心路由器等。

WAN 接入标准由国际标准化组织、电信工业协会（TIA）和电子工业联盟（EIA）等机构制定，定义了其物理层和数据链路层的特性，包括所需的电气、机械、功能以及帧的封装方式和传输机制等。

WAN 物理层协议除了定义了 WAN 服务所需的电气、机械等特性外，还定义了 DTE 和 DCE 之间的接口使用的物理层协议，包括以下内容。

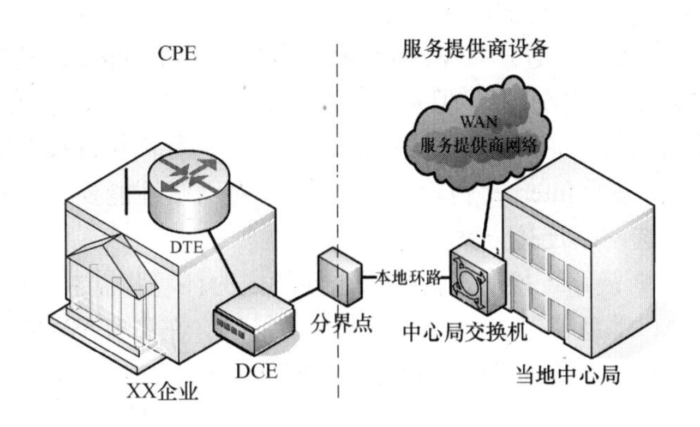

图 4-11 WAN 物理层

1）EIA/TIA-232，以前称为 RS232，25 针 D 形连接器，64 kb/s 速度短距离传输信号。

2）EIA/TIA-449/530，是 EIA/TIA-232 的提速版，36 针 D 形连接器，速度最高可达 2Mb/s。

3）EIA/TIA-612/613，HSSI （高速串行接口）协议，60 针 D 形连接器，速度最高可达 52 Mb/s。

4）V.35，用于规范同步通信的 ITU-T 标准，是支持 DTE 和数字传输设备不同类型数据服务单元连接之间的接口，34 针矩形连接器，速度最高可达 2Mb/s。

5）X.21，用于规范同步数字通信的 ITU-T 标准，15 针 D 形连接器，指定的数据速率最高达 48kb/s。

以上协议制定了设备之间通信应遵循的标准及电气参数，如何选用取决于服务提供商的电信服务方案和具体的应用情况。

WAN 数据链路层协议定义了帧的封装机制和传输机制，采用的技术有 ISDN、HDLC、PPP、帧中继和 ATM，按照 WAN 链路连接的分类方式可划分为以下几种。

1）专用点对点通信链路：HDLC、PPP。

2）电路交换通信链路：ISDN。

3）分组交换通信链路：帧中继、ATM。

专用点对点通信链路是通信之前预先建立的一种永久专用连接，也称为租用线路，其中包括 HDLC 和 PPP，HDLC 是 ISO 的标准，最早在 1979 年提出，也是后续开发的其他协议采用的组帧方法的基础。

电路交换式指在用户通信之前在结点与结点间建立专用信道的网络，以确保通信双方之间有连续的电路，电话系统就是一种电路交换网络。ISDN 是较早的基于电路交换的数据链路协议，现在用于提供采用主速率接口链路的 IP 语音网络。

分组交换方式的数据流被分割成数据包，在共享网络上路由，不需要预先建立电路，而大部分的分组交换技术采用的是变长数据包，只有 ATM 使用的固定长度的信元，大小为 53 字节。分组交换网络会通过交换机建立特定端对端连接的逻辑电路，称为虚电路（Virtual Circuit），虚电路又分为永久虚电路和交换虚电路两种，前者是永久建立的虚电路，后者是动态建立并在传输完成时终止的虚电路。

网络层的数据到达数据链路层时，数据链路层协议会对数据包进行封装，以便对数据进行控制和校验。只需要每个路由器的串行接口配置正确的二层封装类型即可实现对 WAN 连接传输的数据包的封装操作，配置的封装协议由 WAN 技术和设备共同决定。

专用点对点通信链路、电路交换通信链路和分组交换通信链路都属于私有 WAN 连接，除了私有 WAN 连接外，还存在着公共 WAN 连接，它使用的是 Internet 基础架构。公共 WAN 连接链路通过宽带服务提供网络连接，但是在 Internet 连接上建立端到端的通信，存在着较大的安全风险和安全性能保证，企业并不能将 Internet 作为可行网络连接方案。VPN 技术的出现解决了这一难题，它确保了 Internet 传输的隐私性，在对网络性能要求不太高的远程通信中，它是既经济又安全的首选网络连接方案。

在为企业选择 WAN 链路连接时，需根据企业特定的环境和需求来选择最佳方案，应考虑企业的 WAN 的用途、地理位置、传输流量大小、是建立在私有 WAN 连接还是公共 WAN 连接之上、成本多少以及当地的提供的连接方案等问题，表 4-7 所示为针对选择私有 WAN 和公共 WAN 连接方案的对比说明。

表 4-7 WAN 链路连接方案对比

<table>
<tr><th colspan="2">WAN 链路连接</th><th>方案说明及特性</th><th>选 用 协 议</th></tr>
<tr><td rowspan="4">私有 WAN 连接</td><td>租用线路</td><td>1）两个结点或网络之间点对点连接
2）安全性高
3）成本昂贵</td><td>HDLC、PPP</td></tr>
<tr><td>电路交换</td><td>1）结点之间专用电路
2）需呼叫建立连接
3）成本较低</td><td>PPP、ISDN</td></tr>
<tr><td>分组交换</td><td>1）非固定数据包长度
2）共享点对点或点对多点链路
3）共享链路介质</td><td>帧中继</td></tr>
<tr><td>信元中继</td><td>1）固定信元长度
2）共享点对点或点对多点链路
3）适合数据和语音同步使用
4）成本昂贵</td><td>ATM</td></tr>
<tr><td>公共 WAN 连接</td><td>Internet</td><td>1）数据包携带完整寻址信息传输
2）VPN 的安全保障
3）安全性低
4）成本低廉</td><td>VPN、DSL、ADSL、无线带宽、电缆调制解调器</td></tr>
</table>

2. 串行点对点链路

计算机通信有并行通信和串行通信两种，并行连接是通过多根导线同时传输多个位，而串行传输时通过一根导线一次传送一个位，通常，并行通信的传输速度比串行通信要快得多。计算机内部元器件之间多采用并行通信，而计算机外部通信大多采用串行通信，这是因为并行通信的时滞和串扰问题决定了在 WAN 中并行并不能实现高的传输速率，同时电缆具体实施过程中并行通信有着成本高和同步难的缺陷，因此，在长距离传输中，串行通信占据着重要的地位。

WAN 连接的串行通信使用 RS232、V.35、HSSI 3 种标准和时分复用（TDM）技术来实现。通常在串行连接的一端是 DCE，另一端是 DTE，而两个 DCE 设备之间的是 WAN 服务提供商传输网络，如图 4-12 所示。

PPP 是点对点协议，它通过同步和异步电路提供路由器之间及路由器和主机之间的网络连接，是最常见的 WAN 连接方式。

图 4-12　DCE 和 DTE 串行 WAN 连接

PPP 包含 3 个主要组件。

1）HDLC 协议：在点对点链路上封装数据包。

2）链路控制协议（LCP）：建立、配置、测试数据链路连接及其参数。

3）网络控制协议（NCP）：建立、配置各种网络层协议。

HDLC 是连接两台 Cisco 路由器的默认的串行封装方式，在连接非 Cisco 路由器时，可以选择使用 PPP 封装。PPP 不仅可将企业内部网络的各个 LAN 互连起来，还能将 LAN 连接到服务提供商的 WAN，这种从 LAN 到 WAN 的 PPP 称为串行连接或租用线路连接，是服务提供商专供租用该线路的企业使用的连接。

LCP 的 PPP 负责建立点对点链路，还负责协商、设置 WAN 数据链路上的控制选项交由 NCP 处理，LCP 能自动配置链路接口，进行一些诸如检测配置错误、断开链路等工作。链路建立后，PPP 会采用 LCP 自动批准封装格式。

由于 NCP 的存在，PPP 能同时处理多个网络层协议并能和多种网络层协议协同工作，并对每个网络层协议都使用独立的 NCP。常见 PPP 的 NCP 有 IP 控制协议、AppleTalk 控制协议、Novell IPX 控制协议、Cisco 系统控制协议、压缩控制协议等。

PPP 封装保留了对大多数常用支持硬件的兼容性，使用串行电缆、中继线、卫星传输链路、光缆链路建立直接连接，并且支持在 ATM、帧中继、ISDN 链路上传输数据。PPP 能在任何 DTE 和 DCE 接口上运行，但运行的环境必须是能同步或异步位串行模式下对 PPP 链路帧透明的双工电路，PPP 本身对传输速率没有任何强制限制。PPP 帧具有 6 个字段，如图 4-13 所示。

标志	地址	控制	协议	数据	FCS
1	1	1	2	可变	2 或 4

图 4-13　PPP 帧格式

标志：表示帧的开头或结尾，由二进制 01111110 组成。

地址：广播地址，由二进制 11111111 组成，PPP 不单独分配站点地址。

控制：提供无连接链路服务，无需提供目的结点地址，由二进制 00000011 组成。

协议：标识帧的数据字段中封装的协议。

数据：包含协议字段中指定协议的数据包，默认最大长度是 1500 字节。

FCS：PPP 帧的错误校验。

创建 PPP 会话的 3 个步骤：LCP 首先打开连接并协商配置选项，接收路由器会向启动连接的路由器发送配置确认帧；LCP 测试链路确定链路质量，看是否满足启用网络层协议的要求；NCP 独立配置网络层协议，并随时启动或关闭这些协议。如果 LCP 响应某台路由器的请求而关闭链路，它会通知网络层协议采取相应的措施。

PPP 能对链路质量能进行监视，并具有内置安全机制，允许协商身份验证协议，让网络层协议在该链路传输之前验证对等点的身份。PPP 支持 PAP（口令验证协议）和 CHAP（挑战握手验证协议）的身份验证方式，验证通过才允许连接。PAP 是一个基本的双向过程，用户名和口令未经任何加密处理被发送出去进行身份验证。CHAP 通过 3 次握手交换共享密钥来进行身份验证，比 PAP 安全一些。

4.2.5 无线局域网技术

1．无线局域网的标准

从 1997 年开始，IEEE 通过了一系列无线局域网（Wireless LAN，WLAN）标准，有 IEEE 802.11、IEEE 802.11a、IEEE 802.11b、IEEE 802.11g、IEEE 802.11n 等。WLAN 标准主要是针对物理层和媒质访问控制层，所涉及使用的无线频率范围、空中接口通信协议等技术规范与标准。

802.11 称为无线保真（Wireless Fidelity，Wi-Fi），它是第一代无线局域网标准之一，主要用于解决办公室局域网和校园网中的问题，用户与用户终端的无线接入，业务主要限于数据存取，速率最高能达到 2Mb/s，它随后被 802.11b 取代。

802.11b 规定 WLAN 的工作频段在 2.4～2.4835GHz，可支持 5.5Mb/s 和 11Mb/s 两种速率，成本较低，信号传播距离可达 100m，信号不易受阻碍，是现在主流的 WLAN 标准。

802.11a 扩充了标准的物理层，采用正交频分复用的独特扩频技术，工作频段在 5.15～5.825GHz，物理层速率可达到 54Mb/s，支持更多用户同时上网，成本较高，信号传播距离可达 50m，信号易受阻碍。

混合标准 802.11g 与 802.11b 兼容，工作频段在 2.4～2.4835GHz，可达 54Mb/s 的传输速率，安全性能比 802.11b 好，支持更多用户同时上网，信号传播距离可达 100m，信号不易受阻碍。

802.11n 其载波的频率为 2.4 GHz 和 5 GHz，最高速率可达 475Mb/s，使用多个发射和接收天线以允许更高的数据传输率，传输距离可达 250m，使无线局域网达到以太网的性能水平，实现了高带宽、高质量的 WLAN 服务。

2．无线局域网的组成

利用 IEEE 802.11 标准组成的无线局域网，最小的组件是基础服务集（BSS），一个 BSS 包含一个基站和若干站点，这些站点之间可以直接通信，如果一个 BSS 内的站点要和其他 BSS 内的站点通信则需要经过本地 BSS 内的基站。BSS 通常使用的是星形拓扑，中心设备称为接入点（AP），AP 就是所谓的基站，每个 BSS 中的基站都有一个服务集标识符（SSID）和一个信道。一个 BSS 可以独立存在，也可以通过 AP 接入一个分配系统（DS）中的其他 BSS，构成一个扩展服务集（ESS）。

如图 4-14 所示，在 ESS 中有两个 BSS，PC1 和 PC2 属于 AP1 所在的 BSS，PC1 和 PC2 可以直接通信，同理 PC3 和 PC4 可以直接通信，当 PC1 和 PC3 进行通信时，需要经过 AP1 和 AP2，AP1 和 AP2 之间是有线传输的。当一个站点 PC5 要加入一个 BSS 时，需要选择一个 AP，如果它选择 AP1，并与 AP1 建立连接，那么 PC5 属于 AP1 所属的 BSS，PC5 和 AP1 互相使用 802.11 的连接协议对话，PC5 通过和 AP1 交换信息来和其他站点通信。如果站点 PC5 漫游到 AP2 所属的 BSS，PC5 会断开与 AP1 的连接，并与 AP2 进行连接，PC5 就通过 AP2 来和其他站点通信，这说明改变与 PC5 连接的 AP 并不会影响 PC5 与其他站点的通信。

3．无线局域网的优势与不足

无线局域网具有其自身的优势，它不受网络设备的安放位置的限制，用户在无线信号覆盖区域内的任何一个位置都可以接入网络，并且在与网络保持连接的情况下可以在信号范围内进行任意移动。它可以减轻网络布线的工作量，通过安装 AP 就可以建立覆盖整个区域的局域网络，便于网络规划和调整，容易定位故障。同时，它有多种配置方式，可以轻易从小型局域网扩展到上千用户的大型网络，并且能够提供结点间“漫游”等特性。无线局域网近年发展十分迅速，在很多场合得到了广泛的应用。

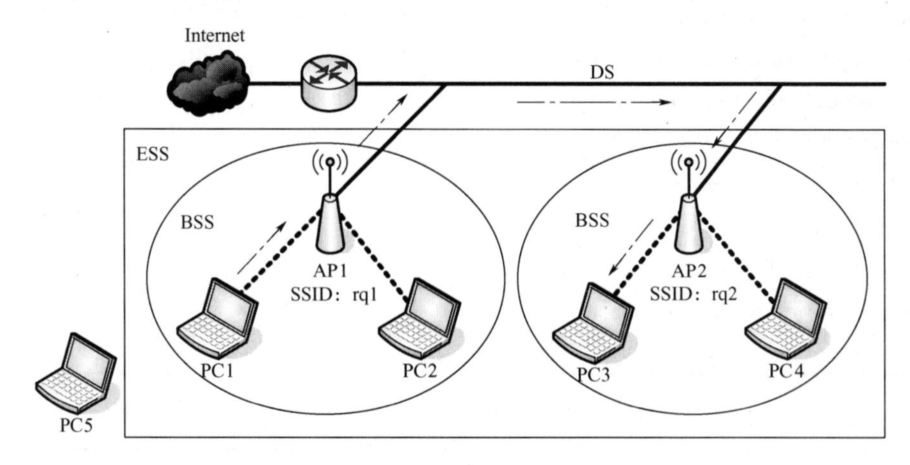

图 4-14　无线局域网的组成

当然，无线局域网也有其不足之处。无线信号通过无线发射装置发射时，会受到建筑物、车辆、树木等障碍物的阻挡，从而影响网络性能。无线信道的传输速率较小，目前最大传输速率为 54Mb/s，仅适用于个人终端和小规模网络应用。无线信号是发散的，容易被监听，造成通信信息的泄漏。

4.3　任务实施

4.3.1　任务情境分析

如图 2-3 所示，利用 VLAN 技术隔离网络广播，减少网络风暴的影响，但仍然可以通三层设备（路由器和三层交换机）实现不同 VLAN 间主机的通信；核心层交换机通过链路聚合实现多链路捆绑和链路备份；实现广域网的 PPP 技术；内网主机通过 NAT 技术访问 Internet；通过路由冗余与负载均衡实现网络流量分流，并提高网络的可靠性；通过路由器的策略路由功能实现对流量走向的控制；通过配置无线局域网控制器（WLC）控制无线网络的功能。

注意：本任务情境中配置所使用的网络号或 IP 地址均为方便配置所假设的地址，配置的功能均为网络中较为常见的功能，读者可以根据实际需要自行取舍和修改命令。

4.3.2　网络互联设备的管理配置

1．交换机的常用管理配置命令详解

表 4-8 所示为交换机基本配置命令，表 4-9 所示为管理交换机的接口错误配置命令。

表 4-8　交换机基本配置命令

Switch(config)#hostname *name* 命名交换机

Switch(config)#interface *type module/number* 选择单个接口

Switch(config)#interface *type module/number , type module/number,……* 选择不连续接口

Switch(config)#interface range *type module/first number – last number* 选择连续接口

Switch(config)#define interface-range *macro-name type module/number, type module/first number – last number* 定义接口宏

Switch(config)#interface range macro *macro-name* 选择接口宏

Switch(config-if)#description *description-string* 给接口添加注释和描述

Switch(config-if)#speed {10|100|1000|auto}给接口指定速度，auto 为 3 种速度的自动协商

Switch(config-if)#duplex {auto|full|half}auto：协商双工模式；full 为全双工；half 为半双工

Switch# show interface *type module/number* 查看接口当前速度和双工状态

Switch# show interface *type module/number* status 查看接口状态摘要

表 4-9　管理交换机接口错误配置命令

Switch(config)#errdisable detect cause [all | *cause-name*] 当检测错误条件（*cause-name*）时，将交换机的接口置为 errdisable 状态并关闭

Switch(config)#errdisable recovery cause [all |*cause-name*] 从错误条件自动恢复启用接口

Switch(config)#errdisable recovery interval *seconds* 检测到接口安全违规行为，经过一定时长后自动重新启用

Switch(config-if)#[no] shutdown 从错误条件手动恢复启用接口

2．路由器的常用管理配置命令详解

表 4-10 所示为路由器基本配置命令，表 4-11 所示为静态路由配置命令，表 4-12 所示为 OSPF 动态路由配置命令。

表 4-10　路由器基本配置命令

Router(config)#hostname *name* 命名路由器

Router(config)#interface *type module/number* 选择接口

Router(config-if)#ip address *ip-address subnet-mask* 给接口配置 IP 地址和子网掩码

Router(config-if)#description *description* 给接口配置文字说明

Router(config-if)#clock rate *clock-rate* 给串口配置时钟频率

Router(config-if)#no shutdown 启用接口

Router#show interfaces 查看所有接口的配置参数和统计信息

Router#show ip interface brief 查看简要的接口配置信息

Router#copy running-config startup-config 保存配置

Router#show startup-config 查看路由器的启动配置

Router#show running-config 查看路由器当前的运行配置

Router#show ip route 查看最佳路径的路由表信息

表 4-11　静态路由配置命令

Router(config)#ip route network-address subnet-mask [next-hop-address |interface type module/number] 配置静态路由，next-hop-address 表示下一跳地址
Router(config)#ip route 0.0.0.0 0.0.0.0 [next-hop-address |interface type module/number] 配置默认路由
Router(config)#[no] ip classless 打开有/无类路由功能，ip classless 表示无类，no ip classless 表示有类

表 4-12　OSPF 动态路由配置命令

Router (config)#router ospf *process-id* 启用 OSPF，*process-id* 为进程 ID，仅在本地有效
Router(config-router)#network *network-address wildcard-mask* area *area-id*
network 后接每个直连网络的网络地址，并指定通配符掩码（*wildcard-mask*）和 OSPF 区域（*area-id*）

3. 任务情境配置

在图 2-3 中截取需要配置的部分拓扑图，如图 4-15 所示。以核心交换机 SW-A 为例，实现配置其设备名称、在接口上配置 IP 地址、配置启用 OSPF 动态路由协议和静态路由功能，配置如下。

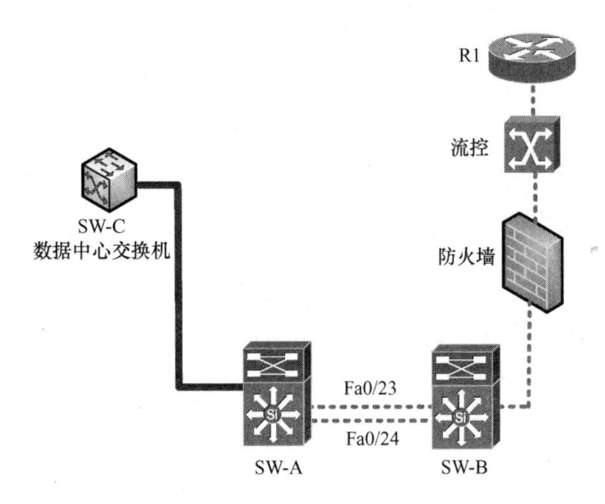

图 4-15　运行 OSPF 的部分

```
Switch(config)#hostname SW-A
SW-A (config)#ip routing
SW-A (config)#interface fa0/24
SW-A (config-if)#no switchport
SW-A (config-if)#ip address 172.16.0.1 255.255.255.0
//接口 fa0/24 的 IP 地址是 172.16.0.1/24
SW-A (config-if)#no shutdown
SW-A(config)#ip classless
SW-A(config)#router ospf 1
SW-A(config-router)#route-id 1.1.1.1
SW-A(config-router)#network 172.16.0.0 0 0.0.0.255 area 0
//发布 172.16.0.0 的网段
SW-A(config)#ip route 0.0.0.0 0.0.0.0 fa0/24              //配置静态路由
```

同理，配置 SW-B、SW-C、SW-D、R1、R2 等其他设备的名称和接口 IP 地址，并发布它们各自直连的路由。注意，如果拓扑中的防火墙是单模防火墙，那么无论是二层的还是三层的防火墙，都能运行动态路由协议。如果防火墙是多模透明（二层）防火墙，则设置防火墙放行动态路由协议即可。如果防火墙是多模路由（三层）防火墙，由于其不支持动态路由协议，SW-B 和 R1 需各自指定静态路由到防火墙。

4.3.3 VLAN 技术的配置

1. VLAN 的配置命令

VLAN 的配置有全局模式和数据库模式两种方法，后者逐渐被淘汰，表 4-13 所示为 VLAN 的创建配置命令。将交换机的接口划分到 VLAN 中的方法分为静态和动态两种，动态使用的是 VLAN 管理策略服务器（VMPS），表 4-14 所示为 VLAN 接口配置命令。

表 4-13 VLAN 的创建配置命令

<table>
<tr><td>Switch(config)#vlan vlan-id 创建 VLAN</td></tr>
<tr><td>Switch(config-vlan)#name vlan-name 给 VLAN 命名</td></tr>
<tr><td>Switch#show vlan [brief|id|name]查看 VLAN 信息</td></tr>
</table>

表 4-14 VLAN 接口配置命令

<table>
<tr><td>Switch(config-if)#switchport mode access 将接口配置为接入模式</td></tr>
<tr><td>Switch(config-if)#switchport access vlan vlan-id 将接口静态划分到相应的 VLAN 中</td></tr>
<tr><td>Switch(config)#vmps server IP_Address 指定 VMPS 的 IP 地址</td></tr>
<tr><td>Switch(config-if)#switchport access vlan dynamic 将接口动态划分到相应的 VLAN 中</td></tr>
</table>

形成的中继接口共有 5 种类型：off、on、dynamic desirable、dynamic auto、nonegotiate。在中继接口上是不能配置 IP 地址的，中继是点到点的，不能做多路访问。另外，在配置中继工作时需配置为全双工模式，而且需考虑带宽问题。表 4-15 所示为中继接口配置命令。表 4-16 所示为调试 DTP 的配置命令。

表 4-15 中继接口配置命令

<table>
<tr><td>Switch(config-if)#switchport mode trunk 将接口配置为强制中继模式</td></tr>
<tr><td>Switch(config-if)#switchport trunk allowed vlan vlan-id 在 Trunk 接口上配置允许通过的 VLAN</td></tr>
<tr><td>Switch(config-if)#switchport trunk allowed vlan [add|remove] vlan-id 在 Trunk 接口上增加和删除允许通过的 VLAN</td></tr>
<tr><td>Switch(config-if)#switchport mode dynamic [desirable | auto] 将接口配置为动态期望（desirable）和动态自动（auto）</td></tr>
<tr><td>Switch(config-if)#switchport nonegotiate 关闭 DTP，强制使用 Trunk</td></tr>
<tr><td>Switch#show interface type module/number switchport 查看某接口的中继连接</td></tr>
<tr><td>Switch#show interface trunk 查看所有中继接口的统计信息</td></tr>
</table>

表 4-16 调试 DTP 配置命令

<table>
<tr><td>Switch#show dtp 查看 DTP 消息</td></tr>
<tr><td>Switch#debug dtp [packets | events]调试 DTP</td></tr>
</table>

2. VLAN 间路由的配置命令

表 4-17 所示为用三层交换机实现的配置命令，表 4-18 所示为用单臂路由实现的配置命令。

在实际配置中可根据实际情况选择其中一种方法实现。

表 4-17　三层交换机实现 VLAN 间路由配置命令

Switch(config)#ip routing 启动三层交换机的路由功能
Switch(config)#int vlan *vlan-id* 选择 VLAN 接口
Switch(config-if)#no shut 启用 VLAN 接口
Switch(config-if)#ip address *ip-address subnet-mark* 在 VLAN 接口上配置 IP 地址

表 4-18　单臂路由实现 VLAN 间路由配置命令

Router(config-if)#no shut 启用路由器物理接口
Router(config)#interface *type module/number.subport* 创建子接口
Router(config-subif)#encapsulation dot1q *vlan-id* 封装 802.1q 协议，将子接口划分到相应的 VLAN 中
Router(config-subif)#ip address *ip-address subnet-mark* 给子接口配置 IP 地址
Router(config-subif)# no shutdown 启用子接口

3. 任务情境配置

（1）VLAN 的配置

在图 2-3 中截取需要配置的部分拓扑图，如图 4-16 所示，在交换机 SW-1、SW-2、SW-3 上分别创建各自的 VLAN，以 SW-1 为例，配置 VLAN10、VLAN20 和 VLAN30，并且为这些 VLAN 命名，SW-1 上各 VLAN 对应的管理 IP 地址如表 4-19 所示。创建 VLAN，配置如下。

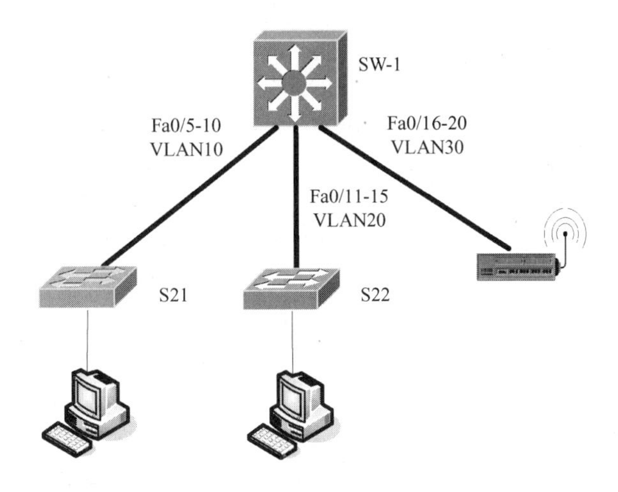

图 4-16　总部中运行 VLAN 的部分

表 4-19　SW-1 上各 VLAN 对应的管理 IP 地址

设备名	VLAN ID	管理 IP 地址
SW-1	VLAN10	10.0.10.254/24
	VLAN20	10.0.20.254/24
	VLAN30	10.0.30.254/24

```
SW-1(config)#vlan10
SW-1(config-vlan)#name teacher
```

```
SW-1(config)#vlan20
SW-1(config-vlan)#name worker
SW-1(config)#vlan30
SW-1(config-vlan)#name student
```

在 SW-1 的 VLAN 接口上配置 IP 地址，配置如下。

```
SW-1(config)#ip routing
SW-1(config)#interface vlan 10
SW-1(config-if)#ip address 10.0.10.254 255.255.255.0
SW-1(config-if)#no shutdown
SW-1(config)# interface vlan 20
SW-1(config-if) #ip address 10.0.20.254 255.255.255.0
SW-1(config-if) #no shutdown
SW-1(config)# interface vlan 30
SW-1(config-if) #ip address 10.0.30.254 255.255.255.0
SW-1(config-if) #no shutdown
```

在 SW-1 的接口上配置接口的接入模式，配置如下。

```
SW-1(config)#interface range fa0/5 - 10
SW-1(config-if-range)#switchport mode access
SW-1(config-if-range)#switchport access vlan 10
SW-1(config)#interface range fa0/11 - 15
SW-1(config-if-range)#switchport mode access
SW-1(config-if-range)#switchport access vlan 20
SW-1(config)#interface range fa0/16 -20
SW-1(config-if-range)#switchport mode access
SW-1(config-if-range)#switchport access vlan 30
```

同理，配置 SW-2、SW-3、S21、S22，这里不再赘述。

注意：如果 SW-1、SW-2、SW-3 之间有直连的链路，那么这些直连链路两端的接口可以配置为 Trunk 模式，以便使这些交换机中相同的 VLAN 的计算机通信。

（2）VLAN 间路由配置

在图 2-3 中截取需要配置的部分拓扑图，如图 4-17 所示，SW-4 部分的 VLAN 配置略（请参考上述的 VLAN 配置命令），配置如下。

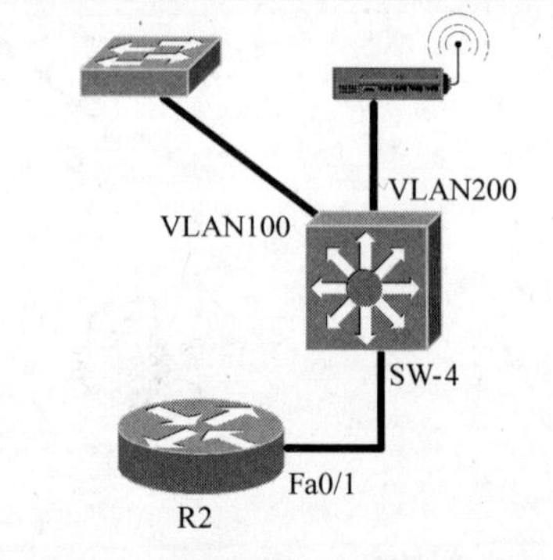

图 4-17　分部中运行单臂路由的部分

```
R2(config)#interface fa0/1
R2(config-if)#no shutdown
R2(config-if)#no ip address
R2(config)#interface fa0/0.100
R2(config-subif)#encapsulation dot1q 100
R2(config-subif)#ip address 192.168.100.254 255.255.255.0
R2(config-subif)#no shutdown
```

```
R2(config)#interface fa0/0.200
R2(config-subif)#encapsulation dot1q 200
R2(config-subif)#ip address 192.168.200.254 255.255.255.0
R2(config-subif)#no shutdown
```

4.3.4 广域网链路技术的配置

1. PPP 的配置命令

PPP 的配置命令如表 4-20 所示。

表 4-20 PPP 的配置命令

Router(config)#interface serial *module/number* 选择串行接口
Router(config-if)#encapsulation ppp 在接口上启用 PPP 封装
Router(config-if)#compress [predictor | stac] 在接口上配置软件压缩
Router(config-if)#ppp quality *percentage* 链路质量监视，如果链路不满足预设定的质量要求，则关闭链路
Router(config-if)#ppp multilink 对多个链路执行负载均衡
Router(config-if)#ppp authentication [chap|chap pap|pap chap|pap] [if-needed] 配置 PPP 身份验证
Router(config-if)#username *name* password *password* 为对方创建用户和密码
Router(config-if)#ppp pap sent-username *name* password *password* 验证时向对方发送用户名和密码
Router#show interfaces serial *module/number* 校验 PPP 配置
Router#debug ppp[packet|negotiation|error|authentication|compression|cbcp] 故障调试

在配置 PPP 身份验证时，PAP 验证是源设备在链路上发送用户名和密码，当对方设备上存有相同的用户名和密码时，验证通过，链路建立；CHAP 验证在链路建立以后进行，配置要求用户名为对方路由器名，双方密码一致。PAP CHAP 或 CHAP PAP 代表链路验证阶段将先采用第一种方法验证，如果对方拒绝使用第一种或者建议使用第二种方法，则采用第二种方法验证。

2. 任务情境配置

在图 2-3 中截取需要配置的部分拓扑图，如图 4-18 所示，配置从 R1 到 R2 的 PPP 连接，配置如下。

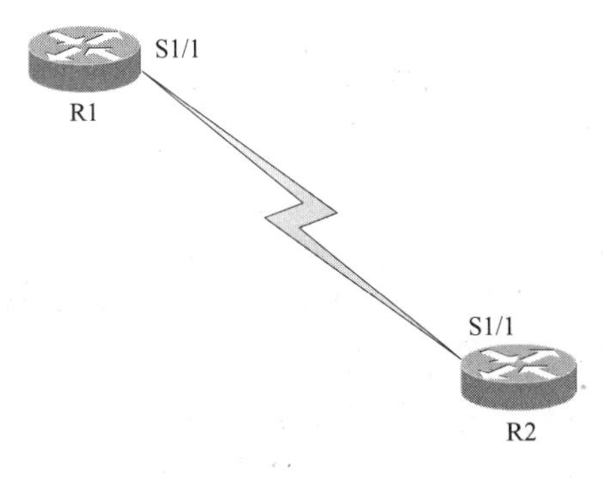

图 4-18 运行 PPP 协议的部分

```
R1(config)#interface s1/1
R1(config-if)#ip address 202.170.100.254 255.255.255.252
```

```
//接口 s1/1 的 IP 地址为 202.170.100.254/30
R1(config-if)#clock rate 64000
R1(config-if)#no shutdown
R1(config-if)# encapsulation ppp
R1(config-if)# ppp quality 80
R1(config-if)#ppp authentication chap pap
R1(config)#username R2 password renqi
R1(config-if)# ppp pap sent-username R1 password renqi
R2(config)#interface s1/1
R2(config-if)#ip address 202.170.100.253 255.255.255.252
//接口 s1/1 的 IP 地址为 202.170.100.253/30
R2(config-if)#no shutdown
R2(config-if)#encapsulation ppp
R2(config-if)#ppp quality 80
R2(config-if)#ppp authentication chap pap
R2(config)#username R1 password renqi
R2(config-if)#ppp pap sent-username R2 password renqi
```

4.3.5 NAT 技术的配置

1. NAT 与 PAT 的配置命令

NAT 与 PAT 的配置命令如表 4-21 所示。

表 4-21 NAT 与 PAT 的配置命令

Router(config)#ip nat inside source static *local-address global-address* 配置静态 NAT
Router(config)#interface *type module/number* 选择接口
Router(config-if)#ip nat inside 配置 NAT 内部接口
Router(config-if)#ip nat outside 配置 NAT 外部接口
Router(config)#ip nat pool *pool-name start-address end-address* netmask *netmask* 配置动态 NAT 地址池
Router(config)#ip nat inside source list *access-list-number* pool *name* [overload] 配置动态 NAT（PAT）
Router#debug ip nat 动态查看 NAT 的转换过程
Router#show ip nat translation 查看 NAT 表
Router#show ip nat statistics 查看 NAT 转换的统计信息

2. 任务情境配置

在图 2-3 中截取需要配置的部分拓扑图，如图 4-19 所示，在 R1 上启用 NAT 技术，将来自 10.0.10.0 的网络的数据包的源地址转换为 202.168.100.1～202.168.100.10 之间的某个 IP 地址，加上唯一端口号后发送到 Internet 上；将来自 10.0.20.0 的网络的数据包的源地址转换为 202.169.100.1～202.169.100.10 之间的某个 IP 地址，加上唯一端口号后发送到 Internet 上；将来自 10.0.30.0 的网络的数据包的源地址转换为 202.170.100.254，连同一个唯一端口号发送到 Internet 上（注意，关于访问控制列表的使用方法请参见 6.3.3）。

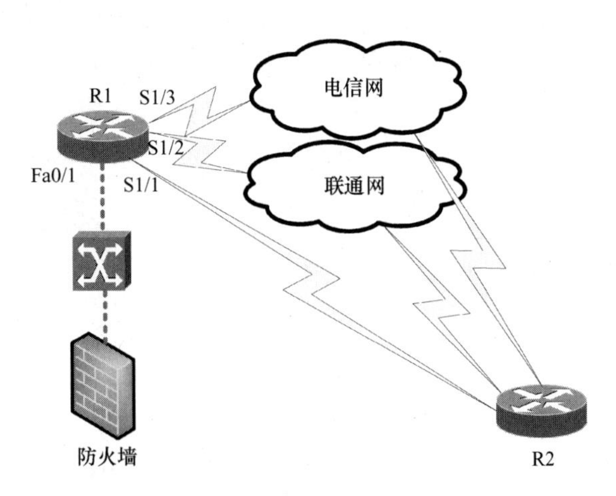

图 4-19　运行 NAT 的部分

配置 R1 上接口 S1/1、S1/2、S1/3 的 IP 地址，配置如下。

```
R1(config)#interface fa0/1
R1(config-if)#ip address 10.10.0.254 255.255.255.0
R1(config-if)#ip nat inside
R1(config-if)#no shutdown
R1(config)#interface s1/1
R1(config-if)#ip address 202.170.100.254 255.255.255.252
R1(config-if)#clock rate 64000
R1(config-if)#ip nat outside
R1(config-if)#no shutdown
R1(config)#interface s1/2
R1(config-if)#ip address 202.169.100.254 255.255.255.252
R1(config-if)#clock rate 64000
R1(config-if)#ip nat outside
R1(config-if)#no shutdown
R1(config)#interface s1/3
R1(config-if)#ip address 202.168.100.254 255.255.255.252
R1(config-if)#clock rate 64000
R1(config-if)#ip nat outside
R1(config-if)#no shutdown
```

采用 NAT 基本配置方法，配置如下。

```
R1(config)#access-list 10 permit 10.0.10.0 0.0.0.255
//此处用到访问控制列表的配置方法
R1(config)#access-list 20 permit 10.0.20.0 0.0.0.255
R1(config)#access-list 30 permit 10.0.30.0 0.0.0.255
R1(config)#ip nat pool rq1 202.168.100.1 202.168.100.10 netmask 255.255.255.0
R1(config)#ip nat pool rq2 202.169.100.1 202.169.100.10 netmask 255.255.255.0
R1(config)#ip nat inside source list 10 pool rq1 overload
R1(config)#ip nat inside source list 20 pool rq2 overload
R1(config)#ip nat inside source list 30 interface s1/1 overload
```

也可以采用策略路由的方法，实现相应的功能，配置如下。

```
R1(config)#access-list 10 permit 10.0.10.0 0.0.0.255
R1(config)#access-list 20 permit 10.0.20.0 0.0.0.255
R1(config)#access-list 30 permit 10.0.30.0 0.0.0.255
R1(config)#ip nat pool rq1 202.168.100.1 202.168.100.10 netmask 255.255.255.0
R1(config)#ip nat pool rq2 202.169.100.1 202.169.100.10 netmask 255.255.255.0
R1(config)#ip nat inside source route-map toISP1 pool rq1 overload
R1(config)#ip nat inside source route-map toISP2 pool rq2 overload
R1(config)#ip nat inside source route-map toISP3 interface s1/1 overload
R1(config)#route-map toISP1 permit 10
R1(config-route-map)#match ip address 10
R1(config-route-map)#set interface s1/3
R1(config)#route-map toISP2 permit 20
R1(config-route-map)#match ip address 20
R1(config-route-map)#set interface s1/2
R1(config)#route-map toISP3 permit 30
R1(config-route-map)#match ip address 30
R1(config-route-map)#set interface s1/1
```

4.3.6 网关冗余与负载均衡技术的配置

1. 网关冗余与负载均衡的配置命令

路由冗余的配置命令如表 4-22 所示。

表 4-22 路由冗余的配置命令

Router(config-if)#vrrp *group* ip *ip-address* [secondary] 接口上设置 VRRP 的虚拟 IP 地址，*group* 为 VRRP 的组号，取值为 0～255
Router(config-if)#vrrp *group* priority *priority* 设置 VRRP 设备的优先级
Router(config-if)#vrrp *group* timers advertise [msec] *interval* 修改通告定时器
Router(config-if)#vrrp *group* timers learn 从主路由器处获取通告时间间隔
Router(config-if)#vrrp *group* authentication *string* 对通告进行认证
Router(config)#track *track-num* interface *module/number* line-protocol 跟踪上行链路状态
Router(config-if)#vrrp *group* track *tracknum* [decrement *priority*] 配置 VRRP 组跟踪某个 track 的链路状态，如果该接口状态从 up 变为 down，则主动降低优先级；反之，则主动升高优先级，以加快 VRRP 的主备竞选
Router(config-if)#vrrp *group* preempt [delay *seconds*] 配置设备在备用状态下延迟 *seconds* 后抢占
Router#show vrrp [brief] 显示一个或多个接口的 VRRP 状态

2. 任务情境配置

在图 2-3 中截取需要配置的部分拓扑图，如图 4-20 所示，在 SW-A 和 SW-B 上配置网关冗余与负载均衡。

首先要禁用 SW-1、SW-2、SW-3 的三层功能，命令略，部分设备接口 IP 地址及路由协议的配置命令略，配置如下。

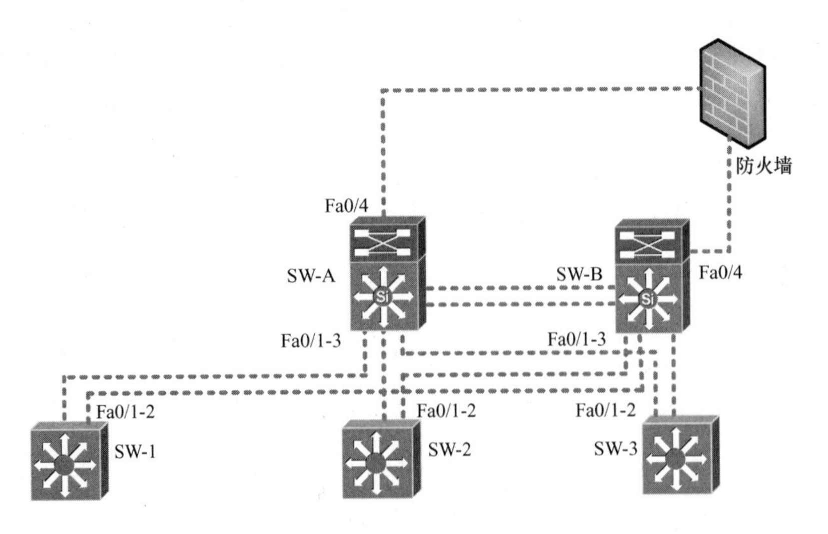

图 4-20　运行 VRRP 的部分

```
SW-A(config)#track 100 interface fa0/4 line-protocol
SW-A(config)#interface fa0/1
SW-A(config-if)#vrrp 1 ip 172.168.1.254
SW-A(config-if)#vrrp 1 priority 120
SW-A(config-if)#vrrp 1 preempt
SW-A(config-if)#vrrp 1 authentication md5 key-string renqi1
SW-A(config-if)#vrrp 1 track 100 decrement 30
SW-A(config-if)#vrrp 2 ip 172.168.1.253
SW-A(config-if)#vrrp 2 preempt
SW-A(config-if)#vrrp 2 authentication md5 key-string renqi2
SW-B(config)#track 100 interface fa0/4 line-protocol
SW-B(config)#interface fa0/1
SW-B(config-if)#vrrp 1 ip 172.168.1.254
SW-B(config-if)#vrrp 1 preempt
SW-B(config-if)#vrrp 1 authentication md5 key-string renqi1
SW-B(config-if)#vrrp 2 ip 172.168.1.253
SW-B(config-if)#vrrp 2 priority 120
SW-B(config-if)#vrrp 2 preempt
SW-B(config-if)#vrrp 2 authentication md5 key-string renqi2
SW-B(config-if)#vrrp 2 track 100 decrement 30
```

同理，配置 SW-A 和 SW-B 的 fa0/2-3 口。

在接入层，将分布层交换机配置成为不同 VLAN 的冗余网关，配置方法有所不同，如图 4-21 所示，将拓扑图由（a）修改为（b），以 S21 为例，所有的接入层的交换机都有两条上行链路连接到 SW-1 和 SW-2，且假设图 4-21（b）中的 3 个交换机都配有 VLAN10、VLAN20。配置要求如下：VLAN10 以 SW-1 为根桥，并且相应的 VRRP Master 也在 SW-1 上，VLAN20 以 SW-2 为根桥，并且相应的 VRRP Master 也在 SW-2 上。

配置时，结合交换机的多生成树协议（Multiple Spanning Tree Protocol，MSTP）和 VRRP 可以在接入层避免环路的同时，提供多条冗余链路进行数据转发。采用多生成树，能够通过干道建立多个生成树，关联不同的 VLAN 到相关的生成树进程，每个生成树进程具备独立的拓扑结构，能提供多条转发路径、负载均衡、网络冗余的功能。MSTP 和 VRRP 结合配置需要注意各 VLAN 的根桥与各自的 VRRP Master 要保持在同一台三层交换机上。

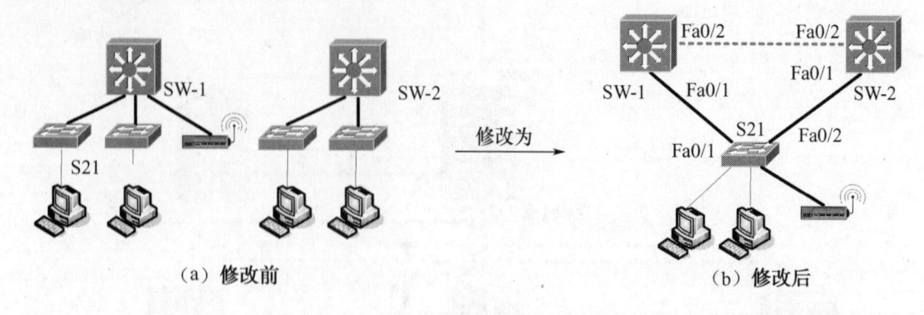

图 4-21　运行 VRRP 的部分的改进方案

```
SW-1(config)#spanning-tree
SW-1(config)#spanning-tree mst configuration    //进入多生成树配置模式
SW-1(config-mst)#instance 1 vlan 10             //配置实例 1 并关联 VLAN10
SW-1(config-mst)#instance 2 vlan 20
SW-1(config-mst)#name rq                        //配置域名称
SW-1(config-mst)#revision 1                     //配置版本号
SW-1(config)#spanning-tree mst 0 priority 4096
//配置交换机在 instance 0 中的优先级为 4096
SW-1(config)#spanning-tree mst 1 priority 4096
SW-1(config)#spanning-tree mst 2 priority 8192
SW-1(config)#interface range fa0/1 - 2
SW-1(config if-range)#switchport mode trunk
SW-1(config)#interface vlan 10
SW-1(config-if)#ip address 192.168.10.2 255.255.255.0
SW-1(config-if)#vrrp 10 ip 192.168.10.1
SW-1(config-if)#vrrp 10 priority 150
//设置 VLAN10 的 VRRP 的优先级为 150，高于默认值
SW-1(config)#interface vlan 20
SW-1(config-if)#ip address 192.168.20.3 255.255.255.0
SW-1(config-if)#vrrp 20 ip 192.168.20.1
```

同理，配置 SW-2。

```
SW-2(config)#spanning-tree
SW-2(config)#spanning-tree mst configuration
SW-2(config-mst)#instance 1 vlan 10
SW-2(config-mst)#instance 2 vlan 20
SW-2(config-mst)#name rq
SW-2(config-mst)#revision 1
SW-2(config)#spanning-tree mst 0 priority 8192
SW-2(config)#spanning-tree mst 1 priority 8192
SW-2(config)#spanning-tree mst 2 priority 4096
SW-2(config)#interface range fa0/1 - 2
SW-2(config if-range)#switchport mode trunk
```

```
SW-2(config)#interface vlan 10
SW-2(config-if)#ip address 192.168.10.3 255.255.255.0
SW-2(config-if)#vrrp 10 ip 192.168.10.1
SW-2(config)#interface vlan 20
SW-2(config-if)#ip address 192.168.20.2 255.255.255.0
SW-2(config-if)#vrrp 20 ip 192.168.20.1
SW-2(config-if)#vrrp 20 priority 150
//设置 VLAN20 的 VRRP 的优先级为 150，高于默认值
```

对 S21 进行配置。

```
S21(config)#spanning-tree
S21(config)#spanning-tree mst configuration
S21(config-mst)#instance 1 vlan 10
S21(config-mst)#instance 2 vlan 20
S21(config-mst)#name rq
S21(config-mst)#revision 1
S21(config)#interface range fa0/1 - 2
S21(config if-range)#switchport mode trunk
```

如图 4-21（b）所示，配置后，VLAN10 的流量通过 S21 经 SW-1 向外转发，fa0/2 口阻塞。当通往 SW-1 的直连链路发生故障时，VLAN10 的流量经 SW-2 到达 SW-1 向外转发。当 SW-1 设备发生故障时，VLAN10 的流量经 SW-2 向外转发。VLAN20 的流量转发与此类似，这样就实现了网关冗余。

在 VRRP 中，允许一台设备加入多个备份组，通过多备份组设置，可以实现负荷分担。例如，当 SW-1 作为备份组 1 的 Master，同时作为备份组 2 的 Backup，且当 SW-2 作为备份组 2 的 Master，同时为备份组 1 的 Backup 时，一部分主机使用备份组 1 的虚拟 IP 地址作为网关，另一部分主机使用备份组 2 的虚拟 IP 地址作为网关。这样就实现了负载均衡，分担了数据流。

4.3.7 策略路由技术的配置

1. 策略路由配置命令

策略路由的配置命令如表 4-23 所示。

表 4-23 策略路由的配置命令

策略路由的配置命令
Route(config)#route-map *route-map-name* [permit | deny] *sequence* 定义路由图
Route(config-route-map)#match ip address *access-list-number* 匹配访问控制列表中的地址
Route(config-route-map)#match length *min max* 匹配报文的长度
Route(config-route-map)#set ip default next-hop *ip-address*[*weight*][*ip-address*[*weight*]]为路由表中没有明确路由的数据分组指定下一跳 IP 地址
Route(config-route-map)#set ip next-hop *ip-address* [*weight*][*ip-address*[*weight*]] 设置数据包的下一跳 IP 地址
Route(config-route-map)#set interface *int_name* 出口设置
Route(config-route-map)#set default interface *int_name* 设置默认出口
Route(config-route-map)#set ip precedence 设置该 IP 报文的优先级
Route(config-route-map)#set ip tos 设置 IP 报文的 TOS 域的值
Route(config-route-map)#set ip dscp 设置 IP 报文 DSCP 域的值
Route(config-if)#ip policy route-map *name* 在接口上使用指定的 route-map 进行过滤
Route(config-if)#ip local policy route-map [*name*] 对本地发送的报文使用指定的 route-map 进行过滤

2. 任务情境配置

在图 2-3 中截取需要配置的部分拓扑图，如图 4-22 所示。策略路由中最常用的是基于源 IP 地址的策略路由。配置 SW-A 接收来自 10.0.10.0 网段的数据流时，会将数据流发往交换机 SW-B 的接口 fa0/23。

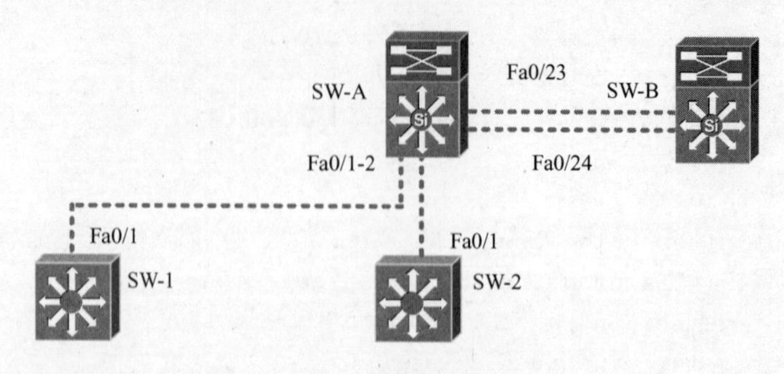

图 4-22 运行策略路由的部分（一）

```
SW-A(config)#access-list 1 permit 10.0.10.0
//对来自 10.0.10.0 的数据包进行策略路由
SW-A (config)#route-map ToSWB permit 10  //设置一个 route-map，名称为 ToSWB
SW-A(config-route-map)#match ip address 1      //对于匹配访问列表 1 的数据包
SW-A (config-route-map)#set ip next-hop 192.168.10.1
//设置下一跳为 SW-B 的 fa0/23 的 IP 地址
SW-A (config-route-map)#int fa0/1          //切换至 SW-A 接收数据包的接口
SW-A (config-if)#ip policy route-map ToSWB     //对该接口应用 ToSWB 路由
```

策略路由适用于园区网多出口情况下的联网，如图 4-23 所示，设置网内来自 10.0.10.0/24 的流量通过电信 ISP 上网，10.0.20.0/24 的流量通过联通 ISP 上网，10.0.30.0/24 的流量只能连接 R2 设备。

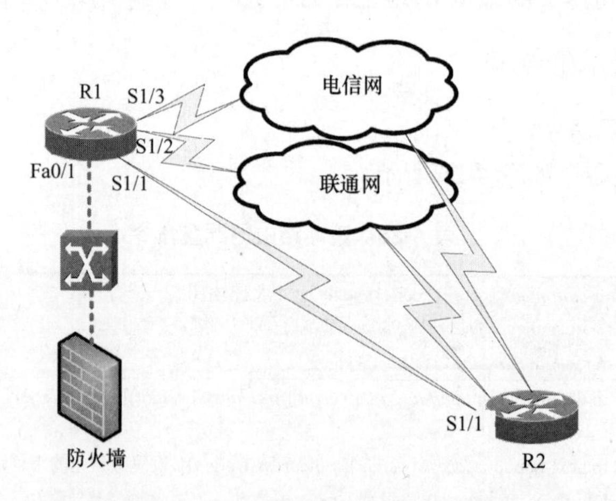

图 4-23 运行策略路由的部分（二）

```
R1(config)#access-list 10 permit 10.0.10.0 0.0.0.255
R1(config)#access-list 20 permit 10.0.20.0 0.0.0.255
R1(config)#access-list 30 permit 10.0.30.0 0.0.0.255
//对来自 10.0.30.0 的数据包进行策略路由
R1(config)#route-map ToISP permit 10   //设置一个 route-map，名称为 ToSWB
```

```
R1(config-route-map)#match ip address 10    //对于匹配访问列表 1 的数据包
R1(config-route-map)#set ip next-hop 电信-IP-address
//设置下一跳为电信 ISP 的地址
R1(config)#route-map ToISP permit 20
R1(config-route-map)#match ip address 20
R1(config-route-map)#set ip next-hop 联通-IP-address
R1(config)#route-map ToISP permit 30
R1(config-route-map)#match ip address 30
R1(config-route-map)#set ip next-hop R2(s1/1)-IP-address
R1(config-route-map)#int fa0/1              //切换至 SW-A 接收数据包的接口
R1(config-if)#ip policy route-map ToISP     //对该接口应用 ToSWB 路由
```

4.3.8 链路聚合技术的配置

1. 链路聚合配置命令

链路聚合的配置命令如表 4-24 所示。

表 4-24 链路聚合的配置命令

Switch(config)#interface port-channel *number* 创建逻辑端口通道 Switch(config)# interface *module/number* Switch(config-if)#channel-protocol {pagp|lacp} 配置 PAgP 或 LACP Switch(config-if)#channel-group *number* mode {on|{{auto|desirable}[no-silent]}|{active| passive}} 把接口分配给通道组 Switch(config)#port-channel load-balance [*src-mac|dst-mac|src-dst-mac|src-ip|dst-ip|src-dst-ip|src-port|dst-port|src-dst-port*] 根据源/目的 MAC 地址、IP 地址、端口进行负载均衡
Switch#show interface *module/number* etherchannel 查看接口链路聚合配置与状态 Switch#show ethernetchannel summary 查看链路聚合配置与状态

2. 任务情境配置

在图 2-3 中截取需要配置的部分拓扑图，如图 4-24 所示，对 SW-A 和 SW-B 之间的两条链路进行链路聚合，配置如下。

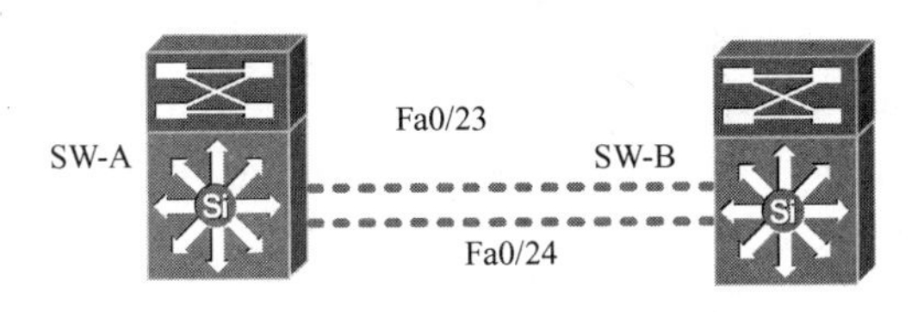

图 4-24 运行链路聚合的部分

```
SW-A(config)#interface port-channel 1
SW-A(config-if)#switchport mode trunk
SW-A(config-if)#exit
SW-A(config-if)#int range fa0/23 - 24
SW-A(config-if-range)#switchport
SW-A(config-if-range)#channel-protocol lacp
SW-A(config-if-range)#channel-group 1 mode active
SW-A(config-if-range)#switchport trunk encapsulation dot1q
SW-A(config-if-range)#switchport mode trunk
```

```
SW-A(config-if-range)#switchport trunk allow vlan all
SW-B(config)#interface port-channel 1
SW-B(config-if)#switchport mode trunk
SW-B(config-if)#exit
SW-B(config-if)#int range fa0/23 - 24
SW-B(config-if-range)#switchport
SW-B(config-if-range)#channel-protocol lacp
SW-B(config-if-range)#channel-group 1 mode passive
SW-B(config-if-range)#switchport trunk encapsulation dot1q
SW-B(config-if-range)#switchport mode trunk
SW-B(config-if-range)#switchport trunk allow vlan all
```

4.3.9 无线局域网的配置

WLAN 的配置关键在于在配置无线接入点，虽然配置无线接入点的方法因无线设备的不同而有所差异，但配置内容通常包括以下两种：常规参数和安全参数。常规参数包括为无线网络设置一个唯一的 SSID 标志，客户机要想成功接入该无线网络，需要知道无线网络的 SSID。安全参数配置是为了保证无线网络的安全，在 WLAN 中要使用加密协议，如 WEP、WPA、802.1X 等。通常设置无线网络加密密钥时，可根据要求设置一个强密码（包含大写字母、小写字母、数字、非字符符号四种中的三种即可），并且将密码设置成足够长度。当有客户机想接入该无线网络时，就需要提交该相应的密钥进行验证。

不同的客户端产品以及不同的操作系统，接入的方式会有所差异，但是总的接入原则是寻找 SSID，然后提交密码验证。现以装有无线网卡的 Windows 操作系统客户端为例，如果处于多个无线网络信号覆盖范围之内，则可以在无线网卡中启用“搜索无线网络”的功能，该程序会自动探测范围内的可用的无线网络资源及信号强度，如图 4-25 所示。

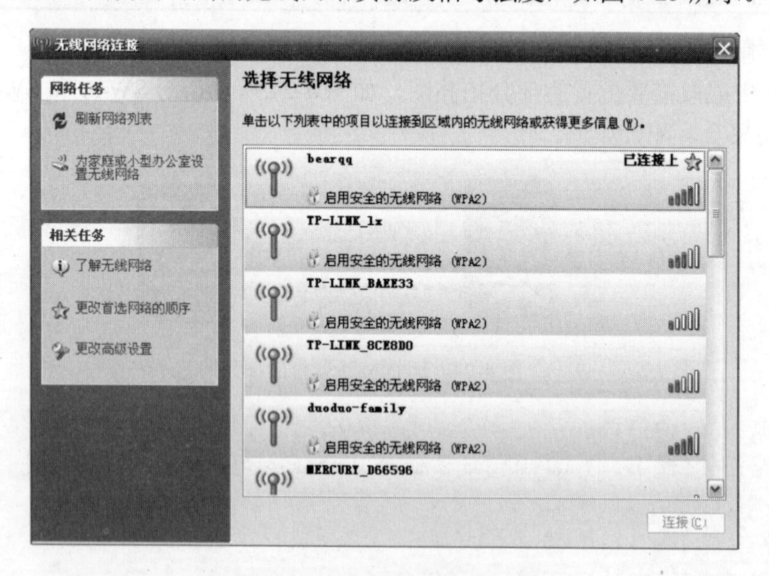

图 4-25 搜索无线网络并连接

这时用户可以选择合适的无线网络的 SSID，双击弹出无线网络连接的身份验证对话框，输入正确的密钥，验证通过即可接入该无线网络，如图 4-26 所示。

图 4-26　无线网络连接的身份验证

4.4　知识扩展

4.4.1　WLC 技术

随着无线技术的快速发展和广泛应用，无线网络面临大量设置、集中管理的问题，以无线网络控制器作为集中管理机制的无线交换机便诞生了。

早期的 WLAN 架构基本上采用的是智能型 AP 的分布式结构，它遵循 802.11 系列无线协议，通过 AP 连接有线网络，使用安全软件、管理软件等来管理无线网络。在这种架构中，各个 AP 之间是独立的，必须对每个 AP 进行单独配置，不管是初始安装还是后期维护的成本都比较高。另外，单个 AP 覆盖范围小，不能区分不同需求的实时应用与数据传输应用，对在整个系统内查看网络遭受的攻击和干扰能力较弱，安全性较差，它仅仅适用于非常大型的项目。

现在 Cisco 提出了由 WLC 和轻量级 AP（LAP）组成的统一无线网络架构。LAP 是一种自身不能单独配置或者使用的无线 AP 产品，它主要负责发送和接收数据帧，WLC 作为一种集中式的产品替代了原来的二层交换机，它管理和存储了各个 LAP 所需的配置文件，这些配置会自动应用到各个 LAP 中。WLC 与 LAP 通过轻量级接入点协议来作为彼此的隧道协议，这些协议使 WLC 与 LAP 之间可实现相互认证，以确保 WLC 能够安全管理、控制各个 LAP。这种架构中将网络的安全性、移动性、QoS 等特性集中起来进行管理，提供更智能的无线带宽管理和更高效的无线安全管理，同时，其安装和管理简单、价格低廉，使各种企业都能够构建一种成本较低、极具活力的 WLAN 架构。

4.4.2　WLC 配置举例

图 4-27 所示为 WLC 与 LAP 架构，进入 WLC 的配置界面后，基本配置命令如下。

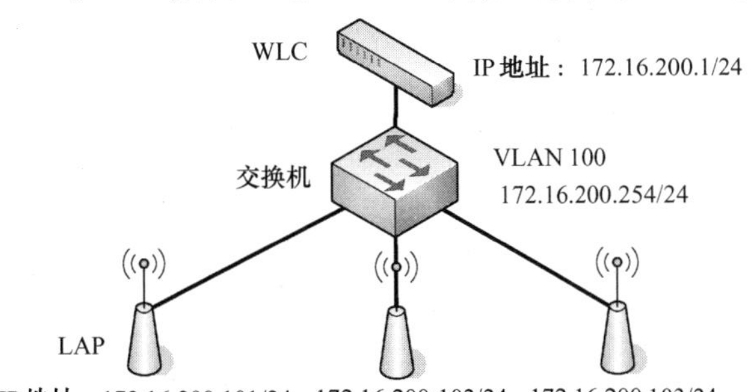

图 4-27　WLC 与 LAP 架构

```
System Name [Cisco_xx:xx:xx]:RQ-WLC                        //配置系统的名称
Enter Administrative User Name (24 characters max):renqi //配置管理员账户
```

```
Enter Administrative Password (24 characters max):****** //配置管理员密码
Service Interface IP Address Configuration [none][DHCP]:none
//用于带外管理的服务接口
Management Interface IP Address:172.16.200.1   //配置管理接口的 IP 地址
Management Interface Netmask:255.255.255.0     //配置管理接口的子网掩码
Management Interface Default Router:172.16.200.254 //配置管理接口的默认网关
Management Interface VLAN Identifier (0 = untagged):100
//配置管理接口的 VLAN
Management Interface Port Num [1 to 2]:1
//配置 WLC 上用于与交换机连接的 Trunk 端口
Management Interface DHCP Server IP Address:172.16.200.1
//配置 DHCP 服务器的 IP 地址
AP Transport Mode [Layer2] [Layer3]:Layer3      //配置 AP 传输模式
AP Manager Interface IP Address:172.16.200.2   //配置 AP 管理接口的 IP 地址
AP Manager Interface DHCP Server:172.16.200.1
//配置 AP 管理接口的 DHCP 服务器的 IP 地址
Virtual Gateway IP Address:2.2.2.2             //配置虚拟网关的唯一 IP 地址
Mobility/RF Group Name: rq
//配置 Mobility/RF 组名，Mobility 组用于无线漫游和系统冗余，RF 组用于射频管理
Network Name (SSID): computer-college          //配置 SSID
Allow Static IP Addresses [YES][no]: yes      //是否允许用户配置静态 IP 地址
Configure a RADIUS Server now? [YES][no]: no /是否进行 RADIUS 服务器的配置
Enter Country Code (enter 'help' for a list if countries)[US]:CN
//配置 WLC 国别码
Enable 802.11b Network [YES][no]: yes          //是否启用 802.11b
Enable 802.11a Network [YES][no]: yes          //是否启用 802.11a
Enable 802.11g Network [YES][no]: yes          //是否启用 802.11g
Enable Auto-RF [YES][no]: yes                  //是否启用自动 RF 检测
```

至此，WLC 初始设置完成。

任务5　服务器配置

5.1　任务情境

该企业的网络组建除了需要保证正常的连通性和对内对外的访问外，为了工作需求和企业业务需求必须搭建企业内部的 Web、FTP、E-mail 等服务器，并且配置群集以保证服务器的稳定性，这样既可以保障内网用户对服务器的正常访问，又可以满足外网用户的访问需求。

5.2　任务学习引导

5.2.1　服务器的选型

1．服务器的功能

服务器是一个计算机系统，用于运行特定应用程序或者需要长期运行的应用，通常极少有人工干预。尽管服务器可以由计算机组件构建而成，但是专用服务器必须使用专门的硬件以实现最佳性能。服务器与一般计算机相比，在性能与功能方面具有更多优势，具体如下。

服务器为多个用户提供服务，有良好的可靠性。服务器应该能够可靠地处理多个用户的多项任务请求，在设计上适合同时执行多项任务、易于性能升级、利于保证业务的正常运作，服务器不但具有更快的数据输出和更强大的硬盘驱动器，还可以配置多个处理器和更大的内存，可以同时为多个用户提供资源服务。

服务器还应具有更高的可伸缩性和可用性。服务器可以通过升级来获得更大的内存、硬盘容量以及更高的计算能力。服务器具有可靠的冗余功能，如 RAID 控制器、冗余磁盘阵列、冗余电源、冗余网卡等。服务器的冗余配置，可以确保服务器的可用性达到最高。

网络工程方案设计时，要认真分析用户需求，综合考虑服务器的可靠性、可伸缩性和可用性等方面的要求，帮助用户确定性价比较高的服务器配置。

2．服务器的分类

服务器作为最重要的网络资源共享设备，先后经历了文件服务器、数据库服务器、Internet/Intranet 通用服务器、专用服务器等多种角色的并存和演进。

（1）文件服务器

计算机网络的一种基本应用模式是资源共享，其功能体现在利用服务器的大容量外存和快速的 I/O 吞吐能力，为网络中的主机提供文件资源共享服务，包括文档库、程序库、图形库及文件型数据库服务等。文件服务器适用的操作系统有 Novell Netware、Apple Talk、Banyan Vines、IBM PC LAN、UNIX、Windows Server 2003、RedHat Linux AS 5.0 等。

（2）数据库服务器

计算机网络的一种核心应用模式是分布式协同信息处理，其功能体现在数据库分布式操作和集中管理控制上，早期的数据库采用客户机/服务器模式（Client/Server，C/S），即将事务处理分解在服务器和客户端协同处理。大中型数据库系统有 Oracle、Sybase、SQL Sever 等。

（3）Internet/Intranet 通用服务器

现阶段采用最多的计算机网络服务类型是异构网络环境下统一简化的客户端平台和广域网互通互连基础上的信息发布、采集、利用和资源共享。该网络服务的技术特征主要是 Web 技术，这种在客户端使用浏览器来访问 Web 服务器的方式称为浏览器/服务器模式，这种模式包括 WWW、E-mail、FTP、DNS 等服务，适用的操作系统有 UNIX、Linux 和 Windows Server 2003 等。

（4）功能服务器

按照服务器所提供的主要功能进行细分，可分为视频点播服务器、流式音频点播服务器、网络电视会议服务器，VoIP 服务器、打印服务器等。通常可以选择使用操作系统自带的组件或者第三方软件来搭建功能服务器。

3．服务器的主要技术

服务器的主要技术包括对称多路处理、内存、磁盘存储接口 3 种技术。

（1）对称多路处理技术

对称多路处理（Symmetric Multi-Processing，SMP）是指在一个计算机上汇集了一组处理器，即多个 CPU，各 CPU 之间共享内存子系统及总线结构。这些被同时使用的多个 CPU 工作起来就像一台计算机一样，系统将任务队列对称地分布于多个 CPU 之上，可以极大地提高整个系统的数据处理能力。

服务器中常用的 SMP 系统通常采用 2 路、4 路、8 路、16 路处理器，操作系统与之对应，例如，Windows Server 2003 R2 标准版支持 4 路 SMP，Windows Server 2003 R2 企业版支持 8 路 SMP，Windows Server 2003 R2 数据中心版支持 32 路 SMP，Sun 公司的 Enterprise10000 和 Solaris10 最多支持 64 路 SMP。

企业级服务器大都为多处理器结构，所以 SMP 系统中最关键的技术是解决多个处理器的相互通信和协调问题，通常采用的多处理器通信和协调技术是将服务器超过 4 个以上的处理器群分为多个组，每个处理器组相应配有一个高速缓存系统。为保证系统间的高速通信，采用这种技术的系统内部进行了高速模块设计，使得系统中每组处理器和系统内部采用的多个独立内存板，都能够独占一个 1066/1333MHz 及以上的系统总线。在这些多组处理器模块、内存板和 I/O 总线之间又采用一个高速的交换式总线系统，以保证其中任一组设备均可在高速系统总线进行通信传输，使整个系统的传输带宽达到较高水平，从而有效地解决了传统的多处理器系统中的传输带宽瓶颈问题，极大地提高了系统的整体性能，为系统集群提供了平稳的升级方案，为企业的关键性运算提供了性能更高、可用性更好的硬件平台。

（2）内存技术

内存是 CPU 与外设沟通、存储数据与程序的部件，是程序运行的基础。在主机中，内存的不同形式的功能与作用关系着内存所存储的数据是永久的还是暂时的，内存的容量大小关系着存储数据的多少，内存的速度关系着传送数据的快慢。所以，内存的种类不同，其功能也大不一样。

1）DRAM 内存。动态随机存取存储器（Dynamic Random Access Memory，DRAM）是最为常见的系统内存。这种内存主要有如下 3 种技术。

快速页面模式（Fast Page Mode，FPM）：DRAM 是把连续的内存块以页的形式来处理的，相当于在相同的页面内部，CPU 只要送出一个行地址信号，可以加快 CPU 存取内存的速度。

扩展数据输出（Extended Data Out，EDO）：DRAM 同 FPM DRAM 的基本制造技术相同，，它取消了扩展数据输出内存域传输内存两个存储周期之间的时间间隔，可以把数据发给 CPU 的同时访问下一个页面。在本周期的数据传送尚未完成时，可进行下一周期的传送，这样速度比 FPM DRAM 快 15%～20%。

同步（Synchronous）：DRAM 采用了多体存储结构和突发模式，有两个存储列阵，当一个被 CPU 读取数据时，另外一个已经做好准备，可以自动切换，而且内存与 CPU 外频同步，取消等待时间，使其传输速率比 EDO DRAM 快了许多。

2）ECC 内存。错误检查与校正（Error Check&Correct，ECC）内存是在数据位上额外地存储一个用数据加密的代码，当数据写入内存时，相应的 ECC 代码也被保存下来。当重新读回刚才存储的数据时，保存下来的 ECC 代码就会和读数据时产生的 ECC 代码做比较。如果两个代码不相同，它们就会解码，以确定数据中的哪一位是不正确的。然后这一错误会被抛弃，内存控制器会被释放出正确的数据。被纠正的数据很少会被放回内存。加入相同错误的数据再次被读出，则纠正过程再次执行。重写数据会增加处理过程的开销，这样则会导致系统性能的明显降低。如果是随机事件而非内存的缺点产生的错误，则这一内存地址的错误数据会被再次写入的其他数据所取代。

因为运行更加稳定，ECC 技术在服务器内存中被广泛采用，成为几乎所有服务器上的内存标准。

3）Chipkill 内存。随着服务器 CPU 性能不断提高，硬盘驱动器的性能速度无法与之匹配，为获得足够的性能，服务器需要大量的内存来临时保存 CPU 上需要读取的数据，这样大的数据访问量就导致单一内存芯片上每次访问时通常要提供 4B〔32 位）或 8B（64 位）以上的数据，一次性读取大量的数据使出现多比特数据错误的几率大大增加，ECC 不能纠正多比特的数据错误，这样就很可能造成全部数据的丢失。为解决 ECC 技术的不足，IBM 公司开发了 Chipkill 技术，这是一种新的 ECC 内存保护标准。

Chipkill 内存控制器所提供的存储保护在概念上和具有校验功能的磁盘阵列类似，在写数据的时候，把数据写到多个 DIMM 内存芯片上。这样，每个 DIMM 所起的作用和存储阵列相同。如果其中任何一个芯片失效了，则它只影响到一个数据字节的某一比特，因为其他比特存储在另外的芯片上。出现错误后，内存控制器能够从失效的芯片重新构造“失去”的数据，使得服务器可以继续正常工作。

采用 Chipkill 内存技术的内存可以同时检查并修复 4 个错误数据位，进一步提高服务器的实用性。目前 Chipkill 内存技术不仅在 IBM 的 X 系列服务器广泛采用，而且通过授权后可在许多国内外品牌服务器中使用，如宝德公司的 64 位新至强机架式服务器就有该技术的应用。

4）Registered 内存。服务器的内存稳定性主要体现在信号的质量和时序上。Register 芯片除了能改善输入信号的波形外，也能增强信号的驱动能力，从根本上改善信号的质量。同时，Registered 工作模式能更好地同步信号，改善信号的时序。另外，Registered 内存能做到较大的容量，满足了服务器即时处理大量数据时对内存容量的较大需求。Registered 内存以其优异的工作稳定性和较大的容量在服务器市场获得了广泛的应用。

（3）磁盘存储接口技术

服务器为信息资源存储设备，通常配置有大容量磁盘存储系统，服务器的磁盘系统多采用高性能 SCSI 接口或 SAS 接口，多块磁盘连接采用 RAID 技术，以提高数据的 I/O 效率和可靠性。

1）SCSI。小型计算机系统接口（Small Computer Systems Interface，SCSI）适配器使用主机直接内存存取（Direct Memory Access，DMA）通道将数据传送到内存中，以此降低系统 I/O 操作时 CPU 的占用率。外设通过专用线缆和终端电阻与 SCSI 适配器相连，SCSI 线缆把 SCSI 设备串连成菊花链。SCSI 总线支持数据的快速传输，以前主要采用的是 80Mb/s 和 160Mb/s 传输率的 Ultra2 和 Ultra3 标准，现在 SCSI 总线传输速率达到 320Mb/s 和 640Mb/s 的 Ultra4 和 Ultra 5 标准。SCSI 接口具有应用范围广、多任务、带宽大及热插拔等特点，主要应用于中高端服务器和工作站。

2）SAS。串行 SCSI（Serial Attached SCSI，SAS）能为服务器和企业级存储提供更高的性能、扩展性和可靠性，其总线使用嵌入式时钟信号，具备了更强的纠错能力，如果发现错误会自动纠正，提高了数据传输的可靠性。SAS 最大可混接 16256 块 SAS/SATA 硬盘，数据吞吐能力可以达到 3～12Gb/s。它与 SCSI 一样也支持热插拔。

3）RAID 技术。独立磁盘冗余阵列（Redundant Array of Independent Disks，RAID）技术是将若干硬盘按照不同方式形成一个硬盘组而组成一个整体，由阵列控制器进行管理，可以实现多台硬盘并行工作，而且如果阵列中有一台硬盘损坏，可利用其他备份盘上的校验数据计算出损坏盘上的数据并重新恢复出损坏盘上原来的数据，并可以使用热插拔功能在运行状态下更换已损坏的硬盘。阵列控制器会自动把重组数据写入新盘，或写入热备份盘，并将新盘用作新的热备份盘，从而提高了可靠性。

4．服务器的硬件性能选型

（1）运算处理能力

在配置服务器时，人们认为 CPU 越快表示服务器的性能越好，其实 CPU 速度仅是影响服务器性能诸多因素中的一方面，还存在许多甚至更重要的因素，所以，挑选优质的服务器的硬件性能要考虑很多因素。

1）要选择既能满足当前需求又能满足未来需求的处理器。

多个处理器一起使用可以增强系统的可用性及性能。在出现故障时，多个处理器可相互支持以保证系统的可用性。在某个处理器出现故障时，其他处理器将分担其负载，确保系统保持运行状态，直至故障被排除。一般来说，工作负荷增加时，增加处理器的数量有助于减少瓶颈出现的可能性，从而提高系统的性能。

系统性能除了受处理器芯片本身架构的影响外，还受到总线速度、芯片组和控制器的影响，因为处理器正是通过它们与计算机的其他组件或计算机外部附件（如硬盘和光驱）进行通信的，总线、芯片组及架构可以加速数据传输的速率，从而提高系统的整体运行速度。另外，系统性能还受缓存的影响，处理器本身不具备永久存储器，信息存储在服务器内部或外部的磁盘上，当处理器拥有具备临时存储功能的缓存时可以加快重复性任务的执行速度，从而提高系统的性能。

2）考虑 CPU 主频、CPU 数量、二级缓存与服务器性能。

CPU 主频与性能存在的关系可以用 CPU 的 50%定律描述：若 CPU1 主频为 A1，CPU2 主频为 A2，CPUI 和 CPU2 采用的是相同技术，A2>A1，且 A2−A1<200MHz，则配置 CPU2 较配置 CPU1 性能提升（A2−Al）/A1*50%。一般两块 CPU 的主频越接近，越符合此定律。

增加 CPU 的数量时，服务器的性能会随之增加。例如，Xero 系列 CPU 可支持大于 2 路的 SMP 系统，假设增加 CPU 时系统不存在瓶颈，扩展 CPU 所带来的性能增长情况如下：扩展 CPU 为两个时，性能约为 1 个 CPU 的 1.7 倍；扩展 CPU 为 4 个时，性能约为 1 个 CPU 的 3 倍；扩展 CPU 为 8 个时，性能约为 1 个 CPU 的 5 倍。不同品牌的 CPU，其数量增加时所带来的服务器性能比率也是不同的。

随着 CPU 数量的增加，二级缓存的大小对服务器性能的影响也越明显。对于一个 4 路的 SMP 服务器而言，若仅安装一个 CPU，对内存访问不存在竞争，当二级缓存不能满足 CPU 的需求时，内存可以在 CPU 等待之前做出响应。若安装了 4 个 CPU，则访问内存的队列、访问内存的时间会增加，CPU 的潜在等待时间也随之增加，这时，二级缓存的高命中率将节省大量的时间，处理器的性能将得到提高。

总之，CPU 越多，二级缓存越大，服务器的性能越好。例如，当二级缓存大小增加一倍，配置 1 或 2、3 或 4、8 个 CPU 时，服务器性能相应会提高 3%～5%、6%～12%、15%～20%。

3）考虑内存/最大内存扩展能力。

当内存充满数据时，处理器必须到硬盘（或虚拟内存）读取或写入新的数据，内存的速度要比硬盘快约 10000 倍，处理器在对硬盘写入或读取时要比内存慢很多。因此，计算机拥有的内存越大，处理器就越少到硬盘中寻找更新的数据，处理器的速度越快，服务器的运行速度也就越高。升级内存是提高系统性能的一个较好的方式，成本低，效果好。

（2）硬盘驱动器的性能指标

硬盘数据传输系统的瓶颈不在 PCI 总线或接口速率上，而在硬盘本身，这是由硬盘机械部分与结构设计等因素造成的。

1）主轴转速。硬盘的转速多为 7200r/min、 10000r/min 和 15000r/min，目前，15000r/min 及以上的 SCSI 硬盘性价比较高，成为硬盘的主流。

2）内部传输率。硬盘的数据传输率有内部、外部之分，外部传输率通常称为突发数据传输率（Burst date Transfer Rate）或接口传输率，指从硬盘的缓存中向外输出数据的速度。而内部传输率称为最大或最小持续传输率（Sustained Transfer Rate），指硬盘在盘片上读写数据的速率。由于硬盘的内部传输率要小于外部传输率，所以内部传输率的高低才是衡量硬盘整体性能的标准。目前，采用 Ultra 320 SCSI 技术的外部传输率已达到了 320Mb/s，主流硬盘的内部传输率大多为 30～60Mb/s。

3）单碟容量。单碟容量的意义在于容量的提升和数据传输速率的提升，单碟容量的提高在于磁道数的增加和磁道内线性磁密度的增加。由于磁片半径是固定的，磁道数的增加意味着磁道间距离的缩短，磁头从一个磁道转移到另一个磁道所需要的就位时间相应缩短，有效地减少了磁头的寻道时间，有助于提高随机数据传输速率。而磁道内线性密度的增加使每个磁道内存储数据增多，碟片的每个圆周运动中有更多的数据被磁头读至硬盘的缓冲区中。

4）平均寻道时间。平均寻道时间是指磁头移动到数据所在磁道需要的时间，这是衡量硬盘机械性能的重要指标，一般为 3～13ms。建议不要考虑选择平均寻道时间大于 8ms 的 SCSI 硬盘。

5）缓存。提高硬盘高速缓存的容量是提高硬盘整体性能的捷径。可以使用缓存来适配硬盘内部和外部不同的传输速率，缓存的大小对于硬盘的持续数据传输速率有较大的影响，其容量有 512KB、2MB、4MB、8MB 和 16MB。对于视频捕捉、影像编辑等需要大量磁盘输入/输出的操作，大的硬盘缓存是较为理想的选择。

（3）系统可用性

网络时代的企业信息服务停止会带来巨大损失，据权威调查显示，普通企业一次关键服务的停止平均损失达每小时 1 万美元，而对于金融企业损失会达每小时 100 万美元。造成系统停止服务的主要原因有 3 个：硬件故障；操作系统和应用软件故障；操作失误、程序错误和环境故障。某些业务可采用冗余硬件和软件技术，提供 100%的可用性，同时在实际工作中，必须考虑升级或维护所需的计划停机时间，也可采用服务器集群或系统分区等技术减少计划停机时间。

系统的可用性指标可用两个参数进行描述：平均故障间隔时间（Mean Time Between Failure，MTBF）和平均修复间隔时间（Mean Time Between Repairs，MTBR）。

系统高可用性的公式可以表示如下：

系统可用性=MTBF/（MTBF+MTBR）

也就是说，当系统的可用性达到 99.9%时，每年的停止服务时间为 8.8 小时；当系统的可用性达到 99.99%时，每年的停止服务时间为 53 分钟；当可用性达到 99.999%时，每年的停止服务时间仅为 5 分钟。

（4）数据吞吐能力

服务器对 I/O 的要求表现在总线带宽、I/O 插槽数量等几个方面。总线带宽是指系统事务处理的快慢，而 I/O 插槽数则表现为其扩展能力。I/O 技术的宗旨是提高服务器 CPU 向网卡或存储磁盘阵列传输数据的速率和可靠性。

（5）可管理性

服务器的可管理性直接影响企业使用服务器的方便程度。较优的可管理性表现在人性化的管理界面，硬盘、内存、电源、处理器等主要部件便于拆装、维护和升级；具有方便的远程管理、监控功能以及较强的安全保护措施等。

（6）可扩展性

服务器的可扩展能力表示服务器应留有足够的扩展空间，便于随业务应用的增加而进行扩充和升级。这种可扩展性主要表现在处理器数量、内存大小、内存频率的大小、接口可支持硬盘数量、外部设备等可扩展能力以及应用软件的升级能力。

5. 服务器的功能选型

服务器是网络环境下为客户提供各种服务的专用计算机，它承担着数据的存储、转发、发布等重要工作，是网络访问的核心。服务器工作是连续不断地向用户提供服务，聚集在服务器处的数据流容易形成网络瓶颈，因此，服务器对数据处理速度和系统可靠性的要求比普通的计算机高得多。服务器是类似于计算机的特殊设备，包括处理器、内存、芯片组、存储系统以及 I/O 设备等组件，同时其硬件中还包含专门的服务器技术，使得服务器能够承载更多的流量，具有更高的稳定性和扩展能力。

选购服务器时，首先应关注设备在高可用性、高可靠性、高稳定性和高 I/O 吞吐能力方面的性能，其次是服务器在系统的维护能力、操作界面等方面的性能，最后应关注系统软硬件的网络监控技术、远程管理技术和系统灾难恢复功能等。服务器的功能选型可从以下几个方面进行考虑。

（1）文件服务器

文件服务器主要用来进行读/写操作，快速的 I/O 是这类服务器需求所在，关键是提高硬盘 I/O 吞吐能力。RAM 数量对其性能的影响没有其他因素大，但是，如果客户机数量不多，且存取文件比较频繁，那么增加内存以扩大缓存将会提高服务器的整体性能。

（2）数据库及应用服务器

数据库及应用包括通用档案信息管理服务、联机事务处理/数据挖掘、商业信息管理、科技目录索引服务、数据分析和计算等应用。一般情况下，用户在本地主机上运行客户端应用程序，数据库服务系统运行在服务器端，服务器端是一个中心管理者，在网络基础设施的结构和带宽要满足要求的情况下，服务器的性能可以得到充分的体现。

应用服务器的配置通常比其他服务器需要更多的硬件投资，特别是在处理器的能力方面。应用服务器的客户机通常发送“事务处理请求”，如订货单、数据库查询等，服务器需要及时进行处理，这其中可能包含对数据库中大量数据的搜索和操作，这些操作加重了应用服务器的处理器、内存和磁盘子系统的负担。所以，这类服务器需要强大的CPU处理能力和大容量内存，同时需要很好的I/O吞吐性能。

（3）Web应用服务器

Web服务器的典型功能有两个：第一，仅存储用于响应客户机HTTP请求的静态HTML文件；第二，用CGI、ASP脚本或Java等服务端应用和ISAPI（Internet Server Application Programming Interface）库动态地生成HTML代码，或作为数据库中间服务器。前者的瓶颈在于缓存，如果可以预计的用户访问量很大，增大内存即可。后者则要求有较高的CPU处理能力，如果条件允许，可采用SMP多处理器结构的服务器。另外，Web应用集中在数据查询和网络交流中，需要频繁读写硬盘，这时硬盘的性能也将直接影响服务器整体的性能。

（4）部门办公服务器

对于部门办公来说，服务器的主要作用是完成文件和打印服务。文件和打印服务是服务器的最基本应用之一，对硬件的要求较低，一般采用单CPU即可。为了给打印机提供足够的打印缓冲区，需要较大的内存，为了应付频繁和大量的文件存取，要求有快速的硬盘子系统。而对于运行各种网络应用的部门办公服务器，应该采用双CPU或多CPU的系统。同时，增加内存和快速、大容量的硬盘子系统来保证在用户数量较多时保持较高的服务性能。

5.2.2 网络操作系统选择

常用网络操作系统主要有如下3类：

1．Windows类

Microsoft Windows是Microsoft公司制作和研发的一套桌面操作系统。它起初仅仅是MS-DOS模拟环境，后续的系统版本采用了图形化模式，由于Microsoft不断地更新升级，其操作系统从架构的16位、32位到64位，系统版本从最初的Windows 1.0到Windows 8.1，还包括Windows NT 4.0 Server、Windows Server 2000/Advance Server以及Windows Server 2003 / Advance Server等企业级服务器操作系统。

Windows NT可以提供文件共享和打印服务，可与各种网络系统实现互操作，能够运行客户端/服务器应用程序，同时内置了Internet/Intranet功能，采用的NTFS（New Technology File System）技术具有较高的安全性能。Windows Server 2000是Windows NT的升级版，比Windows NT更加稳定。Windows Server 2003大量继承了Windows XP的友好操作性和Windows Server 2000的网络特性，可以提供文件服务、邮件服务、打印服务、应用程序服务器、Web服务器和通信服务器等，它包括Standard版本（标准版）、Enterprise版本（企业版）、Datacenter版本（数据中心版）、Web版本4个版本，每个版本均有32位和64位两种编码，每一个版本都是针对特定的服务器角色而开发的。

2．NetWare类

NetWare是NOVELL公司推出的网络操作系统，其是基于基本模块设计思想的开放式系统结构。NetWare是一个开放的网络服务器平台，对不同的工作平台（如DOS、OS/2、Macintosh

等)、不同的网络协议环境以及各种工作站操作系统提供了一致的服务。NetWare 操作系统虽然在局域网中早已失去优势，但是 NetWare 操作系统对网络硬件的要求较低而受到一些设备相对落后的中、小型企业的青睐。NetWare 兼容 DOS 命令，其应用环境与 DOS 相似，经过长时间的发展，具有相当丰富的应用软件支持，技术完善、可靠。NetWare 服务器对无盘站和游戏的支持较好，常用于教学网和游戏厅。常用的版本有 3.11、3.12、4.10、4.11、5.0 等。

3. Linux 类

Linux 是一套免费使用和自由传播的类 UNIX 操作系统，是一个基于 POSIX（可移植操作系统接口）和 UNIX 的多用户、多任务、支持多线程和多 CPU 的操作系统。它的最大的特点就是源代码开放，可以免费得到许多应用程序，该系统目前由世界各地的爱好者共同开发和维护，主要应用于中、高档服务器中。

Linux 操作系统的核心就是内核，其主要功能包括进程调度、内存管理、配置管理虚拟文件系统、提供网络接口以及支持进程间通信。许多公司或社团将 Linux 操作系统内核与应用软件以及文档包装在一起，并提供一些安装界面、系统设定与管理工具，这样一套完整的软件环境就称为一个发行版本。目前比较流行的发行版本有：RedHat Linux、Slackware、SUSE Linux、Debian GNU/Linux、红旗 Linux。

5.2.3 网络常用服务

网络服务是指在网络上运行的、面向服务的、基于分布式程序的软件模块。网络可以提供多种服务，如 DNS、Web、FTP、E-mail 等，在这些基本服务之上，又可产生许多的网络应用。网络服务在电子商务、电子政务、公司业务流程电子化等应用领域有广泛的应用。

1. DNS 服务

Internet 上的每一台计算机都有自己独立的 IP 地址，用于对每一台机器进行唯一标识，保证计算机之间正常、有序的通信。IP 地址是 32 位二进制，使用者很难记忆，人们于是研究出一种字符型标识的寻址方案，为每台计算机主机分配一个独有的“标准名”，即为域名（Domain Name）。

域名系统通过 DNS 服务器提供服务，这是一种客户机/服务器机制，实现名称与 IP 地址的转换。通过建立 DNS 数据库，记录主机名与 IP 地址的对应关系，驻留在服务器端，当某主机要与其他主机通信时，就利用主机名称向 DNS 服务器查询此主机的 IP 地址。

整个 Internet 的 DNS 结构如同一棵倒着的树，层次结构清晰。根域位于最顶端，根域下划分顶级域，顶级域下划分二级域，二级域下划分子域，子域下可再划分子域和主机。

在实际应用中往往把域名分成两类：一类称为国际顶级域名，另一类称为国内域名。一般国际顶级域名的最后一个后缀是“国际通用域”，如 com、net、gov、edu。国内域名的后缀通常包括“国际通用域”和“国家域”两部分，而且要以“国家域”作为最后一个后缀。各个国家都有固定的国家域，如中国为 cn、美国为 us、英国为 uk 等。

2. Web 服务

Web 服务是一个软件系统，用于支持网络间不同机器的互动操作。在 Web 应用环境中，有两种角色：Web 客户机和 Web 服务器。用户使用的网页浏览器是一种 Web 客户机，网络上的网站则是 Web 服务器。

3. FTP 服务

FTP 主要用来在计算机之间传输文件。连接在一起的任意两台计算机，如果安装了 FTP

协议和服务器软件，就可以通过FTP服务相互传送文件。通常有两类FTP服务器：一类是普通的FTP服务器，连接到该服务器上时，用户必须提供合法的用户名和口令；一类是匿名FTP服务器，连接到该服务器不需要提供用户名和口令。

4．E-mail 服务

E-mail 模拟传统邮件的方式在网络上实现邮件的收发。邮件服务器的配置方案非常多，对于中小型企业说，利用网络操作系统自带的应用进行配置较为经济实用，这一点对于Web、FTP服务同样适用。

此外，网络服务还包括DHCP、WINS、SMTP、Telnet等。

5.2.4 服务器群集技术

1．服务器群集技术原理

随着计算机技术以日新月异的速度发展，单台计算机的性能和可靠性越来越好，但还是有许多现实的要求是单台计算机难以满足的。许多企业和组织的业务在很大程度上都依赖各种服务器，服务器死机都会造成严重的损失，甚至可能很快造成整个商业运作的瘫痪。

群集技术是近几年兴起的发展高性能计算机的一项技术，它利用一组相互独立的计算机，通过高速通信网络组成一个单一的计算机系统，并以单一系统的模式加以管理。其出发点是提供高可靠性、可扩充性和抗灾难性。一个群集包含多台拥有共享数据存储空间的服务器，各服务器通过内部局域网相互通信。当一台服务器发生故障时，它所运行的应用程序将由其他服务器自动接管。在大多数模式下，群集中所有计算机拥有一个共同的名称，群集内的任一系统上运行的服务都可被所有网络客户使用。

2．群集服务的实现

群集服务的实现依靠的是群集服务技术，目前，群集技术可以分为以下3类。

1）高可用性集群技术：具有避免单点故障发生的能力。

2）高性能计算群集技术：具有科学计算能力。

3）高可扩展性群集技术：具有均衡策略能力。

本书主要介绍高可用性群集。高可用性群集分为两个类型：

（1）主从模式

主从模式也称为双机热备份模式，客户端访问服务器的请求是经过双机热备份软件访问主服务器的，从服务器处于空闲状态。当主服务器出现问题时，从服务器全权接管客户端的访问请求。

（2）主主模式

主主模式也称为负载均衡模式，该模式最大限度地利用硬件资源。在正常使用的情况下，客户端访问服务器的请求经过双机热备份软件按照当前各个系统能够使用的资源平均分配的方式访问这两台服务器。当其中的一台出现问题时，另外一台服务器全权接管客户端的请求。

群集技术的优点十分明显，主要包含：

1）高可伸缩性：服务器集群具有很强的可伸缩性。随着需求和负荷的增长，可以向集群系统添加更多的服务器。在这样的配置中，可以有多台服务器执行相同的应用和数据库操作。

2）高可用性：在不需要操作者干预的情况下，防止系统发生故障或从故障中自动恢复的能力。通过把故障服务器上的应用程序转移到备份服务器上运行，集群系统能够把正常运行时间提高到大于99.9%，大大减少服务器和应用程序的停机时间。

3）高可管理性：系统管理员可以从远程管理一个或一组集群，就像管理单机系统一样。

5.3　任务实施

5.3.1　任务情境分析

如图 5-1 所示，该企业希望在园区网内发布一个企业 Web 站点，以便于在内网上访问该网站。同时，为了方便员工共享文件资料，需要架设一台 FTP 服务器。另外，为实现企业内部的员工之间互通邮件，需要提供相应的邮件服务。3 项服务均要求按照需求进行服务器性能设计，并对各种服务进行群集服务的配置，以提高服务器可用性。在本任务情景实现中，上述 3 项服务以企业内部服务器搭建为例，均选用 Windows Server 2003 企业版操作系统加以实现。

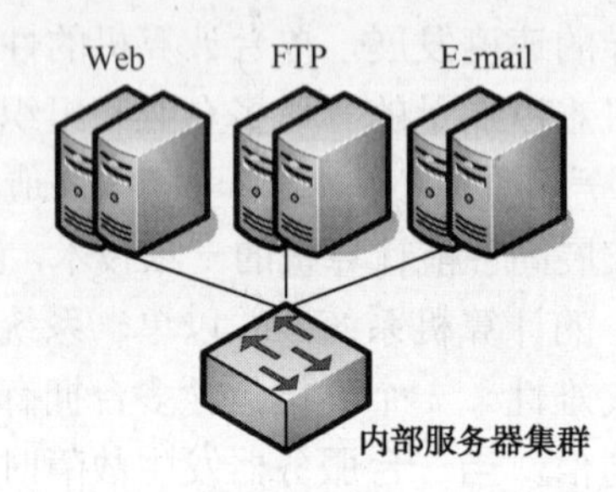

图 5-1　总部中运行网络服务的部分

5.3.2　常用服务的配置

1．Web 与 FTP 服务的配置

选择“开始”→“控制面板”→“添加/删除程序”选项，在弹出的窗口中选择“添加/删除 Windows 组件”→“应用程序服务器”选项，打开“Windows 组件向导”对话框，如图 5-2 所示。

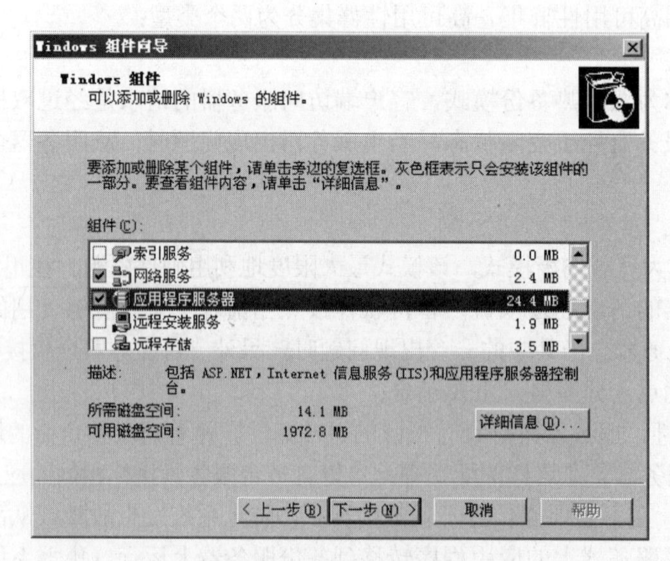

图 5-2　“Windows 组件向导”对话框

单击“详细信息”按钮，弹出“应用程序服务器”对话框。在该对话框中单击“详细信息”按钮，弹出“Internet 信息服务（IIS）”对话框如图 5-3 所示，勾选“文件传输协议（FTP）服务”复选框，单击“确定”按钮，单击“下一步”按钮，完成服务的安装。

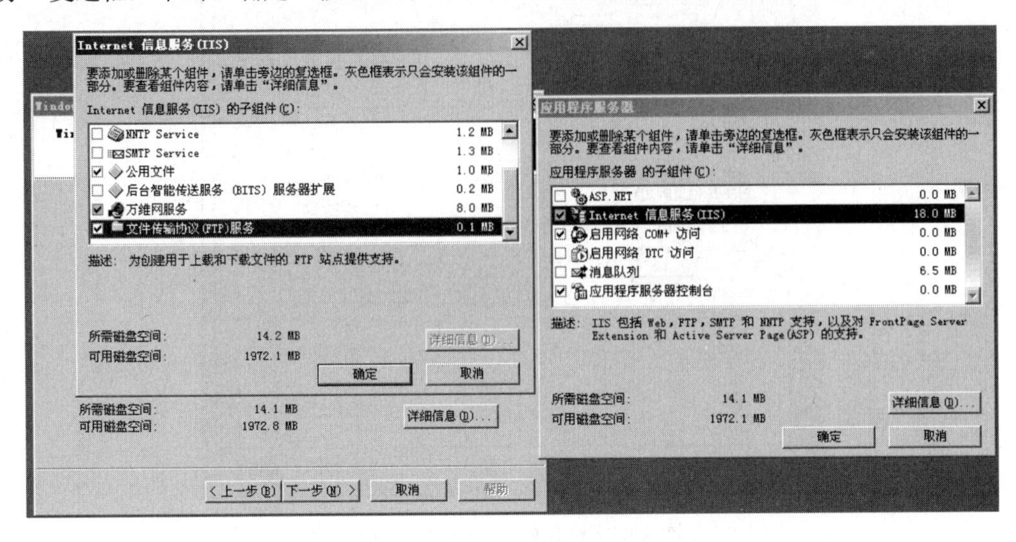

图 5-3　组件详细信息

安装完成后，依次选择“开始”→“程序”→“管理工具”→“Internet 信息服务（IIS）管理器”选项，弹出“Internet 信息服务（IIS）管理器”窗口，如图 5-4 所示。

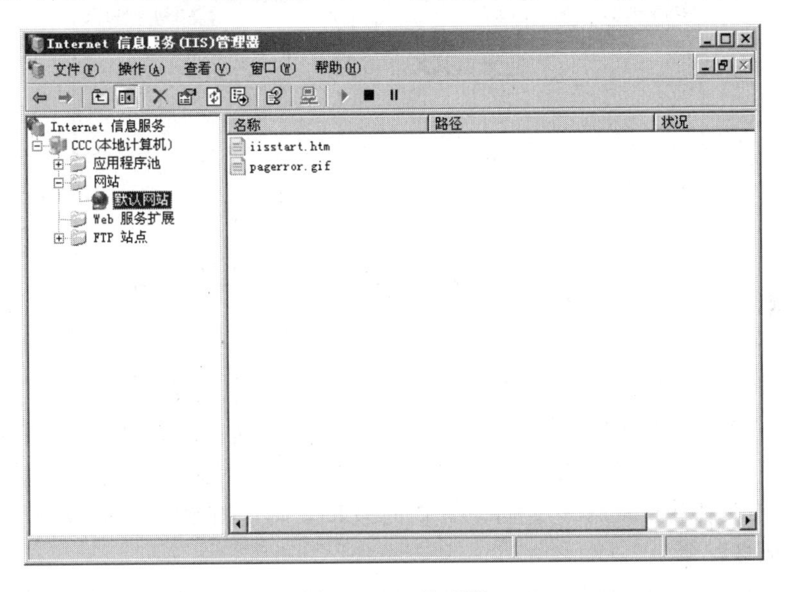

图 5-4　IIS 管理器

在“默认网站”上右击，在弹出的对话框中选择“属性”选项，弹出“默认网站属性”对话框，如图 5-5 所示，可进行主目录、默认主页、网站目录安全性、网站标识等属性的设置。在本任务情景中，在“文档”选项卡中设置网站默认打开的主页名称为 Default.htm。

设计一个 Web 网页命名为 Default.htm，将其放到默认网站相应的文件夹中（过程略），访问该网站主页，如图 5-6 所示（此处假设该网站的 IP 地址为 192.168.1.83）。

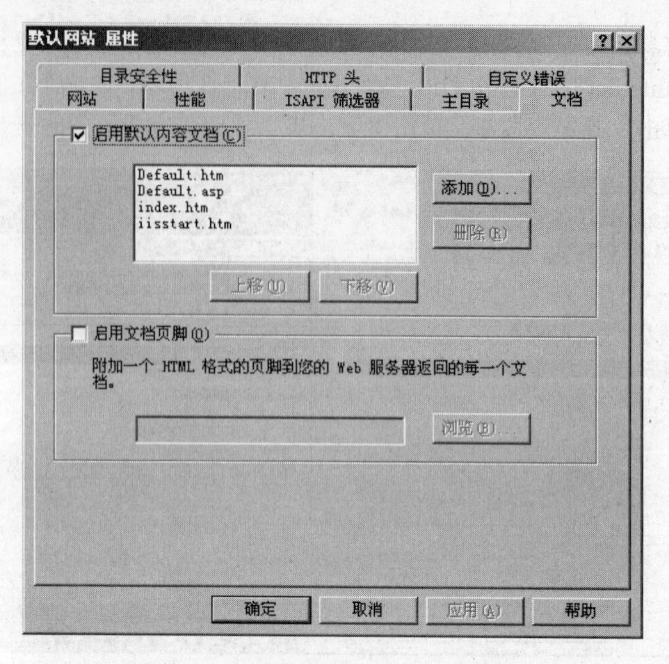

图 5-5 “默认网站 属性”对话框

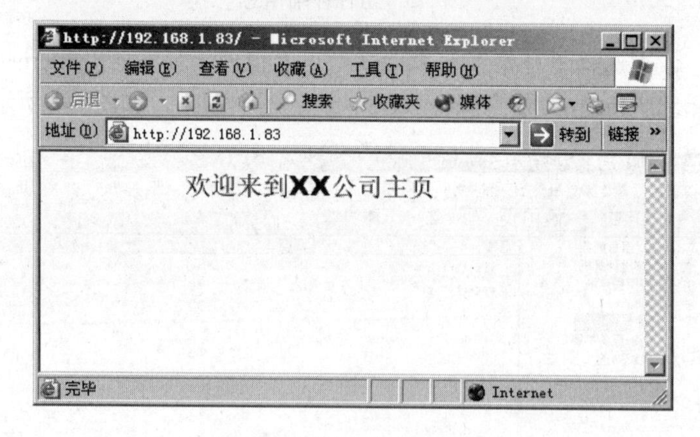

图 5-6 默认网站访问效果

如图 5-3 所示，在“Internet 信息服务（IIS）管理器”中选择“FTP 站点”→“默认 FTP 站点”选项并右击，在弹出的快捷菜单中选择“属性”选项，弹出“默认 FTP 站点属性”对话框，如图 5-7 所示，可进行 FTP 站点标识，安全账户、主目录、目录安全性等属性的设置。

设置好站点文件和目录后（过程略），访问该 FTP 站点的效果如图 5-8 所示。

2．邮件服务配置

在本任务情景中，仅讨论企业内部的邮件服务的使用，故此处只考虑安装和配置 POP3 服务。选择“开始”→“控制面板”→“添加/删除程序”选项，弹出窗口，选择“添加/删除 Windows 组件”→“电子邮件服务”选项，弹出“Windows 组件向导”对话框，勾选“电子邮件服务”复选框，如图 5-9 所示。

单击“详细信息”按钮，弹出“电子邮件服务”对话框，如图 5-10 所示，显示了安装的两个子组件：POP3 服务和 POP3 服务 Web 管理，单击“确定”按钮，单击“下一步”按钮，进行服务安装。

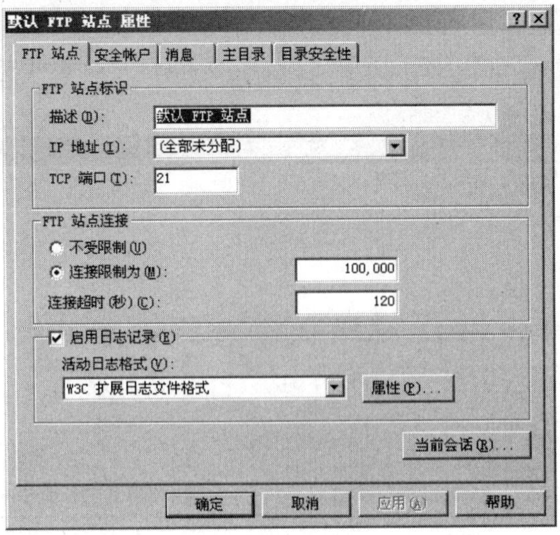

图 5-7 “默认 FTP 站点属性”对话框

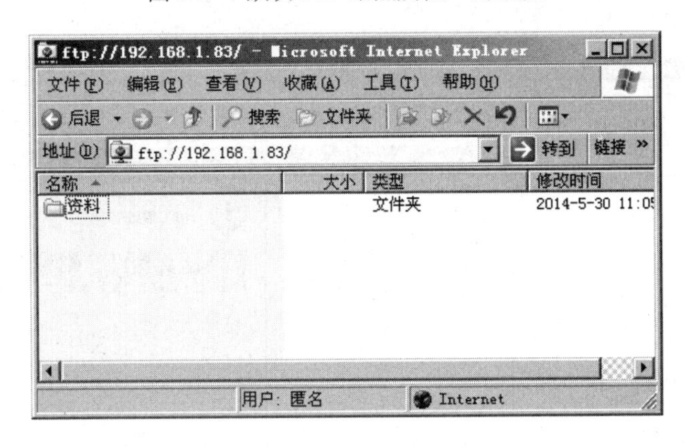

图 5-8 打开 FTP 站点

安装完成后，选择“开始”→“程序”→“管理工具”→“POP3 服务”选项，弹出“POP3 服务”窗口，如图 5-11 所示，CCC 为服务所在主机的主机名。

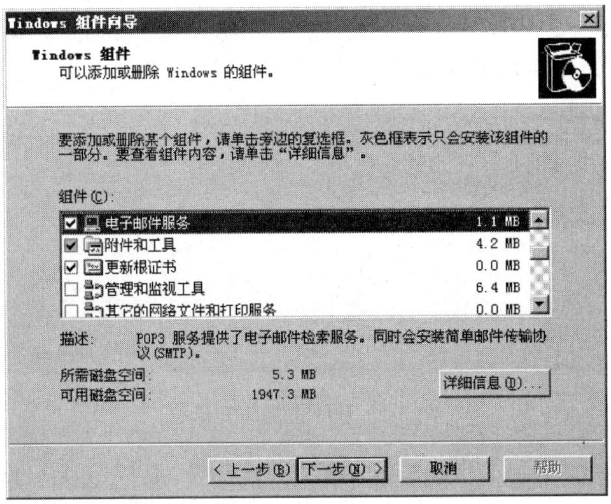

图 5-9 添加电子邮件服务组件

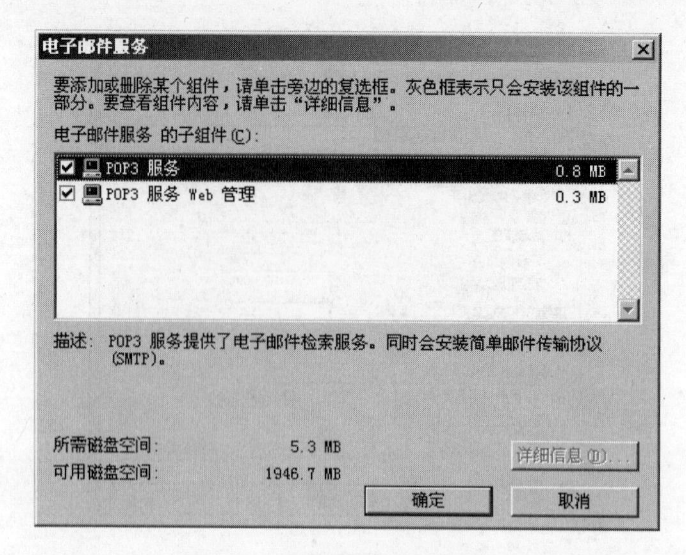

图 5-10　电子邮件服务的子组件

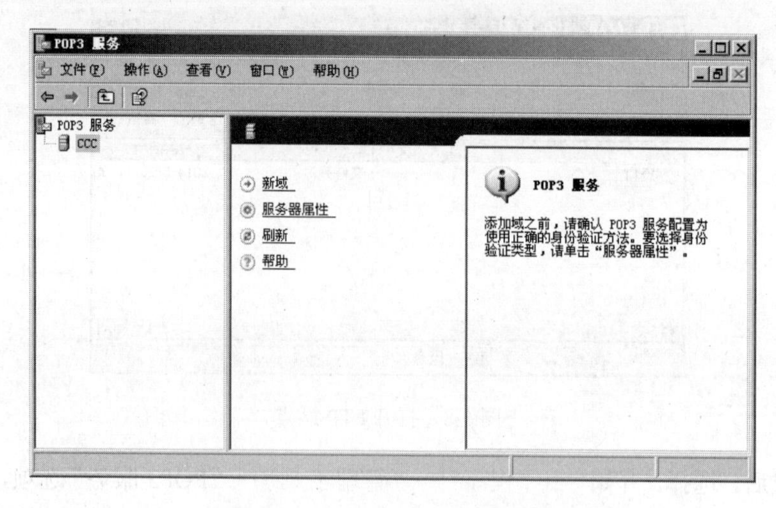

图 5-11　POP3 服务管理控制台

单击图 5-11 右侧区域中的“新域”链接，弹出“添加域”对话框，输入域名“whrjzy.com”，单击“确定”按钮，如图 5-12 所示。

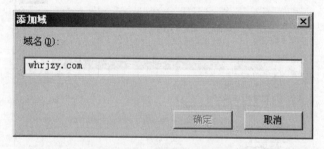

图 5-12　“添加域”对话框

在 CCC 的名称下面出现了刚刚添加的域名，选中“whrjzy.com”域名，单击右侧区域中的“添加邮箱”链接，弹出“添加邮箱”对话框，输入邮箱名“zs”及密码，如图 5-13 所示。

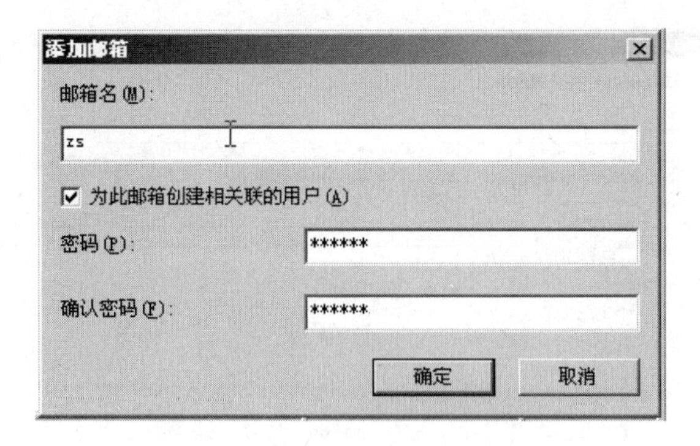

图 5-13 “添加邮箱”对话框

如果使用明文身份验证，则使用的账户名为带域名的 E-mail 全格式；如果使用密文验证，则仅需要填写账户名而不用带域名，如图 5-14 所示。

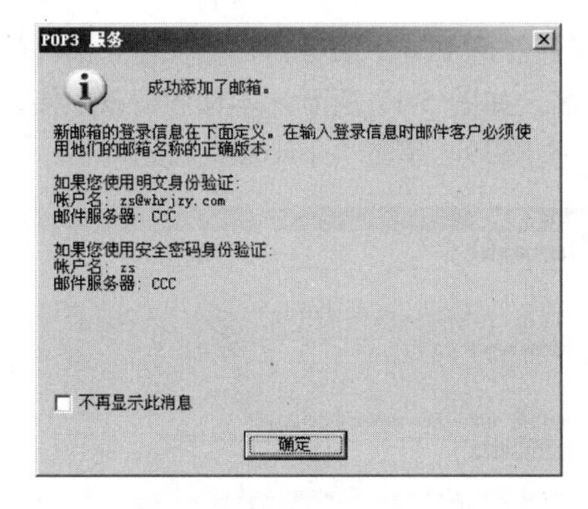

图 5-14 添加邮箱信息提示

配置 Outlook Express 的电子邮件客户端。选择“开始”→“程序”→“Outlook Express”选项，首次启动该程序时会弹出如图 5-15 所示的“Internet 连接向导”对话框，在“显示名”文本框中输入邮件中显示的发件人名称“zs”，单击“下一步”按钮。

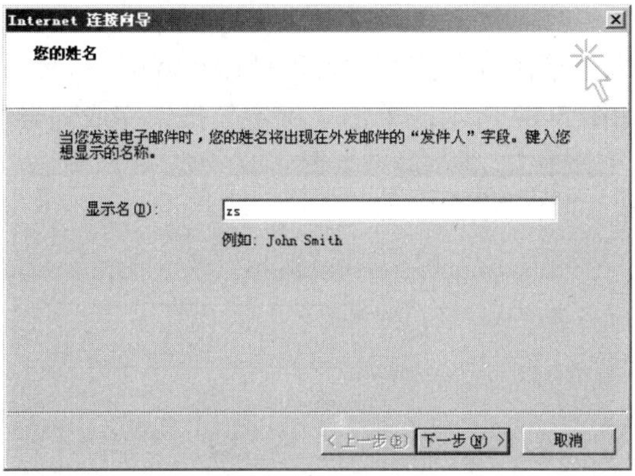

图 5-15 输入显示名

输入电子邮件地址，此处注意填写的时候一定要加上域名，如图 5-16 所示，单击“下一步”按钮。

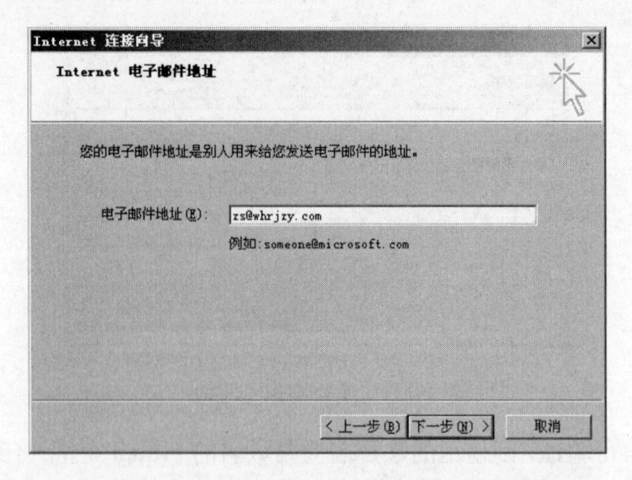

图 5-16　输入电子邮件地址

选择邮件接收服务的服务器是 POP3 服务器，输入电子邮件的接收邮件服务器和发送邮件服务器的 IP 地址或者域名，如图 5-17 所示，本任务情景中接收和发送邮件的服务器均为一台主机（IP 地址为 192.168.1.83），单击“下一步”按钮。

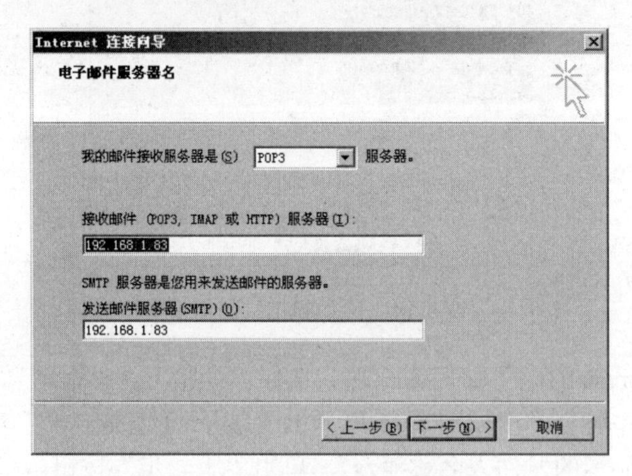

图 5-17　输入电子邮件服务器名

如图 5-18 所示，输入电子邮件账户名“zs@whrjzy.com”和密码，单击“下一步”按钮，弹出向导结束对话框，如图 5-19 所示，单击“确定”按钮完成向导配置。

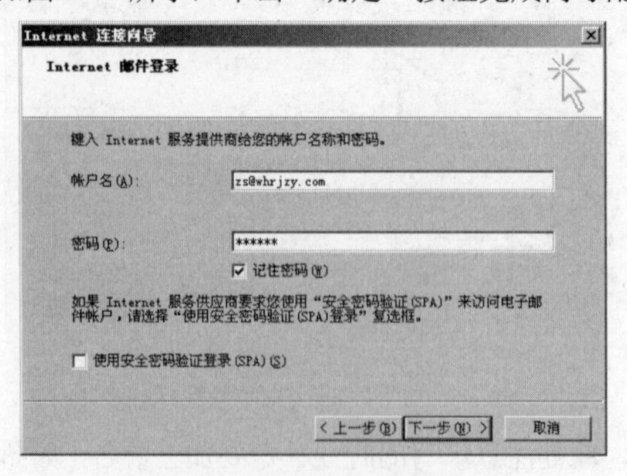

图 5-18　Internet 邮件登录

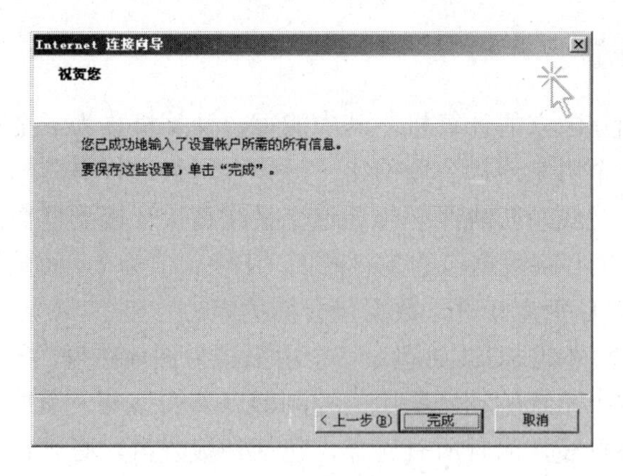

图 5-19　向导结束

按照上述步骤，可在另外一台主机上配置其他的邮箱账户。配置好后，可以通过 Outlook Express 收发邮件。在 Outlook Express 程序主界面，如图 5-20 所示，单击“创建邮件”按钮，进入邮件编辑界面，如图 5-21 所示。编辑好邮件后，单击“发送”按钮，邮件即可被发送出去。同样，也可以单击 Outlook Express 主界面中的“接收”按钮来收取邮件（过程略）。

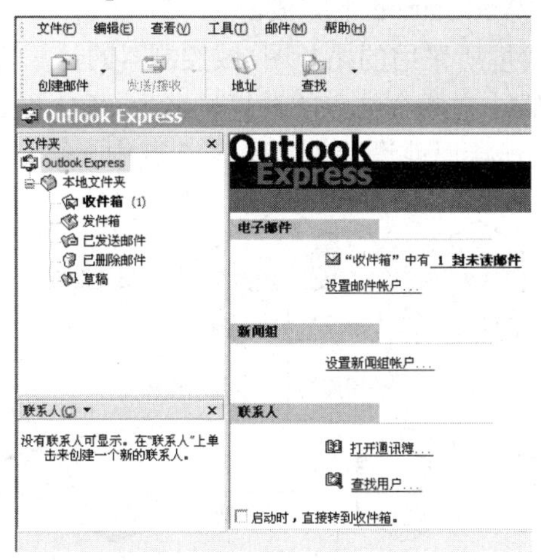

图 5-20　Outlook Express 主界面

图 5-21　邮件编辑界面

5.3.3 群集服务的配置

群集服务中一组相互独立的计算机，其中的每台计算机称为一个结点。在配置前，每个结点需要两个网卡：一个用来连接公用网络，另一个用来进行群集结点间的通信。用来连接群集结点的连线也称心跳线，心跳线必须通过交叉线直接连接到群集结点上，不能通过任何路由设备，这是因为群集心跳数据包的生存时间（TTL）值为 1，而数据包每经过一个路由结点 TTL 都会减 1，当 TTL 变为 0 时，数据包会被丢弃。

此外，还需要两个额外的 SCSI 磁盘：一个用来作为仲裁磁盘，另一个用来充当数据共享磁盘。共享磁盘必须位于系统驱动器所用的控制器以外的另外一个控制器上，不能和操作系统所在磁盘使用同一条总线，而且所有磁盘，包括仲裁磁盘，必须在物理上附加一条共享总线。磁盘上所有分区需要格式化为 NTFS 格式。仲裁磁盘空间大小最小为 50MB，建议采用最小为 500MB 的磁盘分区，以获得最佳的 NTFS 文件系统性能。另外，所有磁盘必须配置为基本磁盘，而不能配置为动态磁盘。

群集结点的操作系统必须采用同架构的版本，不能结点 A 采用 32 位系统，而结点 B 采用 64 位系统。本任务情景下，设计了两个结点，一个名为 CCC，另一个名为 DDD，配置过程均在虚拟机软件 VMware Workstation 下完成。

图 5-22 所示为本任务情境所采用的拓扑图，域控制器的计算机名为 BBB，群集服务器（虚拟 IP 地址为 192.168.1.254/24）中两个结点的计算机名为 CCC 和 DDD，按照拓扑图中标注的信息对各个计算机进行网络连接属性设置（过程略），其中，结点心跳连接的 DNS 不用设置。

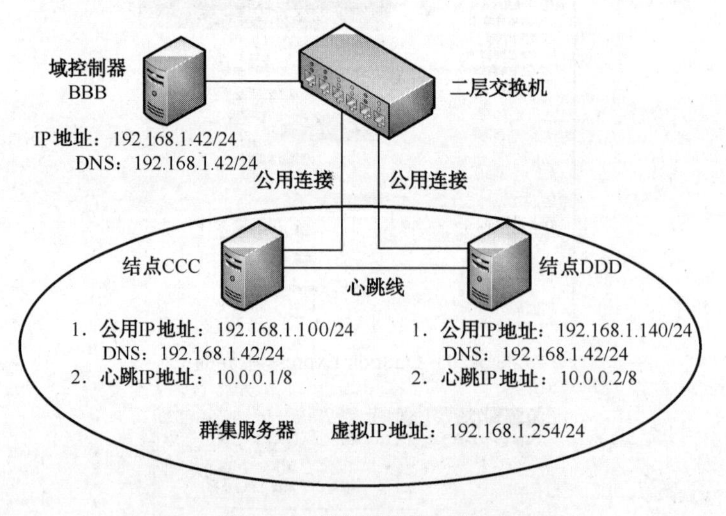

图 5-22　群集服务器拓扑图

1．创建共享磁盘

步骤 1：创建用来保存共享磁盘的目录。在 E 盘下新建一个名为 ShareDisks 的文件夹，用来保存将会建立的虚拟仲裁磁盘文件和数据磁盘文件。

步骤 2：创建仲裁磁盘。在命令提示符窗口中，进入 VMware Workstation 软件安装路径，输入如下命令。

```
C:\Program Files\VMware\VMware Workstation>vmware-vdiskmanager.exe -c -s 500Mb -a lsilogic -t 0 E:\ShareDisks\Quorum.vmdk
```

步骤 3：创建数据共享磁盘。同步骤 2 一样，输入如下命令。

```
    C:\Program Files\VMware\VMware Workstation>vmware-vdiskmanager -c -s 2Gb
-a lsilogic -t 0  E:\ShareDisks\ShareDisk.vmdk
```

在步骤 2 和步骤 3 中按 Enter 键之后，均可看到“Virtual disk creation successful.”，这表示数据仲裁和共享磁盘创建成功了。

步骤 4：验证共享磁盘是否成功。打开“我的电脑”→“本地磁盘（E:)”→“ShareDisks”文件夹，可看到上述步骤创建的虚拟磁盘文件。

步骤 5：附加共享磁盘。进入结点 CCC 所对应的虚拟系统目录（物理机中存放位置），找到扩展名为.vmx 的文件，使用记事本打开，在最后添加如下记录。

```
    disk.locking ="false"
    diskLib.dataCacheMaxSize ="0"
    scsi1.present ="TRUE"
    scsi1.virtualDev ="lsilogic"
    scsi1:5.present ="TRUE"
    scsi1:5.fileName ="E:\ShareDisks\Quorum.vmdk"
    scsi1:6.present ="TRUE"
    scsi1:6.fileName="E:\ShareDisks\ShareDisk.vmdk"
```

步骤 6：在结点 DDD 上重复上述步骤，关闭虚拟机后，再次打开虚拟机，可看到前面创建的磁盘附加在虚拟机中，如图 5-23 和图 5-24 所示。

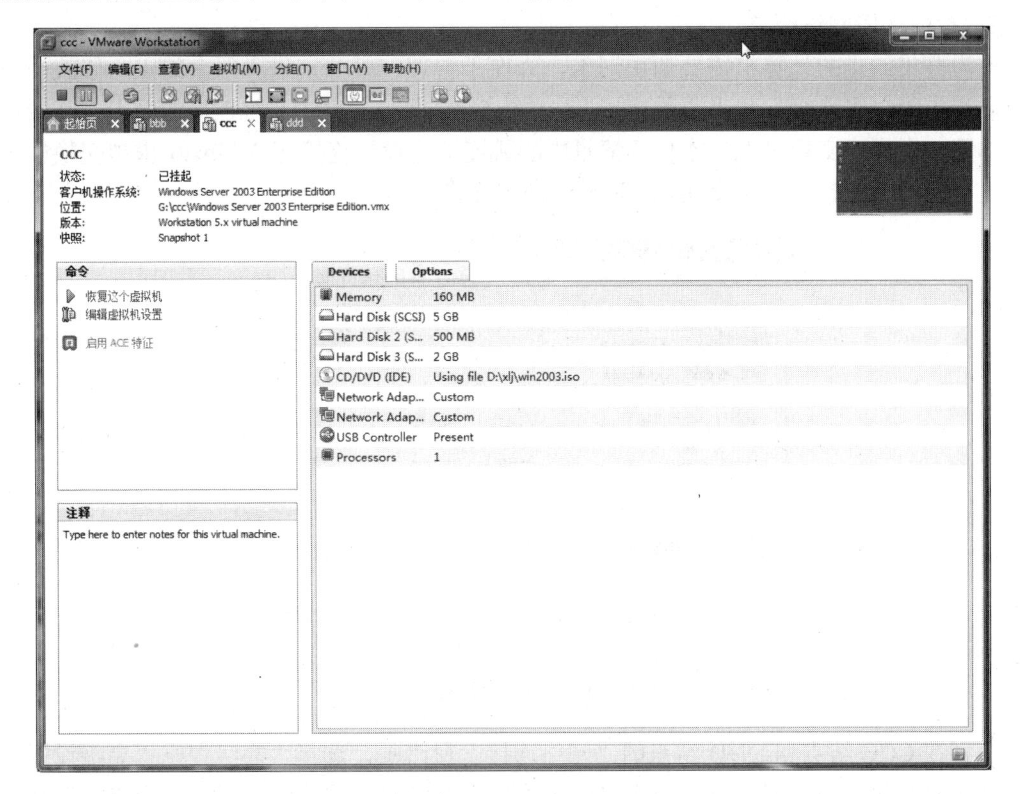

图 5-23　CCC 结点的磁盘附加在虚拟机中

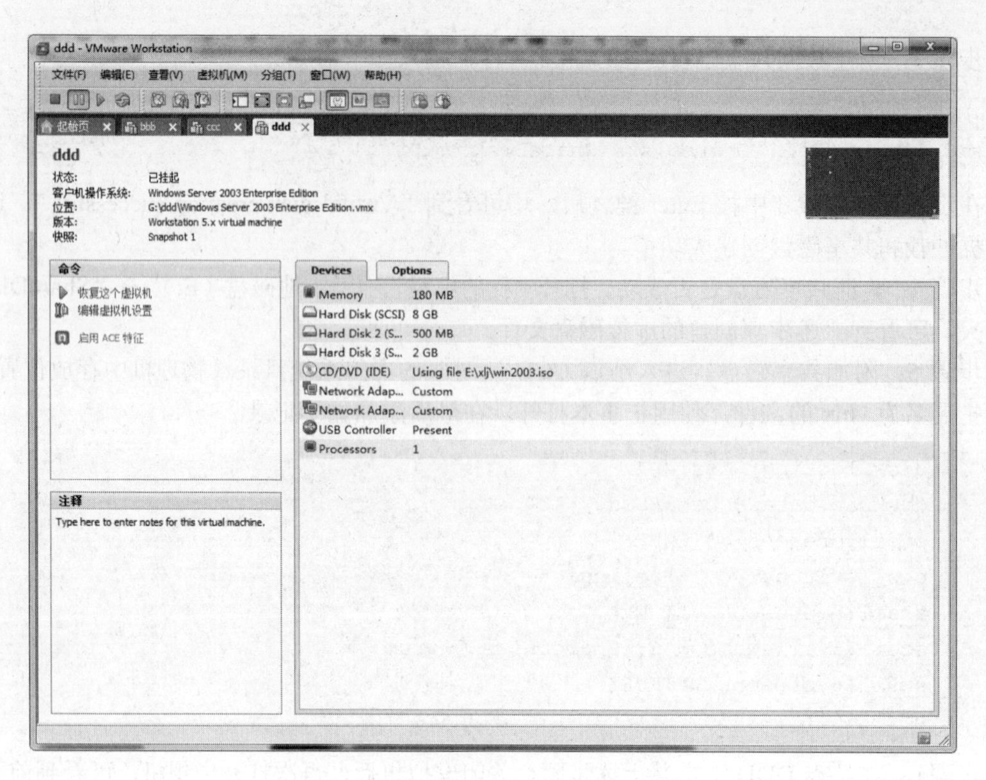

图 5-24 DDD 结点的磁盘附加在虚拟机中

2. 虚拟环境网络配置

作为群集结点的计算机需要两块网卡，为便于管理，可分别进入两个结点，修改两块网卡的名称为“公用连接”和“心跳连接”，如图 5-25 所示。用作心跳连接的网卡，连接在虚拟机的同一个虚拟交换机下，本任务情景中心跳连接均设计连接在 VMnet6 虚拟交换机下，公用连接均设计连接在虚拟交换机 VMnet5 虚拟交换机下。

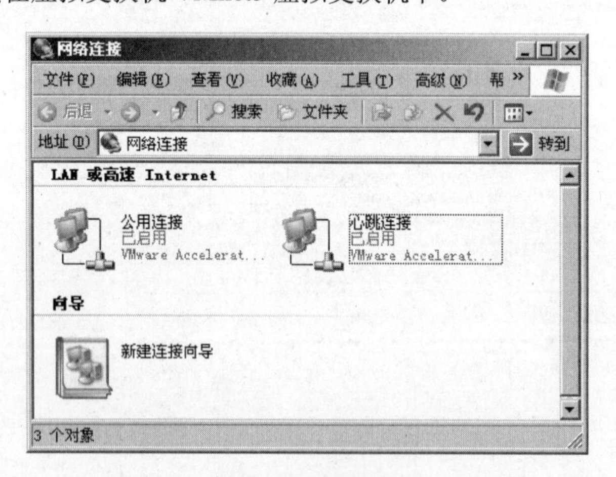

图 5-25 结点的“网络连接”窗口

分别在 CCC 结点和 DDD 结点的“网络连接”窗口中，选择“高级”→“高级设置”选项，弹出“高级设置”对话框，单击“公用连接”右侧向上的箭头，将“公用连接”移动到顶端，设置网络服务优先访问“公用连接”，如图 5-26 所示。

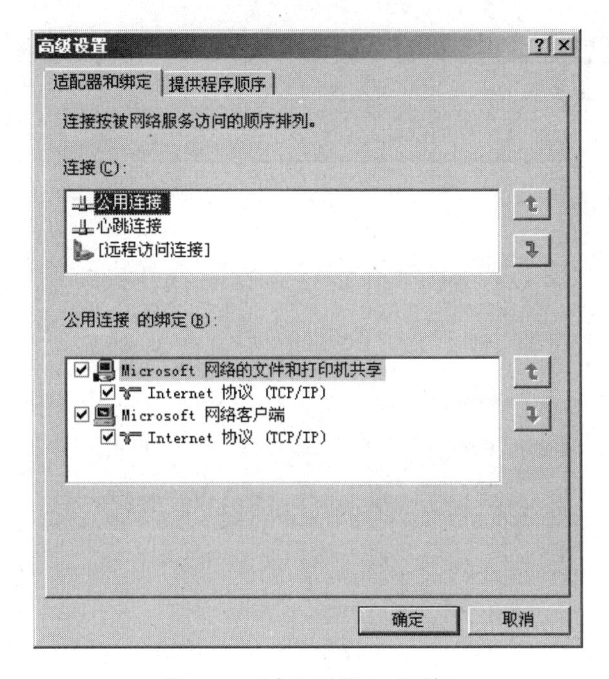

图 5-26 “高级设置”对话框

分别在 CCC 结点和 DDD 结点的“网络连接”窗口中选中“心跳连接”并右击，在弹出的快捷菜单中选择“属性”选项，弹出“Internet 协议（TCP/IP）”对话框，单击“高级”按钮，弹出“高级 TCP/IP 设置”对话框，如图 5-27 和图 5-28 所示，设置禁止心跳网卡的 DNS 和 NetBIOS 查询。这样设置有利于减少不必要的网络流量并消除可能出现的通信问题。

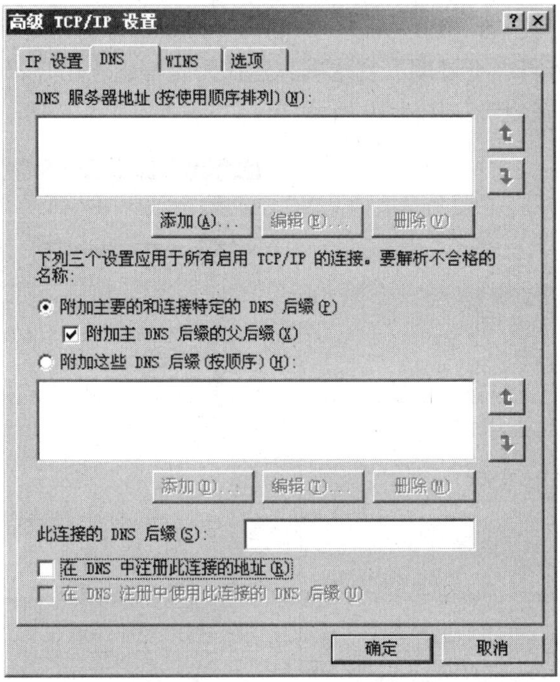

图 5-27 设置心跳网卡属性（一）

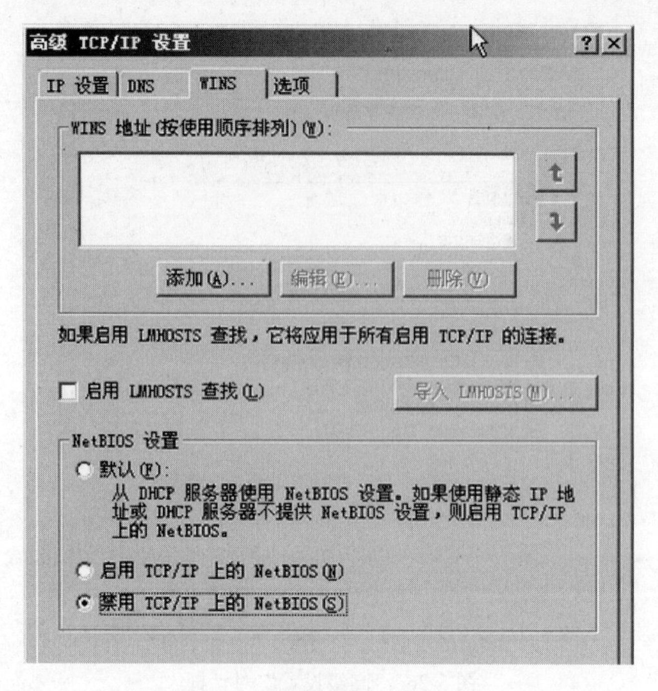

图 5-28 设置心跳网卡属性（二）

3．创建群集服务账户

群集服务需要一个可运行群集服务的每个结点上的本地管理员组成员的域用户账号。在安装群集服务时会用到该用户名和密码，所以必须在配置群集服务前创建该账户，但该账户仅能用于运行群集服务，不能属于个人。建议该账户是普通域账户而非域管理员账户。

在 BBB 上安装域控制器（过程略），域名为 xxx.com，并创建普通域用户 cluster，如图 5-29 所示，勾选“密码永不过期”复选框，建议同时勾选“用户不能更改密码”复选框。将该用户加入本地管理员组，如图 5-30 所示。

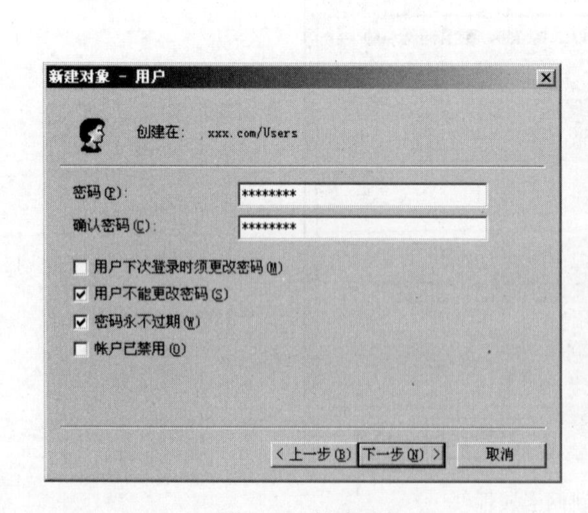

图 5-29 新建用户

图 5-30 将用户加入到组中

将结点 CCC 加入到域 xxx.com 中，如图 5-31 所示。同理，将结点 DDD 也加入到该域中。

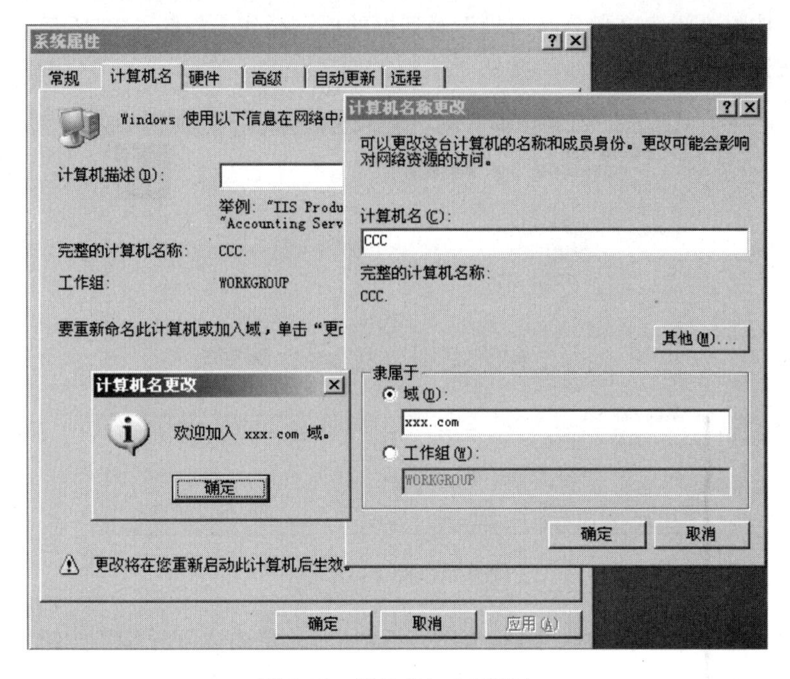

图 5-31　将结点加入到域中

4. 结点 CCC 上的磁盘配置

启动结点 CCC，结点 DDD 保持为关闭状态，以免附加到共享总线的磁盘上的数据丢失或遭到破坏。右击“我的电脑”，选择“管理”→“本地用户和组”→“组”→“Administrations”→“添加”，将群集服务账户 cluster 加入到本地管理员组中，注销登录，使用 cluster 账户重新登录到结点 CCC。

右击“我的电脑”→“管理”→“磁盘管理”，系统会自动找到之前创建的两个共享磁盘，弹出“磁盘初始化和转换向导”对话框，如图 5-32 所示，选择要初始化的磁盘，单击“下一步”按钮，进行转换磁盘。

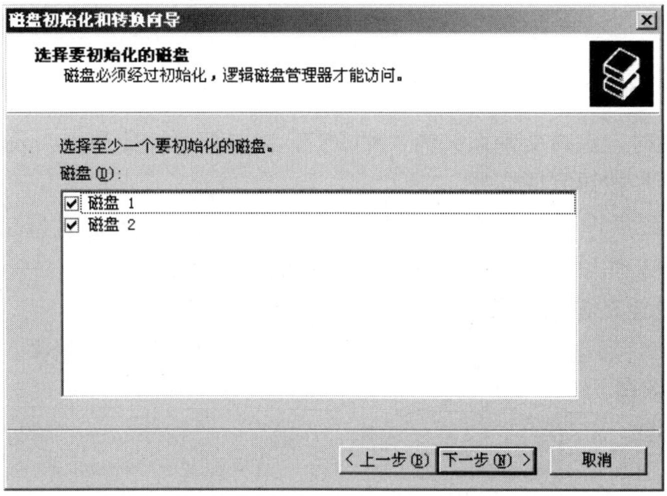

图 5-32　选择要初始化的磁盘

在“磁盘管理”中，右击仲裁磁盘未指派的分区，在弹出的快捷菜单中选择“新建磁盘分区”选项，按照“新建磁盘分区向导”对话框的提示操作，如图5-33所示，选中“主磁盘分区”单选按钮，单击“下一步”按钮。

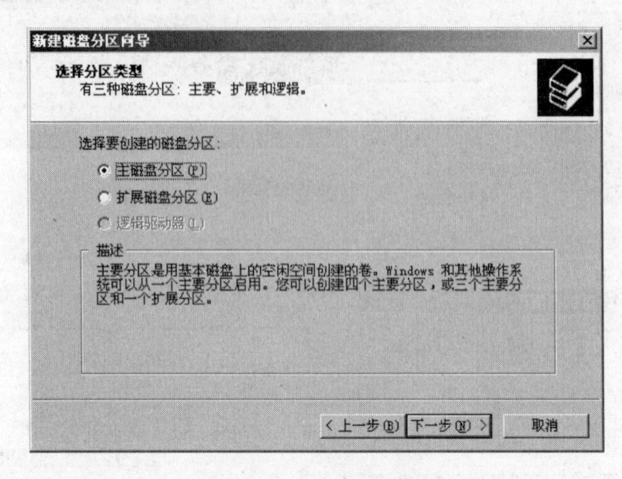

图5-33　选择分区类型

给仲裁磁盘分配磁盘驱动器号Q，如图5-34所示，单击“下一步”按钮。

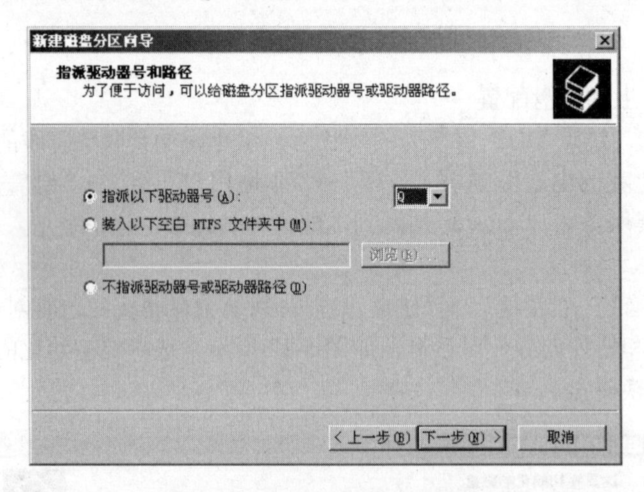

图5-34　指派驱动器号和路径

在格式化分区时，选择文件系统为“NTFS”，同时把卷标改为“Quorum”，如图5-35所示，单击“下一步”按钮完成向导。

同理，对共享磁盘进行以上操作，分配磁盘驱动器号为R，卷标名为SData。完成操作后，在磁盘上新建一些文件后再删除，查看磁盘是否可以读写。

5．结点DDD上的磁盘配置

关闭结点CCC，启动结点DDD，重复在CCC上的相同的磁盘配置。

6．安装群集服务

关闭结点 DDD，启动结点 CCC，选择“开始”→“程序”→“管理工具”→“群集管理器”选项，弹出“打开到群集的连接”对话框，在“操作”下拉列表中选择“创建新群集”选项，如图5-36所示，单击“确定”按钮。

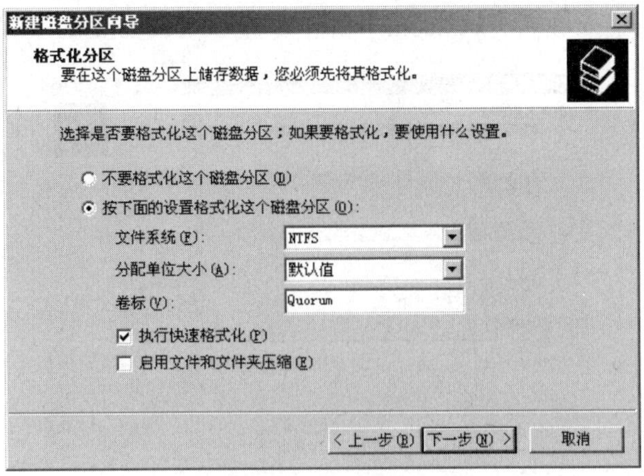

新建磁盘分区向导

格式化分区

要在这个磁盘分区上储存数据，您必须先将其格式化。

选择是否要格式化这个磁盘分区；如果要格式化，要使用什么设置。

- 不要格式化这个磁盘分区(D)
- 按下面的设置格式化这个磁盘分区(O):

文件系统(F): NTFS

分配单位大小(A): 默认值

卷标(V): Quorum

- [x] 执行快速格式化(P)
- [ ] 启用文件和文件夹压缩(E)

< 上一步(B)　下一步(N) >　取消

图 5-35　格式化分区

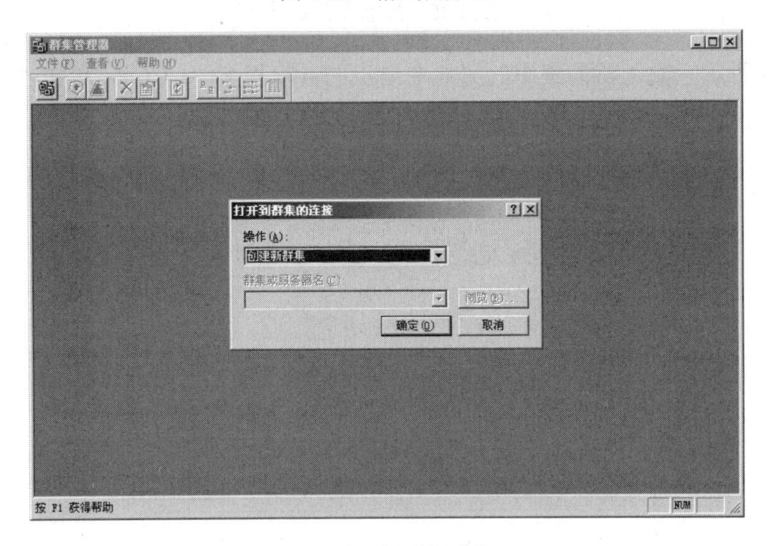

图 5-36　创建新群集

弹出“新建服务器群集向导”对话框，如图 5-37 所示。

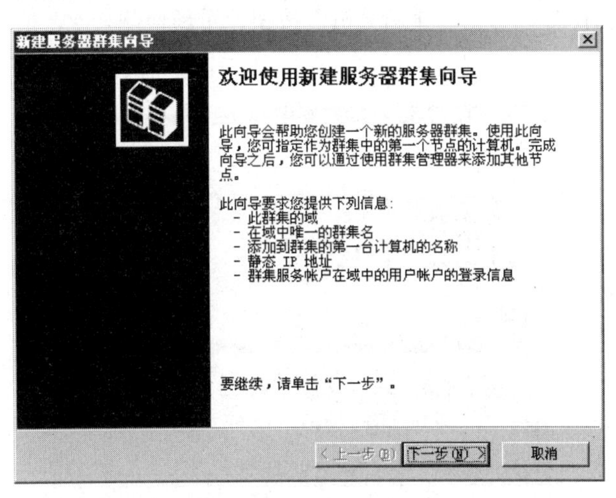

图 5-37　“新建服务器群集向导”对话框

如图 5-38 所示，输入域名“xxx.com”和群集名“cccdddcluster”，单击“下一步”按钮。

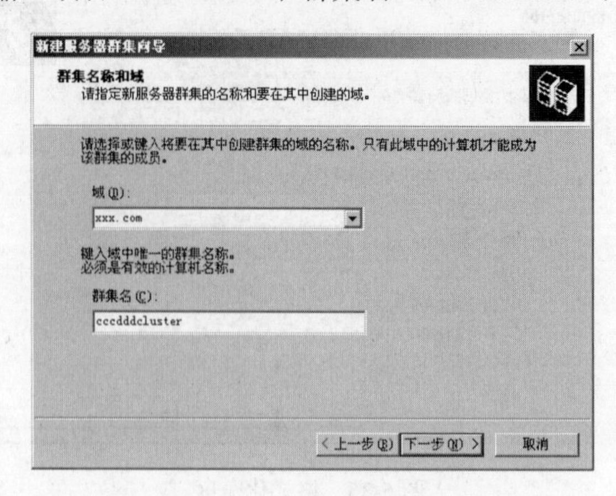

图 5-38　域名和群集名

如图 5-39 所示，输入新群集中的第一个结点的计算机名“CCC”，单击“下一步”按钮。

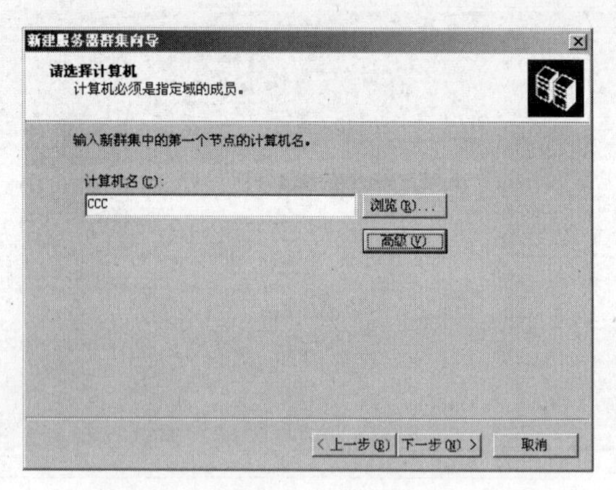

图 5-39　定义群集结点

如图 5-40 所示，对群集配置进行完全分析。如果有任何一项无法通过检测，则务必要检查原因、排除问题，故障排除后，单击“重新分析”按钮，重新检测一次，检测通过后，单击“下一步”按钮。

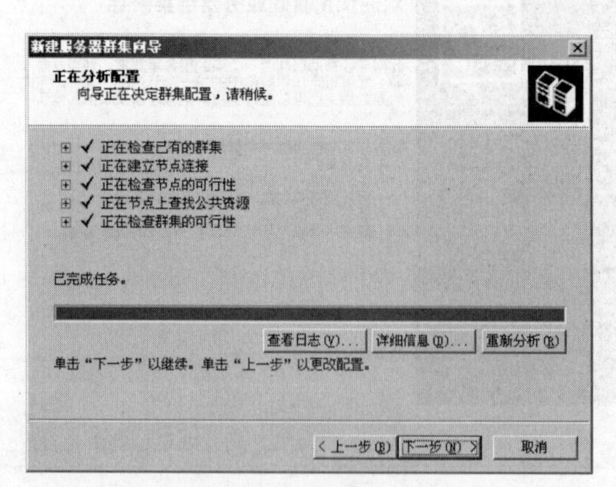

图 5-40　群集分析配置

如图 5-41 所示，输入群集的 IP 地址，该地址是结点 CCC 和结点 DDD 共同虚拟的群集 IP 地址（此处设计的 IP 地址为 192.168.1.254），单击“下一步”按钮。

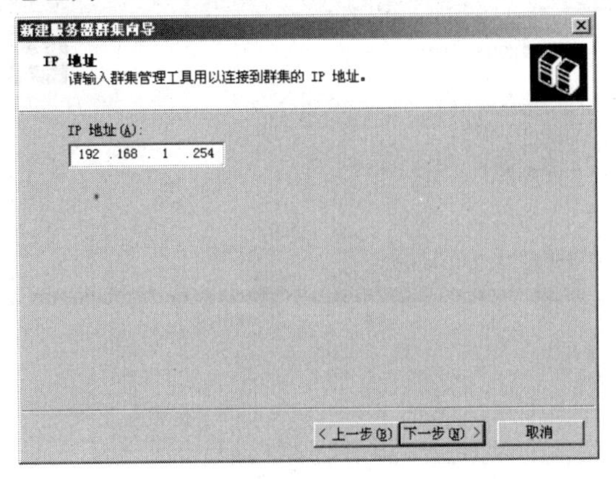

图 5-41　定义群集 IP 地址

如图 5-42 所示，输入之前创建的群集服务账号“cluster”。该账号可以不是域管理员，但是必须是各结点的本地管理员，单击“下一步”按钮。

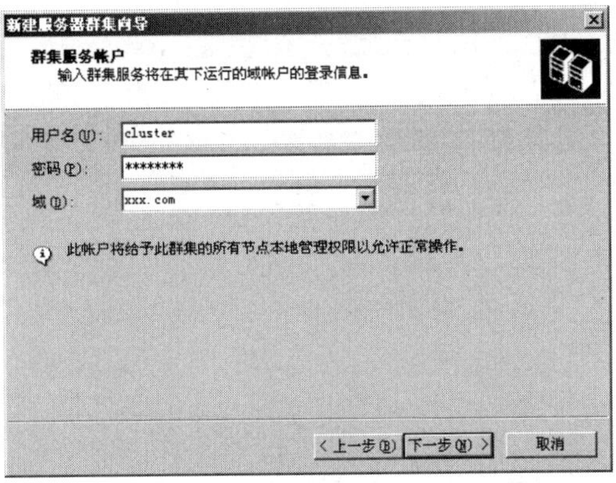

图 5-42　输入群集服务账户

如图 5-43 所示，配置信息摘要。检测无误后，单击“下一步”按钮，开始创建群集。

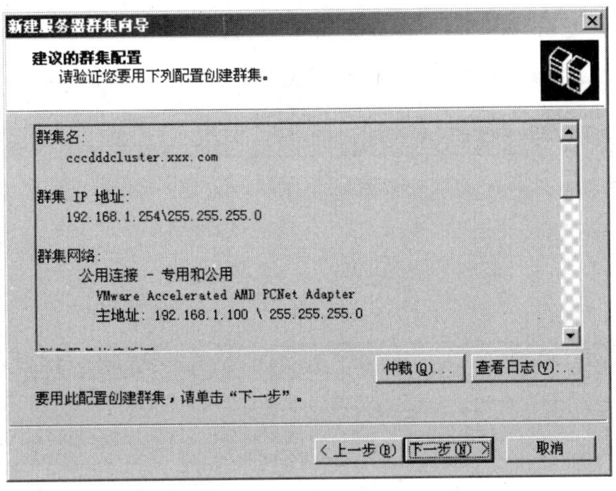

图 5-43　群集配置信息摘要

如图 5-44 所示，检测无误，单击“下一步”按钮，完成在 CCC 上配置群集服务的功能。

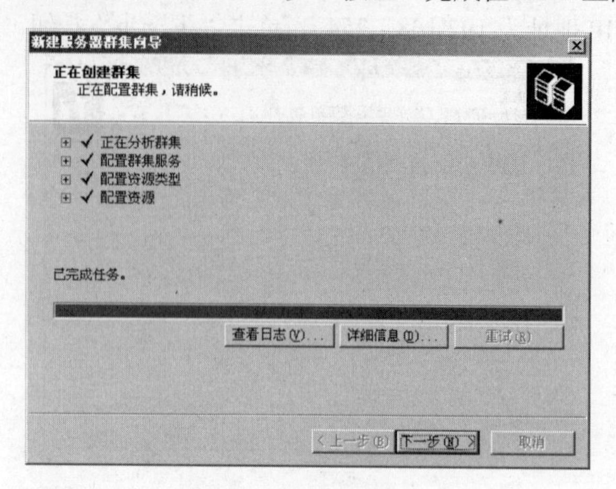

图 5-44　完成创建群集服务

在 CCC 上打开群集管理器窗口，如图 5-45 所示，资源所有者均为结点 CCC，处于联机状态，表示结点 CCC 上群集服务已经安装成功。

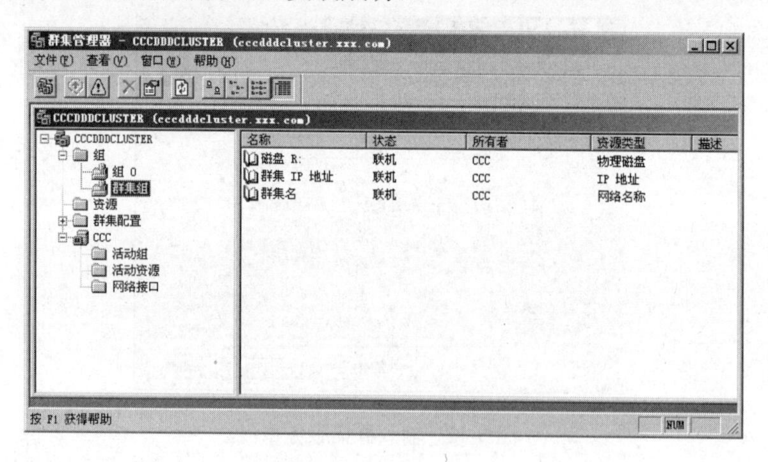

图 5-45　群集管理器窗口

同理，将结点 DDD 加入群集，效果如图 5-46 所示。

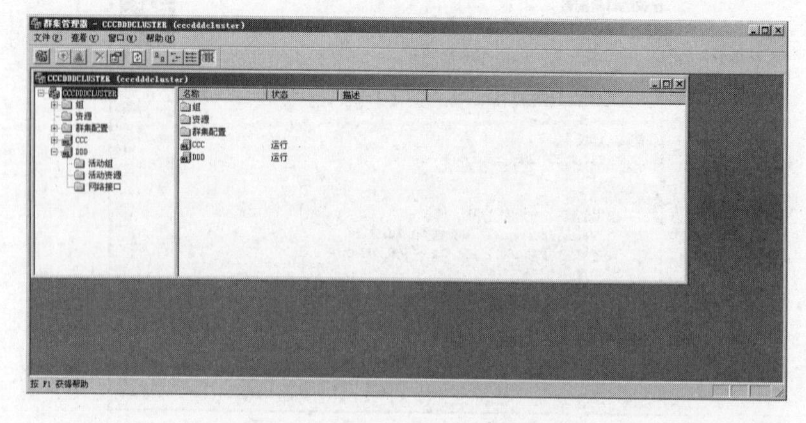

图 5-46　两台计算机构成的群集

完成了群集服务器的搭建后，就可以在 CCC 和 DDD 上安装 Web、FTP、E-mail 等网络服务了。

5.4 知识扩展

5.4.1 服务器的负载均衡技术

随着互联网的快速发展和业务量的不断增加，基于网络数据访问流量也迅速增加，特别是对大型企业、门户网站、数据中心等的访问流量甚至达到了 10Gb/s 的级别。同时，服务器借助各种应用程序，为用户提供了越来越丰富的信息资讯，使其逐渐被数据淹没。另外，网站大都需要提供 24 小时不间断服务，任何服务或通信中断会导致关键数据的丢失，造成直接的商业损失不可估量。这些都对应用服务器提出了高性能和高可靠性的要求。

相对于网络技术的快速发展，服务器的处理速度和内存的访问速度的增长远远低于网络带宽和应用服务数量的增长，带宽增长的同时带来了用户数量的急剧增加，服务器资源的消耗越来越大，于是服务器成为了网络瓶颈。

传统的单机服务器模式往往成为网络故障点所在，针对这个问题可组建服务器群集，利用负载均衡技术进行数据和业务的均衡，将多台服务器通过网络设备相连组成一个服务器集群，每台服务器都提供相同或相似的网络服务。服务器集群前端部署一台负载均衡设备，负责根据已配置的均衡策略将用户的请求在服务器集群中进行分发，使服务器集群中的每台服务器共同为用户提供服务。

服务器的负载均衡技术具有低成本、可扩展性、高可靠性等优势。当业务量增加时，系统只需要增加服务器个数即可，已有资源不会被浪费，新增设备也无需选择昂贵的高端产品，且不影响已有的业务，也不会降低服务质量。另外，当单台服务器出现故障时，由负载均衡设备将后续业务转向其他服务器，不影响对后续业务的处理，能够保证业务不中断。

5.4.2 网络存储技术

网络存储技术是基于数据存储的一种网络技术。网络存储技术可以分为 3 种：直连式存储（Direct Attached Storage，DAS）、网络附加存储（Network Attached Storage，NAS）和区域存储网络及其协议（Storage Area Network and SAN Protocols，SAN）。

DAS 是一种采用直接与主机系统相连的存储设备实现数据存储的机制，通常作为服务器的内部硬件驱动，是计算机系统中最常用的数据存储方法。

NAS 是一种采用直接与网络介质相连的特殊设备实现数据存储的机制，存储系统不再通过 I/O 总线附属于某个特定的服务器或客户机，而是完全独立于网络中主服务器的一个专用的文件服务器。客户机可以通过 IP 地址访问存储设备，响应速度快，数据传输速率高。由于采用了专用硬、软件构造的专用服务器，NAS 不占用网络主服务器的资源，也不需要安装任何软件，就可以为网络增加存储设备，操作更加简便。NAS 还具有很好的扩展性和灵活性，不同地点的存储设备可以通过物理和网络连接起来。

SAN 是一种采用存储设备相互连接的网络实现数据存储的机制，文件系统的存储由服务器进行管理，其中的服务器用作 SAN 的接入点。SAN 中将特殊交换机当作连接设备，交换机之间的连接构成光纤通道，SAN 利用光纤通道协议上加载的 SCSI 协议来达到可靠的数据传输，它支持多种高级协议和多种拓扑结构，使得在各自网络上实现相互通信成为可能。在一些关键应用中，特别是多个服务器共同向大型存储设备读取时，传输块级数据要求必须使用 SAN，由于数据传输时被分成小段，SAN 对服务器处理的依赖较少，可以有效地传送爆发性的块数据。SAN 也可以利用光纤通道速度快的优势通过局域网实现远程灾难恢复。另外，SAN 采用可伸缩的网络拓扑结构，通过光纤通道连接方式，在 SAN 内部的任意结点间进行多路选择的数据交换，将对数据存储的管理集中在相对独立的存储区域内，用户可以在线增减设备、动态调整存储网络、将异构设备统一成存储池等。

任务6　网络安全技术应用

6.1　任务情境

企业园区网不仅是一个封闭运行的网络，还需要与其他园区网络、互联网通信，所以园区网所面临的安全威胁不仅来自外部，也同时来自内部，园区网内部的网络设备、服务器和主机之间的通信均会有被窃听、破坏、攻击等安全威胁，极有可能导致数据丢失、信息泄露、设备损坏等情况的发生。在本任务情境中，要求应用相关网络安全技术，对园区网进行统一安全部署，实现全方位的安全防护。

6.2　任务学习引导

6.2.1　网络安全技术

网络的快速发展和其自身的开放性，使网络具有许多不安全因素，保障网络的正常运行和网络信息的安全是值得关注的问题，若没有安全保障，网络一旦遭受攻击，所造成的灾难性结果是难以仅用金钱来衡量的，所以必须要采取必要的关键性技术和措施来保障网络的安全运行。

网络安全的定义是指网络系统的硬件、软件及数据受到保护，不因恶意或偶然的原因而遭受破坏、更改、泄露，网络系统可以连续正常、可靠地运行。网络安全包含网络系统安全和网络信息安全两部分，保护网络安全就是使网络具有保密性、完整性、可用性、真实性和可控性等，其相关技术和理论是网络安全的研究领域。

网络所面临的威胁来自系统硬件和软件两方面。硬件威胁主要来自于硬件损坏、电磁泄漏、搭线窃听、管理不善、天灾人祸等，软件威胁主要来自于操作系统、网络协议、应用软件自身的缺陷和漏洞。安全威胁的类型有信息完整性破坏、信息丢失或篡改、病毒与木马攻击、非授权访问、欺骗攻击、漏洞攻击、后门攻击等。

对于企业园区网的网络安全保护，要充分考虑网络的实际需要和自身的经济承受能力，全面分析可能存在的安全隐患，借助硬、软件自身的安全配置以及网络安全产品、技术进行企业园区网的网络安全部署，实现网络的物理安全、密码安全、身份验证安全、网络访问控制、加密等内外网共防的安全策略。

6.2.2　网络设备的安全技术

交换机和路由器的初始状态没有配置安全措施，这是为了让设备配置变得简单、易于用户使用，但是网络中存在着许多安全隐患，攻击者会试图通过设备的管理漏洞来控制这些设备，扰乱其正常工作，有的甚至以破坏和窃取其中的数据为目的。作为网络中最重要的中间设备，交换机和路由器要有专业安全产品的性能，承担维护网络安全的一部分责任。充分利用设备的安全设置功能，进行合理的组合搭配，可以最大程度防范网络上的各种安全威胁和入侵攻击，使网络更加稳固安全。

1．交换机的安全配置

2004年美国国家安全局系统和网络攻击中心（SNAC）曾经编写一份了Cisco IOS交换机安全配置向导（Cisco IOS Switch Security Configuration Guide），该向导讨论了交换机的安全配置，运用安全配置保护网络系统中的所有交换机，包括操作系统、密码、管理端口、网络服务、端口安全、系统漏洞、虚拟局域网、生成树协议、访问控制列表、日志和调试、认证、授权和计费。以下为交换机通用的安全配置。

（1）访问控制的安全配置

控制交换机的物理访问端口；更新交换机上网络操作系统（IOS）版本；设置交换机登录的强密码；为SSH设置安全的密码，利用SSH代替Telnet进行远程管理；对交换机配置文件进行脱机安全备份，并且限制对配置文件的访问，对不同的配置添加描述性注释；适当地使用访问控制列表；利用单独的VLAN ID进行交换机管理；明确禁止未经授权的访问；配置AAA认证来保护对交换机的本地和远程访问。

（2）端口保护的安全配置

设置交换机会话时限和优先级；关闭未使用的交换机端口，为未使用的端口分配一个无用的VLAN ID；为中继端口分配一个没有被其他端口占用的本地VLAN ID；限制中继端口能传输的VLAN数量；尽量配置和使用静态VLAN；设置VTP的管理域、密码和修剪功能，将VTP设置为透明传输模式；限制基于MAC地址的访问来保护端口安全，关闭端口的自动中继功能；保护端口不向其他保护端口转发单播、多播和广播包，所有保护端口间的传输都必须通过第三层设备转发。

（3）其他安全配置

启动并且安全地配置必要的网络服务，关闭不必要的网络服务；为SNMP设置更难破解的community字符串；利用交换机的端口镜像功能实现网络入侵检测系统对数据的访问；防范STP、DHCP、ARP、DDoS攻击；使用日志功能，并且将日志文件存储到安全的主机中，定期查看日志文件，依照安全策略将日志文件存档。

2．路由器的安全配置

路由器的安全配置分为访问控制、网络服务、网络协议等的安全配置，通用安全配置如下。

（1）访问控制的安全配置

禁止远程访问路由器，若需要远程访问，则建议使用访问控制列表和强密码控制；控制CON端口的访问；禁用AUX端口；采用权限分级策略；设置进入特权模式的强密码；严格控制VTY访问，禁用它或者使用强密码访问；采用访问列表控制访问的地址；采用AAA设置用户的访问控制；及时更新IOS软件，采用FTP进行IOS的升级和配置文件的备份；做好设备的安全访问和维护记录；设置登录Banner包含非授权用户禁止登录字样；利用SSH代替Telnet进行远程管理。

（2）网络服务的安全配置

禁止CDP；禁止其他的TCP、UDP Small服务；禁止Finger服务；在进行安全配置的情况下启用HTTP服务；采用访问列表进行控制；禁止BOOTP服务；禁止从网络启动和自动从网络下载初始配置文件；禁止 IP Source Routing；建议禁用 ARP-Proxy 服务；禁止 IP Directed Broadcast；禁止 IP Classless；禁止 ICMP 协议的 IP Unreachables、Redirects、Mask Replies；禁止 SNMP 协议服务，删除一些 SNMP 服务的默认配置或者用访问控制列表来过滤；禁止 WINS 和 DNS 服务；禁止不使用的端口。

（3）网络协议的安全配置

禁止 ARP-Proxy；启用 OSPF 路由协议的认证，采用 MD5 认证，设置强密钥；启用 RIP-v2 及 RIP 协议的认证，采用 MD5 认证；禁用不需要接收和转发路由信息的端口；启用访问控制列表过滤一些垃圾和恶意路由信息；启用 IP Unicast Reverse-Path Verification，它能够检查源 IP 地址的准确性；进行 ICMP 协议的安全配置；防范 IP 欺骗、TCP SYN、Smurf、 DDoS 进攻。

以上列举的交换机和路由器的安全配置措施，读者可根据网络实际情况有选择性地进行配置，配置时要注意，不要因为配置了安全措施而影响网络的正常功能。

6.2.3 基于身份的网络接入服务

网络的安全接入是指防止未授权的设备接入网络，同时要满足网络环境的灵活性。企业应该要求远程用户通过网关访问网络，并支持严格的访问控制。借助 IEEE 802.1X 标准，可以将拨号模型引入到局域网的环境中，在网络层达成访问控制。

IEEE 802.1X 称为基于端口的访问控制协议（Port Based Network Access Control Protocol），它是第二层认证访问的标准方法，支持有线和无线网络，它允许访问端口的动态配置并在端口级别上实施共同的安全策略。

802.1X 支持使用可扩展认证协议（Extensible Authentication Protocol，EAP），这种封装协议提供了一种认证手段，不依赖于 IP 地址，以净荷形式承载任意的认证信息。这种协议降低了系统间关系的复杂度，并提供了精密和安全的认证方法。

802.1X 协议包括请求系统、认证系统、认证服务器，通常请求系统是安装了 802.1X 客户端软件的主机，认证系统相当于接入设备，可以是支持 802.1X 协议的交换机或无线访问点，认证系统含有受控端口和非受控端口，受控端口在认证通过后被打开，非受控端口用于收发认证信息。认证服务器可以是远程用户拨号认证服务（Remote Authentication Dial In User Service，RADIUS）服务器，认证服务器用于存储用户的“身份信息”，对用户进行身份认证后，将相关信息传递给认证系统。

802.1X 的客户端需要从网络中获得相应服务的设备或者用户，需要通过网络接入设备向认证服务器请求认证，这种认证是基于身份的网络接入服务。初始状态下，认证系统所在的交换机上的端口都处于关闭状态，只允许 802.1X 数据流通过，其他数据流被禁止通行。通过 802.1X 客户端登录交换机时，客户端需要提供“身份信息”（用户名、密码）给交换机，交换机将“身份信息”传递给 RADIUS 认证服务器进行验证，验证通过后，交换机打开连接客户端的端口，客户端即获得相应权限。

如图 6-1 所示，从请求系统到认证服务器，通过 EAP 封装认证数据，将 EAP 承载在其他高层次协议中到达认证服务器，认证系统相当于 EAP 的中转站。从请求系统到认证系统，认证数据通过局域网的扩展认证协议（Extensible Authentication Protocol over LAN，EAPoL）封装转发，经过认证系统后，又封装为其他认证协议（如 RADIUS）进行转发，最终传递认证信息给认证服务器。

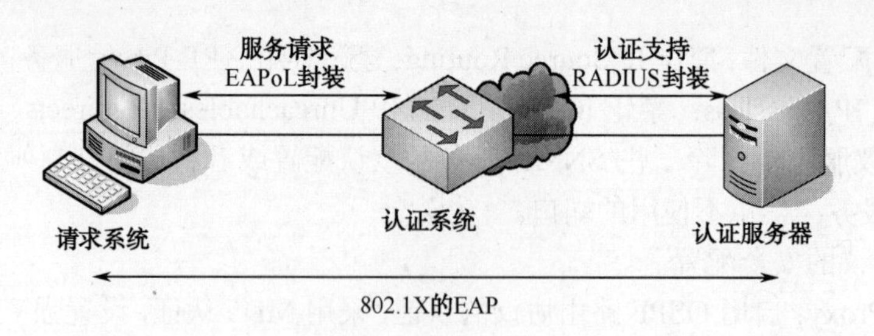

图 6-1 802.1X 协议

6.2.4 操作系统安全

1. 操作系统安全概述

计算机上运行着很多的程序和应用软件，操作系统是最底层的软件，操作系统的安全是其他软件运行的基础，如果操作系统不安全，则谈不上应用程序的安全运行，更谈不上计算机的安全运行。而在网络系统中，网络安全和计算机的安全密切相关，计算机系统包含的安全漏洞较多，会直接导致整个网络笼罩在各种网络攻击的威胁之下。

所谓安全的操作系统，主要包含如下 4 种特征。

1）最小特权原则，即每个特权用户仅拥有能进行工作所必需的最小权力。

2）自主访问控制和强制访问控制。

① 前者即对某客体拥有控制权的主体能够将对客体的访问权限自主授予其他主体或回收。

② 后者即系统独立于用户行为强制执行访问控制，用户不能改变对象的安全级别和属性。

3）安全审计，即对计算机中所有资源进行记录，提供给管理员作为系统维护依据。

4）安全域隔离，即创建实施认证、授权和访问控制的安全策略环境的管理域。

2. 操作系统安全防御技术

（1）为计算机升级系统服务包和更新安全补丁

不论是哪种操作系统，在默认安装时都会存在或多或少的类似漏洞、后门等安全问题，这些给操作系统安全留下了安全隐患，所以需要专门针对操作系统进行严格和缜密的安全配置，并且需要不断为各种新发现的安全隐患更新补丁，才能在一定程度上保障操作系统的安全。

（2）NTFS 权限设置

为了管理和控制用户对服务器的使用，可根据需要设置操作系统中目录和文件的访问权限，包括读取、写入、读取及执行、修改、列目录、完全控制等权限，设置这些访问权限必须非常谨慎和小心，以预防将来可能出现的入侵。

（3）组策略的应用

组策略则将服务器重要的配置功能汇集成各种配置模块，供管理人员直接使用，从而达到方便管理计算机的目的，例如，使用组策略控制用户的登录，对端口和服务的访问进行控制。

（4）文件系统加密

文件系统加密（Encrypting File System，EFS）是 Windows Server 2003 文件系统使用的核心文件加密技术，该技术能在 NTFS 卷上加密文件夹和文件，它是通过一个高级文件属性来使文档加密有效的。通过文件系统加密技术，可以保护服务器中文件和目录的安全使用。

6.2.5 服务器的安全

1. 服务器安全概述

服务器安全是管理员最关注的问题，一旦服务器被入侵，造成的损失往往不可估量。每年全世界有大量的企业遭受 IT 安全事故，且为数不少的企业还因此丢失过核心信息。由于服务器操作系统漏洞层出不穷，入侵服务器能带来不菲的利益，因此，服务器一直是黑客入侵的首选目标，管理员不得不花费大量精力和时间用于防护服务器安全。服务器的安全防护是一个非常复杂的工程，涉及因素很多，任何一个不安全因素都可能导致安全隐患，成为入侵者的目标，同时，由于大部分管理员没有掌握专业的防御知识，仅根据网上零散的安全设置方法操作，或者借助杀毒软件等工具维护，因此无法起到安全防护的效果。

2. 常见服务器攻击的手段

（1）系统漏洞入侵

系统漏洞是指操作系统软件或应用软件在逻辑设计上的缺陷或错误，被黑客利用，通过网络攻击或控制整个系统，窃取重要资料和信息，甚至破坏系统。在不同种类的软硬件设备、不同版本、不同的设置条件下，都会存在各种不同的安全漏洞问题。

以 Windows 操作系统的服务器为例，由于其默认开放的服务较多，且磁盘权限较高，黑客可以轻松通过一些攻击工具攻击服务器。另外，服务器上常见的 Serv-u、SQL Server、MySQL 等软件，也存在着相当严重的安全漏洞，如果没有进行相应的安全设置，黑客可通过这些软件轻松入侵服务器。

（2）上传网页木马

上传网页木马是 Web 服务器被入侵的最主要方式。黑客通过 Web 站点在线上传播漏洞，将网页木马上传到网站中并运行，借助木马，黑客可以随意操控网站，如挂马、挂黑链、篡改数据、删除网站信息等，或者进一步入侵服务器。

（3）SQL 注入

SQL 注入是利用程序不严谨，通过构建特殊的输入作为参数传入 Web 应用程序，欺骗服务器执行黑客所要的 SQL 命令，读取或篡改数据库内容，致使非法数据侵入系统。黑客也可以通过 SQL 注入获取网站管理员的权限，进一步实施新的入侵。

（4）跨站攻击

跨站攻击是指黑客利用网站程序对用户输入过滤不足的缺陷，输入可以显示在页面上对其他用户造成影响的 HTML 代码，从而盗取用户资料、利用用户身份进行恶意操作或者对访问者进行病毒侵害的攻击方式。

（5）Cookies 欺骗

Cookies 可用于保存用户状态，Cookies 欺骗是指在只对用户做 Cookies 验证的系统中，黑客可以利用特殊工具篡改 Cookies 的内容来获得相应的用户权限并登录。

（6）暴力破解

暴力破解又称穷举法，是一种针对于密码的破译方法。它指黑客通过软件，依靠密码字典，不断向网站后台登录处发送字典中的数据，将密码进行逐个推算直到找出真正的密码为止。如果管理员的密码比较简单，则黑客有可能通过此种方式获取密码，达到入侵的目的。

3. 服务器安全防御技术

服务器安全防御主要涉及两个方面的问题：一个方面是服务器本身操作系统的安全防御，

另一个方面是服务器上所运行程序的安全防御。操作系统安全防御技术在 6.2.4 已经提及，除了需要及时更新补丁外，服务器的安全防御技术还包括以下几个方面。

（1）系统安全设置

任何服务器都需要经过目录权限设置、禁用不使用的服务、删除不使用的组件、关闭不使用的端口、设置安全策略等一系列的安全设置，才能达到基本的安全要求，在设置过程中，还应该考虑不同服务器配置环境不一样，安全设置方法也不完全一样，除了借助必要的安全工具外，建议找专业的技术人员，根据实际情况进行手工设置，这样会更加安全。

（2）软件安全设置

尽量不要在服务器上安装不必要的软件，很多管理员常把服务器当普通主机使用，各种软件一应俱全地装到服务器上，导致服务器安全隐患增加。而对于必须安装的软件，应做好必要的安全设置，确保黑客不会通过这些软件入侵服务器。

（3）网站安全设置

网站安全设置主要是每个网站应以低权限账户相互独立运行，防止跨站、提权等操作。网站目录尽量不给运行权限，"写"权限要谨慎设置。例如，为避免黑客利用数据库的权限入侵网站，应将 SQL、MySQL 运行在普通用户权限下，以保证数据库的安全。另外，应设置系统目录 System32 中的 cmd.exe、at.exe、ftp.exe 等文件为 Administrator、System 权限，不能有其他的权限。

6.2.6 局域网的安全

1. 局域网安全概述

局域网是指在小范围内由服务器和多台计算机组成的工作组互联网络，局域网的安全由局域网内的每一台设备的安全以及它们之间的链路安全共同组成，任何一个环节存在安全隐患都将影响整个局域网的安全性能。局域网内的每一台计算机相距较近，因此局域网内信息的传输速率较高，同时局域网采用的技术往往比较简单，如果部署的安全措施较少，会给局域网的安全埋下隐患。

2. 常见的局域网的安全威胁

（1）恶意软件欺骗

局域网主要用于资源共享，其数据的开放性容易给恶意软件提供"可乘之机"，导致数据信息被篡改和删除。例如，一些恶意软件通过发送大量欺骗性邮件，骗取收信人的用户名、口令、信用卡账户密码等敏感信息，如果用户缺乏网络安全方面的知识和手段，极容易上当受骗，遭受损失。

（2）病毒和恶意代码的威胁

计算机病毒常常通过内网进行扩散，感染网内的重要文件，造成数据的损坏和丢失。局域网内计算机之间数据高速传输，是病毒传播的有效途径，如果其中一台计算机感染病毒，很快网内其他的计算机也会被感染，如果服务器不幸被感染，情况会更加糟糕。还有一些恶意代码，寄生到计算机内的文件中，适时运行也会造成网内的安全威胁。

（3）重点区域缺乏安全防护

在搭建企业网络时，用户往往将对网络安全的防护集中在内网与外网之间，常常会在网络出口处设置防火墙以阻断外来的入侵，以为有了这样的防护，内网就会十分安全。实际上，来自局域网内部的攻击更加隐蔽和难以防范，甚至内网攻击造成的损失比外来入侵所造成的损失更加严重和难以恢复。

（4）用户安全意识较低

网内用户使用移动存储设备将外部数据未经过必要的安全检查便带入内网进行传输，同时将内部数据带出局域网，这给病毒、木马进入内网提供了方便，还增加了数据泄密的几率。另外，还存在着笔记本式计算机未经许可在内外网之间切换使用、公共计算机一机多用的情况，这些都是由于用户安全意识较低人为造成的局域网安全隐患。

3．局域网安全基本防御技术

首先，在局域网内要加强对病毒传播的预控，拒绝网络病毒的侵害。其次，不仅要防范来自外网的安全威胁，更要防范来自内网的安全隐患，要注意内网中的共享访问不要涉及重要的数据信息，内网的组网结构、重要资源的存放位置、超级权限的登录账号信息等要注意保密，不要外泄，要在服务器、重要部门等局域网内部的重点区域增设安防产品来保护内网的安全。最后，要加强对内网客户端系统的安全防范，要定期对内网用户进行安全培训，提高其网络安全意识，包括安装及定期更新杀毒软件、防火墙软件，定期进行漏洞扫描和安装漏洞补丁，使用正规的软件，不要运行来历不明的程序，不轻易打开陌生邮件的附件文件等。

4．防火墙技术

防火墙技术是针对网络的不安全因素所采取的一种保护措施，是内网和外网之间的一道安全屏障，用于防止外部用户非法使用和窃取内部资源，加强网络间的访问控制，保护内部网络设备不被破坏。相应的，防火墙产品是硬件和软件的结合，提供了保障网络安全的途径，它通过主机系统、路由器、网络配置以及各种策略设置来建立一套网络安全协议和机制，是局域网中必不可少的安防产品。

防火墙功能的实现主要包含以下 3 种基本技术。

（1）数据包过滤技术

数据包过滤是防火墙最基本的过滤技术，在 IP 层实现。该技术是对内、外网之间传输的数据包根据某些特征预先设置一系列安全规则或策略进行过滤和筛选，符合安全规则的数据包可以通过，不符合安全规则的数据包则被阻挡在外。通常来说，安全规则以其接收到的数据包的头信息为基础，判断的依据（仅考虑 IP 数据包）有以下几个方面。

① 源 IP 地址和目的 IP 地址。

② 封装协议类型，如 TCP、UDP、ICMP 等。

③ 源端口号和目的端口号。

④ IP 选项，如源路由、记录路由等。

⑤ TCP 选项，如 SYN、ACK、FIN、RST 等。

⑥ 其他协议选项，如 ICMPEcho、ICMPEchoReply 等。

⑦ 数据包流向，如进方向、出方向。

⑧ 数据包流经的网络接口。

数据包过滤技术的优点在于：它针对特殊的应用服务，不要求客户端或服务器提供特殊的软件接口，另外，它对用户而言基本透明，降低了对用户的使用要求。

数据包过滤技术也存在着一些缺点：配置过滤规则较为复杂，对网络管理员专业要求较高，且过滤规则配置的正确性难以检测，在配置规则较多时，较难发现逻辑上的错误。同时，该技术缺乏用户日志和审计信息，多数的数据包过滤技术无法支持用户的概念，也无法支持用户级的访问控制，当防火墙由于过滤负载较重时，包过滤容易成为网络访问的瓶颈。

（2）应用层代理技术

应用层代理是指运行在防火墙上的特殊应用程序或服务器程序，这些程序根据安全策略接受用户对网络的请求，并在用户访问应用信息时依据预先设置的应用层协议安全规则进行信息过滤。

该技术中，内网的用户先将应用层协议请求提交给代理，由代理来访问请求的外网资源，然后将访问结果返回给用户，在内网用户与外网资源之间没有建立直接的网络连接或直接的网络通信，实际上，内网用户与应用层代理之间建立了应用层连接，而应用层代理与外网资源之间也将建立应用层连接。所有信息交互均借助于应用层代理的中继功能。

应用层代理技术的优点在于：用户不需要直接与外部网络连接，内部网络安全性提高较多；该技术的高速缓存机制可以通过用户信息共享的方式提高信息访问率；该技术的防火墙没有网络层与传输层的过滤负载，只有当用户请求时才会访问外网资源，防火墙成为瓶颈的可能性较小；它支持用户概念，可以提供用户认证等安全策略；该技术可实现基于内容的信息过滤。

应用层代理技术也存在着一些缺点：使用该技术的防火墙通常不具备路由功能，传输层以下的数据包无法通过防火墙在内网和外网进行传递；在新的应用产生后，必须设计对应的应用层代理软件，使得代理服务技术的发展永远滞后于应用服务的发展；必须对每种服务提供应用代理，开通的每项服务都必须在防火墙上添加相应的服务进程；它需要对客户端软件添加客户端代理模块，增加了系统安装与维护的工作量；它不适用于实时性要求较高的服务。

（3）状态检测技术

状态检测技术是一种基于连接的状态检测机制，它将属于同一连接的所有包作为一个整体的数据流看待，它利用在网关上执行网络安全策略的检测模块，抽取部分网络数据的状态信息，并动态保存起来作为决策的依据，然后根据数据状态信息检测当前的通信数据是否属于同一连接状态下的信息，如果是，则直接放行。

状态检测技术的优点在于：一旦某个连接建立起来，就不用再对该连接做更多工作，系统可以去处理别的连接，执行效率显著提高；通过状态检测的数据包都在协议栈的低层处理，不需要高层干预，这样有效减少了高层协议栈的开销；状态检测不区分每个具体的应用，仅根据从数据包中提取的信息，对照安全策略和过滤规则来处理数据包，当有一个新的应用被检测到时，它能动态地产生新技术，与数据包过滤技术相比，具有更好的灵活性和安全性。

5．入侵检测技术

入侵检测（Intrusion Detection）技术是为保证计算机系统安全设计的一种能够及时发现并报告系统中违反安全策略行为的技术。入侵检测系统（Intrusion Detection System，IDS）是一种基于入侵检测技术的软、硬件组合的网络安全设备，它对计算机网络或计算机系统的关键点进行即时监视，收集并分析信息，从中发现网络或系统中是否存在违反安全策略的行为和被攻击的迹象，在发现可疑传输时发出警报或者采取主动反应措施，尽可能减少入侵对系统造成的损害。

IDS 通常由两部分组成：传感器（Sensor）与控制台（Console）。传感器负责采集数据（包括网络包、系统日志等）、分析数据并生成安全事件；控制台负责中央管理，商品化的 IDS 通常提供图形界面的控制台。

根据采用的技术分类可以分为以下 3 种。

（1）异常检测技术

异常检测（Anomaly Detection）：假设入侵者活动异于正常主体的活动，根据这一理念建立主体正常活动的“活动简档”，IDS 在检测时把当前行为与正常模型做比较，如果比较结果有一定的偏差，则报警异常，即所有不符合正常活动的行为都被认为是入侵。这种检测技术并不能百分之百地准确报告异常：如果系统错误地将异常活动定义为入侵，则发生了错报；如果系统未能检测出真正的入侵行为，则发生了漏报。

异常检测的优点是能够检测出新的入侵、从未发生过的入侵和属于权限滥用类型的入侵，该技术的查全率很高但是查准率很低，且对操作系统的依赖性较小。它的难题在于如何建立“活动简档”以及如何设计统计算法，过多误警是该方法的主要缺陷。

（2）特征检测

特征检测（Signature Detection）：假设入侵者活动可以用一种模式来表示，根据入侵活动的规律建立入侵特征模式，IDS 在检测时把当前行为和入侵特征模式做比较，如果比较结果相同，则报警异常。该检测技术的检测率与特征模式定义准确度相关，当入侵特征不能囊括所有的状态时就会产生漏报现象。也就是说，它可以将已有的入侵方式检测出来，但对新的入侵方法无能为力，此外，其实现难点还在于如何设计入侵特征既能够表达“入侵”现象又不会将正常的活动包含进来。

（3）协议分析检测

协议分析检测（Protocol-analysis Detection）利用各类协议的高规则性来辨别数据包的协议类型，使用相应的数据分析程序来检测数据包。该技术包含协议解码、数据重组、命令解析等，用来检测数据包的不同位置所代表的内容及其真实含义。该技术检测速率快，误报率低，准确性高，系统资源开销较小。

由于入侵检测技术各自有优缺点，IDS 通常同时采用两种以上的方法来实现。

6．访问控制列表技术

访问控制列表（Access Control List，ACL）是一种路由器配置脚本，用于分析、转发和处理数据流，能对网络流量实现安全控制。默认情况下，路由器上没有任何 ACL，进入路由器的流量根据路由表进行路由，会经过路由器到达下一个网段。

（1）ACL 工作原理

ACL 定义了一组规则，这组规则中包含的语句按顺序执行操作，用于控制入站的数据包、通过路由器转发的数据包以及从路由器出站的数据包，它通过对数据包报头中的字段来控制路由器允许或拒绝数据包的通过。但是，ACL 对路由器自身产生的数据包是不起作用的。

ACL 工作时，将数据包报头与每条 ACL 语句逐一匹配，若匹配，则会跳过 ACL 中的其他语句，由匹配语句决定允许或拒绝该数据包；若不匹配，将使用 ACL 中的下一条语句继续匹配数据包，直到抵达列表末尾。ACL 中含有一条隐含拒绝语句，所有不满足之前任何条件的数据包直接被丢弃。因此，ACL 中应该至少包含一条 permit 语句，否则 ACL 将阻止所有流量通过。

ACL 配置常用于入站和出站流量。入站 ACL 传入数据包经过处理之后才会被路由到出站接口，如果数据包在入站时被入站 ACL 过滤掉，则路由器不必执行对该数据包的路由查找功能，只有被入站 ACL 允许进入路由器的数据包才会被进行路由处理。同理，传入数据包路由到出站接口，由出站 ACL 进行处理，允许通过的数据包才会被传到下一跳地址。

路由器应用 ACL 的一般规则为 3P 原则，即为每种协议、每个方向、每个接口配置一个 ACL。每种协议一个 ACL：为接口上启用的每种协议定义一个 ACL，用于控制接口上的流量。每个方向一个 ACL：一个 ACL 只能控制接口上一个方向的流量，因此入站流量和出站流量需要定义两个 ACL 分别控制。每个接口一个 ACL：一个 ACL 只能控制一个接口上的流量。一个 ACL 可应用到多个接口中，但是，每种协议、每个方向和每个接口仅允许存在一个 ACL。

（2）ACL 的类型

ACL 分为标准 ACL 和扩展 ACL。标准 ACL 根据数据包报头中的源 IP 地址来过滤 IP 数据包，不涉及数据包的目的地址和相应的端口；扩展 ACL 根据数据包报头中多种属性（包括协议类型、源 IP 地址、目的 IP 地址、源 TCP 或 UDP 端口、目的 TCP 或 UDP 端口）来过滤 IP 数据包，并可根据协议类型进行精确控制。

ACL 还可分为编号 ACL 与命名 ACL。编号 ACL 适用于在具有较多类似流量的小型网络中定义；而命名 ACL 可以标识 ACL 的作用，从 Cisco IOS 11.2 开始，Cisco ACL 可用命名 ACL 来标识。

ACL 一般在路由器上进行配置，但在交换机上也可以应用 3 种 ACL：RACL（Router ACL，路由访问控制列表）、VACL（VLAN ACL，VLAN 访问控制列表）、MAC ACL（MAC 访问控制列表）。RACL 应用在二层接口和三层接口上，与路由器上应用的一样。VACL 无方向性，将流量与 RACL 与 MAC ACL 匹配后，再进行过滤。MAC ACL 应用在二层接口上，根据帧的源 MAC 地址、目的 MAC 地址、帧的类型值等进行过滤。

（3）ACL 的放置规则

ACL 的放置位置很有讲究，在适当的位置放置 ACL 不仅可以过滤掉不必要的流量，还可以提高网络的运行效率。在某种程度上，ACL 可以充当防火墙来过滤数据包。

ACL 放置的基本的规则：标准 ACL 尽可能靠近目的地；扩展 ACL 尽可能靠近要拒绝流量的源的位置，以避免在不需要的流量流经网络之前将其过滤掉。

7．VPN 技术

VPN（Virtual Private Network，虚拟专用网络）即在公用网络基础设施上建立专用网络，进行加密通信。构建 VPN 可以满足许多特定的商业和技术需求。VPN 可通过服务器、硬件、软件等多种方式实现，其特点是能为 VPN 服务器和客户端之间的多个 TCP/IP 应用提供保密服务，使用十分便利。

VPN 有 3 种类型：接入 VPN、内部网 VPN、外部网 VPN。接入 VPN 是指为与专用网络有相同策略的其他 VPN 用户提供公司内部网络和外部网络的远程接入；内部网 VPN 是指将公司总部和远程分支机构连接起来；外部网 VPN 是指将公司总部与客户、合作伙伴等共同利益的团体连接起来。

VPN 是通过隧道技术仿真的一条点到点的专线。隧道技术是利用一种协议来传输另外一种协议的技术，它保证了 VPN 中分组的封装方式及使用的地址与承载网络的封装方式及使用地址无关，隧道技术的实现共涉及 3 种协议：乘客协议、隧道协议、承载协议。三者之间的关系如图 6-2 所示，乘客协议通常为原始数据包，用承载协议和隧道协议来封装乘客协议。乘客协议中可以使用私有地址，而承载协议中则使用公有地址。

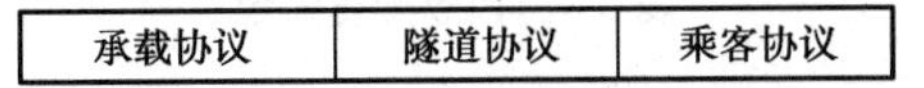

图 6-2　隧道技术涉及的 3 种协议

按照隧道类型对 VPN 分类，可分为第二层隧道协议、第二层与第三层之间的隧道协议、第三层隧道协议。

第二层隧道协议是将整个 PPP 帧封装在内部隧道中。第二层隧道协议有 PPTP（Point-to-Point Tunneling Protocol，点到点隧道协议）和 L2TP（Layer 2 Tunneling Protocol，二层隧道协议）。PPTP 支持 PPP 在 IP 网络上的隧道中封装。

L2TP 访问集中器在 ISP 的接入点，主要起到与远程的用户交换 PPP 消息的作用，通过 L2TP 请求、响应与客户的 L2TP 网络服务器进行通信，来自远程用户的帧被 ISP 的接入点接收后，会经过处理后封装为 L2TP，并转发到合适的隧道中，客户网关收到这些 L2TP 帧后，会去掉 L2TP 的封装再转发到合适的接口，L2TP 就这样在点到点连接的两个终端之间的虚拟隧道中传输协议层分组。L2TP 无法对数据进行加密，主要应用在虚拟专用拨号网络（VPDN）中。

第二层与第三层之间的隧道协议有 MPLS（Multi-Protocol Label Switching，多协议标签交换），这是一种第三层路由结合第二层属性的交换技术。它将数据转发和路由选择分开，基于标签来规定一个分组通过网络的路径。MPLS 网络由核心部分的标签交换路由器（LSR）和边缘部分的标签边缘路由器（LER）组成，入口的 LER 会给转发的每个 IP 包指定相应的传送级别和标签交换路径（LSP），然后加上 MPLS 标签，LSR 根据标签值进行转发，等到出口的 LER 接收后再去掉标签，恢复为原来的 IP 包。

第三层隧道协议使用户数据在第三层被封装。第三层隧道协议有：GRE（Generic Routing Encapsulation，通用路由封装）协议和 IPSec（IP Security，IP 安全）协议。GRE 协议主要用于源路由和终路由之间所形成的隧道，该隧道只在隧道源点和隧道终点可见，中间经过的设备仍按照封装的外层 IP 在网络上进行路由转发。IPSec 协议要求承载协议和乘客协议都使用 IP 协议。IPSec 协议包含了 IP 网络上数据安全的一整套体系结构：AH（Authentication Header，认证头）、ESP（Encapsulating Security Payload，封装安全负载）、IKE（Internet Key Exchange，网络密钥交换）等协议，可以对封装的数据包进行加密和数字签名，以保证数据包在网络上传输的完整性、真实性、私密性等，提高了数据传输的安全性。

6.3　任务实施

6.3.1　任务情境分析

在本任务情境中，根据园区网的网络安全要求，可以通过对网络设备的安全配置、服务器和主机的安全配置以及采用访问控制列表、虚拟局域网、防火墙、入侵检测等技术来实现一套可行的园区网安全解决方案。在本任务情境中，若无特别说明，服务器操作系统均采用 Windows Server 2003。

6.3.2　网络设备的基本安全配置

1. 交换机的安全配置

1）各种口令配置命令如表 6-1 所示。

表 6-1　口令配置命令

Switch(config)#enable password *password* 配置使能口令 Switch(config)#enable secret *password* 配置加密口令，设置该口令后，之前设置的使能口令失效 Switch(config)#service password-encryption 启用密码加密服务（注意：这种加密是可逆的）
Switch(config)#line console 0 Switch(config-line)#password *password* 配置 Console 口的密码 Switch(config-line)#login

2）提示信息与日志配置命令，如表 6-2 所示。

表 6-2　提示信息与日志配置命令

Switch(config)#banner moth # *message* # 用户登录显示给管理员 Switch(config)#banner login # *message* # 在 banner moth 之后，提示输入用户和口令
Switch(config)#login on-failure log　配置在日志中记录登录失败 Switch(config)#login on-success log 配置在日志中记录登录成功

3）端口上启用端口安全配置命令，如表 6-3 所示。

表 6-3　启用端口安全配置命令

Switch(config-if)#switchport mode access 配置接口为 access 模式，接口默认模式为 dynamic auto，不能启用端口安全 Switch(config-if)#switchport port-security 启用端口安全
限制交换机端口的最大连接数。依据交换机型号的不同，其允许的最大 MAC 地址数也不同，一般最大连接数的取值为 1～128。 Switch(config-if)#switchport port-security maximum *x* 设置最大 MAC 地址数，x 为设置的允许的最大 MAC 值 Switch(config-if)#switchport port-security vlan *vlan-list* [access|voice]　access 表示是接入 VLAN，voice 表示是语音 VLAN
对交换机端口进行 MAC 地址绑定。单个端口允许一定数目的特定 MAC 地址流量通过，有助于避免非授权访问 Switch(config-if)#switchport port-security mac-address sticky　sticky 表示黏性地址，可以动态学习接入该端口的 MAC 地址，并将 MAC 地址加入到 MAC 地址表中 Switch(config-if)#switchport port-security mac-address *mac address* vlan *vlan-list* [access|voice]　配置端口允许的 MAC 地址
配置当有安全违规行为产生时交换机采取的措施，如当安全 MAC 地址数目超过允许的最大 MAC 地址数目时 Switch(config-if)#switchport port-security violation protect|restrict|shutdown protect：保护。交换机继续工作，安全端口将丢弃未知地址的数据帧。这是交换机默认的处理方式 restrict：限制。交换机继续工作，并发送一个 Trap 通告 shutdown：关闭。交换机会永久或在特定时间周期内关闭端口（err-disable），并发送一个 Trap 通告
Switch#show port-security 查看所有端口的安全状态 Switch#show port-security interface *type module/number* 查看单个安全端口的状态

4）SSH 功能配置，如表 6-4 所示。

表 6-4　SSH 功能配置命令

Switch(config)#ip domain-name *domain-name* 配置域名，配置园区网内域名，否则随便配置一个
Switch(config)#crypto key generate rsa general-keys modulus *modulus-size* 产生加密密钥和生成的模数长度
Switch(config)#username *username* secret *password* 创建 SSH 需要的用户名和口令
Switch(config)#ip ssh {[time-out *seconds*]} | [authentication-retries *interger*]} 设置超时（time-out）限定为 *seconds* 秒（默认 120 秒），设置重试次数（authentication-retries）为 *interger* 次（默认 3 次）
Switch(config)#line vty 0 4
Switch(config-line)#transport input ssh 只允许用户通过 SSH 远程登录交换机
Switch(config-line)#login local 从交换机本地验证用户名和口令
Switch#show ip ssh 查看 SSH 的配置参数
Router(config)#ssh –l *username* *IP-Address* 从路由器远程登录到交换机中，*username* 为登录的用户名，*IP-Address* 为交换机的管理 IP 地址

5）关闭不必要的服务，如表 6-5 所示。

表 6-5　关闭不必要的服务配置命令

Switch(config)#no {cdp|lldp} run 关闭 CDP、LLDP
Switch(config)#no service {finger|dhcp} 关闭 finger、DHCP 服务
Switch(config)#no ip name-server 删除 DNS 服务器
Switch(config)#no ip domain-lookup 关闭交换机作为 DNS 客户端的功能
Switch(config)#no snmp-server 删除和 SNMP 配置有关的配置

（6）案例配置

需要配置的部分如图 6-3 所示。

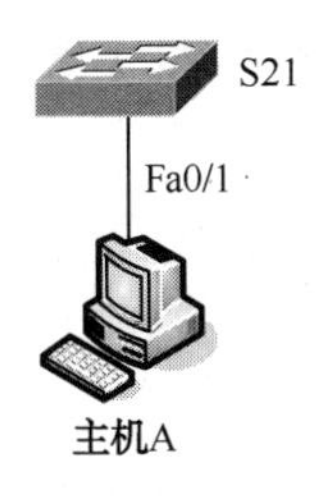

图 6-3　总部中运行交换机安全的部分

① 对交换机 S21 进行访问控制配置。

```
    S21(config)#enable secret 123456
    S21(config)#line console 0
    S21(config-line)#password 123456
    S21(config-line)#login
    S21(config)#banner moth # /*DO NOT ACCESS THIS SWITCH WITHOUT AUTHORIZATION!!!
*/ #
    S21(config)#login on-failure log
```

② 对交换机 S21 进行端口安全策略的配置，同理，配置其他端口、其他设备。

```
S21(config)# interface range fa0/1 - 5
S21(config-if-range)##switchport mode access
S21(config-if-range)##switchport port-security
S21(config-if-range)##switchport port-security maximum 1
S21(config-if-range)#switchport port-security mac-address sticky
S21(config-if-range)#switchport port-security violation shutdown
S21(config-if-range)#exit
```

查看 fa0/1 的安全端口状态。

```
S21#show port-security interface fa0/1
Port Security                : Enabled
Port Status                  : Secure-up
Violation Mode               : Shutdown
Maximum MAC Addresses        : 1
......
```

移除 S21 的接口 Fa0/1 上原本连接的主机 A，接入另一台主机 B，如图 6-4 所示，由于 fa0/1 端口配置为学习第 1 个连接到它的设备的 MAC 地址，当有其他主机尝试连接该端口时，MAC 地址数目超出了最大连接数 1，Fa0/1 端口会自动关闭。如果配置绑定主机 A 的 MAC 地址，那么主机 B 的 MAC 地址与之前绑定地址不同，Fa0/1 端口也会自动关闭。

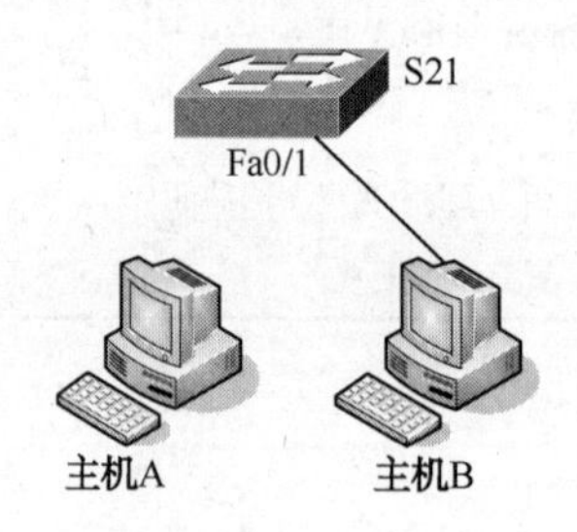

图 6-4　移除主机 A 更换为主机 B

③ 配置 SSH 访问。

```
S21(config)#ip domain-name rq.com
S21(config)#crypto key generate rsa general-keys modulus 2048
S21(config)#username rq secret 123456
S21(config)# ip ssh timeout 90
S21(config)# ip ssh anthentication-retries 2
S21(config)#line vty 0 4
S21(config-line)#transport input ssh
S21(config-line)#login local
```

在主机 A 上安装 SSH 客户端（如 SecureCRT），通过客户端连接到交换机，步骤较为简单，此处不再赘述。

④ 关闭不必要的服务。

```
Switch(config)#no cdp run
Switch(config)#no service finger
Switch(config)#no snmp-server //删除和 SNMP 配置有关的配置
```

读者可以根据实际需求，配置其他的交换机设备。

2．路由器的安全配置

交换机上的一些安全配置命令在路由器上同样适用，上文中描述过的命令此处不再赘述。

1）各种口令配置命令（与交换机相同，命令略）。

2）权限分级策略配置命令，如表 6-6 所示。

表 6-6　权限分级策略配置命令

Router(config)#enable secret level *level password* 定义进入不同特权级别的 enable 密码
Router(config)#username *username* privilege *level password* 为用户定义不同特权级别和登录密码
Router(config)#privilege *mode* {level *level* | reset} *command-string* 为不同特权级别在不同配置模式下分配命令，*mode* 为配置模式，*level* 为特权级别，*command-string* 为命令
Router(config)#show privilege 查看当前特权

3）禁用接收和转发路由信息的端口配置，如表 6-7 所示。

表 6-7　禁用接收和转发路由信息的端口配置命令

Router(config)#router ospf *process-id*
Router(config-router)#passive-interface *type module/number* 禁用端口接收和转发路由

4）启用 OSPF 路由协议的认证配置，如表 6-8 所示。

表 6-8　启用 OSPF 路由协议的认证配置命令

Router(config)#router ospf *process-id*
Router(config-router)#network *network-address wildcard-mask* area *area-id*
Router(config-router)#area *area-id* authentication message-digest 区域 *area-id* 启用 MD5 认证
Router(config)#interface *type module/number*
Router(config-if)#ip ospf authentication message-digest 接口启用 MD5 认证
Router(config-if)#ip ospf message-digest-key *key-id* md5 *password* 设置密钥 key-id 的密码为 password
Router#show ip ospf interface
Router#show ip ospf

5）关闭不必要的服务，如表 6-9 所示。

表 6-9　关闭不必要的服务配置命令

Router(config)#no ip bootp server 关闭 BOOTP 服务
Router(config)#no service config　关闭自动加载服务
Router(config)#no ip source-route 关闭基于源的路由功能
Router(config)#no ip classless 关闭无类路由行为
Router(config-if)#no ip {unreacheables| redirects| mask-reply}禁止 ICMP 的一些功能
Router(config)#no ip proxy-arp 关闭代理 ARP

6）案例配置。

① 配置权限分级策略。该功能同样适用于交换机，以拓扑结构中的 SW-1 为例，图略。

```
SW-1(config-line)#line vty 0 4 //启动交换机上的Telnet功能或者SSH功能
SW-1(config-line)#login local
SW-1(config)#enable secret level 5 rq5
SW-1(config)#enable secret level 11 rq11
SW-1(config)#username rq5 privilege 5 password lv5
//一般用户默认为级别最低的1级，最高是15级
SW-1(config)#username rq11 privilege 11 password lv11
SW-1(config)#privilege exec level 5 configure
SW-1(config)#privilege configure level 11 interface
SW-1#show running-config
......
!
enable secret level 5 5 $1$mERr$uA.3idDxeC5TCCrqmQeFV0
enable secret level 11 5 $1$mERr$xIRJfYkt8jlscxxI9sd8y0
!
......
```

假设从一台主机远程登录到SW-1，主机与SW-1相连的接口IP地址为192.168.249.1，测试结果如图6-5所示。

```
PC>telnet 192.168.249.1
Trying 192.168.249.1 ...Open


User Access Verification

Username: rq5
Password:                输入密码：lv5
Switch#show privilege
Current privilege level is 5
Switch#config
Configuring from terminal, memory, or network [terminal]?
Enter configuration commands, one per line.  End with CNTL/Z.
Switch(config)#?
Configure commands:
  do              To run exec commands in config mode
  end             Exit from configure mode
  exit            Exit from configure mode
  no              Negate a command or set its defaults
Switch(config)#exit
Switch#enable 11
Password:                输入密码：rq11
Switch#config
Configuring from terminal, memory, or network [terminal]?
Enter configuration commands, one per line.  End with CNTL/Z.
Switch(config)#?
Configure commands:
  do              To run exec commands in config mode
  end             Exit from configure mode
  exit            Exit from configure mode
  interface       Select an interface to configure
  no   有接口配置权限 Negate a command or set its defaults
```

图6-5　远程登录交换机SW-1

② 配置端口禁止接收和转发路由信息。以路由器R1为例，图略。

```
R1(config)#router ospf 1
R1(config-router)#passive-interface interface fa0/2
//禁用R1的端口fa0/2接收和转发路由信息
```

③ 启用 OSPF 路由协议的认证。OSPF 通过认证防止路由攻击，加强 OSPF 协议的安全性。OSPF 可以对接口、区域等进行认证。接口认证要求在两个路由器之间必须配置相同的认证口令；区域认证要求所有属于该区域的接口都要启用认证，区域认证接口与邻接路由器建立邻居要有相同的认证方式与口令。在同一区域不同网络类型可以有不同的认证方式和不同的口令。在本任务情境中，运行 OSPF 路由协议认证拓扑如图 6-6 所示。

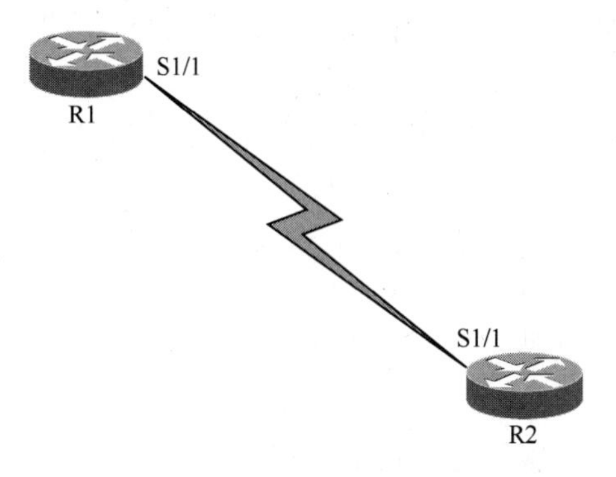

图 6-6 运行 OSPF 路由协议认证的部分

接口认证配置如下。

```
R1(config)#interface s1/1  //以下命令接口 IP 地址配置略
R1(config-if)#ip ospf authentication message-digest
R1(config-if)#ip ospf message-digest-key 1 md5 Renqi
R2(config)#interface s1/1
R2(config-if)#ip ospf authentication message-digest
R2(config-if)#ip ospf message-digest-key 1 md5 Renqi
```

区域认证配置如下。

```
R1(config)#router ospf 1  //以下命令 OSPF 协议配置略
R1(config-router)#area 0 authentication message-digest
R1(config)#interface s1/1
R1(config-if)#ip ospf message-digest-key 1 md5 Renqi
R2(config)#router ospf 1
R2(config-router)#area 0 authentication message-digest
R2(config)#interface s1/1
R2(config-if)#ip ospf message-digest-key 1 md5 Renqi
R1#show ip ospf interface
……
Message digest authentication enable
 Youngest key id is 1
```

6.3.3 服务器及操作系统安全加固

1. 操作系统安装

操作系统安装时，系统最少设置两个分区，分区格式需要采用 NTFS 格式。安装操作系统需要在断网的情况下进行。安装 IIS 时，仅安装必要的 IIS 组件。

2．安装系统服务包和热补丁

Microsoft 公司提供的安全补丁有两类：服务包（Service Pack）和热补丁（Hotfix）。

服务包必须通过回归测试，能够保证安全安装。每一个 Windows 的服务包都包含在此之前所有的安全补丁。建议及时安装服务包的最新版，且安装时需要仔细阅读其自带的文件并查找已经发现的问题。

热补丁没有经过回归测试，一般通过 Microsoft 的安全公告服务来发布关于修补安全漏洞的最新信息，发布较为及时。在安装前，应仔细评价每个补丁，以确定是立即安装还是等待更完整的测试之后再安装，例如，在 Web 服务器中正式安装热补丁前，最好先在测试系统上对其进行测试，确定其中稳定性后再正式安装。

建议可使用 Microsoft 公司提供的 Microsoft 基准安全分析器（Microsoft Baseline Security Analyzer，MBSA）工具来扫描 Microsoft 服务器，确保服务器安装的 Windows 操作系统为最新安全性补丁。另外，也可以借用第三方软件提供的系统漏洞扫描以及补丁下载安装功能来实现对系统的安全防护。

值得注意的是，尽管这些服务包和补丁确实可以在一定程度上消除系统中存在的一些安全隐患，但是，使用这些安全补丁并不足以使系统处于绝对安全，因为这些更新仅是对已经发现的漏洞的反应性修复，未知的弱点和漏洞还在不断涌现。因此，在配置服务器环境时，所有的系统都应当加固，加固过程除了安装服务包和热补丁来修复系统外，还要遵循最优的安全配置，确保操作系统的安全。

3．关闭不需要的服务及端口

开启更多的服务会给系统带来更多的不安全因素，如 Windows Server 2003 的终端服务（Terminal Services）、远程访问服务（RAS）等都有产生漏洞的可能，容易遭受到缓冲区溢出攻击。通常建议只保留必需的服务，关闭不用的端口，只开放保留服务需要的端口与协议。

依次选择“我的电脑”→“管理”选项，弹出“计算机管理”窗口，选择“服务和应用程序”→“服务”选项，如图 6-7 所示，选中不需要的服务名称并右击，在弹出的快捷菜单中选择“停止”选项即可关闭不需要的服务。

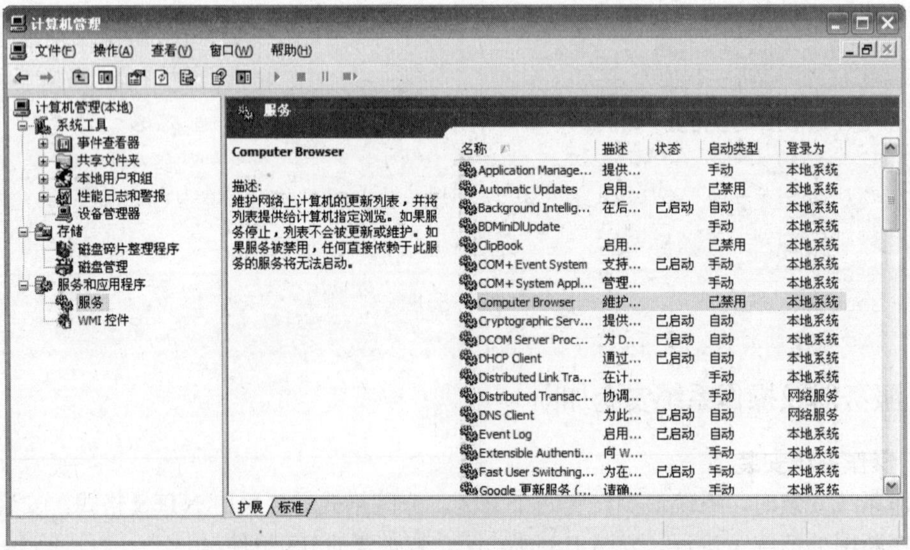

图 6-7　服务列表

根据需要，可以禁用的服务有 Computer Browser（维护网络计算机更新）、Error Reporting Service（发送错误报告）、Microsoft Seaxch（提供快速的单词搜索）、Remote Registry（远程修改注册表）、Remote Desktop Help Session Manager（远程协助）等。

关闭不用端口时，可依次选择“网上邻居”→“属性”→“本地连接”→“属性”→“Internet 协议”→“属性”→“高级”→“选项”→“TCP/IP 筛选”→“属性”选项，弹出“TCP/IP 筛选”对话框，如图 6-8 所示，根据系统服务的启用情况，设置允许启用的 TCP 端口、UDP 端口以及 IP 协议。常用的 TCP 端口有：80（Web 服务）、21（FTP 服务）、25（SMTP 服务）、23（Telnet 服务）、110（POP3 服务）。常用的 UDP 端口有：53（DNS 服务）、161（SNMP 服务），不要允许未使用的服务端口。

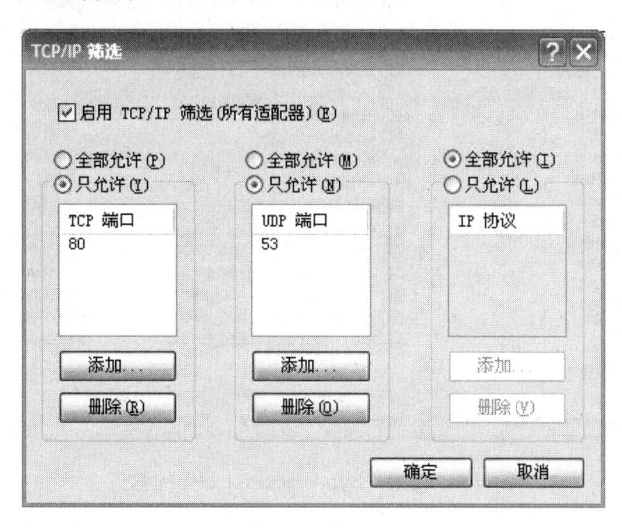

图 6-8　TCP/IP 筛选设置

4．配置注册表

默认的 TCP/IP 堆栈配置能够处理正常的 Intranet 通信量，如果连接到 Internet 中，则可以配置注册表的 TCP/IP 参数来强化系统的通信协议。鉴于篇幅限制，这里仅讨论如何配置注册表实现 TCP/IP 堆栈加固，来防御拒绝服务（Denial of Service，DoS）攻击。

DoS 攻击是一种网络攻击方式，攻击对象多为服务器，目的是使网络用户无法访问计算机或计算机中的某项服务。该攻击通常很难防御，为了抵御该攻击，可以尝试使用下列方法进行设置。

选择“开始”→“运行”选项，弹出“运行”对话框，输入“regedit”，单击“确定”按钮，打开注册表。以下创建的注册表项，除非特别指出，否则所有值均为十六进制。

（1）防止 SYN 攻击

SYN 攻击属于 DoS 攻击的一种，它利用 TCP 协议缺陷，通过发送大量的半连接请求，以耗尽主机的 CPU 和内存资源为目的，主机、路由器、防火墙等网络设备都容易受到 SYN 攻击。Windows Server 2003 中内嵌了 SynAttackProtect 机制，通过关闭某些 Socket 连接，增加额外连接，减少超时时间，使系统能处理更多的 SYN 连接，以防范 SYN 攻击。

首先启动 SYN 攻击保护，在注册表中，找到路径 HKEY_LOCAL_MACHINE\SYSTEM\CurrentControlSet\Services Tcpip\Parameters，在右侧区域中找到数值“SynAttackProtect”（若找不到，则可自行新建 DWORD 值），右击该值，在弹出的快捷菜单中选择“修改”选项，在“数值数据”中输入“2”，如图 6-9 所示。该数值可使 TCP 调整 SYN-ACKS 的重新传输，如果出现 SYN 攻击，则连接响应超时时间将更短。

图 6-9　设置“SynAttackProtect”的数值

按照上述方式，继续在注册表中添加如表 6-10 所示数值，设置 SYN 保护阈值。

表 6-10　设置 SYN 保护阈值的 3 种数值

数 值 名 称	数 值 类 型	建议数值数据	说　明
TcpMaxPortsExhausted	DWORD	5	设置 TCP 连接请求数的阈值
TcpMaxHalfOpen	DWORD	服务器设为 100，高级服务器设为 500	处于 SYN_RCVD 状态的 TCP 连接数的阈值
TcpMaxHalfOpenRetried	DWORD	服务器设为 80，高级服务器设为 400	处于至少已发送一次重传的 SYN_RCVD 状态中的 TCP 连接数的阈值

（2）防止 ICMP 重定向报文的攻击

在注册表中，找到路径 HKEY_LOCAL_MACHINE\SYSTEM\CurrentControlSet\Services AFD\Parameters，找到数值“EnableICMPRedirects”（或新建 DWORD 值），右击该值，在弹出的快捷菜单中选择“修改”选项，在“数值数据”中输入 0。

（3）禁止响应 ICMP 路由通告报文

在注册表中，找到路径 HKEY_LOCAL_MACHINE\SYSTEM\CurrentControlSet\Services Tcpip\Parameters，找到数值“PerformRouterDiscovery”（或新建 DWORD 值），右击该值，在弹出的快捷菜单中选择“修改”选项，在“数值数据”中输入 0。

（4）防止 SNMP 攻击

在注册表中，找到路径 HKEY_LOCAL_MACHINE\SYSTEM\CurrentControlSet\Services

Tcpip\Parameters，找到数值“EnableDeadGWDetect”（或新建 DWORD 值），右击该值，在弹出的快捷菜单中选择“修改”选项，在“数值数据”中输入 0，禁止 SYN 攻击服务器后强制服务器切换到备用网关。

（5）防止名称释放攻击

在注册表中，找到路径 HKEY_LOCAL_MACHINE\SYSTEM\CurrentControlSet\Services Netbt\Parameters，找到数值“NoNameReleaseOnDemand”（或新建 DWORD 值），右击该值，在弹出的快捷菜单中选择“修改”选项，在“数值数据”中输入 1，指定主机在收到名称释放请求时是否释放其 NetBIOS 名称，以保护主机免受恶意的名称释放攻击。

（6）禁止进行最大包长度路径检测

在注册表中，找到路径 HKEY_LOCAL_MACHINE\SYSTEM\CurrentControlSet\Services Tcpip\Parameters，找到数值“EnablePMTUDiscovery”（或新建 DWORD 值），右击该值，在弹出的快捷菜单中选择“修改”选项，在“数值数据”中输入 0，若将该值指定为 0，可将最大传输单元强制设为 576 字节；如果不将该值设置为 0，攻击者可能会强制数据包分段，MTU 值会变得非常小，从而导致堆栈的负载过大，同时会对 TCP/IP 性能和吞吐量产生负面影响，使用需谨慎。

（7）发送验证保持活动的数据包

在注册表中，找到路径 HKEY_LOCAL_MACHINE\SYSTEM\CurrentControlSet\Services Tcpip\Parameters，找到数值“KeepAliveTime”（或新建 DWORD 值），右击该值，在弹出的快捷菜单中选择“修改”选项，在“数值数据”中输入 300,000（单位：ms），控制 TCP 发送“保持活动”的数据包的频率，远程活动的主机会做出应答，以此验证与远程主机的连接是否完好。

设置注册表键值来防止 DoS 攻击的方式较多，有些功能需要慢慢挖掘，而且设置后的性能好坏也取决于服务器的配置，尤其是 CPU 的处理能力。同时，需要注意的是，如果使用注册表编辑器或其他方法错误地修改了注册表，则有可能会导致严重问题，所以设置注册表需谨慎。

5. 设置 NTFS 权限

NTFS 权限的基本级别有 7 种：完全控制、修改、读取及运行、列出文件夹目录、读取、写入、无法访问。要使用 NTFS 权限来保护目录或文件，必须具备两个条件：要设置权限的目录或文件必须位于 NTFS 分区中；对于要授予权限的用户组或用户，应设立有效的 Windows 账户。

右击网站目录 wwwroot，在弹出的快捷菜单中选择“属性”选项，弹出属性对话框，选择“安全”选项卡，如图 6-10 所示，对目录 wwwroot 进行 NTFS 权限设置。

针对服务器文件系统安全，以下列举了几种设置的建议，仅供参考。

1）给管理员账户和 System 账户赋予完全控制权限，给普通用户仅赋予读取权限。这样设置如果会导致某些正常的脚本程序无法执行，或者无法完成某些写操作，则可以通过修改这些文件所在的文件夹的权限加以弥补。

2）根据需要对服务器操作系统的文件夹和文件分别设置不同的访问权限。

3）设置禁止 Everyone 组对任一目录具有写入和执行权限。

4）设置禁止赋予“列出文件夹目录”的权限，以限制浏览目录。

5）设置网站目录及文件的 NTFS 权限。

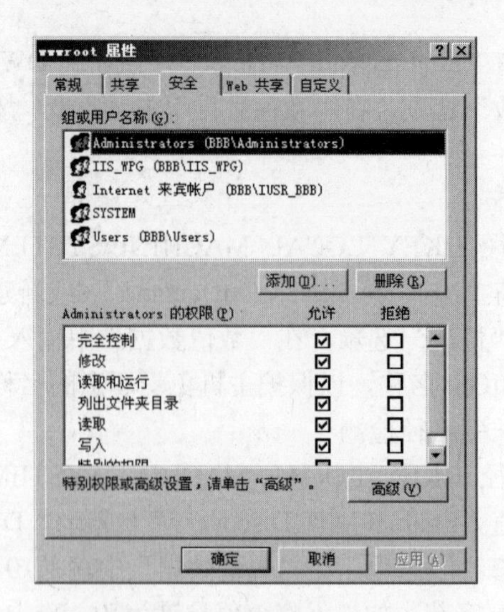

图 6-10　目录的 NTFS 权限设置

① 对于网站系统根目录，拒绝匿名用户账户访问，并选中“允许将来自父系的可继承权限传播给该对象”，将此访问权限覆盖子目录中的设置。

② 将静态页面、图像、脚本等不同类型的文件存放在不同的目录中，赋予不同的 NTFS 权限，并允许权限传递给各个文件。

③ 对于包含可执行程序和脚本文件的目录、服务器端包含指令的文件的目录，都只赋予“运行”权限，并拒绝匿名用户访问。

④ 对于包含静态页面文件的目录，只允许匿名用户具有“读取”权限。

另外，需要把共享文件权限中的 Everyone 组删除，修改为授权用户，打印共享最好也做相应修改。

网站的 NTFS 权限如果设置不当，可能拒绝有效用户访问需要的文件和目录，设置的时候要仔细。

6．设置组策略

（1）账户策略管理

为确保账户和密码的安全，建议做到以下几条：系统管理员账户要尽量少创建，需要更改默认的系统管理员账户名 Administrator 为其他名称，修改账户描述，密码采用大小写字母、数字、非字母字符的组合，长度建议不低于 14 位。同时，新建一个名为 Administrator 的陷阱账号，赋予其最小的权限，设置密码不低于 20 位。更改 Guest 账户名称和描述，同样设置较为复杂的密码，或者禁用该账户。其他账户要尽可能少创建，经常用扫描工具扫描系统账户、账户权限和密码；删除停用的账户。

另外，可以通过组策略设置加强账户策略管理，方法如下。

选择“开始”→“运行”选项，弹出“运行”对话框，输入“secpol.msc”，弹出“本地安全设置”对话框（也可以“开始”→“运行”选项，弹出“运行”对话框，输入“gpedit.msc”，弹出“组策略”对话框），依次选择“账户策略”→“密码策略”选项，设置“密码必须符合复杂性要求”为启用、“密码长度最小值”为“8 个字符”、“密码最长使用期限”为“30 天”、“强制密码历史”为“5 个记住的密码”，如图 6-11 所示。

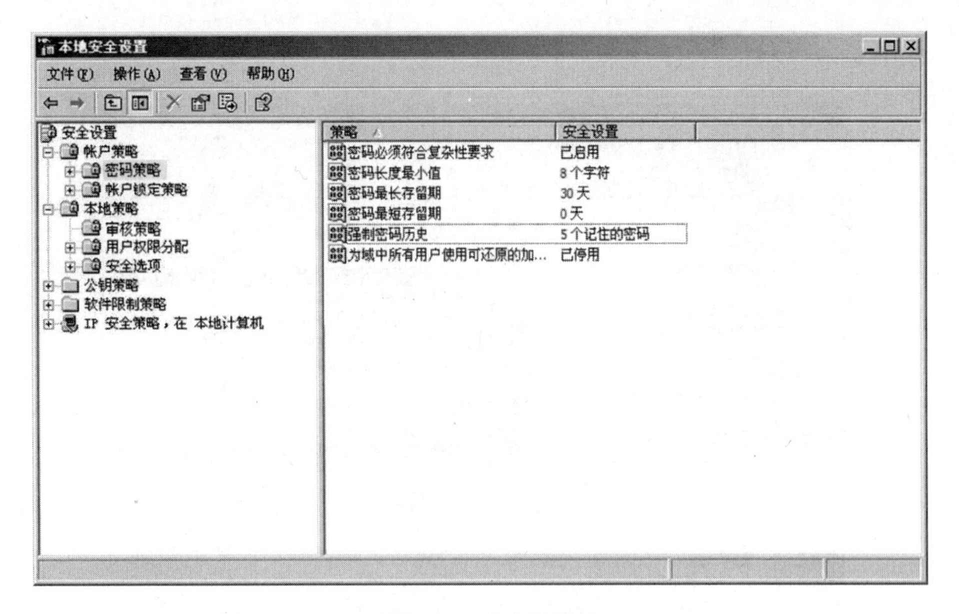

图 6-11 安全设置

选择“账户策略”→“账户锁定策略”选项，设置“账户锁定阈值”为“3”、“复位账户锁定计数器”为“30”（分钟）、“账户锁定时间”为“30”（分钟），以此增加登录的难度，如图 6-12 所示。

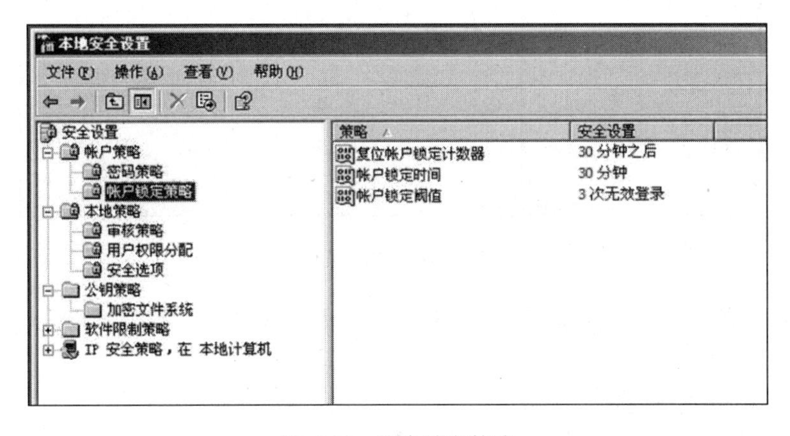

图 6-12 账户锁定策略

选择“本地策略”→“安全选项”选项，将“交互式登录：不显示上次的用户名”设为启用，如图 6-13 所示。用同样的方法，将“网络访问：不允许 SAM 账户和共享的匿名枚举”和“网络访问：不允许为网络身份验证储存凭证”设为启用，将“网络访问：可匿名访问的共享”、“网络访问：可匿名访问的命名管道”、“网络访问：可远程访问的注册表路径”、“网络访问：可远程访问的注册表路径和子路径”中的内容全部删除。

选择“本地策略”→“用户权限分配”选项，使“从网络访问此计算机”只保留 Internet 来宾账户、启动 IIS 进程账户。使“关闭系统”中只保留 Administrators 组。使“通过终端服务允许登录”中只保留 Administrators 组和 Remote Desktop Users 组。

（2）审核策略管理

选择“本地策略”→“审核策略”选项，默认情况下，所有项目的安全设置默认均为“无审核”，如图 6-14 所示。

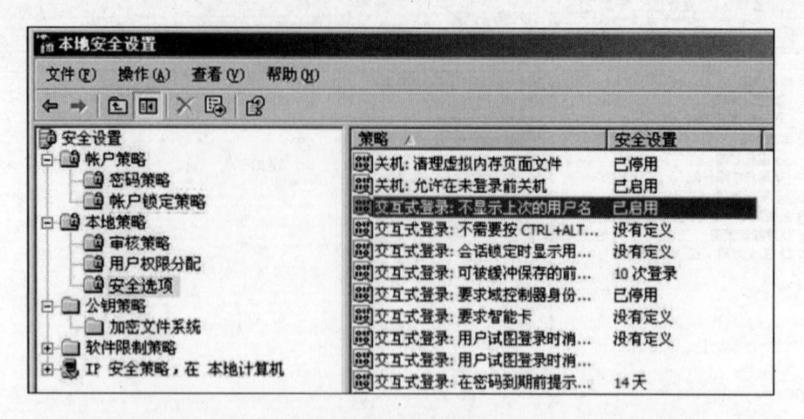

图 6-13 启用策略

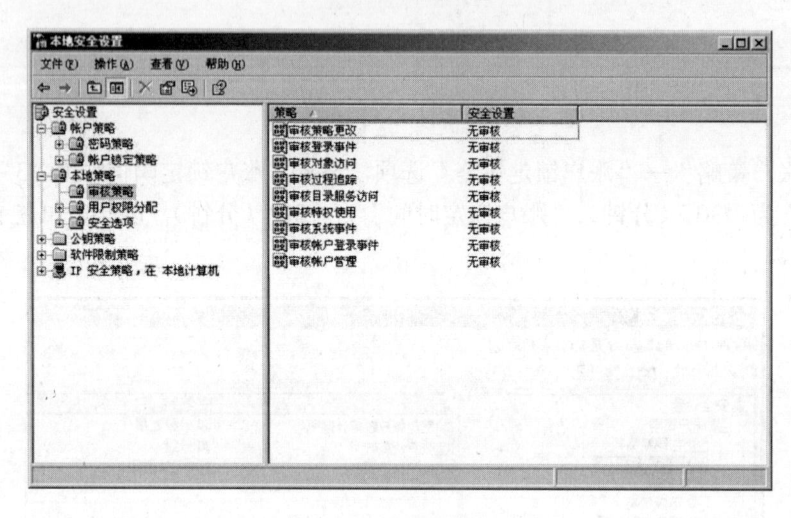

图 6-14 审核策略

在创建审核项目时，审核项目的数量要适中，太多或者太少都会影响发现严重事件。建议要审核的项目如下。

① 审核策略更改（成功、失败）。

② 审核登录事件（成功、失败）。

③ 审核对象访问（失败）。

④ 审核过程跟踪（无审核）。

⑤ 审核目录服务访问（失败）。

⑥ 审核特权使用（失败）。

⑦ 审核系统事件（成功、失败）。

⑧ 审核账户登录事件（成功、失败）。

⑨ 审核账户管理（成功、失败）。

双击右侧窗格中的项目，弹出“审核对象访问属性”对话框，勾选“失败”复选框即可，如图 6-15 所示，其他项目设置与此类似。

然后依次选择“开始”→“程序”→“管理工具”→“事件查看器”选项，弹出“事件查看器”窗口，使用事件查看器查看系统中设置的各种审核事件，如图 6-16 所示。

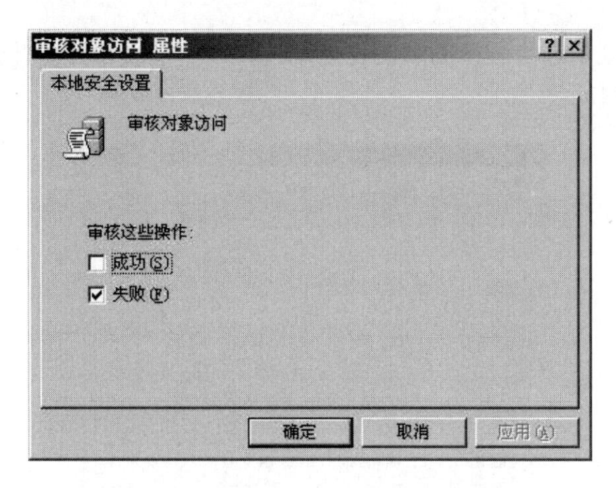

图 6-15 “审核对象访问 属性”对话框

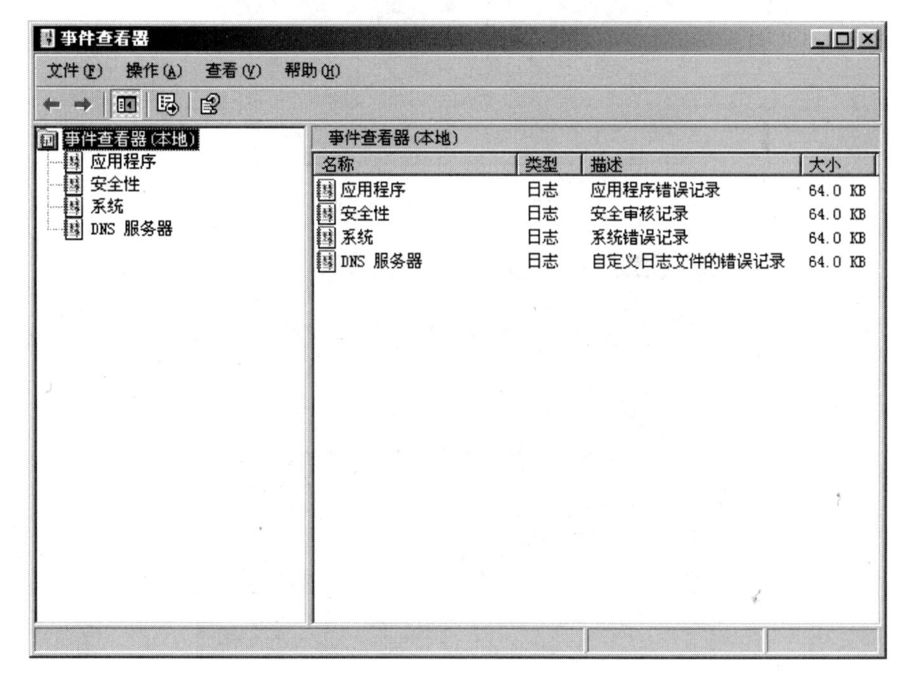

图 6-16 事件查看器

7．文件系统加密

要加密一个名为 sh 的文件夹的内容，在 Windows 资源管理器中定位该文件夹，右击该文件夹，在弹出快捷菜单中选择“属性”选项，弹出其“属性”对话框，如图 6-17 所示，单击“高级”按钮。

弹出“高级属性”对话框，如图 6-18 所示，勾选“加密内容以便保护数据”复选框，单击“确定”按钮，文件夹被启用 EFS 加密，移动到此文件夹中的文件都被加密保护起来。加密单个文件的方法与加密文件夹相同。

加密过程对加密这个文件夹的账户来说是透明的，使用加密该文件夹的账户登录后，可以像处理其他文件和文件夹一样处理该加密的文件夹及其所包含的文件。当其他入侵者试图对该加密的文件夹进行操作时，访问将被拒绝。但对于有 System 属性的系统文件进行 EFS

加密是不能实现的，这是因为解密的私钥在启动过程中不能获得，因此，一旦系统文件被加密，系统将无法正常启动。

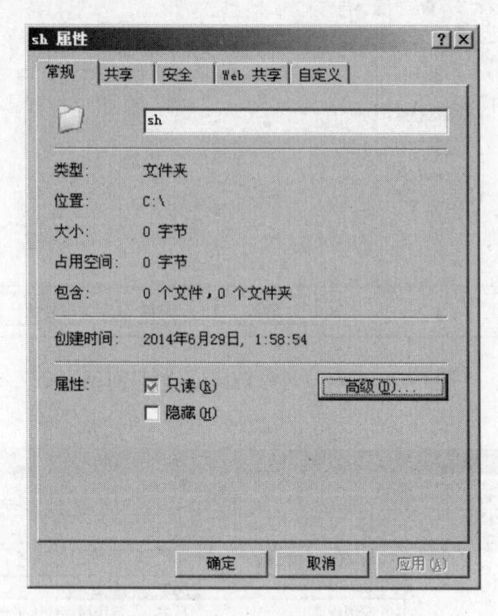

图 6-17　文件夹属性对话框

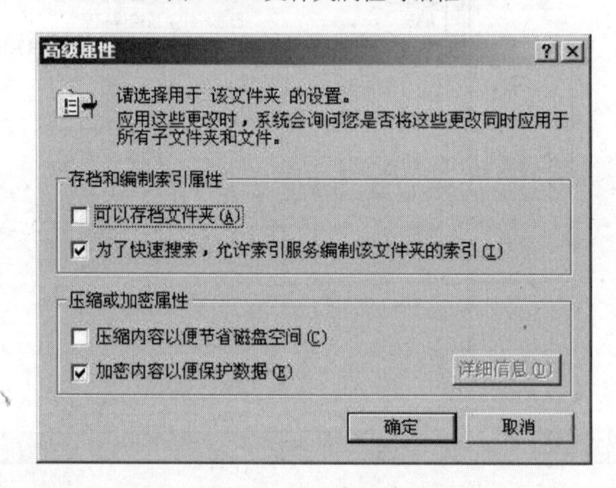

图 6-18　文件夹高级属性设置

建议在使用 EFS 时，最好加密文件夹而非单个文件。因为应用程序在编辑过程中，可在源文件的同一目录下创建临时文件，通过加密文件夹，可确保在文件夹下，这些临时文件不会被另存为纯文本文件。同样，建议最好加密 temp 文件夹，以避免该文件夹在“%systemRoot%\temp”路径下被查看。

Web 服务器也可以使用 EFS 来保护敏感内容。公司内网中的每个用户都可以创建一个加密的文件夹，用来存放发布的 Web 文档，用户在内部网中可以访问自己的私人文档，但其他用户则无法访问，即便是 Web 站点允许匿名访问也不能访问。

8．IIS 安全设置

Windows Server 2003 中的多个服务功能都涉及 IIS，IIS 的安全性能尤为重要。访问控制是 IIS 安全机制中的最主要内容，可以从用户和资源（站点、目录、文件）两个方面来限制访问。建议设置如下。

（1）设置程序的执行权限

选择“开始”→“程序”→“管理工具”→“Internet 服务管理器”选项，在弹出的窗口中，右击“默认网站”在弹出的快捷菜单中选择“属性”选项，弹出“默认网站 属性”对话框，选择“主目录”选项卡，如图 6-19 所示。在“应用程序设置”中，设置“执行权限”以决定对该站点或虚拟目录资源执行何种级别的程序，其中“无”表示只允许访问静态文件，“纯脚本”表示只允许运行脚本，“脚本和可执行程序”表示允许访问或执行各种文件类型。在执行 DLL 文件时，可选择“脚本和可执行程序”，而对于 ASP（Active Server Pages）文件目录，可选择“纯脚本”。

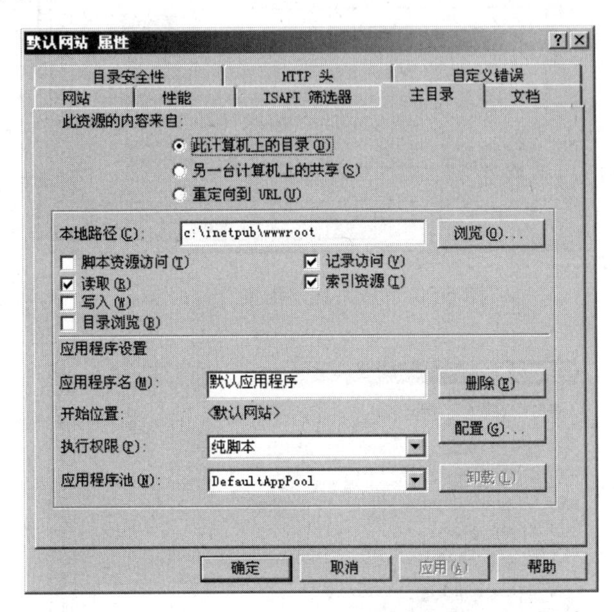

图 6-19 “默认网站 属性”对话框

（2）设置 IIS 中文件的访问权限

在“默认网站属性”的“主目录”选项卡中，可设置虚拟目录或文件的访问权限，不要对目录赋予“写入”、“目录浏览”和“脚本资源访问”权限，不要对脚本应用程序目录赋予“索引资源”权限，以防止攻击者从 ASP 应用程序的脚本中查看敏感信息。

（3）应用程序配置

在图 6-19 中单击“配置”按钮，弹出“应用程序配置”对话框，如图 6-20 所示。选择“映射”选项卡，可将文件扩展名映射到对应的程序或解释器中。例如，当 Web 服务器收到扩展名为.asp 的页面请求时，将通过映射调用应用程序来处理此页面，所以，通常应该删除不必要的脚本映射，以减少安全风险。

选择“选项”选项卡，取消勾选“启用父路径”复选框，以禁止父路径选项，如图 6-21 所示。该选项允许用户在调用类似 MapPath 函数时使用“..”，这会带来一定的安全隐患。

（4）身份验证设置

IIS 具有身份验证功能，验证方式包括匿名访问、基本身份验证、集成 Windows 身份验证和 Windows 域服务器的摘要式身份验证。

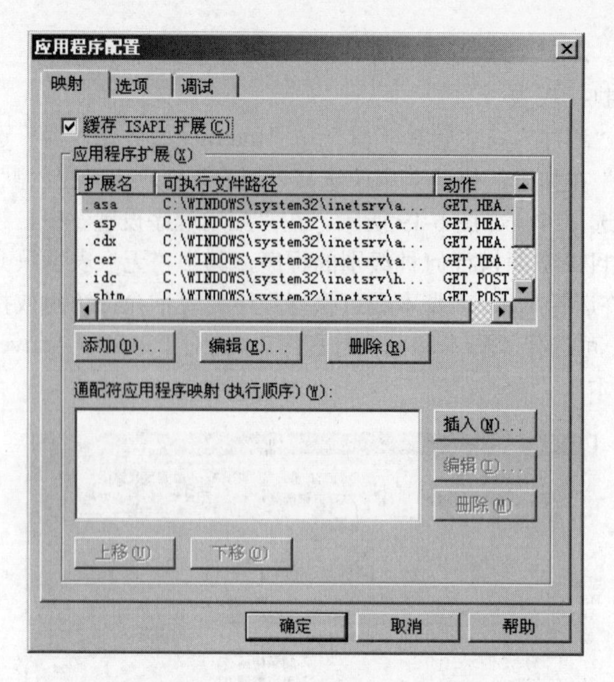

图 6-20 “应用程序配置”对话框

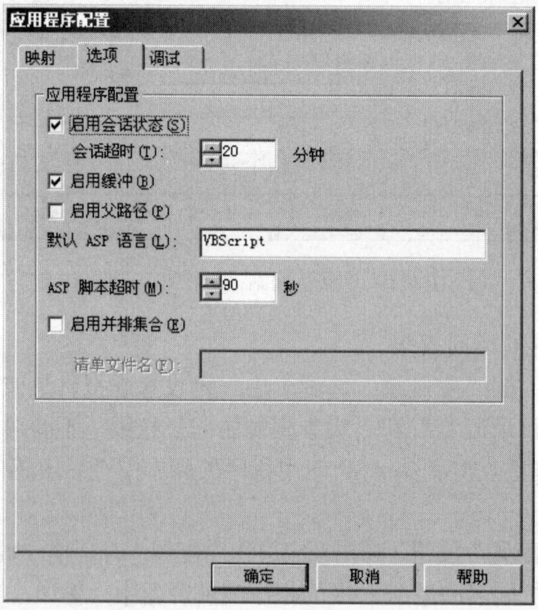

图 6-21 “选项”选项卡

如图 6-19 所示，选择“目录安全性”选项卡，在“身份验证和访问控制”选项组中单击“编辑”按钮，弹出“身份验证方法”对话框，如图 6-22 所示。

若设置匿名访问，则客户端不需要提供任何身份验证的凭据，服务端把这样的访问用户映射到服务端的 IUSER_MACHINENAME 账户上，可以根据需要修改映射到的用户。

若设置集成 Windows 身份验证，要求客户端输入账号与密码，账号和密码在传送前会经过散列处理，因此也可以确保安全。

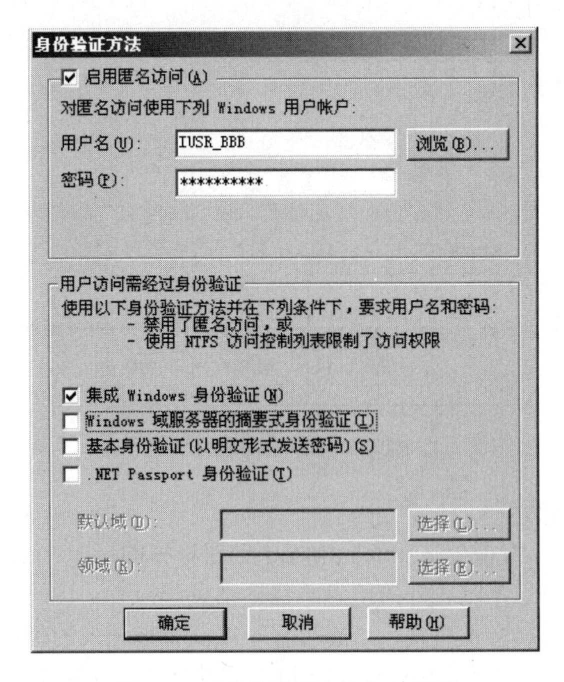

图 6-22 “身份验证方法”对话框

若设置基本身份验证，则客户端的用户名和密码以明文方式传递给服务端，最好采用 SSL 连接来保证安全。

若设置 Windows 域服务器的摘要式身份验证，则要求客户端输入账号和密码，账户与密码会经过散列处理，但该方法依赖 HTTP 1.1，必须在运行 IIS 的计算机是活动目录成员服务器或者域用户且使用 IE 5.0 以上版本的浏览器时才有效。

（5）设置 IP 地址限制

IIS 可通过设置允许特定的计算机访问 Web 系统。如图 6-19 所示，选择“目录安全性”选项卡，在“IP 地址和域名限制”选项组中，单击“编辑”按钮，弹出“IP 地址和域名限制”对话框，如图 6-23 所示。

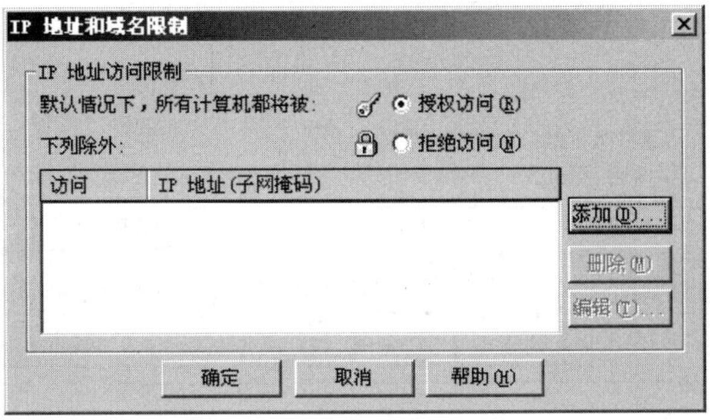

图 6-23 “IP 地址和域名限制”对话框

选中“授权访问”单选按钮，单击“添加”按钮，弹出“拒绝访问”对话框，如图 6-24 所示，可以设置不允许访问的计算机的集合。

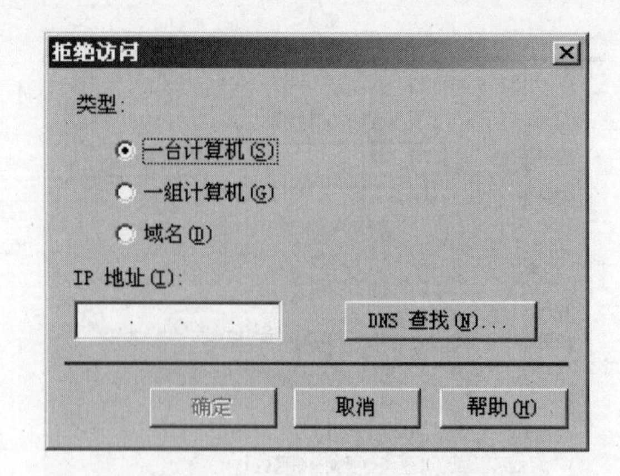

图 6-24 “拒绝访问”对话框

（6）IIS 日志记录审核

IIS 日志记录审核可以为每个站点或应用程序创建单独的日志，记录系统提供的事件日志或性能监视特性所记录信息范围之外的信息，包括站点访问者、访问信息、访问时间等。IIS 管理单元可以用来配置日志文件格式、日志日程，以及将被记录的确切信息。

当 IIS 日志被启用时，IIS 使用 W3C 扩展日志文件格式（W3C Extended Log File Format）来创建日常操作记录，并存储到指定的目录中。

设置日志审核，如图 6-19 所示，选择“网站”选项卡，选择“活动日志格式”，单击“属性”按钮，弹出“日志记录属性”对话框，如图 6-25 所示。

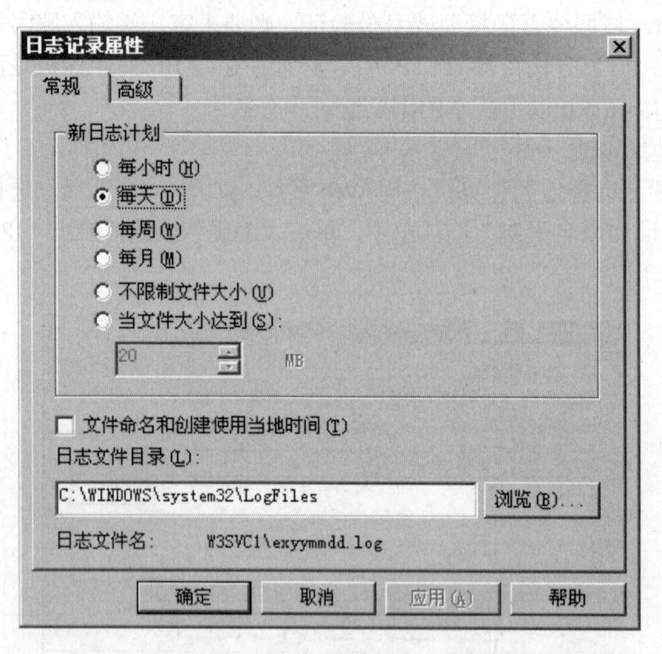

图 6-25 “日志记录属性”对话框

选择“常规”选项卡，根据频率选择“新日志计划”以及“日志文件目录”，建议修改“日志文件目录”采用的默认路径。选择“高级”选项卡，如图 6-26 所示，选择“扩展日志选项”中需要的字段。

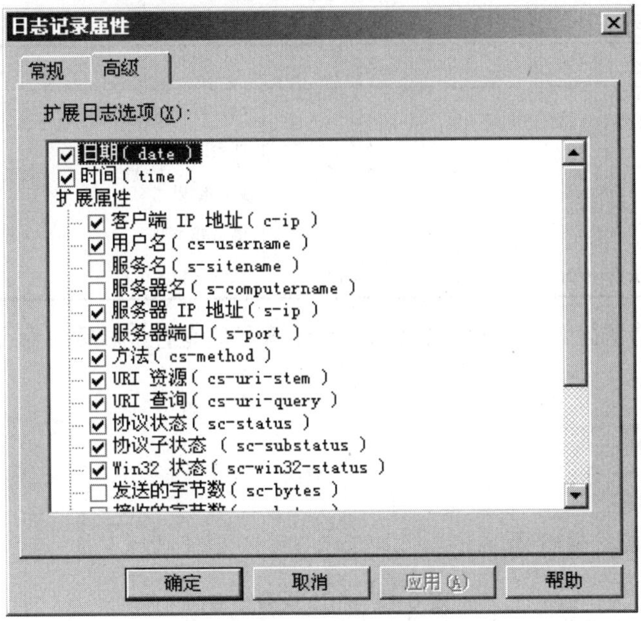

图 6-26　扩展日志选项

如表 6-11 所示，IIS 日志文件内容如下。

表 6-11　IIS 日志文件内容

```
#Software: Microsoft Internet Information Services 6.0
#Version: 1.0
#Date: 2014-06-28 06:34:47
#Fields: date time s-ip cs-method cs-uri-stem cs-uri-query s-port cs-username c-ip cs(User-Agent) sc-status sc-substatus sc-win32-status
2014-06-28 06:34:47 127.0.0.1 GET /iisstart.htm - 80 - 127.0.0.1 Mozilla/4.0+
(compatible;+MSIE+6.0;+Windows+NT+5.2;+.NET+CLR+1.1.4322) 200 0 0
2014-06-28 06:34:47 127.0.0.1 GET /pagerror.gif - 80 - 127.0.0.1 Mozilla/4.0+
(compatible;+MSIE+6.0;+Windows+NT+5.2;+.NET+CLR+1.1.4322) 200 0 0
```

其中，#Software 表示 IIS 服务器软件；#Vetsion 表示日志版本；# Date 表示日志创建日期；# Fields 表示日志字段域（日志字段域中的 s 表示服务器活动，c 表示客户端活动，cs 表示客户端对服务器的活动，sc 表示服务器对客户端的活动）；s-ip 表示服务器 IP 地址；cs-method 表示请求方法；cs-uri-stem 表示请求文件；cs-uri-query 表示请求参数；s-port 表示服务器端口号；cs-username 表示客户端用户名；c-ip 表示客户端 IP 地址。

如表 6-12 所示，IIS 日志文件内容描述的含义如下。

表 6-12　IIS 日志文件内容的含义

含　义	内　容
2014-06-28 06:34:47	连接时间
127.0.0.1 – 127.0.0.1	IP 地址

续表

含　义	内　容
80	端口号
GET /iisstart.htm	请求动作
200	返回结果
Mozilla/4.0+	浏览器类型
compatible;+MSIE+6.0;+Windows+NT+5.2;+.NET+CLR+1.1.4322	系统等相关信息

对于日志文件的访问，赋予管理员和 System 账号完全控制权限，赋予 Everyone 组读写权限。

6.3.4 ACL 的配置

1. ACL 配置命令

ACL 配置命令如表 6-13 所示。

表 6-13　ACL 配置命令

Router(config)#access-list *access-list-number* {permit|deny} *source* [*souce-wildcard*] 创建标准 ACL，*access-list-number* 为访问控制列表编号（标准 ACL 取值 1～99），permit 为满足规则后允许通过，deny 为满足规则后拒绝通过，*source* 为数据包源地址，*source-wildcard* 为通配符掩码 Router(config)#access-list *access-list-number* {permit|deny} *protocol* {*source souce-wildcard destination destination-wildcard*} [*operator operan*] 创建扩展 ACL，扩展 ACL 编号取值 100～199，*protocol* 用来指定协议的类型，*source* 为源地址，*souce-wildcard* 为源地址通配符掩码，*destination* 为目的地址，*destination-wildcard* 为目的地址通配符掩码，*operator* 为操作，（取值 lt（小于）、gt（大于）、eq（等于）、neq（不等于）），*operan* 为端口号
Router(config)#ip access-list {standard|extended} *access-list-name* 创建命名 ACL，standard 为创建标准 ACL，extended 为创建扩展 ACL，*access-list-name* 为 ACL 的名称，可以是任意字母和数字的组合 Router(config-std-nacl)#[*Sequence-Number*] {permit|deny} *source* [*souce-wildcard*]标准命名 ACL Router(config-ext-nacl)#[*Sequence-Number*] {permit|deny} *protocol* {*source souce-wildcard destination destination-wildcard*} [*operator operan*]扩展命名 ACL
Router(config-if)#ip access-group *access-list-number* {in|out} 在接口上应用 ACL，in 为应用到入站接口，out 为应用到出站接口 Router(config-if)#ip access-group *access-list-name* {in|out}
Switch(config)#vlan access-map *name* 定义 VACL 映射表 Switch(config-access-map)#match {ip|mac} address *access-list-number* 匹配指定的 IP 地址或者 MAC 地址访问控制列表 Switch(config-access-map)#action {forward|drop}指定对符合条件的流量进行转发或者丢弃操作 Switch(config)#vlan filter *name* vlan-list *vlan-id* 将 VACL 映射表应用在编号为 *vlan-id* 的 VLAN 上
Switch(config)#mac access-list extended *name* 定义一个扩展 MAC 地址列表 Switch (config-ext-macl# {permit|deny} {any | *source-MACaddress* | *source-MACaddress-mask*} {any | *destination-MACaddress* | *destination-MACaddress-mask*} 定义允许或拒绝的源 MAC 地址或目的 MAC 地址，source-MACaddress 为源 MAC 地址，source-MACaddress-mask 为源 MAC 地址的通配符掩码，destination-MACaddress 为目的 MAC 地址，destination-MACaddress-mask 为目的地址的通配符掩码 Switch(config-if)#mac access-group {*name*} {in} 将 MAC 访问列表应用到二层接口上

2．案例配置

需要配置的部分如图 6-27 所示。

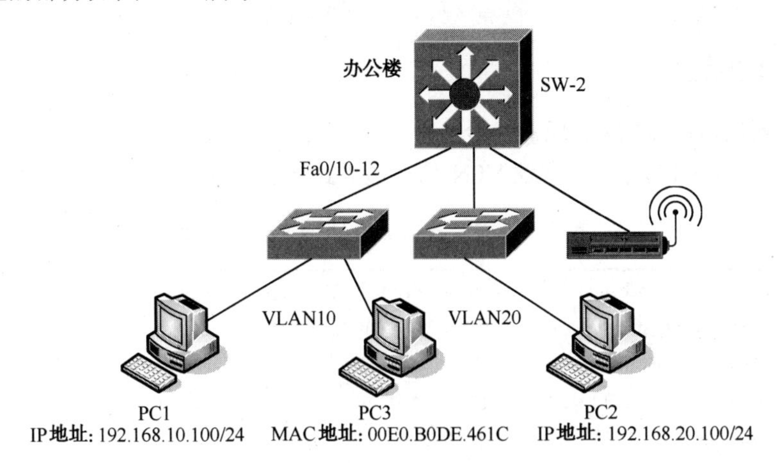

图 6-27　运行 ACL 的部分

以交换机 SW-2 为例，配置 3 种类型的 ACL。

（1）配置 RACL

在这台交换机的二层接口上应用 IP 标准 ACL 和扩展 ACL。假设拒绝主机 PC1 与主机 PC2 通信，但 PC1 可以和其他主机通信。

```
    SW-2(config)#access-list  100  deny  ip  host  192.168.10.100  host 192.168.20.100
    SW-2(config)#access-list 100 permit ip any any
    SW-2(config)#interface fa0/10
    SW-2(config-if)#switchport
    SW-2(config-if)#ip access-group 100 in
```

此时测试 PC1 到 PC2 是无法通信的。

（2）配置 VACL

使主机 PC1 向主机 PC2 发包时丢弃包，主机 PC2 向主机 PC1 发包时转发包（注意：要删除上一步骤的配置后再进行如下配置）。

```
    SW-2(config)#access-list  101  permit  ip  host  192.168.10.100  host 192.168.20.100
    SW-2(config)#vlan access-map VACL 3
    SW-2(config-access-map)#match ip address 101
    SW-2(config-access-map)#action drop
    SW-2(config-access-map)#vlan access-map VACL 8
    SW-2(config-access-map)#action forward
    SW-2(config)#vlan filter VACL vlan-list 10
```

（3）配置 MAC ACL

使主机 PC3 无法与其他主机通信。主机 PC3 的 MAC 地址为 00E0.B0DE.461C。

```
    SW-2(config)#mac access-list extended MACL
    SW-2(config-ext-mac)#deny 00E0.B0DE.461C 0000.0000.ffff any
```

```
SW-2(config-ext-mac)#permit any any
SW-2(config)#interface fa0/10
SW-2(config-if)#mac access-group MACL in
```

6.3.5 VPN 的配置

1．站点到站点的 VPN 的配置命令

配置命令如表 6-14 所示，这种 VPN 是在边界路由器上实现的。

表 6-14 站点到站点的 VPN 的配置命令

Router(config)#crypto isakmp enable 启用 IKE（默认为启用） Router(config)#crypto isakmp policy *priority* 创建 IKE 策略，并定义优先级 Router(config-isakmp)#authentication pre-share 设置身份认证方式为预共享密钥认证 Router(config-isakmp)#encryption {3des|aes|des} 设置加密算法 Router(config-isakmp)#group {1|2|5} 设置密钥交换算法 Router(config-isakmp)#hash {md5|sha} 设置摘要算法 Router(config-isakmp)#lifetime *time* 设置 IKE 生存期
Router(config)#crypto isakmp key *keystring* address *peer-address* 定义预共享密钥 *keystring* 和对端 IP 地址 *peer-address* Router(config)#crypto ipsec transform-set *transform-set-name transform1* [*transform2* [*transfo-rm3*]] 配置 IPSec 传输模式 Router(config)#access-list *access-list-number* {deny | permit} *protocol source source-wildcard destination destination-wildcard* 用 ACL 定义需要 IPSec 保护的流量
Router(config)#crypto map *map-name seq-num* ipsec-isakmp 设置 crypto map Router(config-crypto-map)#match address *access-list-number* 匹配 ACL 定义的流量 Router(config-crypto-map)#set peer *IP-Address* 设置 VPN 链路对端的 IP 地址 Router(config-crypto-map)#set transform-set *transform-set-name* 指定使用的变换集合 Router(config-if)#crypto map *map-name* 配置端口应用
Router#show crypto isakmp policy 验证 IKE 配置 Router#show crypto isakmp sa 显示所有当前 IKE 安全关联（SA） Router#show crypto ipsec sa 显示当前 IKE 安全关联使用的设置 Router#show crypto map 显示配置的 crypto map

2．站点到站点的 VPN 案例配置

需要配置的部分拓扑如图 6-28 和图 6-29 所示。

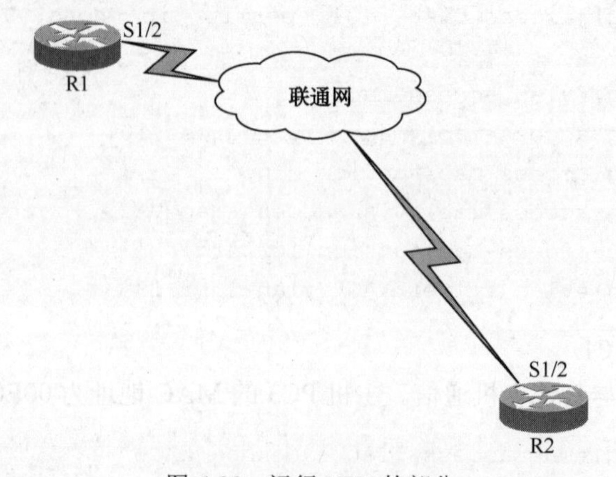

图 6-28 运行 VPN 的部分

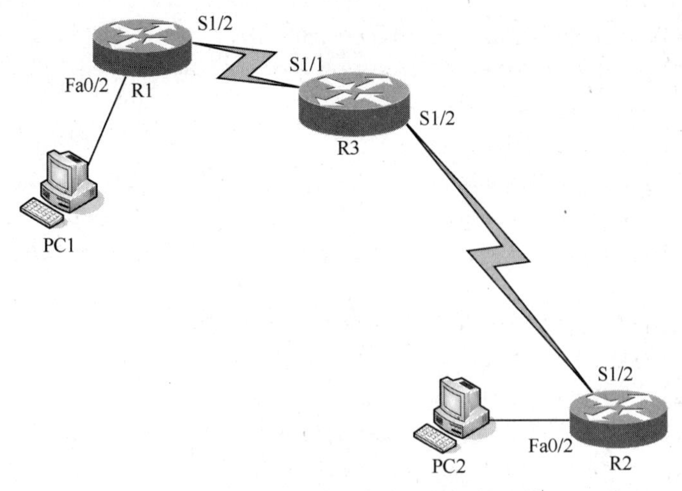

图 6-29　修改为适合本案例的拓扑结构

假设 PC1 的 IP 地址为 192.168.70.1/24，PC2 的 IP 地址为 192.168.80.1/24，R1 上有从 PC1 所在的网络通往 PC2 所在网络的路由。

```
R3(config)#interface s1/1
R3(config-if)#ip add 202.169.100.253 255.255.255.252
R3(config-if)#no shutdown
R3(config)#interface s1/2
R3(config-if)#ip add 202.167.100.253 255.255.255.252
R3(config-if)#no shutdown

R1(config)#crypto isakmp policy 10
R1(config-isakmp)#authentication pre-share
R1(config-isakmp)#encryption 3des
R1(config-isakmp)#group 5
R1(config-isakmp)#hash sha
R1(config)#crypto isakmp key renqi address 202.167.100.254
R1(config)#access-list 101 permit ip 192.168.70.0 0.0.0.255 192.168.80.0
0.0.0.255
R1(config)#crypto ipsec transform-set rqset esp-3des esp-sha-hmac
R1(config)#crypto map rqmap 10 ipsec-isakmp
R1(config-crypto-map)#set peer 202.167.100.254
R1(config-crypto-map)#set transform-set rqset
R1(config-crypto-map)#match address 101
R1(config)#interface s1/2
R1(config-if)#crypto map rqmap
R1(config-if)#ip address 202.169.100.254 255.255.255.252
R1(config-if)#no shutdown
R1(config)#interface fa0/2
R1(config-if)#ip address 192.168.70.254 255.255.255.0
R1(config-if)#no shutdown
R1(config)#ip route 0.0.0.0 0.0.0.0 202.169.100.253
```

```
    R2(config)#crypto isakmp policy 10
    R2(config-isakmp)#authentication pre-share
    R2(config-isakmp)#encryption 3des
    R2(config-isakmp)#group 5
    R2(config-isakmp)#hash sha
    R2(config)#crypto isakmp key renqi address 202.169.100.254
    R2(config)#access-list 101 permit ip 192.168.80.0 0.0.0.255 192.168.70.0
0.0.0.255
    R2(config)#crypto ipsec transform-set rqset esp-3des esp-sha-hmac
    R2(config)#crypto map rqmap 10 ipsec-isakmp
    R2(config-crypto-map)#set peer 202.169.100.254
    R2(config-crypto-map)#set transform-set rqset
    R2(config-crypto-map)#match address 101
    R2(config)#interface s1/2
    R2(config-if)#crypto map rqmap
    R2(config-if)#ip address 202.167.100.254 255.255.255.252
    R2(config-if)#no shutdown
    R2(config)#interface fa0/2
    R2(config-if)#ip address 192.168.80.254 255.255.255.0
    R2(config-if)#no shutdown
    R2(config)#ip route 0.0.0.0 0.0.0.0 202.167.100.253
```

3. 远程访问 VPN（SSL VPN）配置案例

文件共享服务器（IP 地址为 10.200.1.10，版本为 Windows Server 2003 Standard）、Web 服务器（IP 地址为 10.200.1.20，此处用路由器 R1 来模拟 Web 服务器）、客户端（IP 地址为 192.168.4.102，版本为 Windows XP Professional）。

客户端通过拨入 SSL-VPN，可以访问内网的文件共享服务器上的资源和 Web 服务器，拓扑结构如图 6-30 所示。

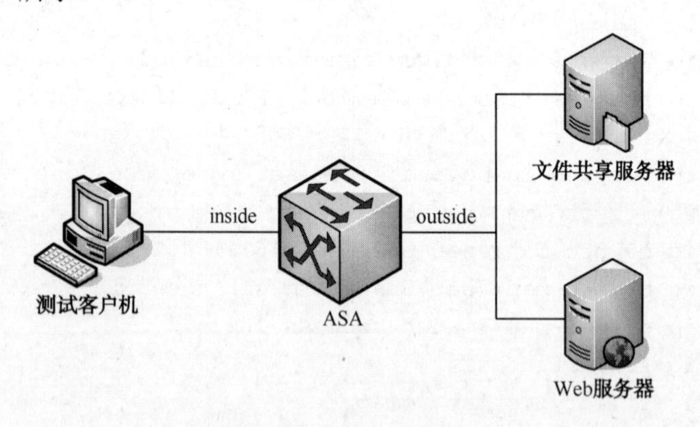

图 6-30　SSL VPN 案例拓扑结构

（1）ASA 的配置

配置命令如下。

```
    ASA(config)#interface GigabitEthernet0
    ASA(config-if)#nameif outside     //将接口命名为 outside
    ASA(config-if)#security-level 0  //设置接口的优先级为 0（默认值）
```

```
ASA(config-if)#ip address 192.168.4.1 255.255.255.0
ASA(config)#interface GigabitEthernet1
ASA(config-if)#nameif inside
ASA(config-if)#security-level 100
ASA(config-if)#ip address 10.200.1.1 255.255.255.0 //inside 接口的 IP 地址
ASA(config)#webvpn
ASA(config-webvpn)#enable outside  //在 outside 接口启用 SSL-VPN
ASA(config)#username user1 password whvcse23328
```

（2）客户端测试

设置客户机进行验证。如图 6-31 所示，在 IE 浏览器中输入 ASA 的 outside 接口的 IP 地址，输入 ASA 中定义的本地用户名和密码，登录 SSL-VPN。

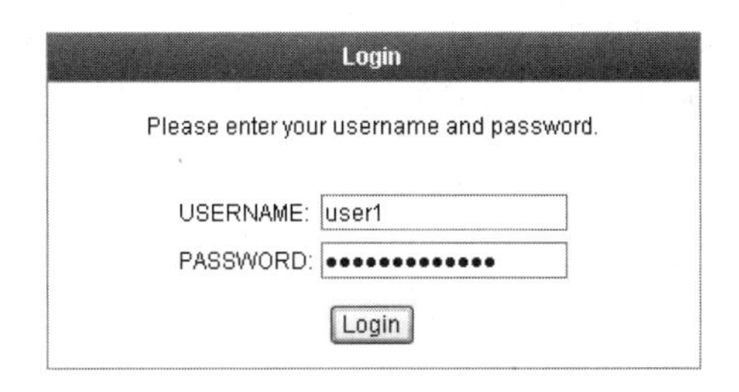

图 6-31　SSL-VPN 登录界面

在矩形框标示部分，输入要访问的内部 Web 服务器的 IP 地址，单击“Browse”按钮，如图 6-32 所示。

进入验证界面，输入 Web 服务器的用户名和密码，进行验证，如图 6-33 所示，即可访问成功。

在 Web 服务器(即 R1 路由器)上查看登录进入的客户端信息，如图 6-34 所示，发现“remote-ipaddress：port”一栏的 IP 地址是 ASA 的 inside 接口的 IP 地址，而不是客户机的 IP 地址，说明此时客户端访问 Web 服务器是通过 ASA 进行中转的。

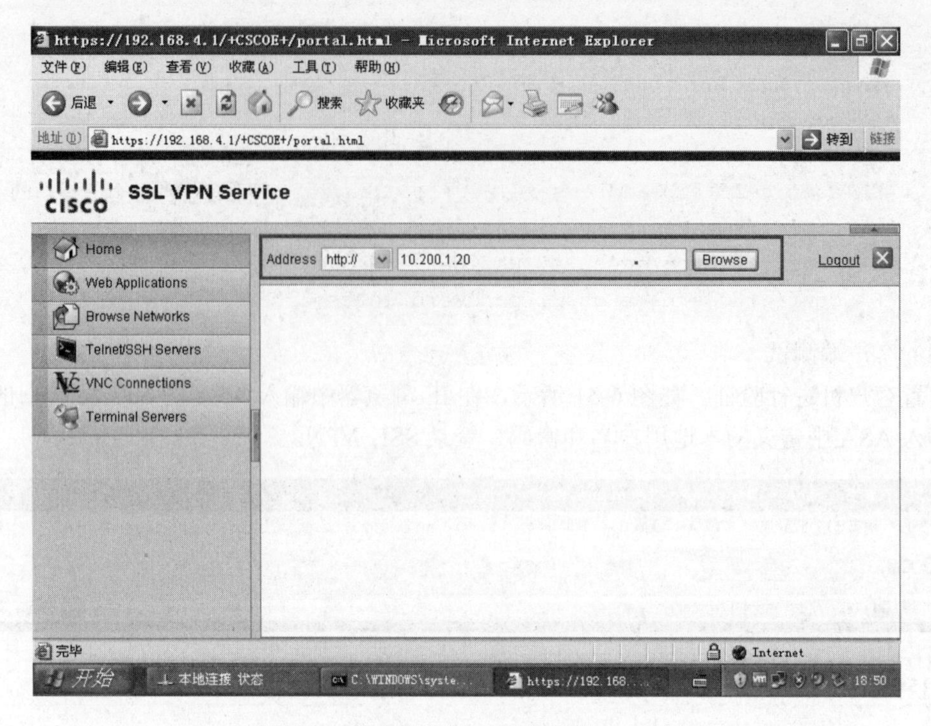

图 6-32　输入内部 Web 服务器的 IP 地址

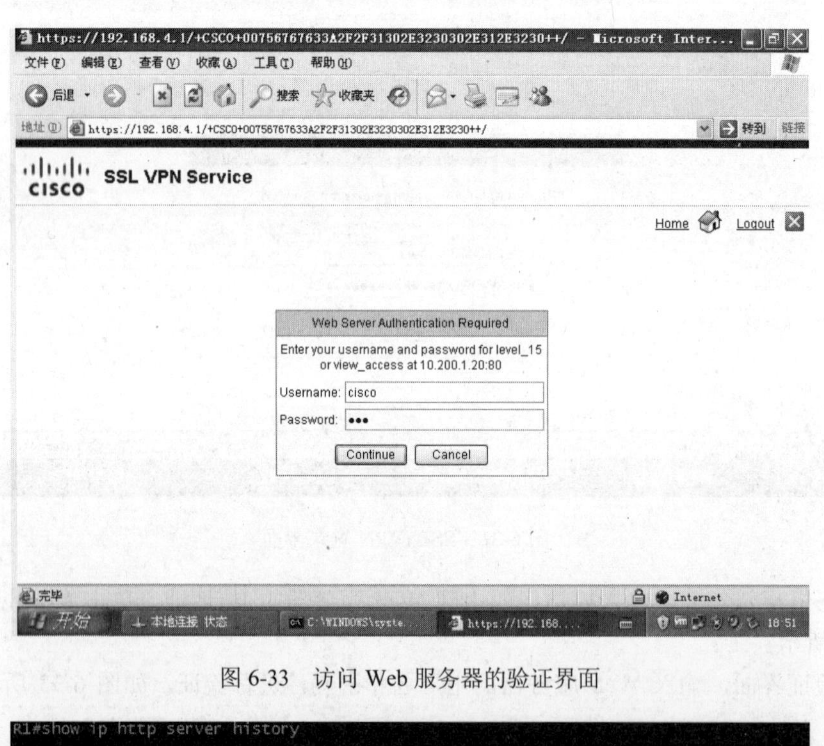

图 6-33　访问 Web 服务器的验证界面

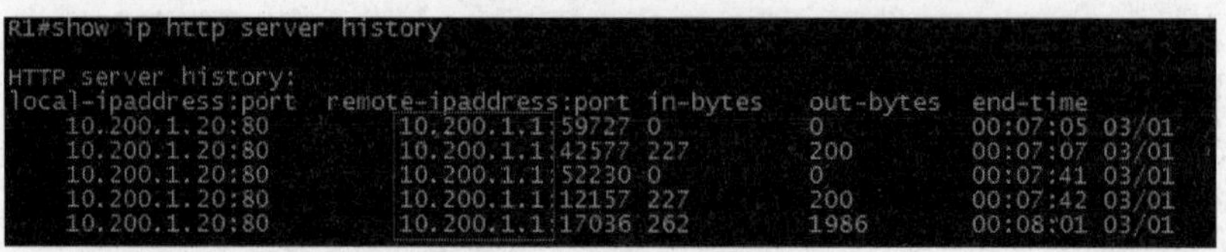

```
R1#show ip http server history

HTTP server history:
local-ipaddress:port  remote-ipaddress:port in-bytes   out-bytes  end-time
    10.200.1.20:80         10.200.1.1:59727 0          0          00:07:05 03/01
    10.200.1.20:80         10.200.1.1:42577 227        200        00:07:07 03/01
    10.200.1.20:80         10.200.1.1:52230 0          0          00:07:41 03/01
    10.200.1.20:80         10.200.1.1:12157 227        200        00:07:42 03/01
    10.200.1.20:80         10.200.1.1:17036 262        1986       00:08:01 03/01
```

图 6-34　查看客户端信息

测试访问内部的文件共享服务器，输入文件共享服务器的用户名和密码进行验证，如图 6-35 所示。

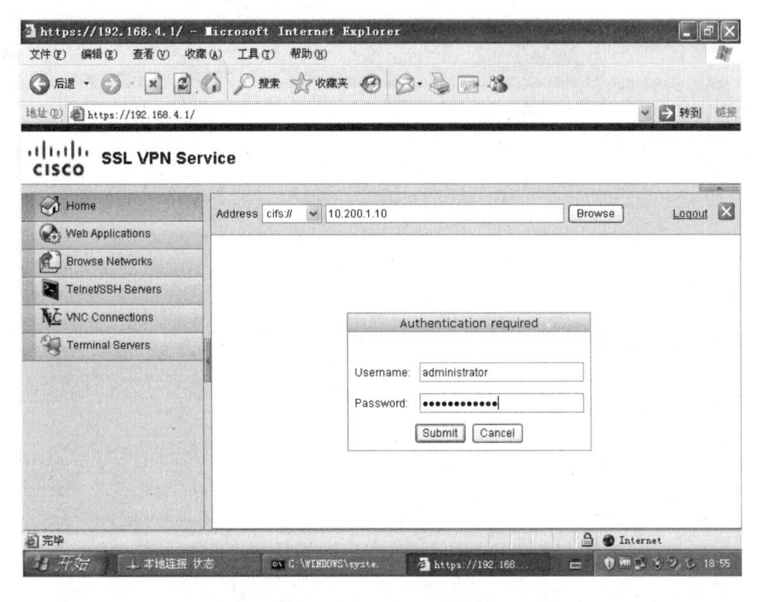

图 6-35 登录文件共享服务器

如图 6-36 所示，可正常访问已共享的文件。

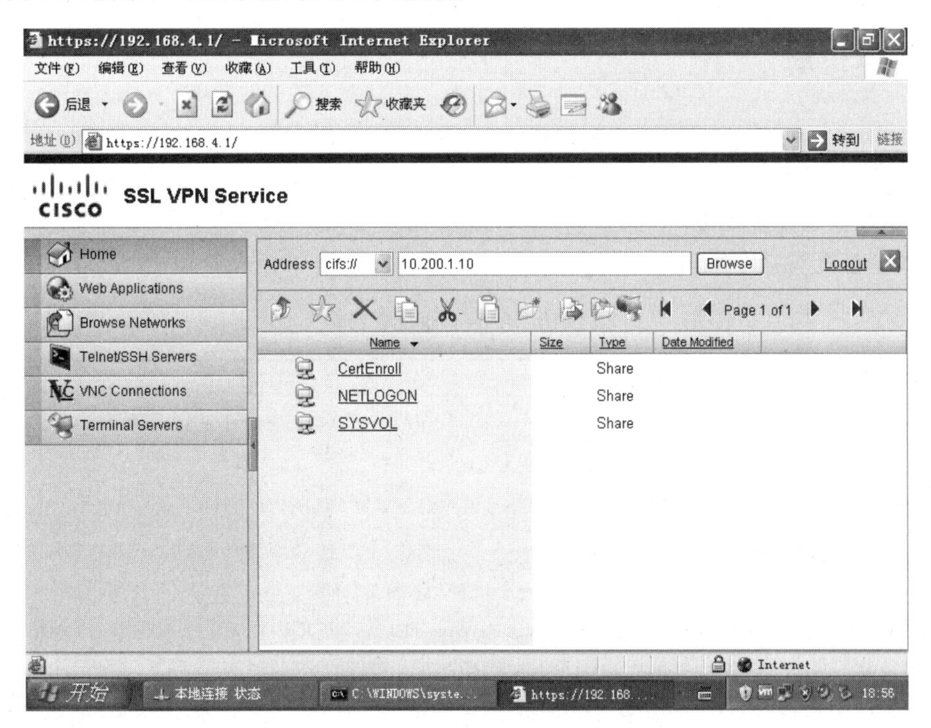

图 6-36 访问文件共享服务器

任意选择共享文件进行下载，可正常下载共享文件，如图 6-37 所示。

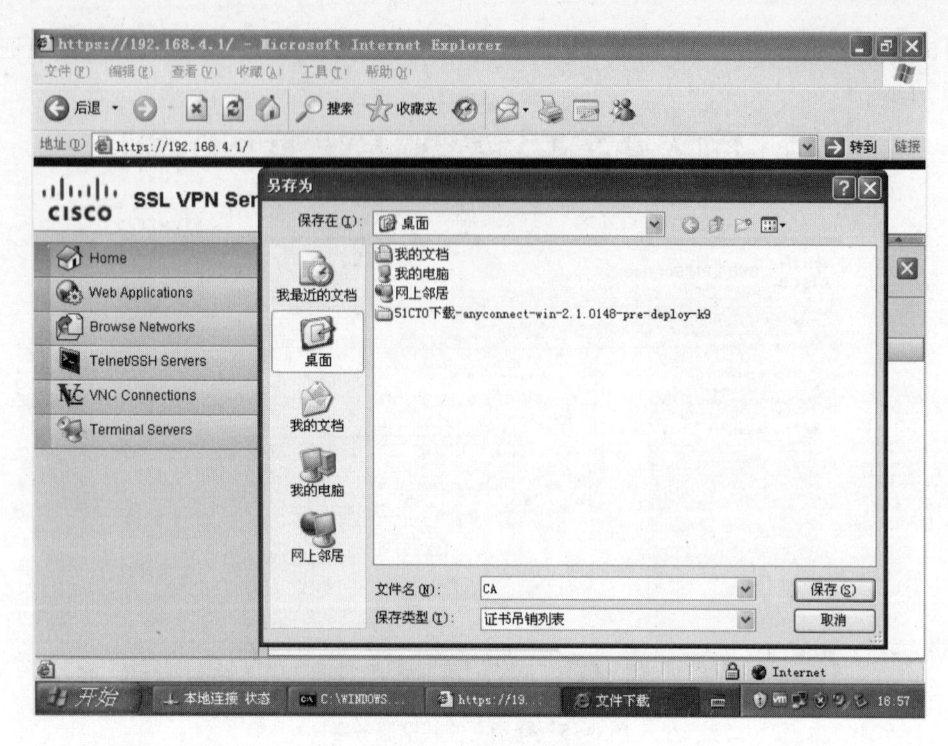

图 6-37　下载共享文件

6.4　知识扩展

6.4.1　AAA 认证配置

1．AAA 认证配置命令

AAA 认证配置命令如表 6-15 所示。

表 6-15　AAA 认证配置命令

Switch(config)#aaa new-model 启用 AAA 功能
Switch(config)#radius-server host *host-IP-address* key *keystring* 定义 RADIUS 服务器的 IP 地址
Switch(config)#radius-server key *keystring* 定义 RADIUS 服务器的密钥
Switch(config)#aaa authentication dot1x default group radius 使用 AAA 来认证 802.1X，并且默认方法为使用 RADIUS 服务器
Switch(config)#aaa authorization network default group radius 启用网络访问授权，授权方法是使用 RADIUS 协议
Switch(config)#dot1x system-auth-control 在交换机上全局启用 802.1X 认证功能
Switch(config-if)#dot1x port-control { auto| force-authorized| force-unauthorized }进入接口，指定接口认证模式（注意，该接口必须为 access 模式）。Auto 表示该端口能够从非认证状态跳转到认证状态，只要认证通过；force-authorized 表示强制将该端口置于已认证状态，此时连接的主机不需要进行认证，这是默认状态； force-unauthorized 表示强制将该端口置于非认证状态，此时连接的主机无法通过该端口进行通信
Switch(config-if)#dot1x host-mode multi-host 基于端口认证通常是一个端口只允许一个主机进行认证，如果需要在该端口同时认证多个主机，则可以使用如下命令进行调整。
Switch#show dot1x all 查看 802.1X

Web 服务器（IP 地址为 10.200.1.2，版本为 Windows Server 2003 Standard）、ACS 服务器（IP 地址为 10.200.1.102，版本为 5.2）、客户端（IP 地址为 192.168.4.102，版本为 Windows XP Professional），实现功能：若客户端没有通过 802.1X 认证，则不能访问 Web 服务器；通过 802.1X 认证后，可以访问 Web 服务器。拓扑结构如图 6-38 所示。

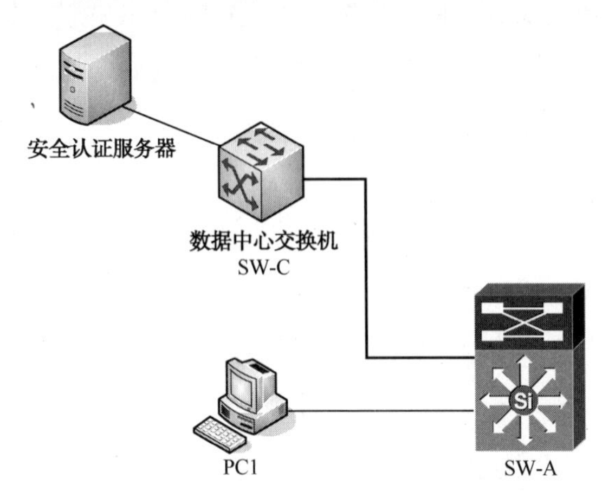

图 6-38　运行 AAA 的部分

1）在交换机上进行如下配置。

```
SW-A(config)#aaa new-model
SW-A(config)#aaa authentication dot1x default group radius
SW-A(config)#aaa authorization network default group radius
SW-A(config)#dot1x system-auth-control
SW-A(config)#interface FastEthernet1/1
SW-A(config-if)#dot1x port-control auto
SW-A(config)#radius-server host 10.200.1.102
//定义 RADIUS 服务器的 IP 地址，即 ACS 服务器的 IP 地址
SW-A (config)#radius-server key cisco  //定义 RADIUS 服务器的密钥
```

2）ACS 服务器配置，首先选择“Users and Identity Stores”→“Users”选项，定义用户 user1，如图 6-39 所示。

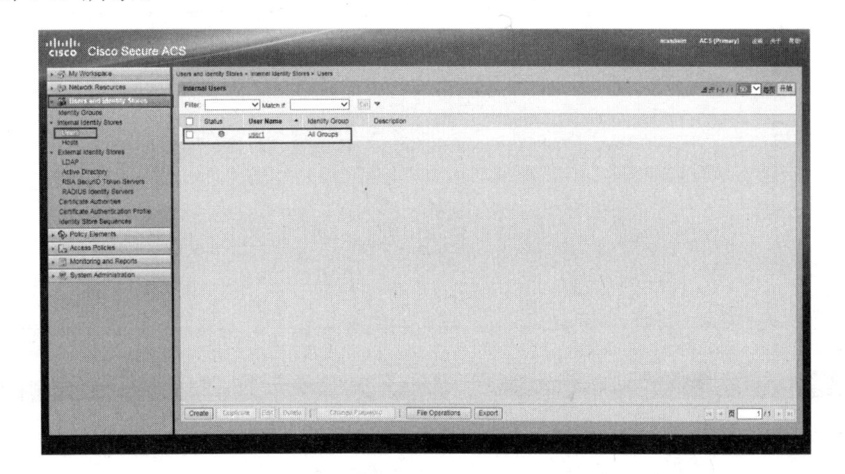

图 6-39　定义用户

选择“Network Resources”→“Network Devices and AAA Clients”选项，定义认证者，即认证交换机，SW-A 是底层的认证交换机，192.168.2.1 是交换机上的连接口(认证交换机和数据中心交换机连接的接口)的 IP 地址，如图 6-40 所示。

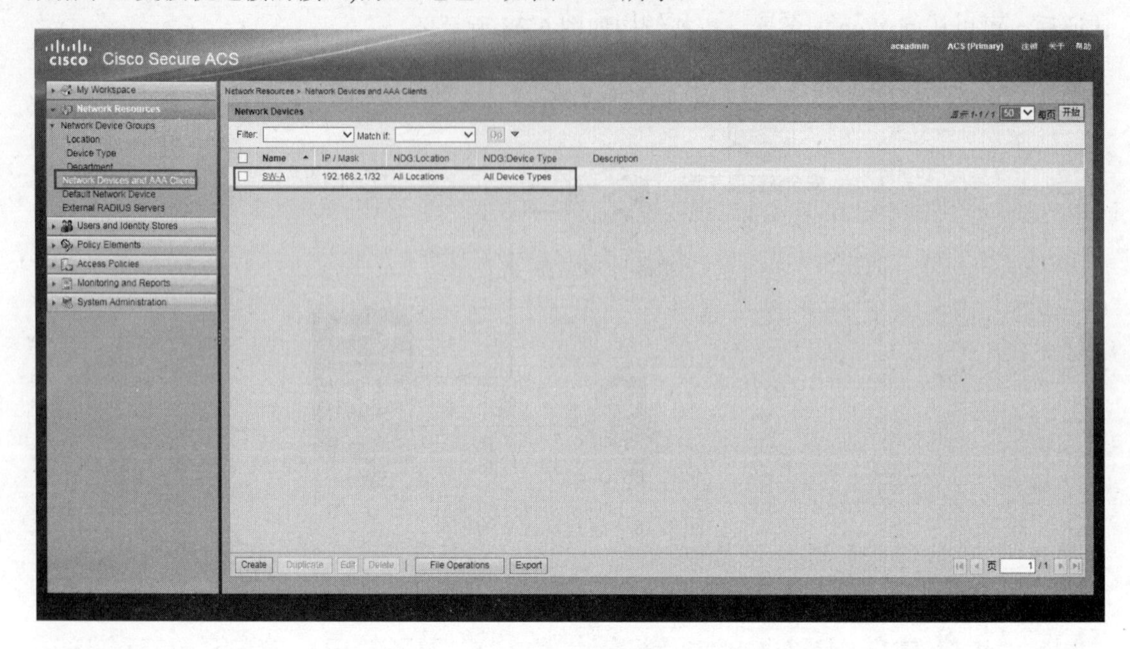

图 6-40　定义认证者

选择“Access Policies”→“Service Selection Rules”选项，选择使用默认的策略选择规则，如图 6-41 所示，一旦匹配了 RADIUS 协议，就发送“Service”为“default network access”的服务认证和授权。

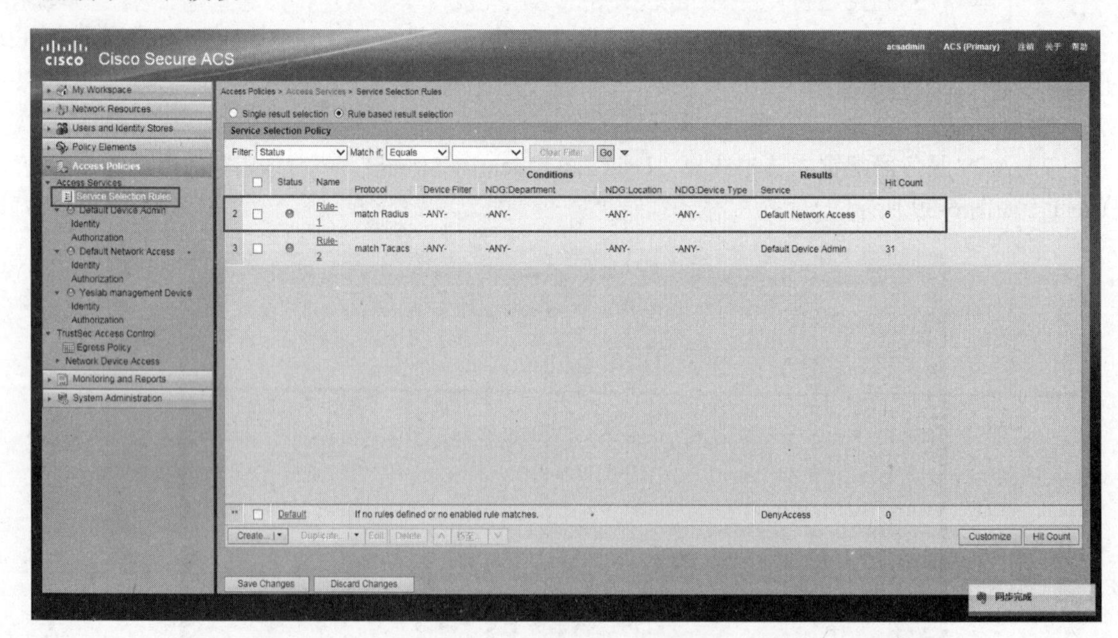

图 6-41　设置策略选择规则

选择“Access Policies”→“Authorization”选项，定义规则，当认证的用户名为 user1 时，授权“Permit Access”，即放行该用户的所有流量，如图 6-42 所示。

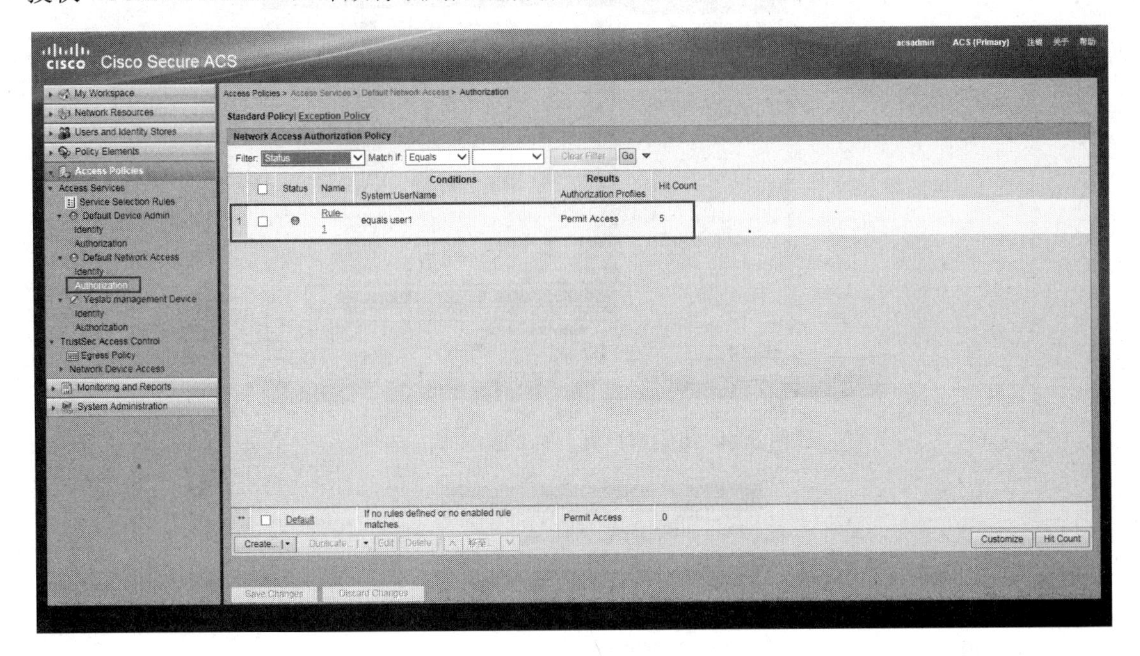

图 6-42　定义规则

3）设置客户机进行验证。认证之前在交换机上查看接口的认证状态，如图 6-43 所示，可以看到接口是未授权状态，认证也没有通过。

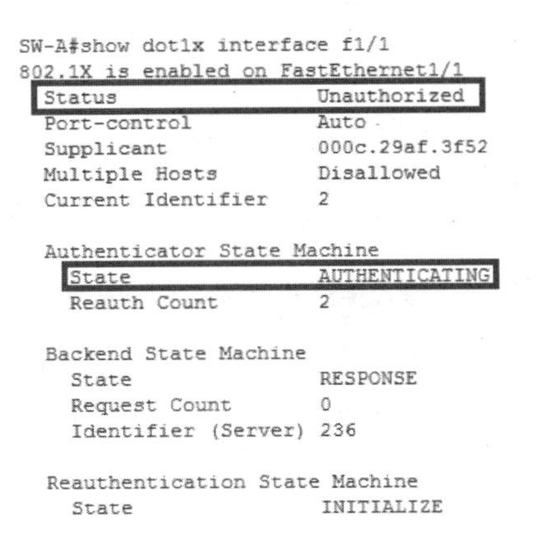

```
SW-A#show dot1x interface f1/1
802.1X is enabled on FastEthernet1/1
 Status                 Unauthorized
 Port-control           Auto
 Supplicant             000c.29af.3f52
 Multiple Hosts         Disallowed
 Current Identifier     2

 Authenticator State Machine
   State                AUTHENTICATING
   Reauth Count         2

 Backend State Machine
   State                RESPONSE
   Request Count        0
   Identifier (Server)  236

 Reauthentication State Machine
   State                INITIALIZE
```

图 6-43　认证前查看接口的认证状态

选择客户机的“我的电脑”→“管理”→“服务”选项，弹出“服务”窗口，启用“Wired AutoConfig”服务，如图 6-44 所示，该服务用于在网卡上开启 802.1X 认证。

右击“本地连接”，在弹出的快捷菜单中选择“属性”选项，弹出“本地连接属性”对话框，选择“身份验证”选项卡，如图 6-45 所示，修改客户机的身份验证模式为“MD5-质询”，即使用用户名和密码进行认证。

单击右下角的矩形框标示的部分，如图 6-46 所示。

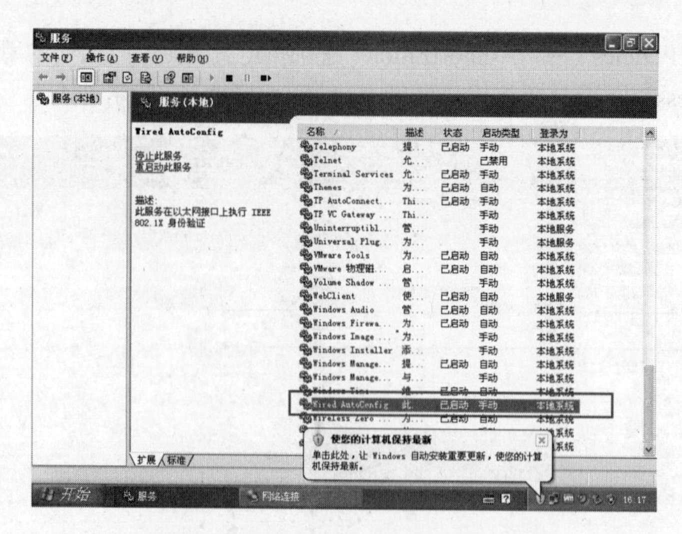

图 6-44　开启客户机上的 802.1X 认证服务

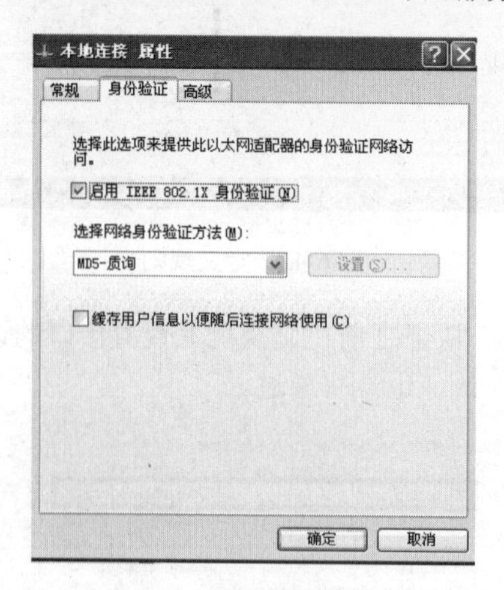

图 6-45　修改身份验证模式

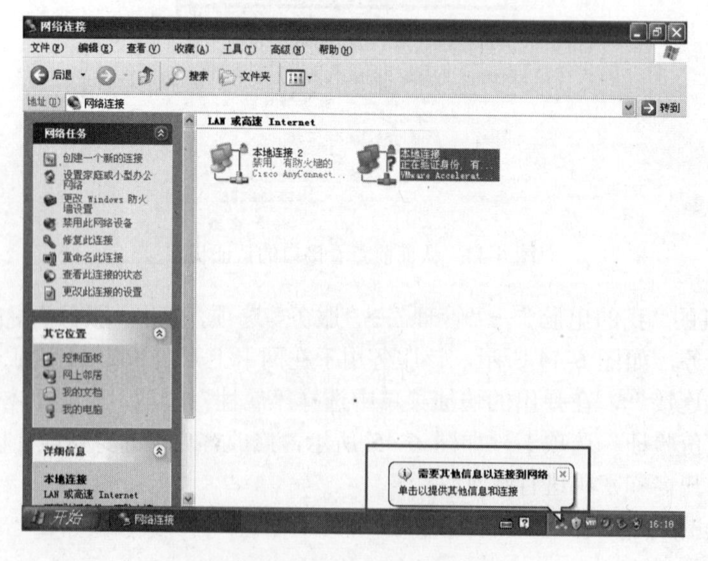

图 6-46　进行身份验证

弹出“输入凭据”对话框，输入在 ACS 中定义的用户名和密码，如图 6-47 所示。

图 6-47　“输入凭据”对话框

认证之后在交换机上查看接口的认证状态，如图 6-48 所示，可以看到接口为授权状态，表示认证通过。

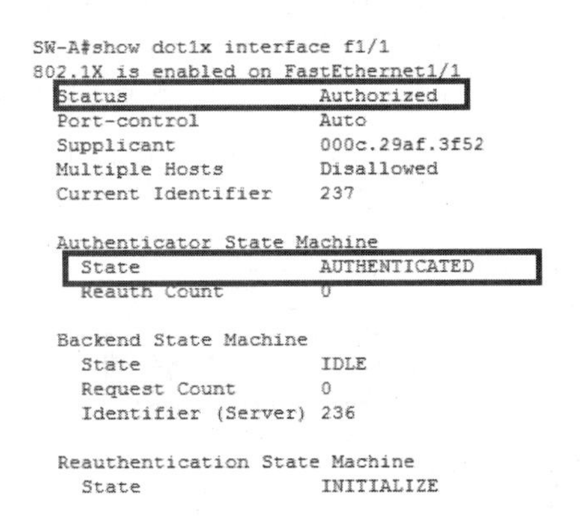

```
SW-A#show dot1x interface f1/1
802.1X is enabled on FastEthernet1/1
  Status                 Authorized
  Port-control           Auto
  Supplicant             000c.29af.3f52
  Multiple Hosts         Disallowed
  Current Identifier     237

  Authenticator State Machine
    State                AUTHENTICATED
    Reauth Count         0

  Backend State Machine
    State                IDLE
    Request Count        0
    Identifier (Server)  236

  Reauthentication State Machine
    State                INITIALIZE
```

图 6-48　在交换机上查看接口认证状态

认证之后客户端即可访问 Web 服务器，如图 6-49 所示。

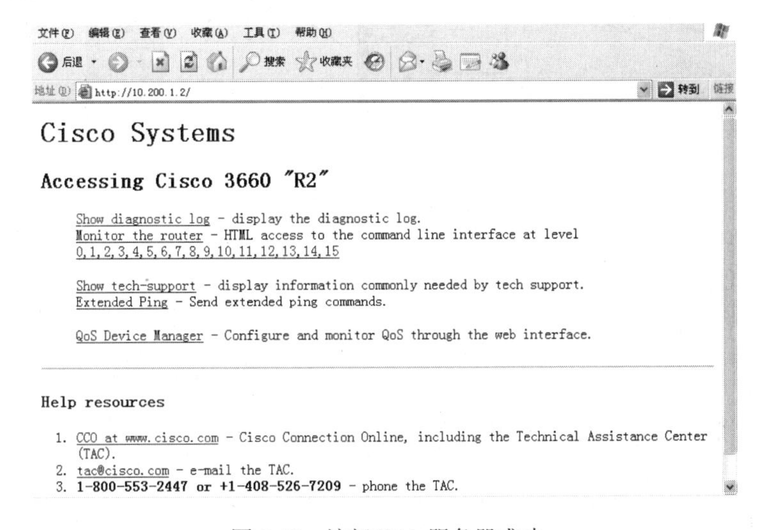

图 6-49　访问 Web 服务器成功

6.4.2 IPS 配置

入侵防护系统（Intrusion Prevention System，IPS）是一款能及时发现又能实时阻断各种入侵行为的安全产品，它是入侵检测系统的替代产品。IPS 可以识别事件的入侵、关联、冲击、方向，并进行适当的分析，然后将合适的信息和命令传送给防火墙、交换机和其他网络设备以降低该事件的风险。Cisco 公司提供了丰富的 IPS 产品，包括专用的 IPS 设备、IPS 模块以及相应的 IOS 以支持 IPS 的功能。Cisco IPS 技术的模块化检测功能以安全特性和网络智能为基础，能对每个事件进行实时的风险衡量，它同时拥有丰富的响应措施集，能评估响应后的风险，帮助迅速诊断和处理问题事件。同时，它提供自适应安全漏洞和异常流量检测，能自学所部署的网络，发现各种异常行为，并根据其自防御网络的入侵防御集成功能，积极防御网络攻击。

如图 6-50 所示，在本例中实现情境如下：IPS 和两台核心设备（三层交换机或者路由器）进行联动，一旦发现有黑客对服务器集群的服务器进行 TCP 端口扫描，IPS 就登录到两台核心设备上面写入动态 ACL，来阻止来自该黑客的所有流量，以达到提前防御的效果。选用的核心交换机为 7200［Software (C7200-ADVENTERPRISEK9_SNA-M)，Version 15.0(1)M，RELEASE SOFTWARE (fc2)］，IPS 的型号如图 6-51 所示，服务器（假设其 IP 地址为 10.200.1.100/24，Windows Server 2003 Standard），客户端主机（某台内部网的主机模拟黑客主机，IP 地址为 192.168.4.102/24，Windows XP Professional）。

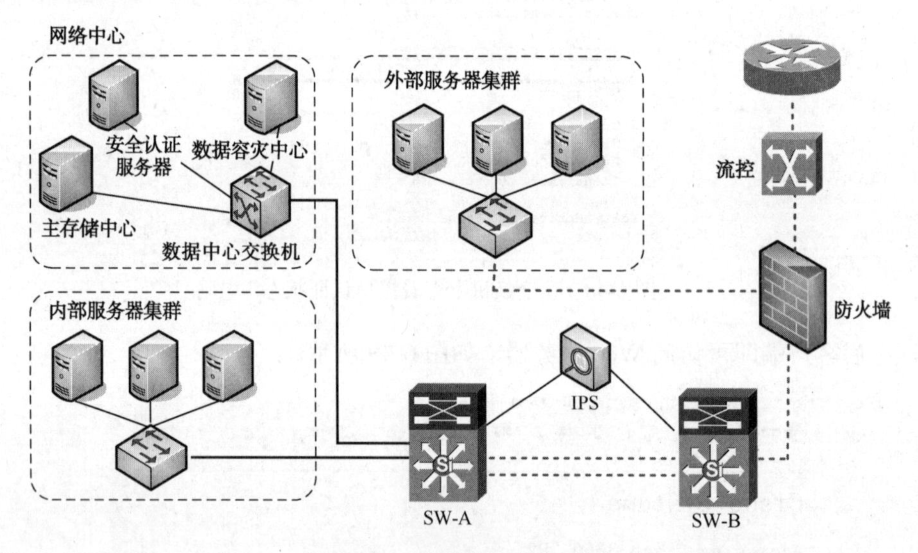

图 6-50 运行 IPS 的拓扑部分

```
Cisco Intrusion Prevention System, Version 5.1(6)E1

Host:
    Realm Keys          key1.0
Signature Definition:
    Signature Update    S291.0                         2007-06-18
    Virus Update        V1.2                           2005-11-24
OS Version:             2.4.26-IDS-smp-bigphys
Platform:               IDS-4215
```

图 6-51 IPS 的型号

1）在客户端主机安装端口扫描器 ScanPort 1.2，安装步骤略。测试从客户端主机 ping 服务器，结果是可以连通的，如图 6-52 所示。

```
C:\Documents and Settings\Administrator.WS-4FFA1921E2C3>ping 10.200.1.100

Pinging 10.200.1.100 with 32 bytes of data:

Reply from 10.200.1.100: bytes=32 time=94ms TTL=254
Reply from 10.200.1.100: bytes=32 time=107ms TTL=254
Reply from 10.200.1.100: bytes=32 time=110ms TTL=254
Reply from 10.200.1.100: bytes=32 time=104ms TTL=254

Ping statistics for 10.200.1.100:
    Packets: Sent = 4, Received = 4, Lost = 0 (0% loss),
Approximate round trip times in milli-seconds:
    Minimum = 94ms, Maximum = 110ms, Average = 103ms
```

图 6-52　客户端主机可以连通服务器

2）在核心交换机 SW-A 上配置 enbale 密码和 Telnet 登录密码，便于和 IPS 联动。

```
SW-A(config)#enable password WHvcse4515
SW-A(config)#line vty 0 4
SW-A(config-line)#password WHvcse.com.cn4565
SW-A(config-line)#login
```

3）图 6-53 所示为初始化 IPS 的过程。

```
sensor#setup

    --- Basic Setup ---

    --- System Configuration Dialog ---

At any point you may enter a question mark '?' for help.
User ctrl-c to abort configuration dialog at any prompt.
Default settings are in square brackets '[]'.


Current time: Mon Nov 12 17:56:26 2012

Setup Configuration last modified: Mon Nov 12 17:47:23 2012

Enter host name[sensor]: Rack08IPS 主机名              IP地址与掩码      网关（必须）
Enter IP interface[192.168.1.2/24,192.168.1.1]: 123.1.1.100/24,123.1.1.254
Modify current access list?[no]: yes
Current access list entries:
  No entries
Permit: 123.1.1.0/24 访问控制列表
Permit: 此处回车
Use DNS server for Global Correlation?[no]: 此处回车
Use HTTP proxy server for Global Correlation?[no]: 此处回车
Modify system clock settings?[no]: 此处回车
Participation in the SensorBase Network allows Cisco to
collect aggregated statistics about traffic sent to your IPS.
SensorBase Network Participation level?[off]: 此处回车
```

图 6-53　IPS 初始化

4）选择一台主机连接到 IPS 上，启动 IE 浏览器，在地址栏中输入 http://123.1.1.100（IPS 管理 IP 地址），输入预设的用户名和密码，即可登录到 IPS 的图形化界面管理软件 IDM 中，如图 6-54 所示，在其中进行配置，“Configuration”按钮是对 IPS 进行配置，“Monitoring”按钮是查看 IPS 的报警和一些系统信息。“Configuration”左侧导航栏中选项是 IPS 的配置选项，单击导航栏中的选项，右侧会显示具体的配置内容。

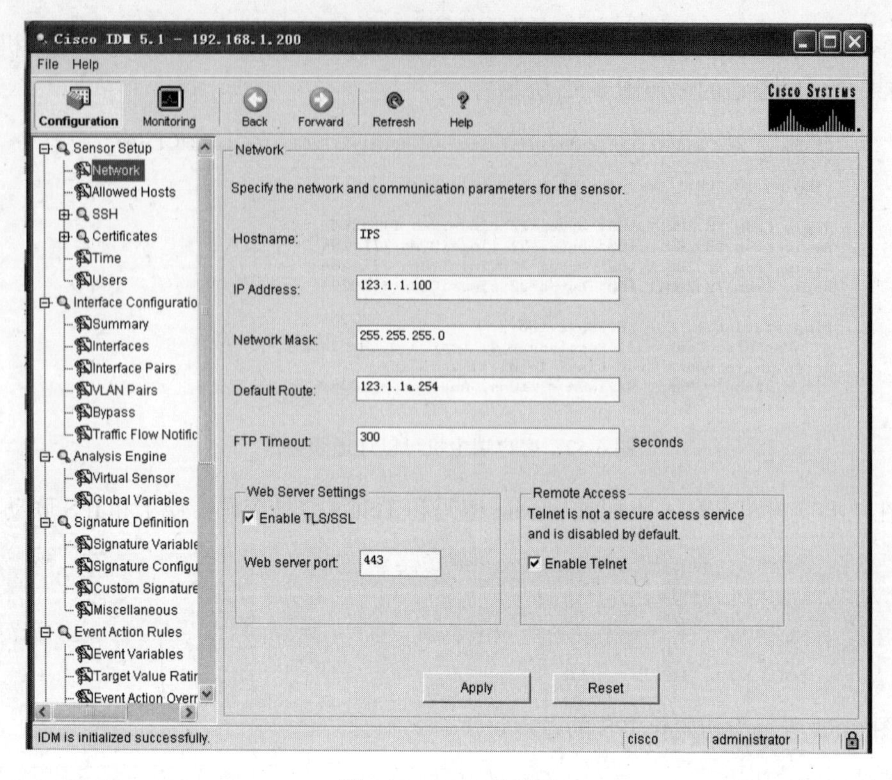

图 6-54 IDM 主界面

选择左侧导航栏中的“Device Login Profile”选项，单击“Add”按钮，在弹出的对话框中输入 Telnet 密码和 enable 密码，如图 6-55 所示，单击“OK”按钮，添加完成后如图 6-56 所示。

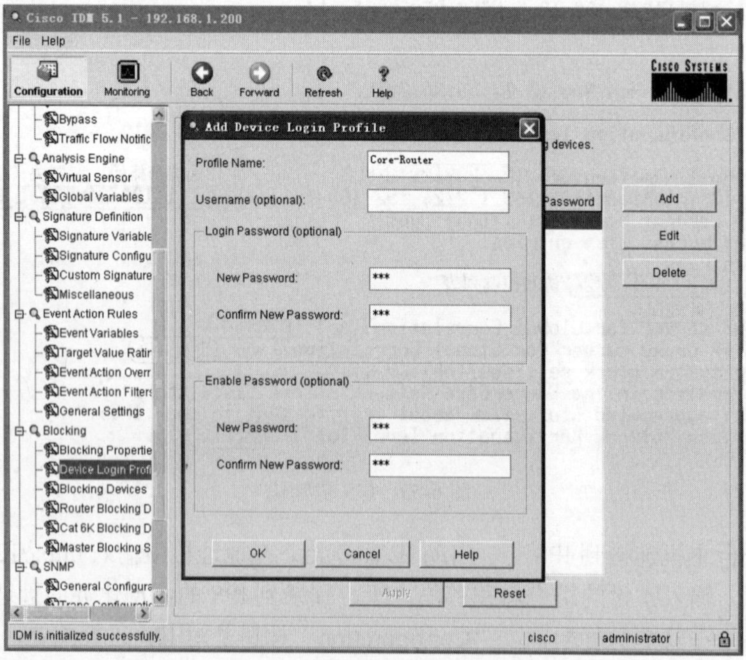

图 6-55 添加设备登录文件

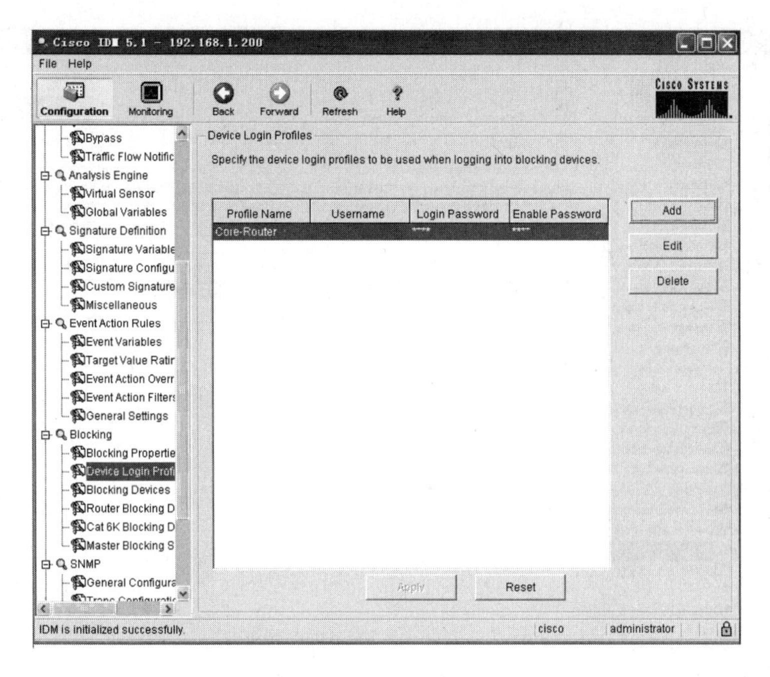

图 6-56　添加完成

然后选择“Blocking Devices”选项，单击“Add”按钮，添加 Block Device 的 IP 地址为 10.100.1.2，如图 6-57 所示，在“Device Login Profile”下拉列表中选择“Core-Router”选项（注意，此处选择上一步配置的“Profile Name”名称），在“Device Type”下拉列表中选择“Cisco-Router”选项，勾选“Block”复选框，在“Communication”下拉列表中选择“Telnet”，添加完成后如图 6-58 所示。

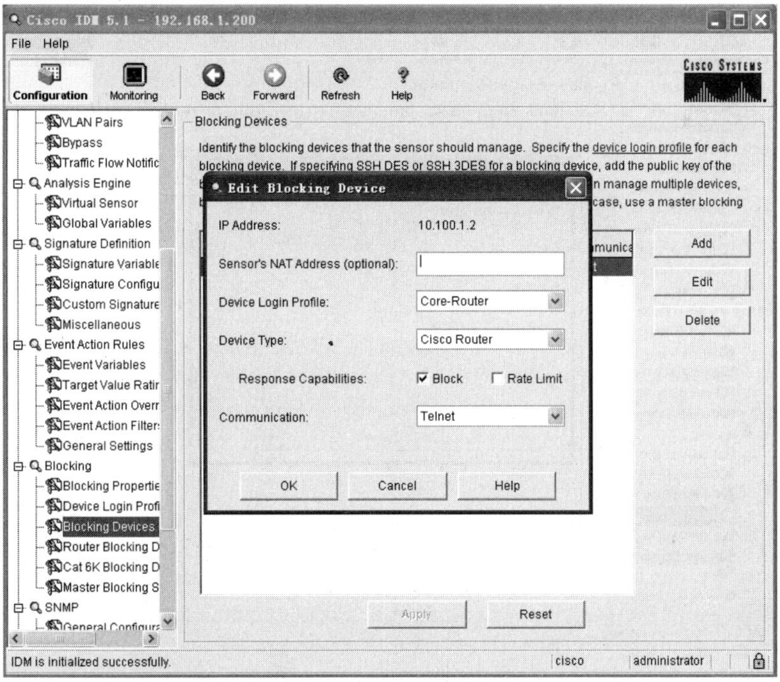

图 6-57　配置阻塞设备

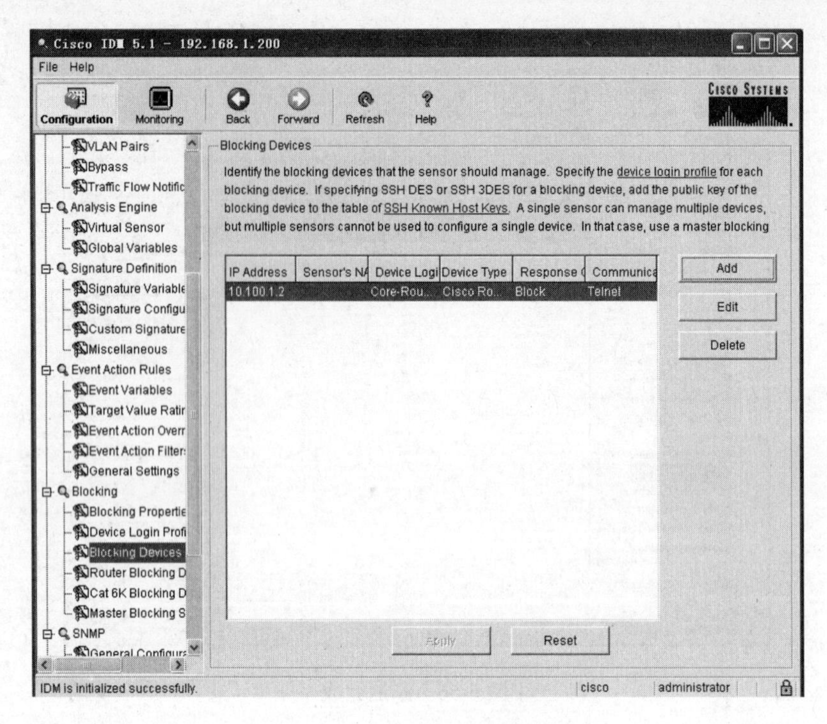

图 6-58　添加完成阻塞设备

选择要动态写入的 ACL 接口，如图 6-59 所示，选择“Router Blocking Device”选项，单击“Add”按钮，在“Blocking Interface”文本框中输入“FastEthernet0/0”，在“Direction”下拉列表中选择“In”，添加完成后如图 6-60 所示。

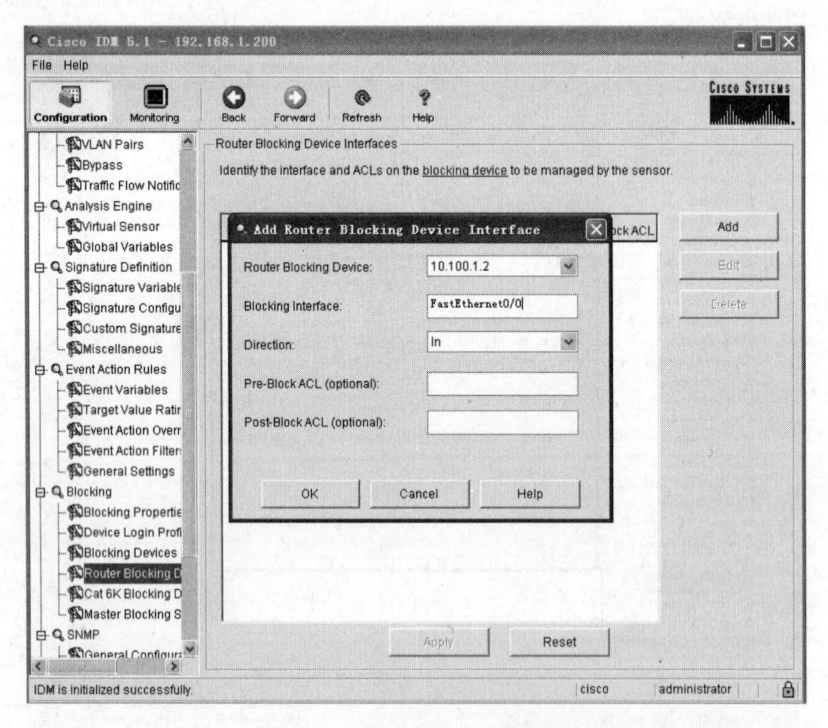

图 6-59　写入动态 ACL 的接口

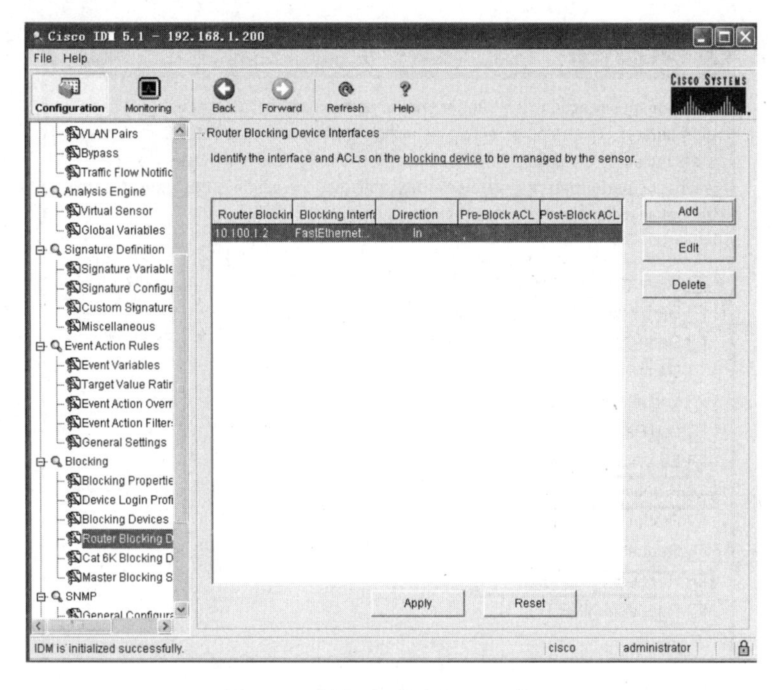

图 6-60　添加完成动态 ACL 接口

如图 6-61 所示，选择“Signature Configure”中的 Action，选择“Sig ID”为 3001 的选项“TCP Port Sweep”（TCP 端口扫描），然后选择“Action”选项。如图 6-62 所示，勾选“Produce Alert”和“Request Block Host”复选框，Produce Alert 负责产生报警，Request Block Host 负责当发现 Signature 触发时，IPS 登录到核心交换机上写入动态 ACL 来阻止黑客主机的 IP 地址，从而阻止来自黑客主机的后续数据包通过核心设备。

图 6-61　配置特征库

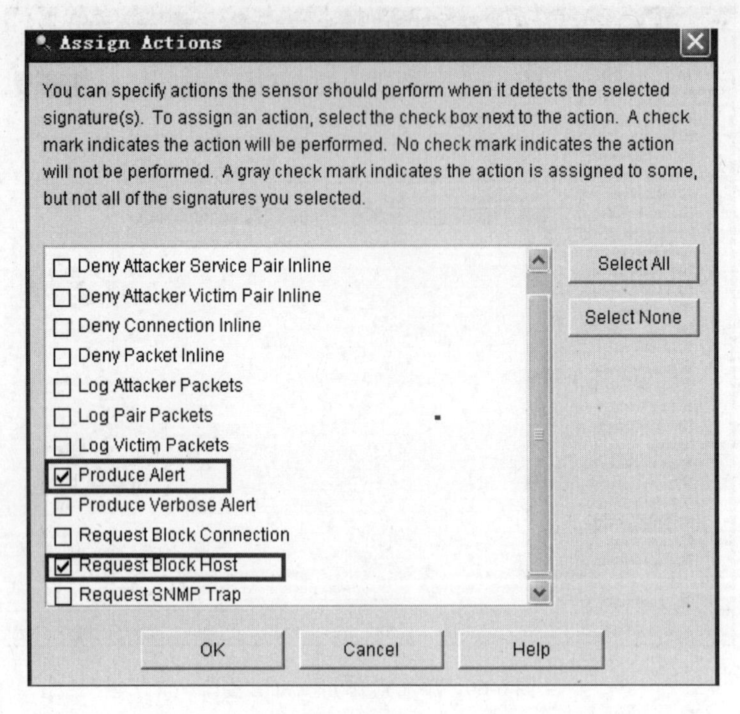

图 6-62 修改 Signature 的 Action

4）进行测试。客户端主机启动端口扫描软件，进行如图 6-63 所示的配置，单击“扫描”按钮。

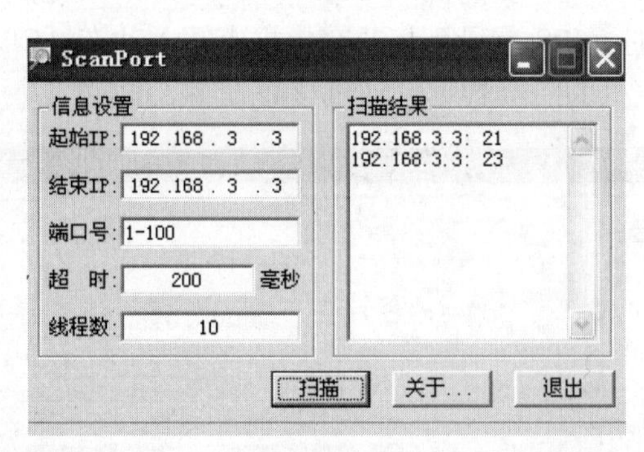

图 6-63 端口扫描软件 ScanPort

如图 6-64 所示，选择 IPS 主界面上的“Monitoring”→“Events”→“View”选项，来查看 IPS 的警告事件，如图 6-65 所示，选择事件编号 15 的条目，单击“Details”按钮查看警告的详细信息。

如图 6-66 所示，在“participants”中的“attacker”表示攻击者，其 IP 地址为 192.168.4.102，端口号为 1172；“target”表示被攻击的服务器，其 IP 地址为 192.168.3.3，端口 10、11、12、……表示攻击者扫描的端口号，由此判断黑客进行了 TCP 的端口扫描，触发了之前配置的“TCP Port Sweep”特征。

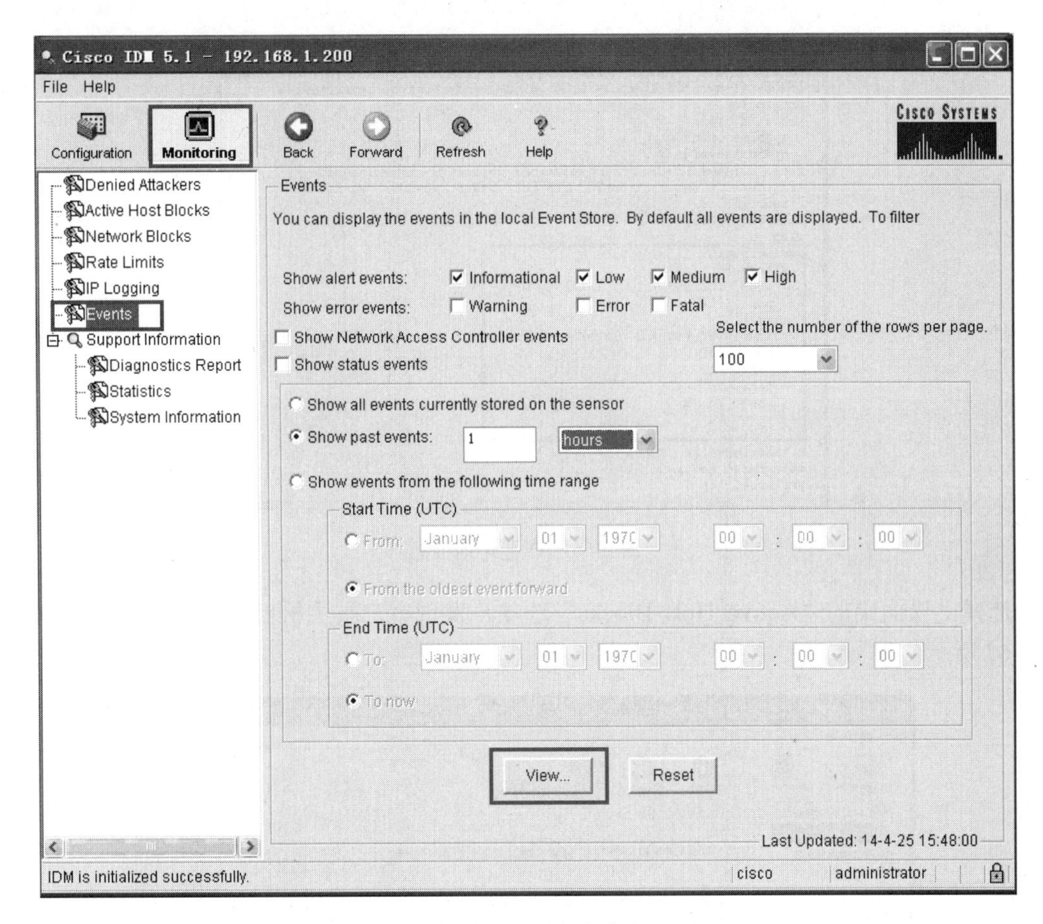

图 6-64　查看告警信息

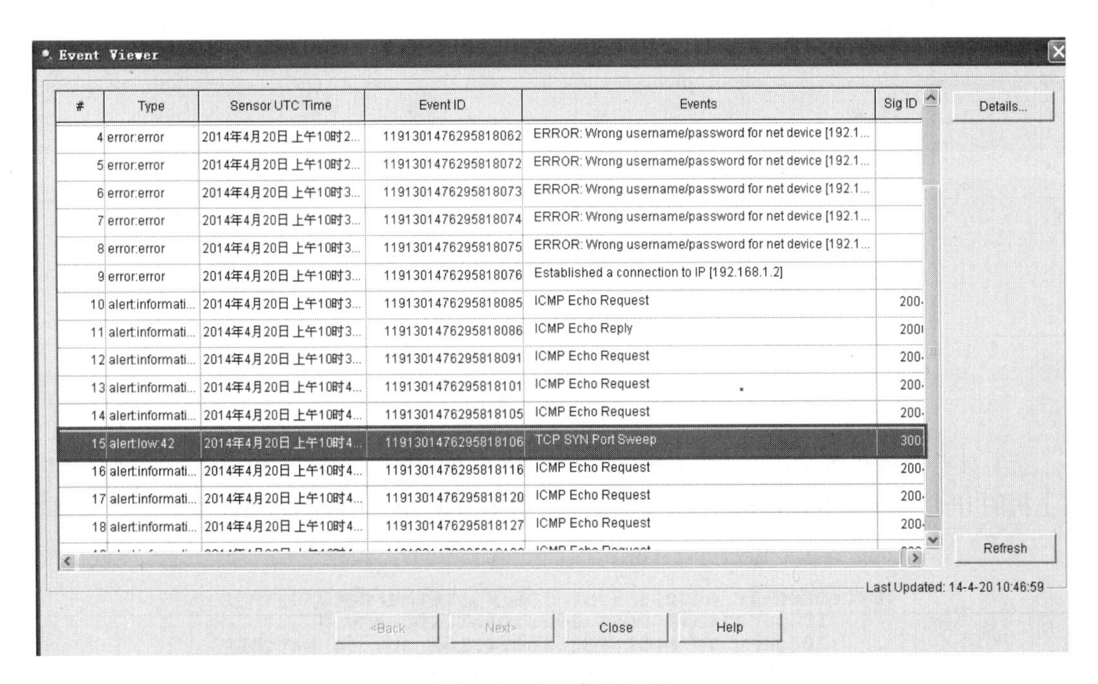

图 6-65　查看警告事件

```
Details for 1191301476295818106
evIdsAlert: eventId=1191301476295818106  vendor=Cisco  severity=low
  originator:
    hostId: ips
    appName: sensorApp
    appInstanceId: 329
  time: 2014年4月20日 上午10时45分18秒  offset=0  timeZone=UTC
  signature:   description=TCP SYN Port Sweep  id=3002  version=S2
    subsigId: 0
  interfaceGroup:
  vlan: 0
  participants:
    attacker:
      addr: 192.168.4.102  locality=OUT
      port: 1172
    target:
      addr: 192.168.3.3  locality=OUT
      port: 10
      port: 11
      port: 12
      port: 13  a
      port: 14
      port: 15
  riskRatingValue: 42
  interface: ge0_1
  protocol: tcp
```

图 6-66　查看详细信息

选择主界面中的“Active Host Blocks”选项，发现客户端主机已经被放入了黑名单，如图 6-67 所示。

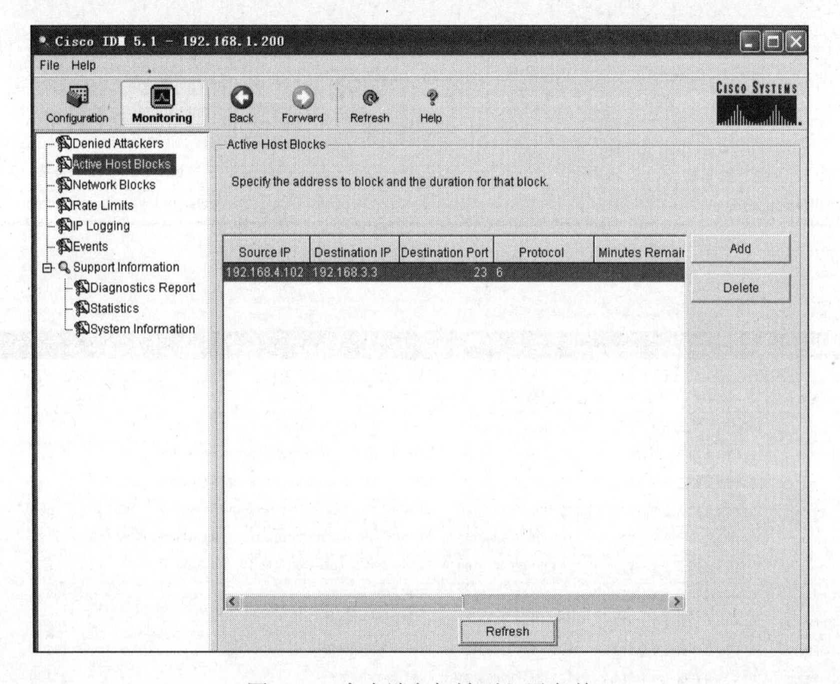

图 6-67　客户端主机被列入黑名单

查看核心交换机 SW-A，如图 6-68 所示，交换机被 IPS 动态写入了 ACL，发现来自客户端主机的 IP 地址 192.168.4.102 已经被拒绝了，查看 SW-B，也被动态写入了一样的 ACL。

```
SW-A#show access-lists

Extended IP access list IDS_FastEthernet0/0_in_1
    10 permit ip host 192.168.1.200 any
    20 deny ip host 192.168.4.102 any (4 matches)
    30 permit ip any any
```

图 6-68　交换机中动态写入 ACL

此时测试客户端主机 ping 服务器，发现是无法连通的，如图 6-69 所示。

```
C:\Documents and Settings\Administrator.WS-4FFA1921E2C3>ping 10.200.1.100

Pinging 10.200.1.100 with 32 bytes of data:

Reply from 192.168.1.1: Destination net unreachable.
Reply from 192.168.1.1: Destination net unreachable.
Reply from 192.168.1.1: Destination net unreachable.
Reply from 192.168.1.1: Destination net unreachable.

Ping statistics for 10.200.1.100:
    Packets: Sent = 4, Received = 4, Lost = 0 (0% loss),
Approximate round trip times in milli-seconds:
    Minimum = 0ms, Maximum = 0ms, Average = 0ms
```

图 6-69　客户端主机无法连通服务器

6.4.3　ACS 配置

如图 6-70 所示，配置 ASA 的直通代理功能，实现对每个用户进行除 IP 地址外的精细化策略控制。本例的实现情境是在客户端主机上使用 user01 的用户名认证，可以访问 Web 服务器的网页和连通 Web 服务器；使用 user02 的用户名认证，可以访问 Web 服务器的网页但无法连通 Web 服务器。

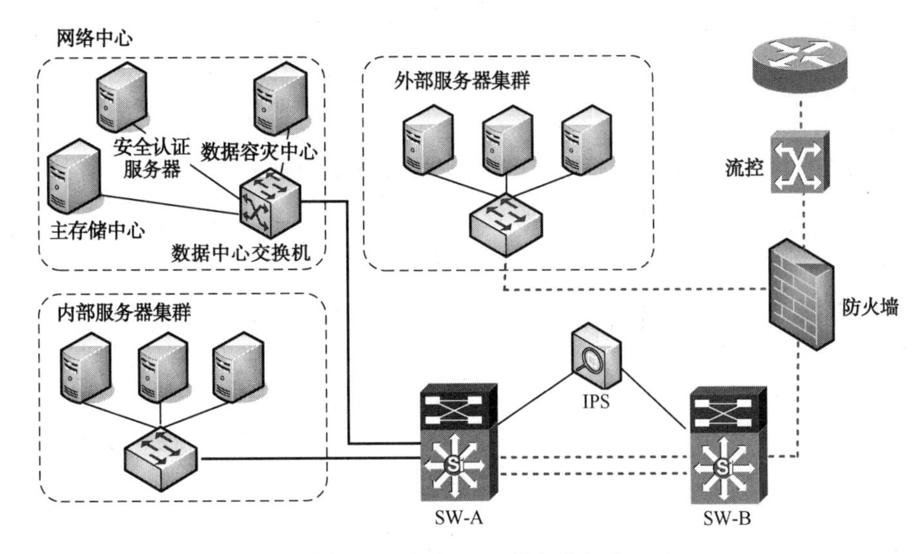

图 6-70　运行 ACS 的拓扑部分

本例的实现原理：客户端主机（用户）要访问 Web 服务器，必须先发起到 Web 服务器的 Telnet 预认证，ASA 防火墙截取该连接，要求客户端主机提供用户名和密码进行认证；用户提交用户名和密码后，ASA 把这些信息提交给 ACS 服务器；ACS 服务器查看用户名相对应的策略，然后使用 Down-ACL 把策略推送给 ASA 防火墙；ASA 防火墙根据策略，基于用户做认证和授权，客户端在 ASA 防火墙的策略控制下访问 Web 服务器。

选用 ACS 服务器(IP 地址为 10.200.1.102，版本为 5.2)，ASA 防火墙(硬件平台为 ASA5520，软件版本为 8.4)，Web 服务器（IP 地址为 10.200.1.2，版本为 Windows Server 2003 Standard），客户端（IP 地址为 192.168.1.102，版本为 Windows XP Professional）。

1）在 ASA 防火墙上进行配置，登录 ASA 防火墙，命令如下。

```
        ASA(config)#interface GigabitEthernet0
        ASA (config-if)# nameif inside  //将接口命名为 inside
        ASA (config-if)# security-level 100  //设置接口的安全级别
        ASA (config-if)# ip address 192.168.1.150 255.255.255.0
        ASA(config)#interface GigabitEthernet1
        ASA (config-if)#nameif outside
        ASA (config-if)#security-level 0
        ASA (config-if)#ip address 10.200.1.100 255.255.255.0
        ASA(config)#access-list 100 extended permit tcp host 192.168.1.102 host
202.100.1.101 eq telnet
        //定义 ACL，拦截用户的 IP 到虚拟 Telnet 的 IP 地址流量，要求用户认证
        ASA(config)#access-group 100 in interface inside per-user-override
        //per-user-override 表示使 DACL 覆盖接口的 ACL
        ASA(config)#aaa-server ACS protocol radius
        ASA(config)#aaa-server ACS (inside) host 10.200.1.102
        ASA(config-aaa-server-host)# key cisco
        ASA(config)#aaa authentication match 100 inside ACS  //定义直通代理，只要
//是匹配 ACL 100 的流量进入，就会被 ASA 截取，然后发送到上面定义的名称为 ACS 的 AAA 服务器上进
//行认证
        ASA(config)#virtual telnet 202.100.1.101  //定义虚拟 Telnet 地址，用于直通代
//理。用户需要首先 Telnet 到该地址做认证，然后访问 ASA 后方的服务器
        ASA(config)#policy-map global_policy
        ASA(config-pmap) class inspection_default
        ASA(config-pmap-c)# inspect icmp    //监控 ICMP，为后续的测试做准备
```

2）安装并启动 ACS 服务器配置，选择导航栏中的“Users and Identity Stores”→“Internal Identity Stores”→“Users”选项，分别定义两个用户为 user01、user02，如图 6-71 所示。

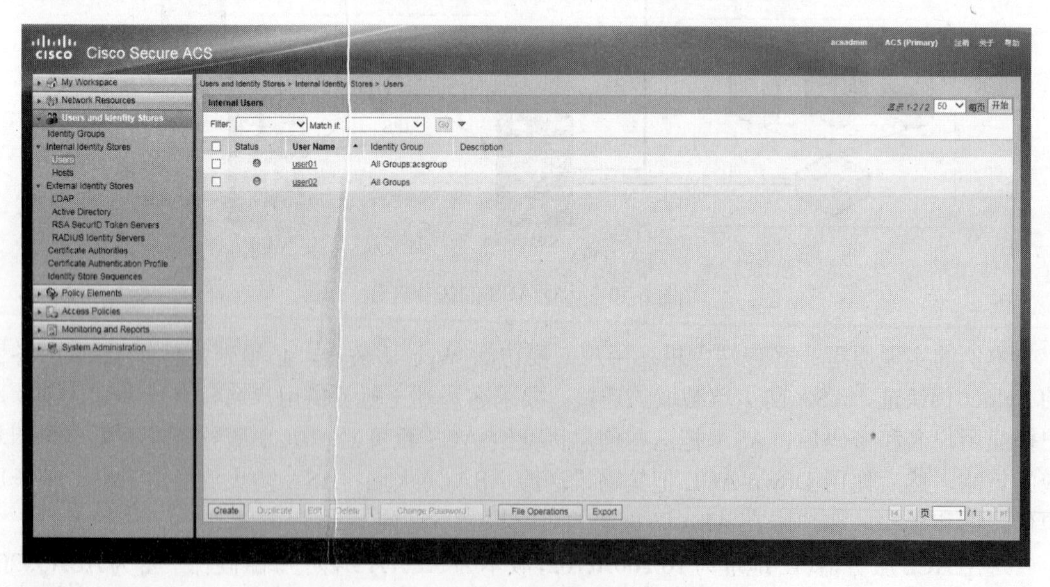

图 6-71 定义用户

如图 6-72 所示，选择导航栏中的“Network Resources”→“Network Devices Groups”→“Network Devices and AAA Clients”选项，定义 AAA 的客户端为 ASA 防火墙，输入 ASA 防火墙接口的 IP 地址和 AAA 认证密码。

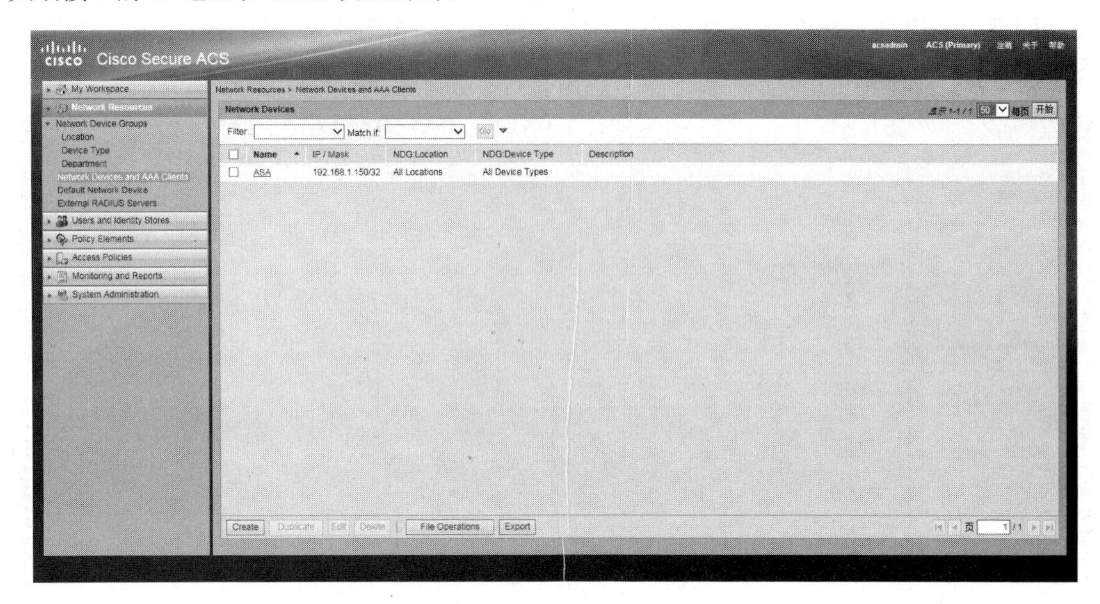

图 6-72　定义 AAA 的客户端

选择“policy Elements”→“Authorization and Permissions”→“Named Permission Objects”→“Downloadable ACLs”选项，为用户 user01 定义 DACL（即在 ACS 服务器上定义的 ACL），在“Name”文本框中输入“User01-ACL”，在“Downloadable ACL Content”文本框中输入如图 6-73 所示的内容。

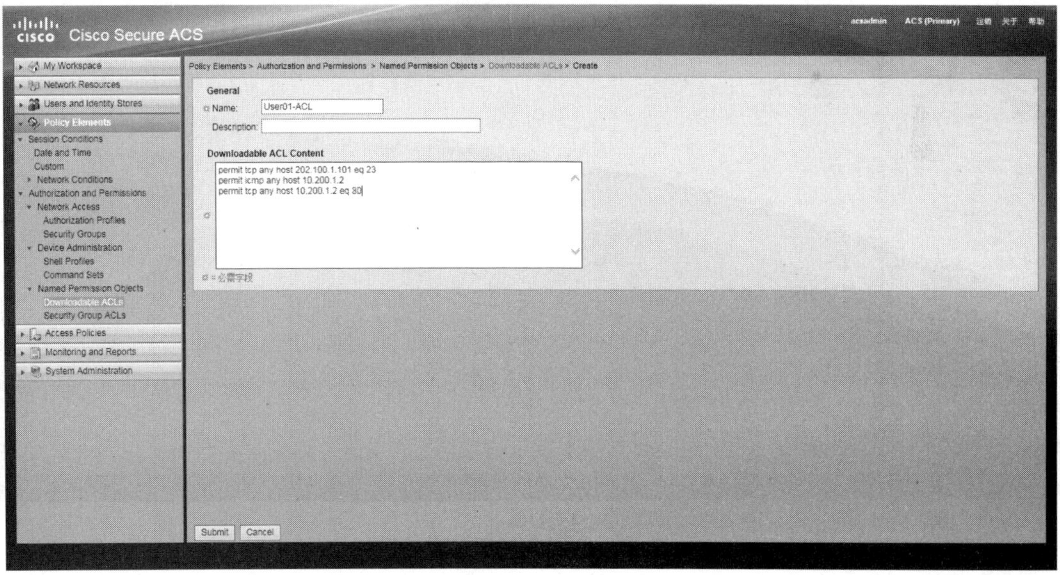

图 6-73　为用户 user01 定义 DACL

第一条 ACL 表示允许任何到 virtual-telnet 的 Telnet 流量通过，让用户可以认证；第二条表示允许任何到服务器（IP 地址为 10.200.1.2）的 ICMP 流量通过；第三条表示允许任何到服务器（IP 地址为 10.200.1.2）的 Web 流量通过。当用户通过认证之后，这三条 ACL 就会下发到 ASA 中，对客户端的流量进行过滤。

同理，为用户 user02 定义 DACL，如图 6-74 所示，为用户定义好 DACL 后的效果如图 6-75 所示。

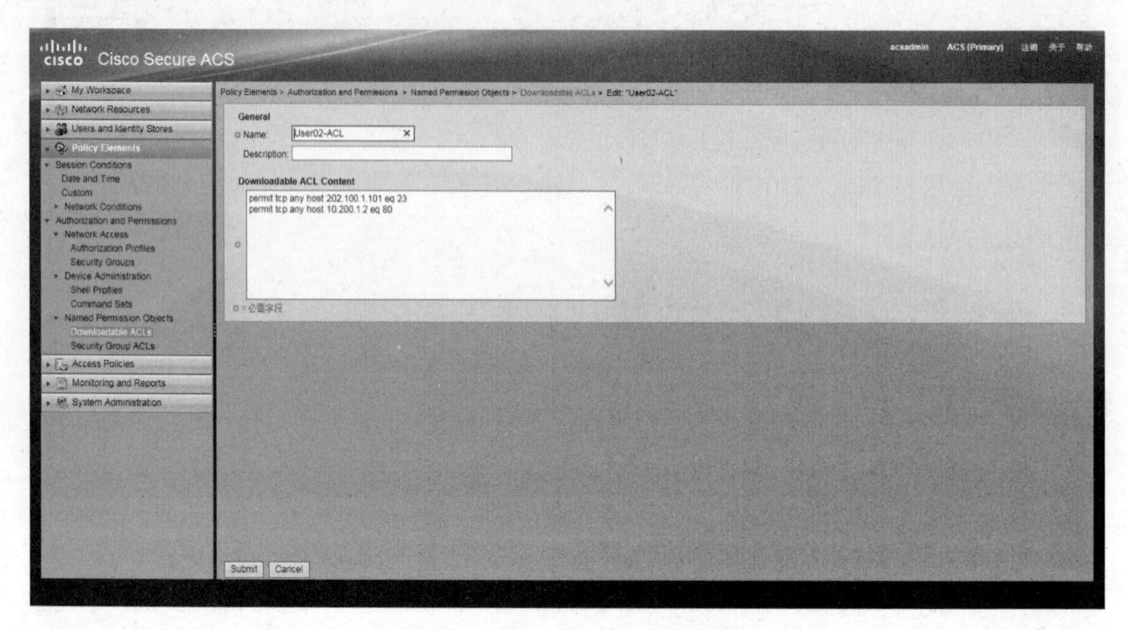

图 6-74　为用户 user02 定义 DACL

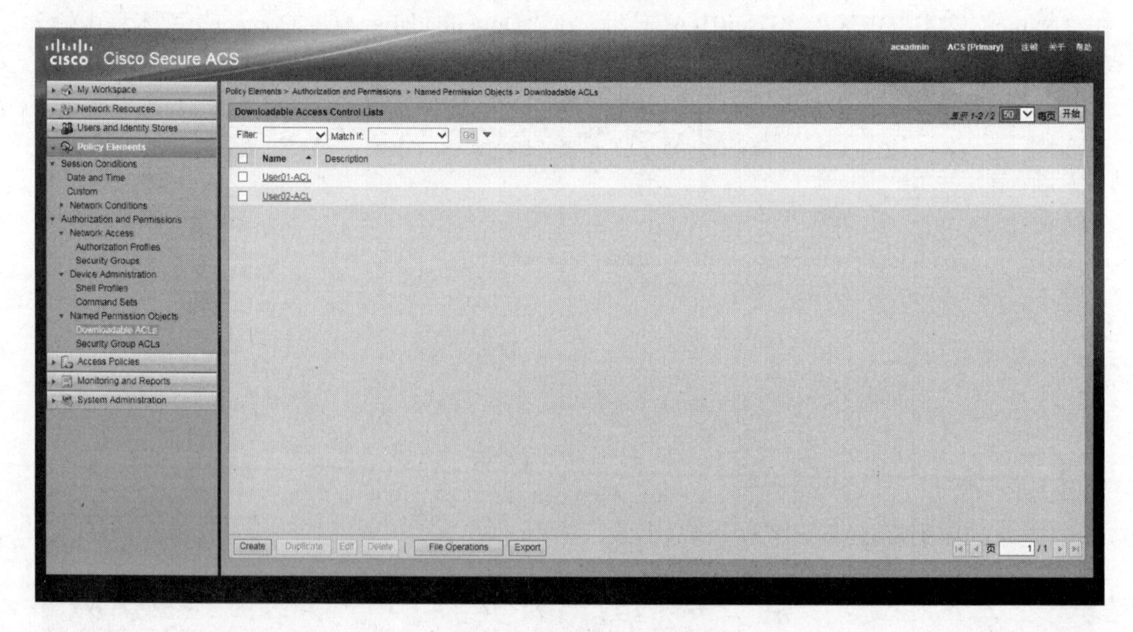

图 6-75　定义 DACL 后的效果

选择“policy Elements”→“Authorization and Permissions”→“Network Access”→“Authorization Profiles”选项，单击“Create”按钮，分别为两个用户定义授权文件，如图 6-76 所示，“Value”表示为该授权文件关联 DACL，名称为“User01-ACL”。

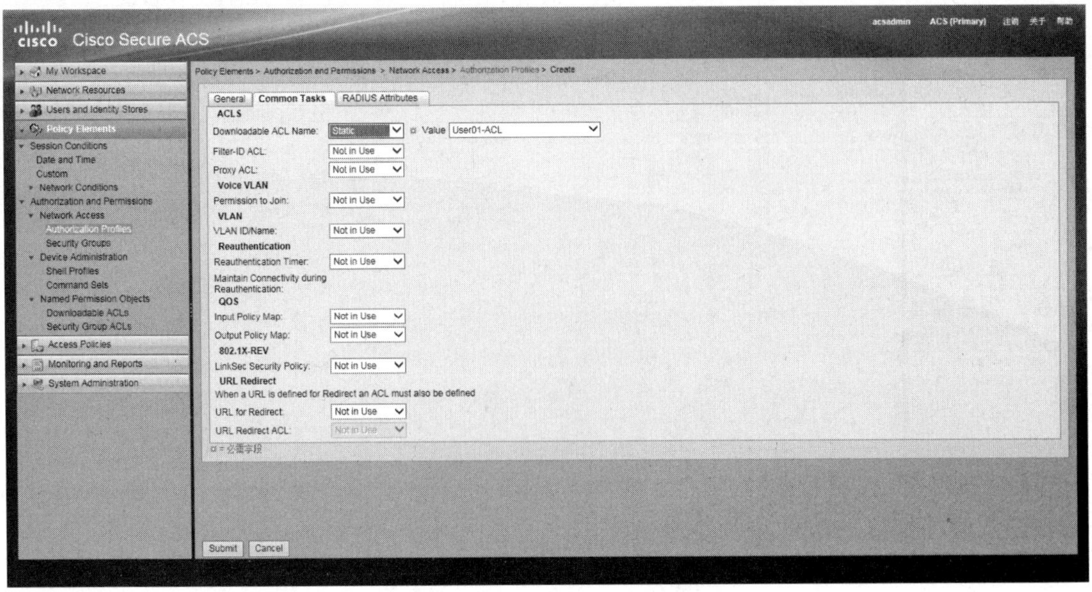

cisco Cisco Secure ACS

acsadmin　ACS (Primary)　注销　关于　帮助

My Workspace
Network Resources
Users and Identity Stores
Policy Elements
Session Conditions
Date and Time
Custom
Network Conditions
Authorization and Permissions
Network Access
Authorization Profiles
Security Groups
Device Administration
Shell Profiles
Command Sets
Named Permission Objects
Downloadable ACLs
Security Group ACLs
Access Policies
Monitoring and Reports
System Administration

Policy Elements > Authorization and Permissions > Network Access > Authorization Profiles > Create

General　Common Tasks　RADIUS Attributes

ACLS
Downloadable ACL Name: Static　Value User01-ACL
Filter-ID ACL: Not in Use
Proxy ACL: Not in Use
Voice VLAN
Permission to Join: Not in Use
VLAN
VLAN ID/Name: Not in Use
Reauthentication
Reauthentication Timer: Not in Use
Maintain Connectivity during Reauthentication:
QOS
Input Policy Map: Not in Use
Output Policy Map: Not in Use
802.1X-REV
LinkSec Security Policy: Not in Use
URL Redirect
When a URL is defined for Redirect an ACL must also be defined
URL for Redirect: Not in Use
URL Redirect ACL: Not in Use
¤ = 必需字段

Submit　Cancel

图 6-76　为用户 user01 定义授权文件

同理，为用户 user02 定义授权文件，如图 6-77 所示。

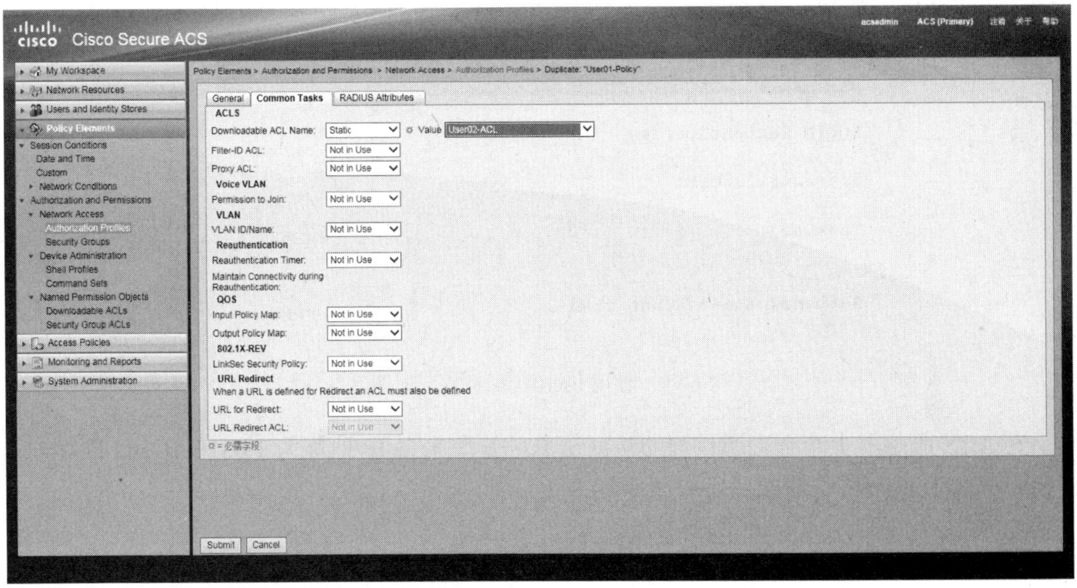

cisco Cisco Secure ACS

acsadmin　ACS (Primary)　注销　关于　帮助

My Workspace
Network Resources
Users and Identity Stores
Policy Elements
Session Conditions
Date and Time
Custom
Network Conditions
Authorization and Permissions
Network Access
Authorization Profiles
Security Groups
Device Administration
Shell Profiles
Command Sets
Named Permission Objects
Downloadable ACLs
Security Group ACLs
Access Policies
Monitoring and Reports
System Administration

Policy Elements > Authorization and Permissions > Network Access > Authorization Profiles > Duplicate: "User01-Policy"

General　Common Tasks　RADIUS Attributes

ACLS
Downloadable ACL Name: Static　Value User02-ACL
Filter-ID ACL: Not in Use
Proxy ACL: Not in Use
Voice VLAN
Permission to Join: Not in Use
VLAN
VLAN ID/Name: Not in Use
Reauthentication
Reauthentication Timer: Not in Use
Maintain Connectivity during Reauthentication:
QOS
Input Policy Map: Not in Use
Output Policy Map: Not in Use
802.1X-REV
LinkSec Security Policy: Not in Use
URL Redirect
When a URL is defined for Redirect an ACL must also be defined
URL for Redirect: Not in Use
URL Redirect ACL: Not in Use
¤ = 必需字段

Submit　Cancel

图 6-77　为用户 user02 定义授权文件

选择“Access Policies”→“Access Services”→“Default Network Access”→“Authorization”选项，单击“Create”按钮，为两个用户分别定义授权策略，匹配不同用户名时使用不同的授权文件，“Name”为授权策略的名称，“System UserName”为匹配该策略的条件的认证用户名，该用户通过认证之后被授权，“Authorization Profiles”为授权文件名。图 6-78 所示为查看授权策略。

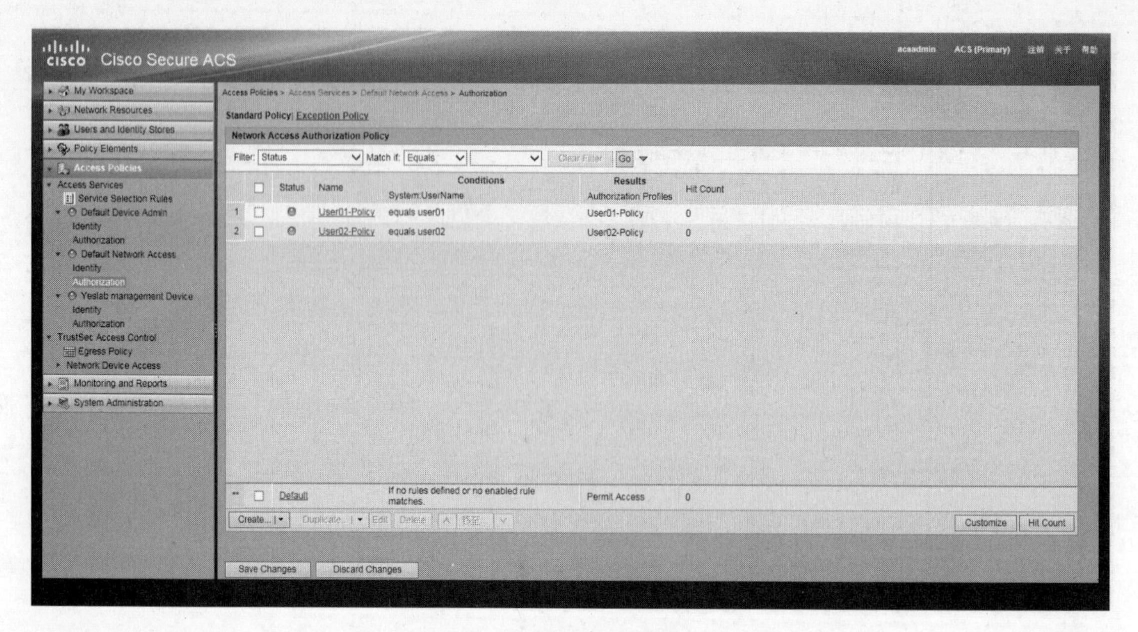

图 6-78　查看授权策略

3）进行测试。从客户端上 Telnet 到 virtual-telnet 预认证地址 202.100.1.101，使用用户名 user01 进行认证，如图 6-79 所示。

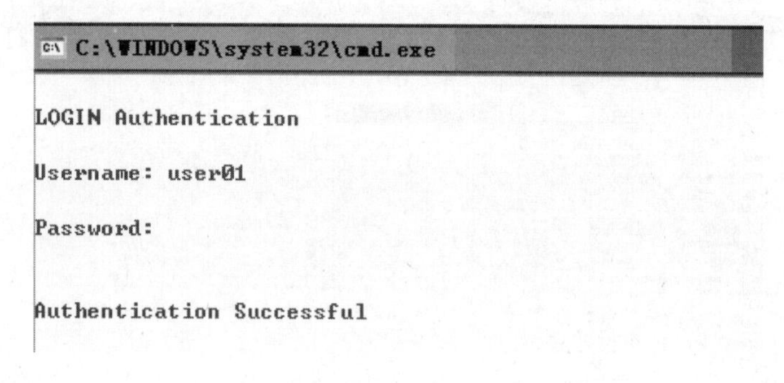

图 6-79　使用 user01 进行 Telnet 登录

在 ACS 服务器上查看直通代理的认证信息，发现来自 IP 地址为 192.168.1.102 的客户端使用用户名为 user01 认证成功，如图 6-80 所示。

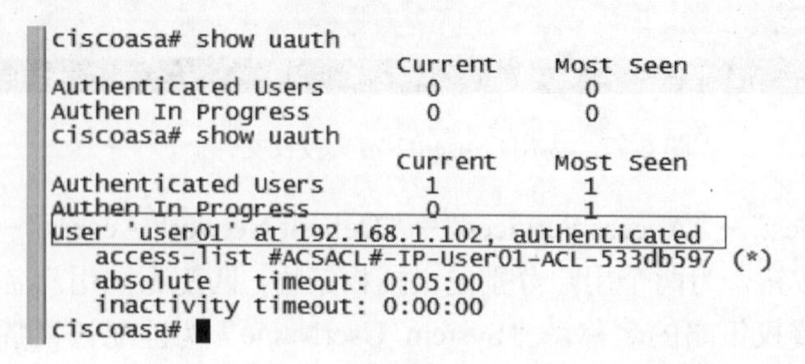

图 6-80　客户端使用用户名 user01 认证成功

在客户端上 ping Web 服务器（IP 地址为 10.200.1.2）是可以连通的，如图 6-81 所示。

```
C:\Documents and Settings\Administrator.WS-4FFA1921E2C3>ping 10.200.1.2

Pinging 10.200.1.2 with 32 bytes of data:

Reply from 10.200.1.2: bytes=32 time=22ms TTL=255
Reply from 10.200.1.2: bytes=32 time=52ms TTL=255
Reply from 10.200.1.2: bytes=32 time=61ms TTL=255
Reply from 10.200.1.2: bytes=32 time=36ms TTL=255

Ping statistics for 10.200.1.2:
    Packets: Sent = 4, Received = 4, Lost = 0 (0% loss),
Approximate round trip times in milli-seconds:
    Minimum = 22ms, Maximum = 61ms, Average = 42ms
```

图 6-81　从客户端上 ping Web 服务器

从客户端访问 Web 服务器，也能正常访问，如图 6-82 所示。

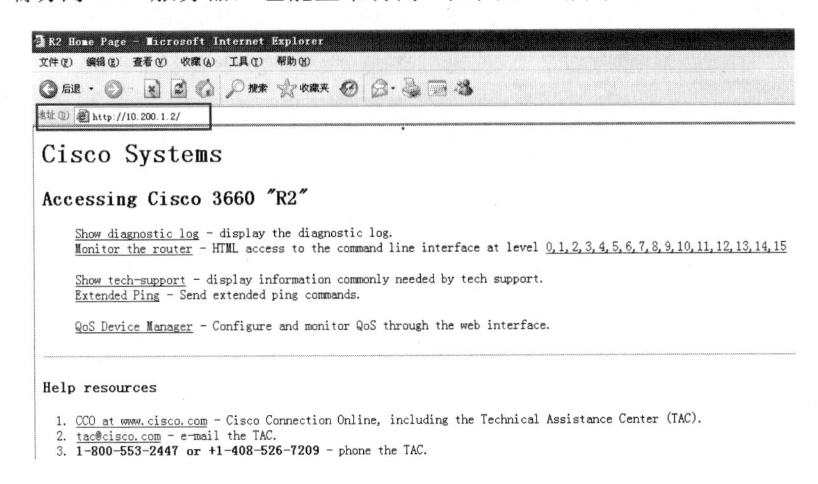

图 6-82　客户端访问 Web 服务器

和前面的测试步骤一样，在客户端上 Telnet 到预认证地址 202.100.1.101，使用用户名 user02 进行认证，如图 6-83 所示。

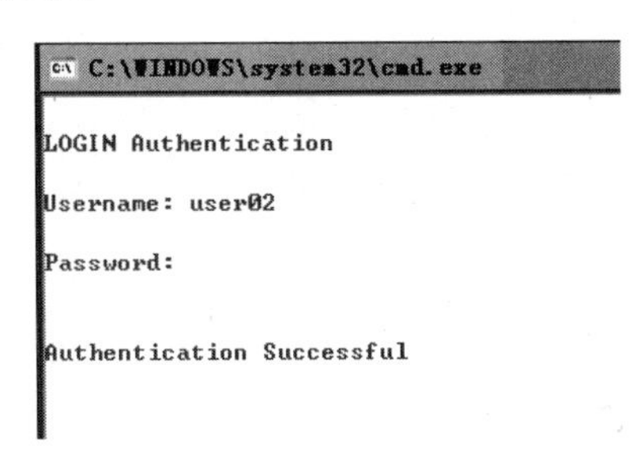

图 6-83　使用 user02 进行 Telnet 登录

在 ACS 服务器上查看直通代理的认证信息，发现来自 IP 地址为 192.168.1.102 的客户端使用用户名为 user02 认证成功，如图 6-84 所示。

```
ciscoasa# show uauth
                        Current    Most Seen
Authenticated Users       0           1
Authen In Progress        0           1
ciscoasa# clear uauth
ciscoasa# show uauth
                        Current    Most Seen
Authenticated Users       1           1
Authen In Progress        0           1
user 'user02' at 192.168.1.102, authenticated
    absolute   timeout: 0:05:00
    inactivity timeout: 0:00:00
ciscoasa#
```

图 6-84　客户端使用用户名 user02 认证成功

在客户端上 ping Web 服务器（IP 地址为 10.200.1.2）发现无法连通，如图 6-85 所示。

```
C:\Documents and Settings\Administrator.WS-4FFA1921E2C3>ping 10.200.1.2

Pinging 10.200.1.2 with 32 bytes of data:

Request timed out.
Request timed out.
Request timed out.
Request timed out.

Ping statistics for 10.200.1.2:
    Packets: Sent = 4, Received = 0, Lost = 4 (100% loss),
```

图 6-85　从客户端上 ping Web 服务器

但从客户端访问 Web 服务器，仍然能正常访问，如图 6-86 所示。

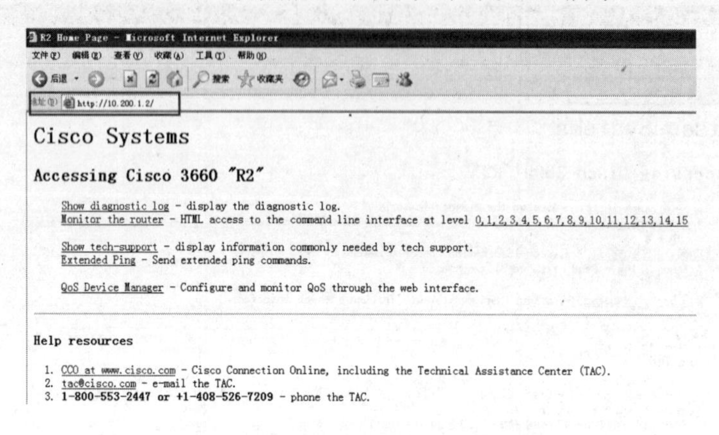

图 6-86　客户端访问 Web 服务器成功

任务 7　综合布线系统测试

7.1　任务情境

测试所使用的标准不同，对应的相关测试参数的要求也不同，尽管要求差别不是很大，但会直接导致测试结果通过或通不过。更为重要的是，永久链路的测试和信道的测试，这两个概念不同，其相应的标准也不一致。所以，在测试过程中，应该根据实际情况选择相应标准，而通常应选用行业内普遍承认或使用的标准。

在本任务情境中，承接企业园区网布线工程项目的公司已完工，根据合同规定，办公大楼布线应该达到超五类标准，并且需第三方机构对其进行布线系统测试评估。为了顺利通过，该公司工程组决定提前对布线工程进行一次测试。

7.2　任务学习引导

7.2.1　综合布线系统测试概述

在本书任务 3 中提到过综合布线系统测试，综合布线测试从工程的角度可分为验证测试和认证测试。验证测试主要在施工中进行，保障工程中的每一个链路的正确连接；认证测试则通常在工程验收过程中由第三方进行，按照某种综合布线测试标准，测得综合布线的各种相关参数，包括各种电气性能、连接情况和网络性能，看是否达到了预期的设计目标。

从验证测试和认证测试的定义可以看出，验证测试主要是为了保证施工质量，而认证测试则是综合布线工程最终验收过程，极其重要。例如，签署的工程合同中声明布线应该符合超五类标准，这时就需要用认证测试报告来证明网络布线施工是否达到了超五类的要求。

为了更好地完成测试，理解测试中各项参数的含义，了解影响各项参数的因素，掌握各种测试分类和方法十分重要。同时，学习测试的有关知识也为施工中的注意事项提供了指引。

7.2.2　电缆传输通道测试

1．测试相关标准

（1）北美标准

● EIA/TIA-568 商用建筑布线标准。

● EIA/TIA-569 商用建筑电信通道和空间标准。

● EIA/TIA-606 商用建筑通信管理标准。

● TSB67 布线系统的测试标准。

这些标准支持下列计算机网络标准。

● IEEE 802.3 总线局域网标准。

● IEEE 802.5 环形局域网标准。

● FDDI 光纤分布式数据接口。

● CDDI 铜缆分布式数据接口。

● ATM 异步传输模式。

（2）国家标准

我国目前使用的最新国家标准为《综合布线系统工程验收规范》，该标准包括目前使用最广泛的 5 类电缆、超 5 类电缆、6 类电缆和光缆的测试方法。

2．技术指标

在《建筑与建筑群综合布线系统工程验收规范》GB/T 50312—2007 中，综合布线系统双绞线永久链路或信道测试项目、技术指标的含义如下。

（1）接线图

这是测试布线链路有无终接错误的一项基本检查，测试的接线图显示出所测每条 8 芯电缆与配线模块接线端子的连接实际状态。

（2）衰减

由于绝缘损耗、阻抗不匹配、连接电阻等因素，信号沿链路传输损失的能量为衰减。传输衰减主要测试传输信号在每个线对两端间传输损耗值及同一条电缆内所有线对中最差线对的衰减量，相对于所允许的最大衰减值的差值。

该值的度量单位为分贝（dB），表达式如下：

$$\text{Atten}=20\times\lg\left(\frac{V_2}{V_1}\right)\ \text{(dB)}$$

式中：V_1 为输入信号电压值；V_2 为输出信号电压值；取绝对值。

衰减值越大说明损耗越大，该值越小越好，衰减与以下几个因素有关。

1）线缆的长度：随着长度的增加，信号衰减也越来越大，在测量 5 类 UTP 线缆的衰减时，通常以 100m 为限，超过应在测试结果中进行标注，一般以“*”表示。

2）线缆中的信号频率：衰减随着频率的上升而增大，同样一条电缆在 100MHz 时的衰减要大于它在 1MHz 时的值，因此要测量应用范围内的全部频率段的衰减。

3）温度：在 20℃的基础上，每上升 1℃，5 类 UTP 电缆的衰减值上升 0.4%。

4）电缆结构：现场测试应测量出已安装的每一对线缆衰减的最严重情况，通过衰减最大值做与衰减允许值比较，判断是否通过。

（3）近端串扰（NEXT）

近端串扰也称为近端串音。近端串扰值和导致该串扰的发送信号（参考值定为 0）的差值称为近端串扰损耗。

在一条链路中处于线缆一侧的某发送线对，对于同侧的其他相邻（接收）线对通过电磁感应所造成的信号耦合（由发射机在近端传送信号，在相邻线对近端测出的不良信号耦合）为近端串扰。该值的度量单位为 dB，表达式如下：

$$\text{NEXT}=20\times\lg\left(\frac{V_2}{V_1}\right)\ \text{(dB)}$$

式中：V_1 为被测或输入的电压；V_2 为参考或输出的电压；取绝对值。

NEXT 绝对值越大表示近端串扰越低。相同条件下双绞线中频率越高，近端串扰情况越严重，即测得的 NEXT 值越小。

影响 NEXT 值的因素主要是双绞线本身质量、打线和压接头时的工艺水平以及测试时的频率。

（4）近端串音功率和（PS NEXT）

PS NEXT 指在 4 对对绞电缆一侧测量 3 个相邻线对对某线对近端串扰的总和（所有近端干扰信号同时工作时，在接收线对上形成的组合串扰）。

（5）衰减串扰比值（ACR）

ACR 指在受相邻发送信号线对串扰的线对上，其串扰损耗（NEXT）与本线对传输信号衰减值（Atten）的差值。该值的度量单位为 dB，表达式如下：

$$ACR=NEXT-Atten \quad (dB)$$

较高的 ACR 值说明接收到的原信号大于串扰信号，ACR 是性能余量的真实反映，也是信噪比的另一种体现。

（6）等电平远端串扰（ELFEXT）

ELFEXT 指某线对上远端串扰损耗与该线路传输信号衰减的差值。

从链路或信道近端线缆的一个线对发送信号，经过线路衰减从链路远端干扰相邻接收线对（由发射机在远端传送信号，在相邻线对近端测出的不良信号耦合）为远端串扰。

（7）等电平远端串扰功率和（PS ELFEXT）

PS ELFEXT 指在 4 对对绞电缆一侧测量 3 个相邻线对对某线对远端串扰的总和（所有远端干扰信号同时工作，在接收线对上形成的组合串扰）。

（8）回波损耗（RL）

RL 是由于链路或信道特性阻抗偏离标准值导致功率反射而引起的（布线系统中阻抗不匹配产生的反射能量）。由输出线对的信号幅度和该线对所构成的链路上反射回来的信号幅度的差值导出。表达式如下：

RL=输入信号幅度-反射信号幅度

高 RL 值的电缆在用于局域网信号传输时由于反射信号的损失较小，所以效率更高，RL 值越低，越可能将反射的信号翻译成接收信号而造成数据错误。

由于电缆的结构无法完全一致，因此会发生阻抗发生少量变化的情况。当高频信号在电缆及通信设备中传输时，遇到阻抗不均匀点，就会对信号形成反射，这种反射不但导致信号传输损耗增大，并且会使传输信号畸变，对传输性能影响很大。不均匀点可以使电缆与终端的阻抗不匹配或者使电缆本身的阻抗不均匀。

在通信电缆的制造过程中，由于工艺偏差所引起的线芯导体的直径、绝缘的直径的变化和偏心以及发泡绝缘发泡度不均匀，都会对电缆传输的回波损耗造成影响。

（9）传播时延

传播时延指信号从链路或信道一端传播到另一端所需的时间。通常用光速的百分比来表示，这个百分比被称为额定传播速度（Nominal Velocity of Propagation，NVP）。

一个电缆线对的传输延迟取决于线对的长度、缠绕率、电特性等。NVP 值乘以光速和传输往返时间的一半可以得到线缆的实际长度。UTP 电缆的 NVP 值一般为 60%c～90%c。

一般的线缆要求传输延迟不超过 555ns。5 类 UTP 的延迟时间为 5～7ns/m。延迟时间是局域网有长度限制的主要原因之一。

（10）传播时延偏差

以同一缆线中信号传播时延最小的线对作为参考，其余线对与参考线对的时延差值（最快线对与最慢线对信号传输时延的差值）就是传播时延偏差。

（11）插入损耗

发射机与接收机之间插入电缆或元器件产生的信号损耗即为插入损耗，通常指衰减。

3．测试类型

（1）验证测试

验证测试又称随工测试，指边施工边测试，主要检测线缆的质量和安装工艺，及时发现并纠正问题，避免返工。验证测试不需要使用复杂的测试仪，只需要使用能测试接线通断和线缆长度的测试仪。

（2）认证测试

认证测试又称验收测试，是所有测试工作中最重要的环节，是在工程验收时对综合布线系统的安装、电气特性、传输性能、设计、选材和施工质量的全面检验。认证测试通常分为两种类型：自我认证测试和第三方认证测试。

4．测试方法

3 类和 5 类布线系统按照基本链路和信道进行测试，超 5 类和 6 类布线系统按照永久链路和信道进行测试，测试接线按图 7-1～图 7-3 进行连接。

1）基本链路连接模型：应符合图 7-1 所示的方式。

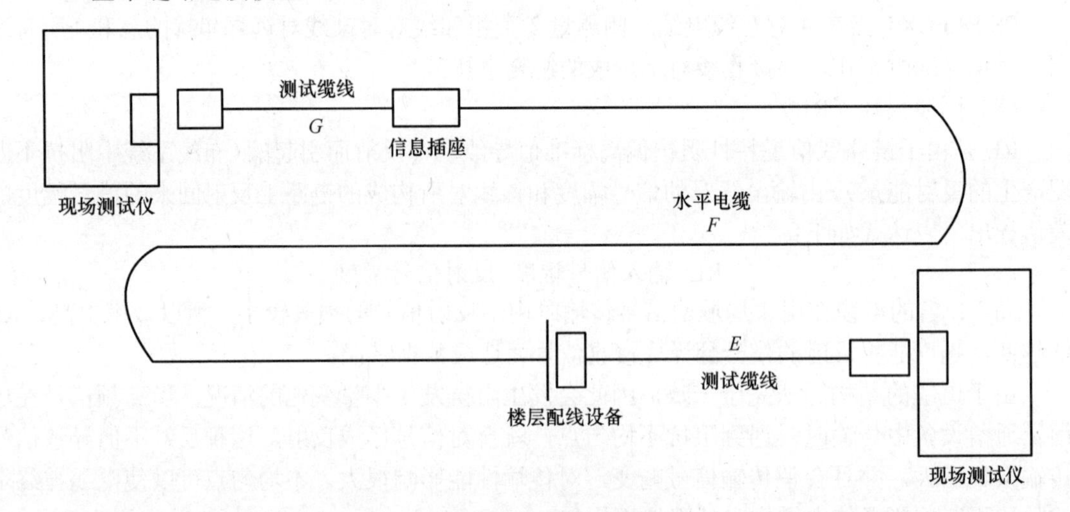

图 7-1　基本链路连接模型

（G=E=2m，F=90m）

2）永久链路连接模型：适用于测试固定链路（水平电缆及相关连接元器件）的性能。链路连接应符合图 7-2 所示的方式。

3）信道连接模型：在永久链路连接模型的基础上，包括了工作区和电信间的设备电缆和跳线在内的整体信道性能。信道连接应符合图 7-3 所示的方式。

信道包括：最长 90m 的水平缆线、信息插座模块、集合点、电信间的配线设备、跳线、设备线缆在内，总长不得大于 100m。

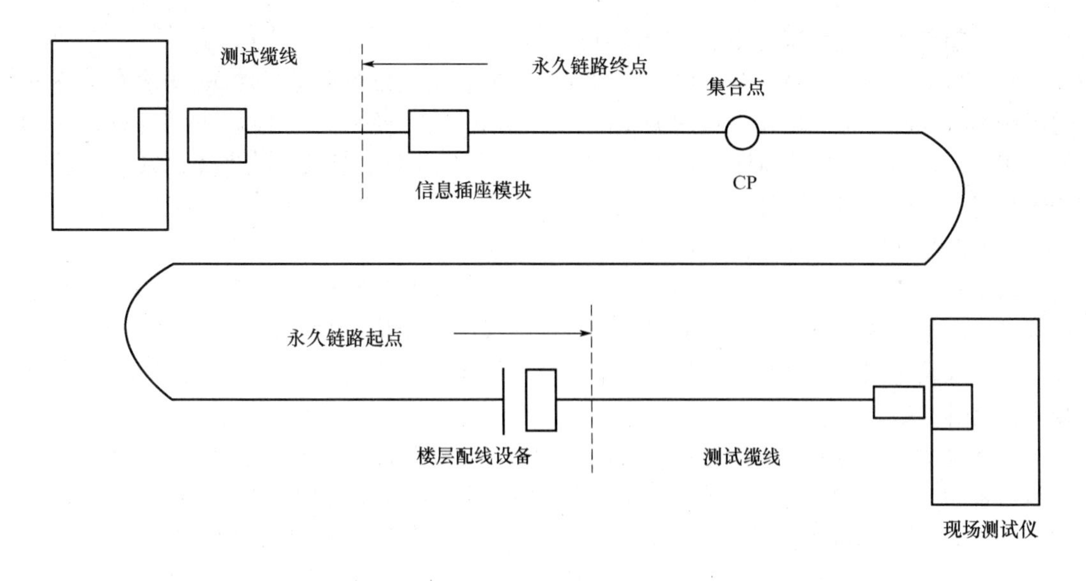

图 7-2　永久链路方式

（H—从信息插座到楼层配线设备（包括集合点）的水平电缆，H≤90m）

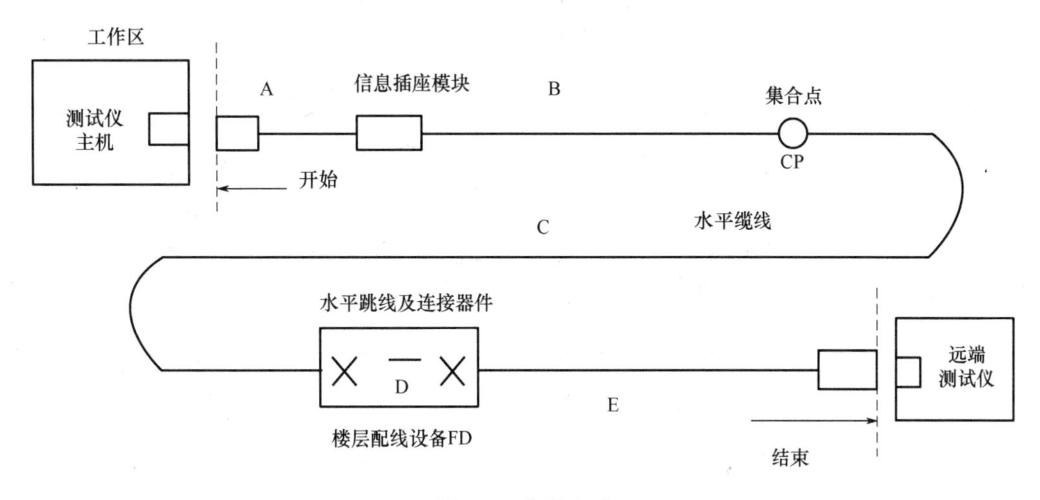

图 7-3　信道方式

A—工作区终端设备电缆；B—CP 缆线；C—水平缆线；D—配线设备连接跳线；

E—配线设备到设备连接缆线；$B+C\leqslant 90$m　　$A+D+E\leqslant 10$m

5. 测试内容

（1）5 类电缆系统的测试标准及测试内容

EIA/TIA-568A 和 TSB-67 标准规定的 5 类电缆布线现场测试参数主要有接线图、长度、近端串扰和衰减。ISO/IEC 11801 标准规定的 5 类电缆布线现场测试参数主要有接线图、长度、近端串扰、衰减、衰减串扰比和回波损耗。我国的《综合布线系统工程验收规范》规定 5 类电缆布线的测试内容分为基本测试项目和任选测试项目，基本测试项目有长度、接线图、衰减和近端串扰；任选测试项目有衰减串扰比、环境噪声干扰强度、传播时延、回波损耗、特性阻抗和直流环路电阻等内容。

（2）超 5 类电缆系统的测试标准及测试内容

EIA/TIA-568A-5-2000 和 ISO/IEC 11801—2000 是正式公布的超 5 类 D 级双绞线电缆系统的现场测试标准。超 5 电缆系统的测试内容既包括长度、接线图、衰减和近端串扰这 4 项基本测试项目，也包括回波损耗、衰减串扰比、综合近端串扰、等效远端串扰、综合远端串扰、传输延迟、直流环路电阻等参数。

（3）6 类电缆系统的测试标准及测试内容

EIA/TIA-568B 和 ISO/IEC 11801—2002 是正式公布的 6 类 E 级双绞线电缆系统的现场测试标准。6 类电缆系统的测试内容包括接线图、长度、衰减、近端串扰、传输时延、时延偏离、直流环路电阻、综合近端串扰、回波损耗、等效远端串扰、综合等效远端串扰、综合衰减串扰比等参数。

以下是测试内容的部分指标：接线图的测试，主要测试水平电缆中接在工作区或电信间配线设备的 8 位模块式通用插座的安装连接正确或错误。正确的线对组合为 1/2、3/6、4/5、7/8，分为非屏蔽和屏蔽两类，对于非 RJ45 的连接方式按相关规定要求列出结果。

布线过程中可能出现以下正确或不正确的连接图测试情况，具体如图 7-4 所示。

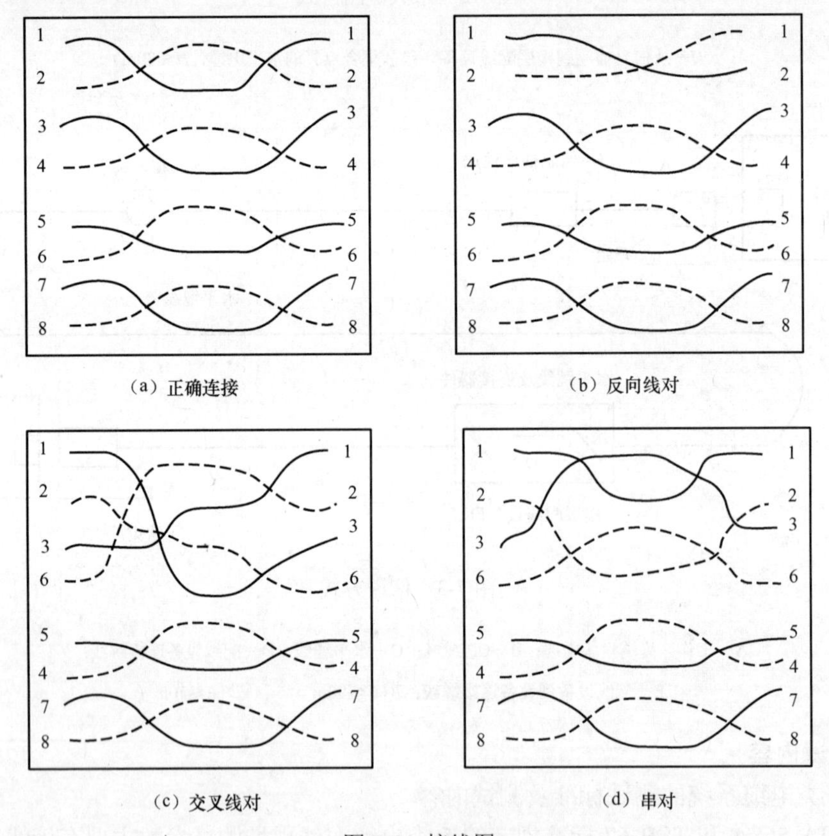

（a）正确连接　（b）反向线对

（c）交叉线对　（d）串对

图 7-4　接线图

布线链路及信道缆线长度应在测试连接图所要求的极限长度范围之内。

3 类和 5 类水平链路及信道测试项目及性能指标应符合表 7-1 和表 7-2 的要求（测试环境温度为 20℃）。

表 7-1　3 类水平链路及信道性能指标

频率/MHz	基本链路性能指标/dB		信道性能指标/dB	
	近端串音	衰减	近端串音 dB	衰减 dB
1.00	40.1	3.2	39.1	4.2
4.00	30.7	6.1	29.3	7.3
8.00	25.9	8.8	24.3	10.2
10.00	24.3	10.0	22.7	11.5
16.00	21.0	13.2	19.3	14.9
长度/m	94		100	

表 7-2　5 类水平链路及信道性能指标

频率/MHz	基本链路性能指标/dB		信道性能指标/dB	
	近端串音	衰减	近端串音	衰减
1.00	60.0	2.1	60.0	2.5
4.00	51.8	4.0	50.6	4.5
8.00	47.1	5.7	45.6	6.3
10.00	45.5	6.3	44.0	7.0
16.00	42.3	8.2	40.6	9.2
20.00	40.7	9.2	39.0	10.3
25.00	39.1	10.3	37.4	11.4
31.25	37.6	11.5	35.7	12.8
62.50	32.7	16.7	30.6	18.5
100.00	29.3	21.6	27.1	24.0
长度/m	94		100	

注意，基本链路长度为 94m，包括 90m 水平缆线及 4m 测试仪表的测试电缆长度，在基本链路中不包括 CP。

超 5 类、6 类和 7 类信道测试项目及性能指标应符合以下要求（测试环境温度为 20℃）。

1）回波损耗：只在布线系统中的 C、D、E、F 级采用，信道的每一线对和布线的两端均应符合回波损耗值的要求，布线系统信道的最小回波损耗值应符合表 7-3 的规定，并可参考表 7-4 所列关键频率的回波损耗建议值。

表 7-3　信道回波损耗值

级　别	频率/MHz	最小回波损耗/dB
C	$1 \leqslant f < 16$	15.0
D	$1 \leqslant f < 20$	17.0
	$20 \leqslant f \leqslant 100$	$30-10\lg(f)$
E	$1 \leqslant f < 10$	19.0
	$10 \leqslant f < 40$	$24-5\lg(f)$
	$40 \leqslant f < 250$	$32-10\lg(f)$

续表

级　别	频率/MHz	最小回波损耗/dB
F	$1 \leqslant f < 10$	19.0
	$10 \leqslant f < 40$	$24-5\lg(f)$
	$40 \leqslant f < 251.2$	$32-10\lg(f)$
	$251.2 \leqslant f \leqslant 600$	8.0

表 7-4　信道回波损耗建议值

频率/MHz	最小回波损耗/dB			
	C 级	D 级	E 级	F 级
1	15.0	17.0	19.0	19.0
16	15.0	17.0	18.0	18.0
100	—	10.0	12.0	12.0
250	—	—	8.0	8.0
600	—	—	—	8.0

2）插入损耗（IL）：布线系统信道每一线对的插入损耗值应符合表 7-5 的规定，并可参考表 7-6 所列关键频率的插入损耗建议值。

表 7-5　信道插入损耗值

级　别	频率/MHz	最大插入损耗/dB
A	$f=0.1$	16.0
B	$f=0.1$	5.5
	$f=1$	5.8
C	$1 \leqslant f \leqslant 16$	$1.05\times(3.23\sqrt{f})+4\times0.2$
D	$1 \leqslant f \leqslant 100$	$1.05\times(1.9108\sqrt{f}+0.0222\times f+0.2/\sqrt{f})+4\times0.04\times\sqrt{f}$
E	$1 \leqslant f \leqslant 250$	$1.05\times(1.82\sqrt{f}+0.0169\times f+0.25/\sqrt{f})+4\times0.02\times\sqrt{f}$
F	$1 \leqslant f \leqslant 600$	$1.05\times(1.8\sqrt{f}+0.01\times f+0.2/\sqrt{f})+4\times0.02\times\sqrt{f}$

注意，插入损耗（IL）的计算值小于 4.0dB 时均按 4.0dB 考虑。

表 7-6　信道插入损耗建议值

频率/MHz	最大插入损耗/dB					
	A 级	B 级	C 级	D 级	E 级	F 级
0.1	16.0	5.5	—	—	—	—
1	—	5.8	4.2	4.0	4.0	4.0
16	—	—	14.4	9.1	8.3	8.1
100	—	—	—	24.0	21.7	20.8
250	—	—	—	—	35.9	33.8
600	—	—	—	—	—	54.6

3）近端串扰（NEXT）：在布线系统信道的两端，线对与线对之间的近端串扰值均应符合表 7-7 的规定，并可参考表 7-8 所列关键频率的近端串音建议值。

表 7-7 信道近端串音值

级　别	频率/MHz	最小 NEXT/dB
A	$f=0.1$	27.0
B	$0.1\leqslant f\leqslant 1$	$25-15\lg(f)$
C	$1\leqslant f\leqslant 16$	$39.1-16.4\lg(f)$
D	$1\leqslant f\leqslant 100$	$-20\lg\left[10\frac{65.3-15\lg(f)}{-20}+2\times10\frac{83-20\lg(f)}{-20}\right]$ ①
E	$1\leqslant f\leqslant 250$	$-20\lg\left[10\frac{74.3-15\lg(f)}{-20}+2\times10\frac{94-20\lg(f)}{-20}\right]$ ②
F	$1\leqslant f\leqslant 600$	$-20\lg\left[10-\frac{102.4-15\lg(f)}{-20}+2\times10\frac{102.4-15\lg(f)}{-20}\right]$ ③

注意，NEXT 计算值大于 60.0dB 时均按 60.0dB 考虑；NEXT 计算值大于 65.0dB 时均按 65.0dB 考虑。

表 7-8 信道近端串音建议值

频率/MHz	最小 NEXT/dB					
	A 级	B 级	C 级	D 级	E 级	F 级
0.1	27.0	40.0	—	—	—	—
1	—	25.0	39.1	60.0	65.0	65.0
16	—	—	19.4	43.6	53.2	65.0
100	—	—	—	30.1	39.9	62.9
250	—	—	—	—	33.1	56.9
600	—	—	—	—	—	51.2

除以上测试要求外，还包含近端串扰功率、线对与线对之间的衰减串扰比、ACR 功率和、线对与线对之间等电平远端串扰、等电平远端串扰功率和、直流环路电阻、传播时延、传播时延偏差。

超 5 类、6 类和 7 类永久链路或 CP 链路测试项目和以上介绍的信道测试项目一致，但性能指标应符合要求有所不同（以上摘自 GB 50312—2007《综合布线系统验收标准》，详细介绍请参阅该标准）。

7.2.3 光纤传输通道测试

1. 光纤技术指标

（1）衰减

衰减是指光沿光纤传输过程中光功率的减少。光纤网络总衰减的计算是指光纤输出端的功率与发射到光纤时功率的比值，单位用分贝（dB）表示。损耗同光纤的长度成正比，总衰减不仅表明了光纤损耗本身，也反映了光纤的长度。

（2）插入损耗

插入损耗是指光纤中的光信号通过活动连接器之后，其输出光功率相对输入光功率的比率的分贝数。其测量方法同衰减的测量方法相同。

（3）回波损耗

回波损耗是指在光纤连接处，后向反射（指连续不断向输入端传输的散射光）光相对于输入光的比率的分贝数。回波损耗值越大，表示反射光对光源和系统的影响越小。

2．光纤测试技术参数

（1）光纤链路长度

1）水平光缆链路：水平光纤链路从水平跳接点到工作区插座的最大长度为 100m，它只需 850mn 和 1300mn 的波长，要在一个波长单方向进行测试。

2）主干多模光缆链路：主干多模光缆链路应该在 850mn 和 1300mn 波段进行单向测试，链路在长度上有如下要求。

① 从主跳接到中间跳接的最大长度是 1700m。

② 从中间跳接到水平跳接最大长度是 300m。

③ 从主跳接到水平跳接的最大长度是 2000m。

主干单模光缆链路应该在 1310mn 和 1550mn 波段进行单向测试，链路在长度上有如下要求。

① 从主跳接到中间跳接的最大长度是 2700m。

② 从中间跳接到水平跳接最大长度是 300m。

③ 从主跳接到水平跳接的最大长度是 3000m。

（2）光纤链路衰减

衰减测试指对光功率损耗的测试，光纤链路上的所有部件都必须进行衰减测试，引起光纤链路损耗的原因主要有以下 4 种。

1）光纤纯度不够，材料密度的变化太大。

2）由于安装、产品制造时造成光缆的不良弯曲，导致大部分光不能保留在光缆核心内，单模光缆对弯曲比多模光缆更敏感。

3）由于截面不匹配、间隙损耗、轴心不匹配和角度不匹配造成的光缆接合、连接的耦合损耗。

4）由于灰尘、油污等造成光缆的不洁净而阻碍光传输，不洁净的光缆连接也会造成同样的影响。

为了减少光纤链路信号的衰减，可以采用以下几个布线措施。

1）布线系统采用光纤的性能指标、光纤信道指标应符合设计要求。

2）光缆布线信道在规定的传输窗口测量出的最大光衰减不得超过规定范围。

3）应在光发射机与光接收机之间减少插入光缆或元器件，以免产生的信号损耗。

光纤链路的插入损耗极限值可用以下公式计算。

① 光纤链路损耗=光纤损耗+连接元器件损耗+光纤连接点损耗。

② 光纤损耗=光纤损耗系数（dB/km）×光纤长度（km）。

③ 连接元器件损耗=连接元器件损耗/个×连接元器件个数。

④ 光纤连接点损耗=光纤连接点损耗/个×光纤连接点个数。

3．光纤测试的方法

（1）连通性测试

连通性测试是在光纤一端导入光源，在光纤的另外一端观察是否有光闪。其目的是确定光纤中是否存在断点，通常在购买光缆时采用这种方法进行测试。

（2）端到端损耗测试

端到端的损耗测试是使用一台光功率计和一个光源，将被测光纤的某个位置作为参考点，测出其参考功率值，再进行端到端测试并记录下信号增益值，计算两个值之差即可得到实际端到端的损耗值，将该值与标准值进行比较判断连接是否有效。

（3）收发功率测试

收发功率测试是使用一台光功率计和一段跳接线，在发送端用跳线取代被测试光纤，跳接线一端接光发送器，一端接光功率计，在光发送器工作的情况下，测试发送端的光功率值。同理，将跳接线替代接收端的光纤，在接收端测试从发送端的光发送器发送的光功率值。通过测得发送端和接收端的光功率判定光纤链路的状况。

（4）反射损耗测试

反射损耗测试是使用光纤时间区域反射仪（OTDR）完成测试，它利用导入光与反射光的时间差进行距离测定，以准确判定故障的位置。OTDR 将探测脉冲注入光纤，在反射光的基础上估计光纤长度。OTDR 测试适用于确定光缆断开或损坏的位置的定位。

7.2.4 测试设备的选择与操作方法

1．测试设备分类

（1）按测试功能划分

1）验证测试仪。

验证测试仪具有最基本的连通性测试功能和一些附加功能，如测试线缆长度、对故障定位、检测线缆是否已介入交换机、检查同轴线的连接等。验证测试仪简单易用，价格便宜，通常作为解决线缆故障的入门级仪器。对于光缆检测，可视故障定位仪可作为验证测试仪，它能验证光缆的连续性和极性。

2）鉴定测试仪。

鉴定测试仪除了具备验证测试仪的功能外，还具备判定被测试链路所能承载的网络信息量的大小的功能，而且能诊断常见的导致布线系统传输能力受限的线缆故障。该测试仪的功能介于验证测试仪和认证测试仪之间，有其相应的应用场景，它还能生成用于安装布线系统的文档备案和管理测试报告。

3）认证测试仪。

认证测试是最严格的一种测试仪，其在预设的频率范围内进行许多测试，并将结果同标准中的极限值相比较，以判断链路是否满足某级、某类的要求。认证测试仪提供永久链路模式的测试，且支持光缆测试，同时提供内容更详细的测试报告。

每类测试仪都有其不同使用场景。在需要进行故障诊断，或需要依据标准明确被测试链路是否符合某类线缆的性能要求，或需要同时进行光缆和电缆的布线测试时，应该选择认证测试仪。在现有的布线系统基础上进行少量的增减、移动等，或搭建一个网络需要鉴定它是否支持某种特定的网络技术，选择鉴定测试仪即可。

（2）按测试对象划分

1）电缆测试仪。

电缆测试仪用于检测电缆质量及安全质量，能完成电缆的验证测试和认证测试。验证测试是测试电缆的有无开路、断路，UTP 电缆是否正确连接盒串扰等。认证测试是测试电缆是否满足国际、国家的有关标准，并具有存储和打印有关参数的功能，能检测同轴电缆、非屏蔽双绞线、屏蔽双绞线等介质。在选择电缆测试仪时主要从以下几个方面考虑。

① 测试功能：验证测试或认证测试。

② 测量精度：二级精度等。

③ 测试频率：支持 100MHz 或更高。

④ 测试输出方式：屏幕显示或打印。

⑤ 测试电缆种类：超 5 类 UTP 或 6 类 UTP 等。

2）光缆测试仪：光缆测试设备主要有光功率计、光源、光时域反射仪等。

① 光功率计：用于测量绝对光功率或通过一段光纤的光功率相对损耗。在光纤测量中，测量光功率是最基本的，光功率计是重负荷常用表。通过测量发射端机或光网络的绝对功率，一台光功率计即可评价光端设备的性能。光功率计与稳定光源组合使用，能够测量连接损耗、检验连续性，并帮助评估光纤链路传输质量。

② 光源：对光系统发射已知功率和波长的光。将稳定光源与光功率计结合在一起的仪器，称为光损耗测试仪（也称光万用表），用于测量光纤系统的光损耗。对现成的光纤系统，通常可把系统的发射端机当作稳定光源，如果没有端机或端机无法工作，则需要单独的稳定光源，稳定光源的波长应与系统端机的波长尽可能一致。

③ 光时域反射仪（OTDR）及故障定位仪（Fault Locator）：借助于 OTDR，能够识别并测量光纤的跨度、接续点和连接头。OTDR 轨迹线能给出系统衰减值的位置和大小，如任何连接器、接续点、光纤异形、光纤断点的位置及其损耗大小。OTDR 可被用于了解光缆长度和衰减特性、得到光纤的信号轨迹线波形、定位严重故障点等方面。在诊断光纤故障的仪表中，OTDR 是最经典也是最昂贵的仪表，与光功率计和光万用表的两端测试不同，OTDR 仪通过光纤的一端就可测得光纤损耗。故障定位仪是 OTDR 的一个特殊版本，故障定位仪可以自动发现光纤故障所在，而无需 OTDR 的复杂操作步骤，其价格也比 OTDR 低很多。

2．常用测试仪器介绍

（1）Fluke DSP-100

Fluke DSP-100 是美国 Fluke 公司生产的数字式 5 类线缆测试仪，它具有精度高、故障定位准确等特点，可以满足 5 类电缆和光缆的测试要求，如图 7-5 所示。

图 7-5　Fluke DSP-100 测试仪

Fluke DSP-100 具有以下特点。

① 测量速度快。

② 测量精度高。

③ 故障定位准确。

④ 存储和数据下载功能。

⑤ 完善的供电系统。

⑥ 具有光纤测试能力。

Fluke DSP-100 测试仪的简易操作方法：将 Fluke DSP-100 测试仪的主机和远端分别连接被测试链路的两端；将测试仪旋钮转至“SETUP”；根据屏幕显示选择测试参数，选择后的参数将自动保存到测试仪中，直至下次修改；将旋钮转至“AUTOTEST”，按下“TEST”键，测试仪自动完成全部测试；按下“SAVE”键，输入被测链路编号、存储结果；如果在测试中发现某项指标未通过，将旋钮转至“SINGLE TEST”，根据中文速查表进行相应的故障诊断测试；排除故障，重新进行测试直至指标全部通过为止；所有信息点测试完毕后，将测试仪与台式机相连，通过随机附送的管理软件导入测试数据，生成测试报告，打印测试结果。

（2）Fluke DSP-4000 系列

Fluke DSP-4000 系列的测试仪包括 DSP-4000、DSP-4300、DSP-4000PL 这 3 类型号的产品。其中，DSP-4300 是 DSP-4000 系列的最新型号，它为高速铜缆和光纤网络提供更为综合的电缆认证测试解决方案，如图 7-6 所示。使用其标准的适配器可以满足超 5 类、6 类基本链路、通道链路、永久链路的测试要求。

图 7-6　Fluke DSP-4000 测试仪

DSP-4000 系列测试仪具有以下特点。

① 测量精度高。

② 使用新型永久链路适配器获得更准确、更真实的测试结果。

③ 标配的 6 类通道适配器，使用 DSP 技术精确测试 6 类通道链路。

④ 能够自动诊断电缆故障并显示准确位置。

⑤ 可以存储全天的测试结果。

⑥ 允许将符合 TIA/EIA-606A 标准的电缆编号下载到 DSP-4300 中。

⑦ 内含先进的电缆测试管理软件包，可以生成和打印完整的测试文档。

DSP-4300 测试仪主机部分的正面及侧面视图如图 7-7 所示，远端部分如图 7-8 所示。

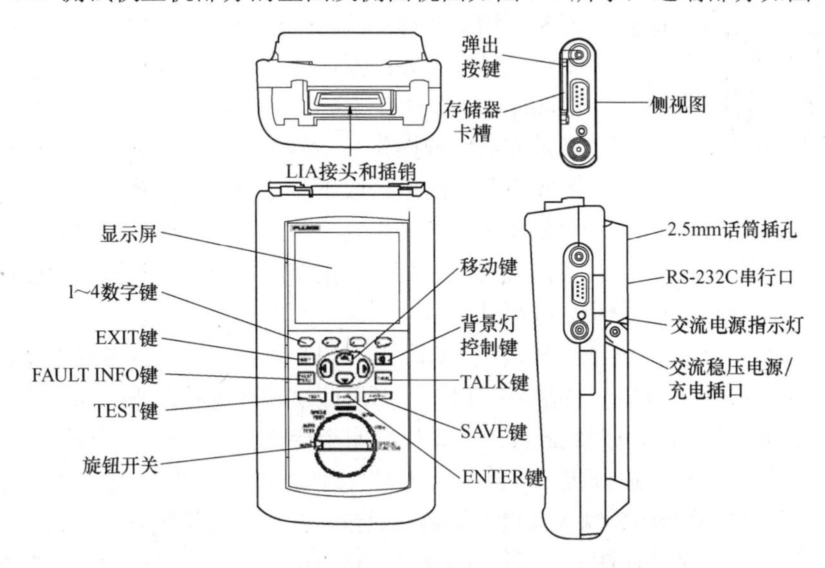

图 7-7　DSP-4300 测试仪主机部分的正面及侧面视图

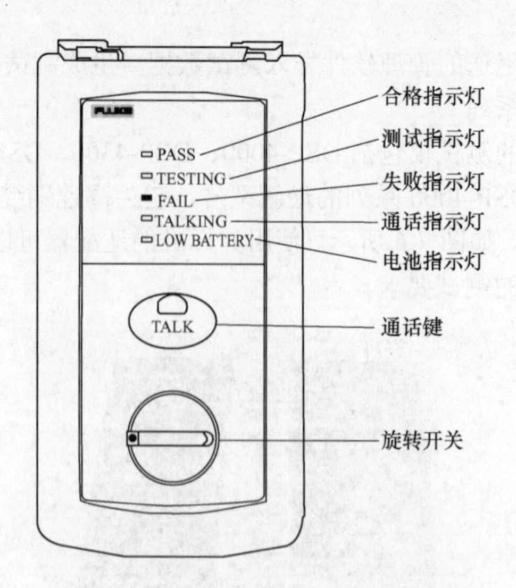

图 7-8　DSP-4300 测试仪远端部分

DSP-4300 测试仪对双绞线电缆测试步骤如下：为主机和智能远端器插入相应的适配器；将智能远端器的旋转开关转至“ON”；把智能远端器连接到电缆连接的远端，对通道进行测试，用网络设备接插线连接；将主机上的旋转开关转至“AUTOTEST”；将测试仪的主机与被测电缆的近端连接起来。对于通道测试，用网络设备接插线连接；按下主机上的“TEST”键，启动测试；自动测试完成后，使用数字键给测试点进行编号，然后按下“SAVE”键保存测试结果；直至所有信息点测试完成后，使用串行电缆将测试仪和台式机相连；使用随机附带的电缆管理软件导入测试数据，生成并打印测试报告。

（3）938A 光纤测试仪

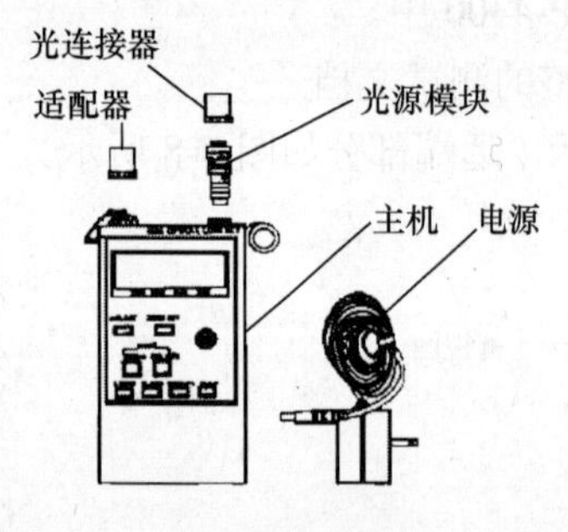

图 7-9　938A 光纤测试仪组成图

938A 光纤测试仪由主机、光源模块、光连接器的适配器、AC 电源适配器 4 个部件组成，如图 7-9 所示。

938A 光纤测试仪的操作步骤如下：首先进行初始校准，先初始调零，选择波长，检波器进行偏差调零，将防尘盖加到输入端口上并拧紧，这时按下“ZERO　SET”按钮，调零的顺序由-9 开始，由-0 结尾（注意，当进行弱信号测试时，必须完成此项操作），当调零序列（-9 到-0）完成后，将输入端口上的防尘盖取下，再将合适的连接器适配器加上，其次是完成光源模块安装与卸下；再进行能级测试，确定并选择所用的测试跳线类型（单模、多模、50μm/125mm、62.5μm/125mm）；最后进行损耗/衰减测试。

使用光损耗测试模块/光性能监测模块（OLTS/OPM）测试一条光纤链路的步骤如下：对测试仪进行初始调整；将 938A 的输入端口与光源用测试跳线连接起来；如果使用的是一个变化的输出源，则将输出能级调到最大值；如果用两个变化的输出源，则调整两个源的输出能级，直到它们等同为止；通过按下“REL（dB）”按钮，选择 REL（dB）方式，显示的读数为 0.00dB；断开 OPM/OLTS 输入端口上的测试跳线，并将它连接到光纤链路上，如图 7-10 所示；进行光纤路径测试，如图 7-11 所示；为了消除测试中产生的方向偏差，要在两个方向上测试光纤链路，然后取损耗的平均值作为结果值。

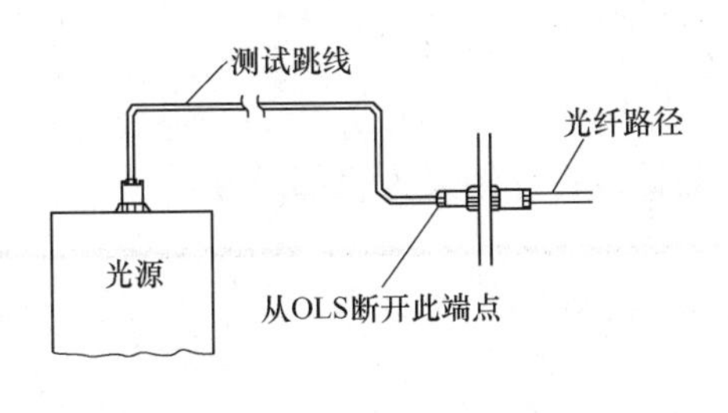

图 7-10　损耗/衰减测试

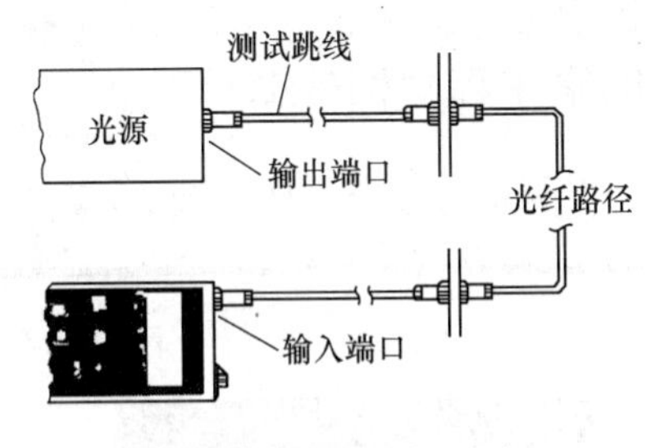

图 7-11　光纤路径测试

7.3　任务实施

7.3.1　任务情境分析

在实际工程中，施工方需要对整个综合布线系统进行测试，否则有可能不能通过第三方认证测试。由于完整的系统测试工程量很大，限于篇幅，本任务情境只选择部分测试内容进行讲解。

本任务情境中，网络中心是设在办公大楼一楼的，一楼管理间就设在网络中心，本测试从一楼的全部信息点中随机选择 20 个信息点进行测试，选用的测试标准为 TIA Cat 5e Channel。

7.3.2　测试方案的制订与实施

在工程所有阶段都需要进行相关测试。

在设计阶段需要进行选型测试，以验证工程中选型产品能否满足设计要求；在施工准备阶段，需要进行验货测试和入库测试，以保证施工中所使用的产品均为合格产品，并且同一个供货商不同批次的产品也可能存在质量差异，如不同产地的质量可能不同、在产品运输保管过程中受到损伤等。如果施工所选用的产品质量有问题，那么工程质量是绝对达不到设计要求的。

在施工安装过程开始前，有必要进行进场测试。有时在选型和采购的过程中的入库测试也被当作进场测试。进场测试的方法主要是针对电缆、跳线、插座等布线产品进行元器件级测试。为了保证工程质量，还可以模拟工程中的布线情况进行预测试。例如，选用布线中常见的 50m 双绞线，加上 CP 模块、配线模块以及跳线来模拟布线线路进行测试。

在施工过程中，需要通过随工测试、监理测试、故障诊断测试来保障工程进度的完成质量。

在验收阶段，通过施工方自检自测、甲方组织测试、第三方测试及诊断测试来进行工程验收。

在网络运营维护阶段，可以进行开通测试、定期测试、诊断测试、升级评估测试等测试来保障网络正常运行和维护升级。

由于本次测试是针对信道进行测试的，所以测试对象为工作区内终端设备到本楼层交换机之间的全部线路（含管理间、工作区跳线）。

本任务情境采用 Fluke DTX-1200 对 20 个信道进行测试，测试完成后，将 Fluke 上的测试结果导入到计算机中，通过 Link Ware 软件自动生成该次测试的报告。

7.3.3 网络工程文档备案

图 7-12 所示为办公大楼一楼 20 条永久链路测试报告，结果为全部通过。

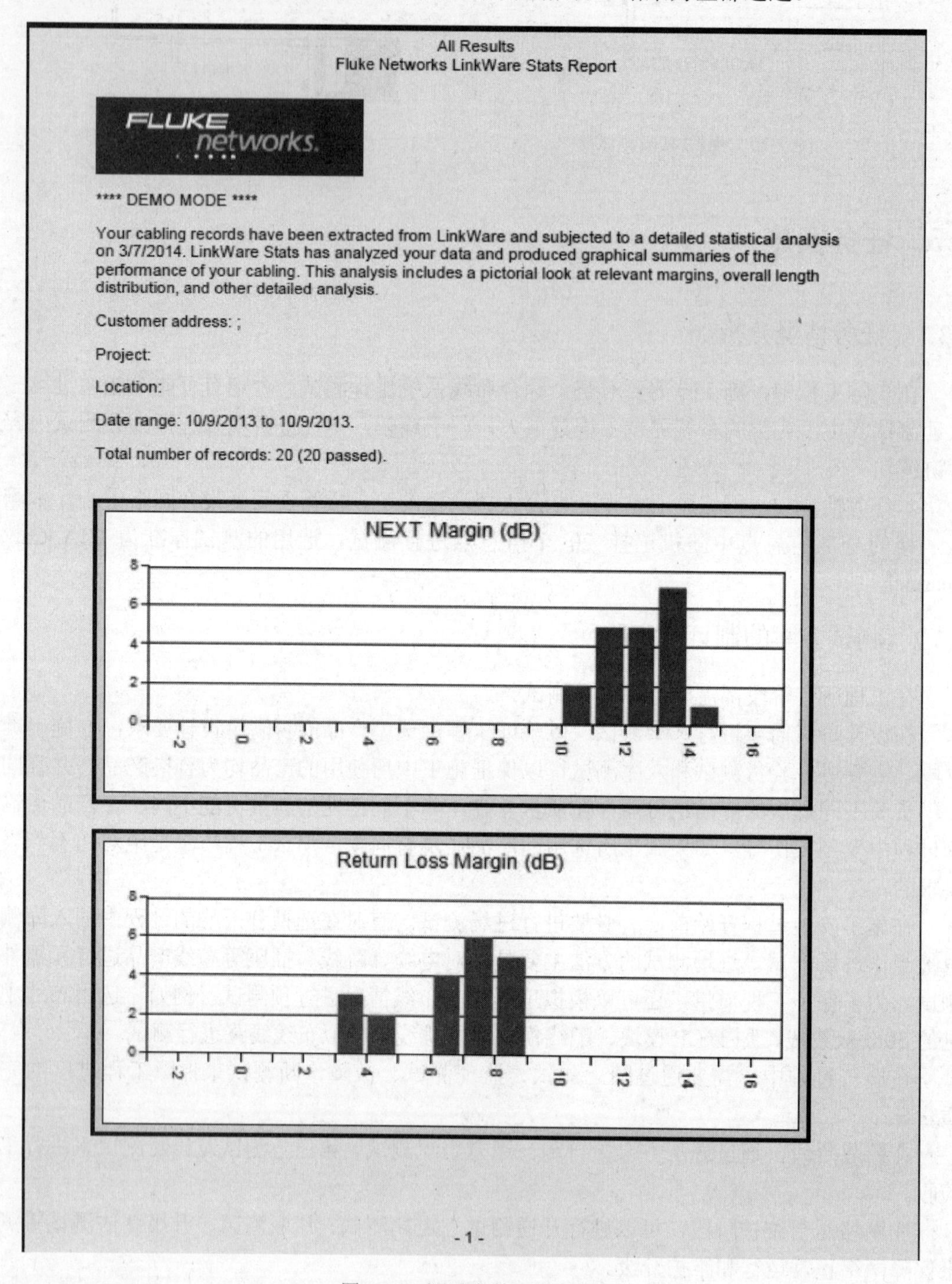

All Results
Fluke Networks LinkWare Stats Report

FLUKE networks.

**** DEMO MODE ****

Your cabling records have been extracted from LinkWare and subjected to a detailed statistical analysis on 3/7/2014. LinkWare Stats has analyzed your data and produced graphical summaries of the performance of your cabling. This analysis includes a pictorial look at relevant margins, overall length distribution, and other detailed analysis.

Customer address: ;

Project:

Location:

Date range: 10/9/2013 to 10/9/2013.

Total number of records: 20 (20 passed).

- 1 -

图 7-12 测试参数 T 的结果

报告表明了在此次测试中，主要测试参数 NEXT 的测试结果如下。

11dB：2 个。 12dB：5 个。 13dB：5 个。 14dB：7 个。 15dB：1 个。

主要测试参数 RL 的测试结果如下。

4dB：3 个。　5dB：2 个。　7dB：4 个。　8dB：6 个。　9dB：5 个。

如图 7-13 所示，表明此次测试线路的总长度为 3.89 千英尺（约 1186m），20 次测试结果全部通过。

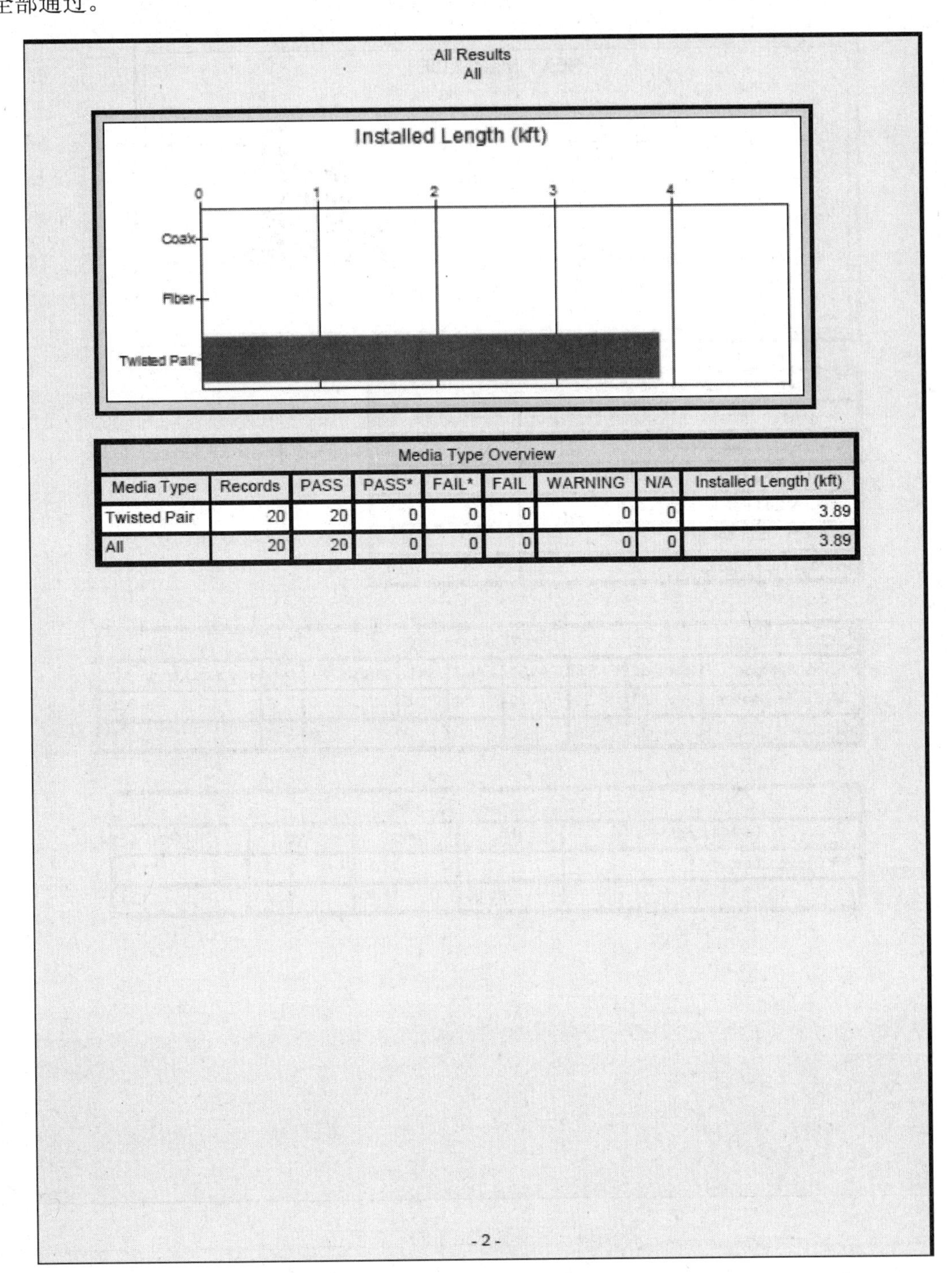

All Results
All

Media Type Overview								
Media Type	Records	PASS	PASS*	FAIL*	FAIL	WARNING	N/A	Installed Length (kft)
Twisted Pair	20	20	0	0	0	0	0	3.89
All	20	20	0	0	0	0	0	3.89

- 2 -

图 7-13　测试线路的总长度

如图 7-14～图 7-17 显示了主要测试结果的汇总信息。

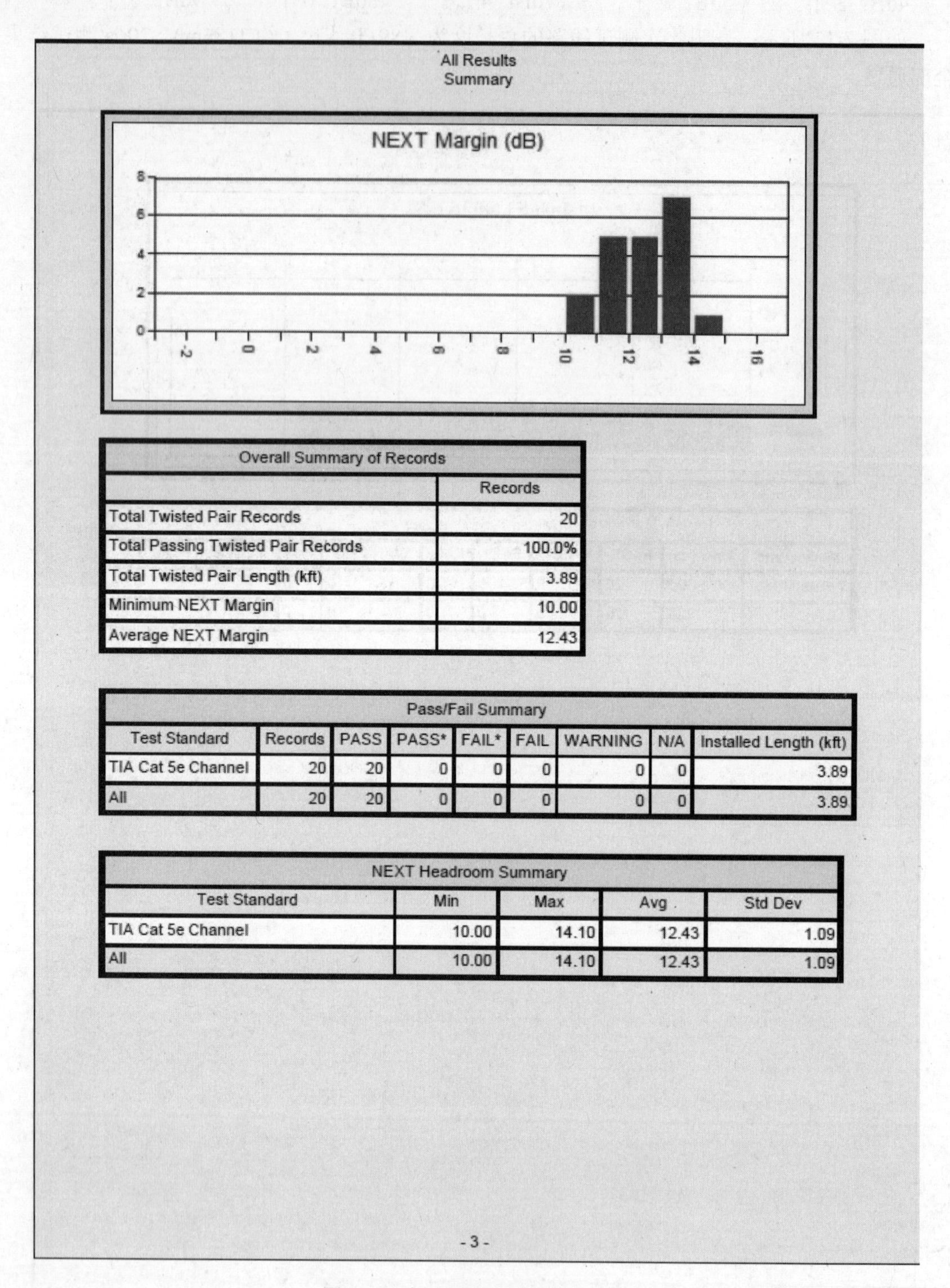

All Results
Summary

Overall Summary of Records	
	Records
Total Twisted Pair Records	20
Total Passing Twisted Pair Records	100.0%
Total Twisted Pair Length (kft)	3.89
Minimum NEXT Margin	10.00
Average NEXT Margin	12.43

Pass/Fail Summary

Test Standard	Records	PASS	PASS*	FAIL*	FAIL	WARNING	N/A	Installed Length (kft)
TIA Cat 5e Channel	20	20	0	0	0	0	0	3.89
All	20	20	0	0	0	0	0	3.89

NEXT Headroom Summary

Test Standard	Min	Max	Avg .	Std Dev
TIA Cat 5e Channel	10.00	14.10	12.43	1.09
All	10.00	14.10	12.43	1.09

- 3 -

图 7-14　主要测试结果的汇总信息

All Results
Tester Summary

Tester Summary									
Tester	S/N	• S/W	Adapter	Rem. S/N	Rem. Adapter	'Records	Avg NEXT	PASS	Installed Length (kft)
DTX-1200	9916049	2.1200	DTX-CHA001	9916050	DTX-CHA001	20	12.43	100.0%	3.89
All						20	12.43	100.0%	3.89

Pass/Fail Summary									
Test Standard	Tester	S/N	Records	PASS	PASS*	FAIL*	FAIL	WARNING	N/A
TIA Cat 5e Channel	DTX-1200	9916049	20	20	0	0	0	0	0
All			20	20	0	0	0	0	0

NEXT Headroom Summary								
Test Standard	Tester	S/N	Min (Main)	Avg (Main)	Std Dev (Main)	Min (Remote)	Avg (Remote)	Std Dev (Remote)
TIA Cat 5e Channel	DTX-1200	9916049	12.10	14.77	1.15	10.00	12.43	1.09
All			12.10	14.77	1.15	10.00	12.43	1.09

- 4 -

图 7-15　主要测试结果的汇总信息（续一）

All Results
Cable Summary

Cable Summary					
Cable Type	NVP	Records	Avg NEXT	PASS	Installed Length (kft)
Cat 5e UTP	69%	20	12.43	100.0%	3.89
All		20	12.43	100.0%	3.89

Pass/Fail Summary									
Test Standard	Cable Type	NVP	Records	PASS	PASS*	FAIL*	FAIL	WARNING	N/A
TIA Cat 5e Channel	Cat 5e UTP	69%	20	20	0	0	0	0	0
All			20	20	0	0	0	0	0

NEXT Headroom Summary						
Test Standard	Cable Type	NVP	Min	Max	Avg	Std Dev
TIA Cat 5e Channel	Cat 5e UTP	69%	10.00	14.10	12.43	1.09
All			10.00	14.10	12.43	1.09

- 5 -

图 7-16 主要测试结果的汇总信息（续二）

All Results
Operator Summary

Operator Summary				
Operator	Records	Avg NEXT	PASS	Installed Length (kft)
ZHU	20	12.43	100.0%	3.89
All	20	12.43	100.0%	3.89

Pass/Fail Summary								
Test Standard	Operator	Records	PASS	PASS*	FAIL*	FAIL	WARNING	N/A
TIA Cat 5e Channel	ZHU	20	20	0	0	0	0	0
All		20	20	0	0	0	0	0

NEXT Headroom Summary					
Test Standard	Operator	Min	Max	Avg	Std Dev
TIA Cat 5e Channel	ZHU	10.00	14.10	12.43	1.09
All		10.00	14.10	12.43	1.09

- 6 -

图 7-17　主要测试结果的汇总信息（续三）

图 7-18 显示了 IL/RL/NEXT/PS NEXT/ACR-F/PS ACR-F 测试平均值信息（20 个信息点测试）。

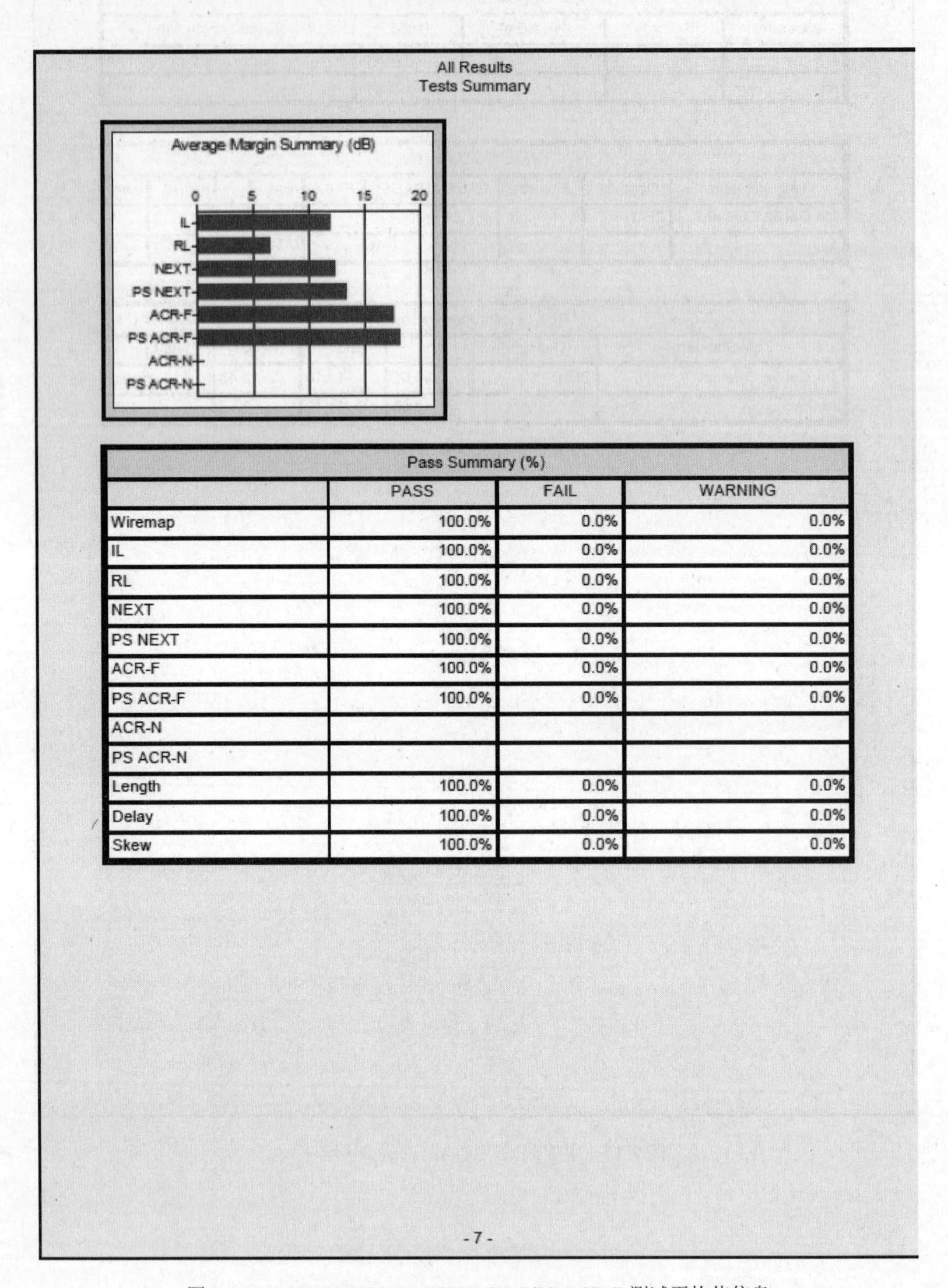

	PASS	FAIL	WARNING
Wiremap	100.0%	0.0%	0.0%
IL	100.0%	0.0%	0.0%
RL	100.0%	0.0%	0.0%
NEXT	100.0%	0.0%	0.0%
PS NEXT	100.0%	0.0%	0.0%
ACR-F	100.0%	0.0%	0.0%
PS ACR-F	100.0%	0.0%	0.0%
ACR-N			
PS ACR-N			
Length	100.0%	0.0%	0.0%
Delay	100.0%	0.0%	0.0%
Skew	100.0%	0.0%	0.0%

图 7-18 IL/RL/NEXT/PS NEXT/ACR-F/PS ACR-F 测试平均值信息

图 7-19 显示了 IL/RL/NEXT/PS NEXT 的测试结果，纵坐标为测试结果个数，横坐标为测试值。

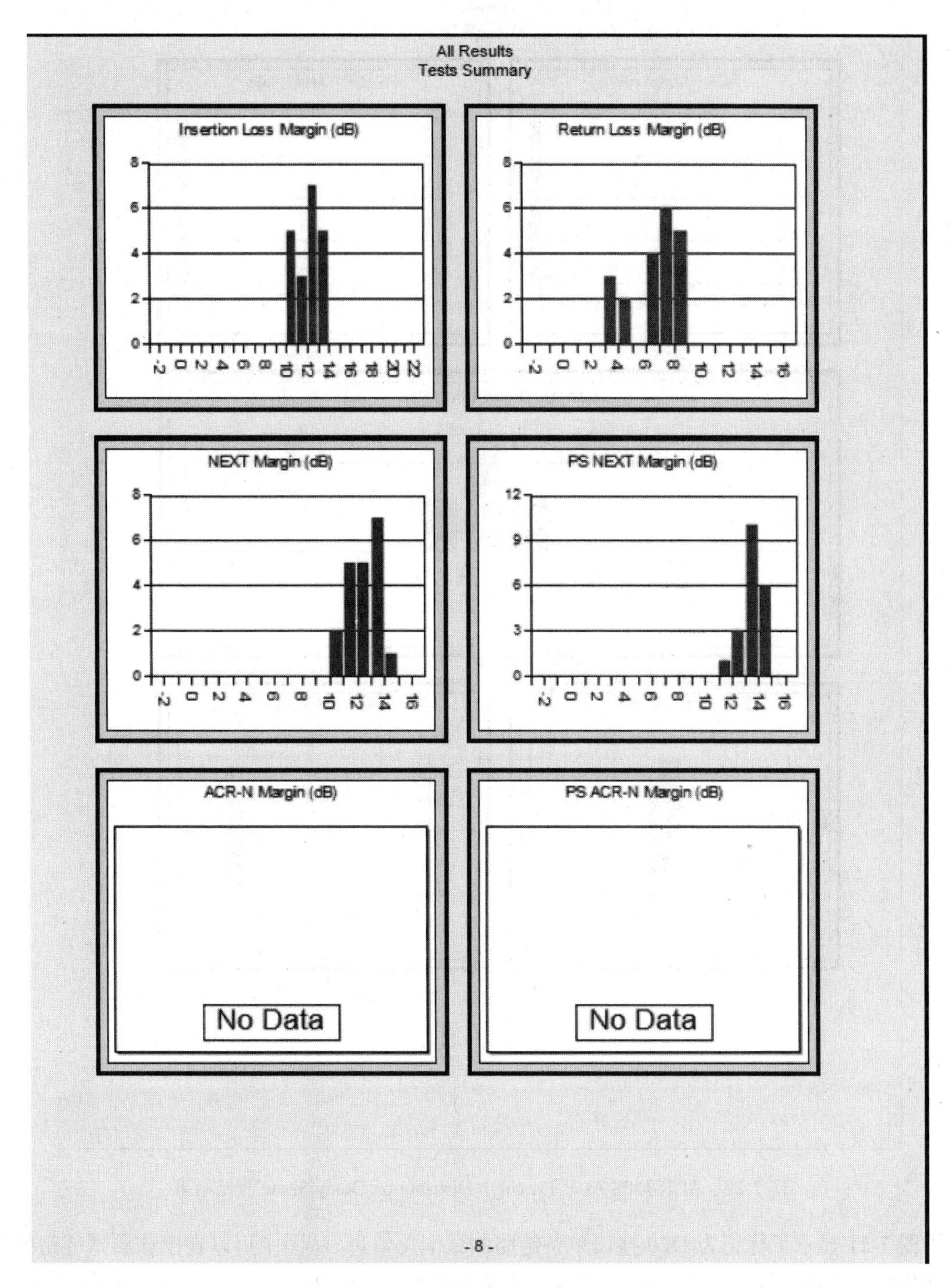

图 7-19　IL/RL/NEXT/PS NEXT 测试结果

图 7-20 显示了 ACR-F/PS ACR-F/Length Distribution/Delay/Skew 测试结果（表示方法同上）。

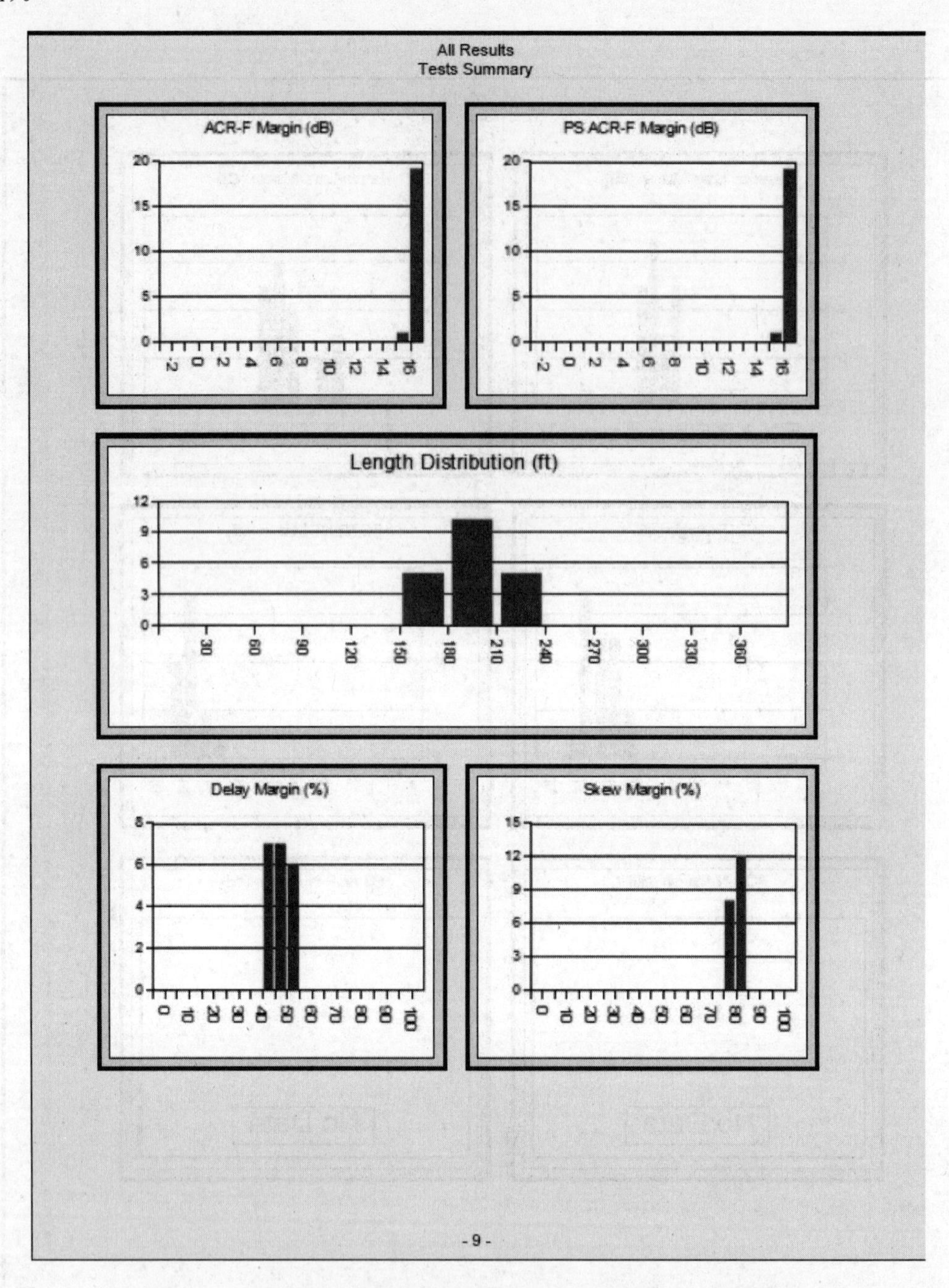

图 7-20 ACR-F/PS ACR-F/Length Distribution/Delay/Skew 测试结果

图 7-21 显示了标记为 D20 接口单条链路测试汇总信息，从图中可以看出该测试链路的各项参数值，还可以针对具体线对及具体测试参数进行查看和分析。图 7-22 显示该测试链路 8 条线全通，如某条线路不通，则会在图中显示出来。图 7-23 显示了各个线队的长度（Length）、传输延迟（Propagation Delay）、抖动（Delay Skew）、电阻特性（Resistance）（以上为部分参数截图，在实际情况中，还可查看其他测试参数信息）。

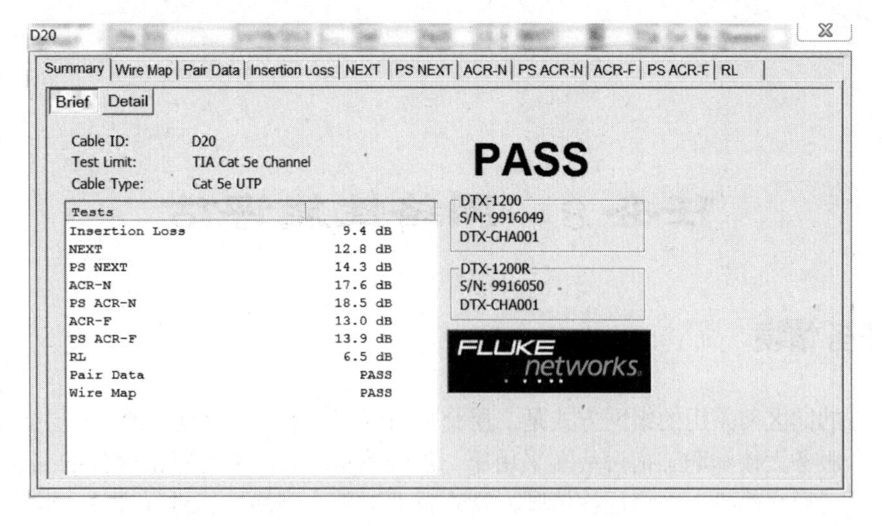

图 7-21　单条链路测试汇总信息（一）

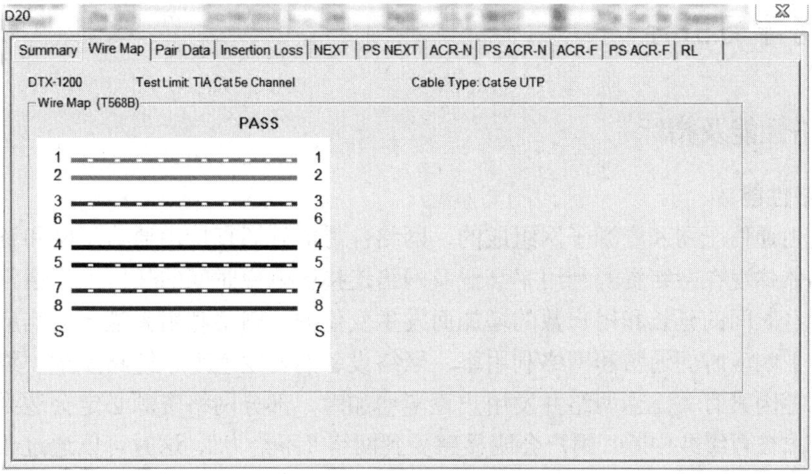

图 7-22　单条链路测试汇总信息（二）

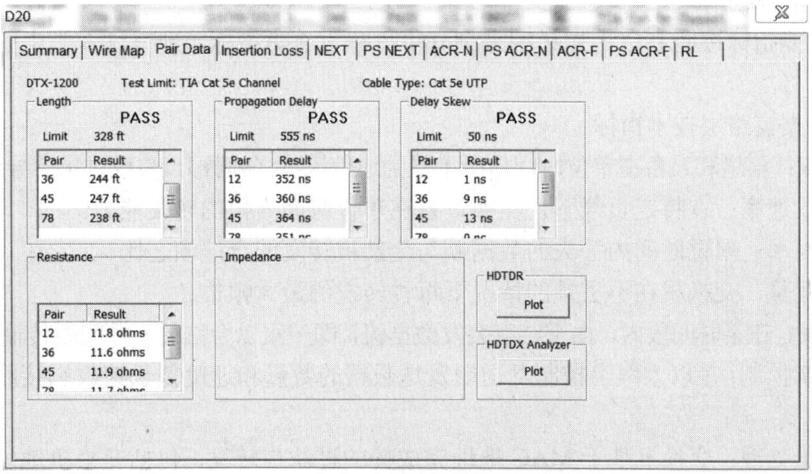

图 7-23　单条链路测试汇总信息（三）

任务 8　网络性能评估

8.1　任务情境

搭建好的园区网采用的组网方式是二层交换机组网、三层交换机汇聚、三层交换机核心，办公大楼、服务大楼和职工宿舍终端采用第二层交换机接入，并通过汇聚层的三层交换机连接到核心层三层交换机，网络层次清晰。现在需要对整个网络性能进行评估，验证网络性能是否满足设计初衷。

8.2　任务学习引导

8.2.1　网络性能及指标

1．网络性能

网络是由通信子网和资源子网组成的，网络性能的好坏直接由通信子网和资源子网的性能决定，具体体现在网络资源利用率高低及网络连接的响应时间的长短上。通常情况下，响应时间是随着时间的延长和用户数的增加而发生变化的，网络利用率越高，响应时间就会越长，这是由于响应时间通常和网络利用率、网络设备的转发速度、链路质量、终端负载、应用程序优劣等因素有关。当网络并发用户逐渐增加时，部分网络资源必定会达到上限而造成一些网络请求被暂缓或中断，用户会明显感受到网络“不给力”，这时可以通过改善资源子网和通信子网的性能来改善网络性能，如通过提高网络设备数量和质量、提高带宽、增加终端的 CPU 和内存、升级软件应用等方式来扩展网络性能。

2．网络性能指标

网络性能指标按照 ISO 七层模型来划分可以分为 3 类指标，现就这 3 类中的主要指标做简要介绍。

（1）数据链路层技术指标

① 负载：信道和设备在单位时间内所承受的通信流量（帧数），负载过量会导致网络拥塞。

② 转发速率：在特定负载下，交换设备在单位时间内帧的转发能力。

③ 丢帧率：单位时间内丢失的数据帧与全部被转发的合法帧之比。

④ 吞吐量：交换机在不丢帧的情况下每秒转发的最大帧数。

⑤ 突发：在某时间段内，由于结点突发数据流，即一组以合法最小帧间距传输的以太网帧。

⑥ 拥塞控制：在以太网上控制发送端发送数据的数量和速度低于接收端接收数据的数量和速度。

⑦ 地址处理：交换机基于 MAC 地址完成帧的过滤与转发，包括交换机地址的缓存容量和地址学习速率。

⑧ 错误帧过滤：对所有不合法的帧进行过滤，包括过长、过短、错位或含有错误校验序列的帧，以节省带宽和设备资源。

⑨ 广播：交换机向所有端口泛洪广播来转发该帧，包含广播转发速率和广播延迟两个指标。

⑩ 流量隔离：衡量交换机 VLAN 流量隔离功能。

（2）网络层性能技术指标

① 吞吐量：路由设备在不丢包的情况下，单位时间内从输入端口准确转发到输出端口的最大数据包数，包含整机吞吐量和端口吞吐量。

② 包延迟：包的第一位从进入路由设备到最后一位出路由设备的时间间隔，这段时间间隔包括转发包完成操作所消耗的时间和包等候处理所消耗的时间。

③ 丢包率：路由设备在稳定的负载情况下，不能转发的包与应该被转发包之比。

④ 背对背：表示路由设备在面对突发大量数据包时缓冲数据包的能力。在较短时间内，以合法的最小帧间距在信道上连续发送固定长度的包而不引起丢包时的包数量。

⑤ 时延抖动：时延的变化状态，对语音、视频等数据有测试意义。

⑥ 系统恢复：出现超负荷运行或软件崩溃等情况时，在较短时间内系统实现的自我恢复能力。

⑦ 系统重启：在设备投入运行后，由于特殊原因引起的系统重新启动。

⑧ 路由表的容量：路由设备中的路由表所能容纳的最大的路由条目的数量。

⑨ 路由学习速率：路由设备收到新的路由信息后，将该信息更新到路由表中所消耗的时间。

⑩ 路由振荡：路由设备在工作过程中，单位时间内路由信息更新的数量。

⑪ 路由收敛：同一网络中，路由器对全网拓扑认识达到一致的过程，路由收敛开销时间越短越好。

⑫ 对 VLSM 和 CIDR 的支持：可以支持可变长子网掩码的网络和非连续的网络。

（3）传输层及以上层次性能技术指标

① 最大 TCP 连接建立速率：单位时间内设备或系统能够承受的最大的 TCP 连接数目。

② 最大 TCP 连接拆除速率：单位时间内设备或者系统关闭有效的 TCP 连接数目的最大值。

③ 并发 TCP 连接容量：一个设备或系统同时成功处理多个终端同时进行 TCP 连接的最大连接数目。

④ 最大同步用户数：设备或者系统能够容纳的最大同步用户数目。

⑤ 最大事务处理速率：单位时间内设备或系统能够成功处理事务的最大数目。

⑥ 突发流量处理：设备或系统处理巨大突发流量的能力。

⑦ 系统可用性：设备或系统在长时间、高负载情况下能够稳定运行的工作性能。

⑧ 网络应用的实效转移：通过设备或系统的冗余架构，在设备或系统失效的情况下，可进行失效转移以保证网络的正常连通和事务处理，对网络性能不产生影响。

8.2.2 网络性能测试

1．网络性能测试概念

网络性能测试是指用测量工具和手段获得运行网络或者网络产品的性能参数和服务质量参数的一种方法，这种方法可以为网络性能的改善提供依据，为网络运维提供指导。典型的网络测试方法有两种：一种是单独对网络设备进行测试，另一种是将网络设备放到真实的网络环境中进行测试，这两种测试方法贯穿网络建设的生命周期，包括网络的规划、设计、部署、运行、升级等几个阶段。

网络性能测试执行前，需要明确测试目的和测试对象、了解测试实施者应具备的专业能力、预估测试时间所需的时间、计算测试成本、选择适当的测试方法等，在进行详细的分析后，制订测试计划和内容。

2．网络测试工具的选择与使用

网络测试工具从广义上可分为物理线缆测试工具、网络运行模拟工具、协议分析工具、专用网络测试工具、网络应用分析测试工具等。这些工具包含操作系统内置的命令、第三方机构开发的软件和硬件产品。

（1）硬件产品

从网络产品诞生开始网络测试技术就应运而生了，业界较著名的网络测试仪器有如下几种。

美国安捷伦科技（Agilent Technologies）公司生产的 Agilent N2X 网络性能分析仪，提供端到端的性能评估，也能测试单个网络设备和网络子系统的测试，可在离线状态下的实验室环境中仿真实际规模的业务流量并对网络实施测试。

美国福禄克（Fluke）公司开发的多种功能的 MicroScanner Pro 电缆测试仪，可以检测物理电缆的通断、连接线序、故障位置等内容，并将测试结果反映在显示屏上。另外，该公司开发的一款 OptiView 集成式协议分析仪，具有七层测试分析能力，能将网络监控、测试、故障诊断集成在一起，使用户全面地了解整个网络的情况。

美国 NetCom System 公司开发的 SmartBits 系列测试仪，这是专门测试和分析网络性能的一种工具，SmartBits 通过各种测试模块（SmartCard）的组合来实现对网络的测试、仿真和分析。

美国思博伦通信（Spirent Communications）公司生产的 Spirent TestCenter 网络性能分析仪，由测试模块、机箱、客户端软件组成，除了集成测试方法学外，还有人性化的自动测试方案，可以用于网络设备的开发及制造，运营商网络的性能评估等。2013 年 5 月，思博伦通信公司发布的 Spirent TestCenter OpenFlow 成为可同时提供协议仿真和高速以太网 OpenFlow 网络设备流扩展能力及转发性能测试能力的解决方案。

以上这些网络性能分析仪可以实时测试具体的物理网络的网络性能，如数据业务、视频转发业务、VoIP 业务、商用 VPN 业务等网络，分析范围可以为小、中、大型企业网甚至城域网，实时跟踪各设备、各服务器、各用户的使用性能，主要面对网络设备制造商和网络服务提供商，提供更快、更简单、更详细、更全面的网络性能测试方案。

（2）软件产品

网络测试软件有很多种，包括系统内置的命令和其他公司开发的软件产品。常见的系统内置网络测试软件有 ping、ipconfig、netstat 和 route print，这些工具操作步骤和使用方法较为简单，有助于快速测试网络性能和检测故障。

常见的软件产品有如下几种。

Sniffer Pro 是一款网络分析器，具有实时监视网络、捕获数据包、诊断故障等功能，用于网络故障分析与性能管理，支持有线网络和无线网络，功能十分强大，应用十分广泛。

Qcheck 是一款免费网络测试软件，被称为“ping 命令的扩展版本”，它向 TCP\IP、IPX\SPX 网络发送数据流实现网络的吞吐率、数据传输率、响应时间等测试工作。

Chariot Endpoint 是较优秀的一款网络及网络设备的测试软件，可提供端到端、多操作系统、多协议、多应用模拟测试，测试范围包括有线、无线、局域网、广域网和网络设备，具备系统评估、故障定位、参数分析、网络优化等功能。

Internet Anywhere Toolkit 是基于互联网网络测试的软件，也可用于局域网测试，软件本身容量很小，但功能十分强大，它提供了约 19 种测试选项，测试数据也较为准确。

除上述介绍的外，还有一些功能单一但极有用处的测试工具，如域网超级工具 Net Super、网络状况监视器 Netwatch 等，它们有助于监测、管理及优化网络运行的功能。

3．测试技术与方法

测试方法主要是针对具体的测试目标制定的测试方案，测试的准备工作要考虑测试的目标、环境、算法设计、结果统计等。依据 IETF 的一系列与测试相关的 RFC 文档、草案以及国内制定的测试规范提出的相关建议，定义测试方法，设计合理的测试拓扑，帮助测试网络性能。以下介绍几种基本的测试方法。

（1）测试交换机的地址学习

可采用测试仪对交换机进行测试。首先调整以延长交换机的地址老化时间，使其略大于全部测试完成所需的时间，确保交换机所学地址在测试完成前不会因老化而删除。其次用测试仪对交换机以较低速率发送地址学习帧，速率可设置每秒小于等于 50 帧，以保证交换机正确学习帧的地址。

（2）测试帧

测试帧需要确定帧的长度和格式。帧的长度没有固定大小，其合法长度为 64～1518 字节，测试全部的帧长不太现实，参照 RFC 1242，可以测试有代表性的帧长，如以太网中采用字节数为 64、128、256、512、1024、1280、1518 等长度的帧进行测试。另外，还可以通过抓包工具对被测试交换机的日常网络环境的监测与统计而获得帧长的信息，来确定相应的帧长进行测试。

测试帧的格式与普通帧格式一样，为了区别于普通帧，测试帧内可以包含一个具有唯一性的标记字段，该标记的内容可以考虑含有测试帧的属性、顺序和时间戳等信息。该标记建议添加在传输层协议数据单元的数据部分，添加在此位置的目的是使帧能够和普通帧一样正常传输而又能被测试仪分辨出来。

（3）测试数据链路层吞吐量、丢帧率和转发速率

吞吐量测试先需要设置采用帧长为 64、128、256、512、1024、1280、1518 等字节长度中的 5 个不同帧长进行测试；设置突发帧长度为 1 至 930 帧之间变化，两帧间的帧间距（IFG）为最小合法的 96bit；随机分布测试帧中的源地址和目的地址；交换机端口的工作模式选择半双工或者全双工；最后，测试仪生成相应的测试流循环轮转发往测试交换机的各个端口，建议测试时间为 30s，统计各个端口成功收到的帧数，来计算丢帧率、零丢帧率下的吞吐量和转发速率。

（4）测试拥塞控制

交换机的拥塞控制属于传输控制层面的功能，可以考虑设置传输控制层面的参数对照进行测试，也可以测试数据转发层面的参数来间接反映传输控制层面的功能。首先设置相应的测试参数，包括帧长、帧格式、帧间距、双工模式等，然后考虑为交换机制造拥塞，即向某端口发送超过该端口负载量的测试流，最后根据接收帧的统计结果，来判断交换机是否执行了拥塞控制功能，是否存在线端阻塞。

（5）测试网络层吞吐量、丢包率

吞吐量测试首先确定理论最小速率和最大速率的值，设定当前帧的测试速率的初始值，该初始值可以取最大传输速率的某个百分比，以该特定速度发送测试帧，统计测试设备的转发帧的数量，如果接收到的帧比发送的帧少，则采用二分搜索法，取最小速率和当前速率的

中间值作为第二轮测试中测试帧的速率。反之，则取当前速率与最大速率的中间值。如此反复，直到当前测试与前一次测试的帧速率之间小于或等于设置的精度，测试结束。测试过程中要考虑各种帧的尺寸，确保测试时长大于60s，反复测试才能获得最精确的结果。

在稳定负载下，应该正确转发而没有转发的包占全部接收包的百分比为丢包率。在已知吞吐量的情况下测试丢包率，可将吞吐量设为最低负载，然后逐步增加负载来观察丢包现象。在接收帧时，检测每个帧的编号判断可能出现的各种不同的异常情况，帧的重发和乱序不算丢包。

（6）测试并发 TCP 连接容量

首先设置一个 TCP 尝试连接速率（即每秒请求连接数）作为初始值，定义客户端请求对象的字节大小，建议设置为 512B、1024B 等较小值。测试时，如果被测试设备可以容纳当前的连接容量，依然可采用二分搜索法来提高尝试连接速率，反之则降低速率，依然可采用二分搜索法。需要注意的是，每轮测试结束后都需要将测试的连接全部关闭，并且等待一段时间后再进行测试。

（7）测试最大 TCP 连接建立速率、最大 TCP 连接拆除速率

在上述测试基础上，定义一个小于被测设备最大并发连接数的初始值，并虚拟客户端以此初始值发起 TCP 连接请求，如果被测试设备可以成功建立连接则增加连接请求数目，反之则减少数目，直到得到一个最大 TCP 连接建立速率。最大 TCP 连接拆除速率测试方法与之类似，不再赘述。

除了上述介绍的 7 种基本测试方法外，还有数据链路层地址处理、广播帧转发、错误帧过滤测试，网络层延迟、背对背测试，路由容量、振荡、收敛测试，应用层 HTTP 传输速率测试等，这些测试工作可以借助相关网络测试仪器来完成。

8.2.3 网络故障诊断与排除

网络故障是网络系统不能正常工作或者无法完成操作目标的一种表现，有永久和暂时之分，对网络故障进行诊断和排除是维护网络能力的表现。网络是一个由设备、线缆等多种部件组合在一起的整体，部件的故障直接影响到网络的运行性能，硬件的失效和损坏、软件的运行错误等都会引起网络故障，某些故障在一定程度上会扩散，引起更大范围的网络故障。

在网络运维过程中，网络故障管理不仅要对出现故障的网络进行分析和记录，更应对网络常规运行状况进行详细的分析和记录，这些记录作为网络日常运维的历史数据，对网络结构及性能的分析起到了指导作用，并对了解网络中的设备、线缆及流量等有着重要的参考意义。

当网络发生故障时，专业人员要对网络进行分析，可采用从客户机到网络连接、从网络连接到服务器的方法，从软件再到硬件的检测顺序，利用具备的技术资料和技能，一步步找到问题的症结所在。显然，对网络故障的响应处理的快慢与专业人员的素养及是否做好日常运维数据记录有关，所以应当对网络故障加强管理，借助一些管理系统软件实施故障记录、建立完善的网络配置文档十分有必要。

可借助工具从网络连通性、接口的使用、路由表的使用、网络整体情况等几个方面来进行故障诊断，从源头上阻断网络故障的发生。除此外，还应该注意网络工作的环境是否适宜和安全，应尽量避免设备工作在有灰尘、静电、高温、潮湿的环境中。例如，在拆装设备后应当及时安装设备上卸下的板卡和防尘外罩，保持显示器屏幕、键盘表面和鼠标的清洁；定期检查设备各种电缆是否断裂或松动，及时更换有问题的插座以确保设备使用的安全；设备机架和机柜都应安装地线，设备的电气部件最好放电后再接触，设备部件应装在防静电袋中

进行保管或运送。

8.2.4 网络性能调整与优化

网络性能调整与优化的目的是提升网络性能，在测试中，通过收集测试数据，分析测试结果，可以得知网络系统组件发生的问题，可通过改进来获得更好的网络性能。

1．网络通信性能调整与优化

网络通信的瓶颈通常出现在某一时间内同时有过多的设备发送数据，造成链路拥塞、带宽降低，可以从以下方面进行改善：选用质量较好的双绞线、同轴电缆、光纤等线缆，严格按照规范和标准来制作线缆和接线缆头，避免因线缆制作不合格而引起的网络性能低下；进行拓扑优化、路由优化、QoS 优化、使用 VPN 技术；进行 TCP 传输优化：调整 TCP 缓冲区大小、采用 MTU 传输、采用多个流并行传输等，采用高速 TCP 改进协议和基于 UDP 的改进协议；进行网络带宽升级，提供多出口的 Internet 接入，提高带宽；优化 Wi-Fi 热点的放置地点；对应用协议进行优化等。

2．网络设备性能调整与优化

选用质量较好的路由器和交换机，严格按照规范和标准来设计和配置实现网络功能，避免因设备配置不当造成的网络性能低下；尽可能多使用交换机来构建核心层、分布层、接入层，但一定要减少交换机的级联数量；对路由器和交换机的端口的数据流量做适当的调整，配置端口聚合，增加端口带宽，尽可能地提高设备的数据吞吐量；采用划分子网和虚拟局域网技术，将不同级别、不同功能的网络隔开；对发生故障的网络设备，做到及时响应，并能迅速隔离；严格做好备用线路的记录，避免网络回路的存在。

3．网络服务器性能调整与优化

对网络服务器的优化可以体现在硬件优化和软件优化上。

硬件优化体现在设计群集服务器管理模式，对服务器的工作负荷进行负载均衡，并自动监控所有服务器及资源的使用情况；调整和优化服务器的物理内存和虚拟内存，尽量加大服务器的物理和虚拟内存。

软件优化体现在对服务器的一个域名采用多个 IP 地址与其对应，采用 IP 地址轮询的方式依次分配 IP 地址来响应用户的访问请求；降低磁盘的使用率，将数据尽可能存放到内存中，从内存中读取数据，优化软件或程序的源代码，减少对服务器的资源的占用，并消除内存泄露；优化存储用户与服务器连接的会话状态数据，保证用户对服务器的持续访问；视情况增加后台处理服务器，负责接管服务器的处理任务，降低服务器的负载。

此外，应该建立服务器的配置文档，包括硬件类型和型号、操作系统版本、驱动程序及应用程序清单、注册表信息、用户账户信息等。

8.3 任务实施

8.3.1 任务情境分析

根据搭建好的网络，开始实施网络性能测试。网络性能测试往往从单个主机开始，从一台主机上出现的问题会反映出网络中的某个环节发生了故障，从而定位故障发生的位置，有针对性地进行解决。在网络问题较严重的情况下，会影响到网络的性能甚至整个网络的运转。

本任务主要以讲解几种网络性能测试工具的基本功能和操作方法为主，读者可根据兴趣，选择其中一种或几种工具软件进行深入研究。

8.3.2 网络性能测试与评估

1. 网络性能的基本测试与评估

（1）网络连通性测试与评估

在应用 TCP/IP 协议的网络，在网络出现不稳定状况或端到端之间不能进行正常连通时，可以优先选择 ping 命令来测试和排除网络问题。

PING（Packet Internet Groper）是 Windows 集成的一个专用于 TCP/IP 协议的探测工具，用来测试两个主机之间的连通性，用来判断目标是否存在。ping 命令的原理是向目标发送一个要求回显的 ICMP 数据报，当主机得到请求后，再返回一个回显的 ICMP 报文。如果数据包被发送方接收到，则说明主机是存活状态。该命令的包长小，传输速率快，可以快速检测网络连通性。

ping 命令的使用格式如下。

```
ping [参数 1][参数 2]……目的 IP 地址或域名
```

参数说明：

[-t] 持续发送和接收回送请求和应答 ICMP 报文，用 Ctrl+C 组合键来停止 ping 命令，也可用 Ctrl+Break 组合键来查看统计信息；

[-a] 将 IP 地址解析为主机名；

[-n count] 发送回送请求 ICMP 报文的次数，默认值为 4 次；

[-l size] 发送探测数据包的大小，默认值为 32bytes；

[-f] 不允许分片，默认为允许分片；

[-i TTL] 指定生存周期；

[-v TOS] 指定需要的服务类型；

[-r count] 记录路由；

[-s count] 使用时间戳选项；

[-j host-list] 使用松散源路由选项；

[-k host-list] 使用严格源路由选项；

[-w timeout] 指定等待每个回送应答的超时时间，默认值为 1000ms。

在使用 ping 命令时，可以选择带参数或者不带参数。不带参数的情况如图 8-1 所示。

```
C:\>ping 192.168.197.169

Pinging 192.168.197.169 with 32 bytes of data:

Reply from 192.168.197.169: bytes=32 time<1ms TTL=64
Reply from 192.168.197.169: bytes=32 time<1ms TTL=64
Reply from 192.168.197.169: bytes=32 time<1ms TTL=64
Reply from 192.168.197.169: bytes=32 time<1ms TTL=64

Ping statistics for 192.168.197.169:
    Packets: Sent = 4, Received = 4, Lost = 0 (0% loss),
Approximate round trip times in milli-seconds:
    Minimum = 0ms, Maximum = 0ms, Average = 0ms

C:\>_
```

图 8-1 ping 命令的基本使用方法

以上信息表示从发送 ping 的主机到 192.168.197.169 的主机存在着一条物理通路，或表示主机 192.168.197.169 是活动的，即通常所指的“ping 通了”。当回显的 ICMP 报文现实目的主机不可达（Destination Host Unreachable）或者超时（Request Timed Out）时，表示 ping 的目的主机在网络中不存在或者没有物理链路到达这台主机。ping 使用参数后-t、“Ctrl”+“C”、“Ctrl”+“Break”的效果如图 8-2 所示。

```
C:\>ping -t 192.168.197.169
        参数
Pinging 192.168.197.169 with 32 bytes of data:

Reply from 192.168.197.169: bytes=32 time<1ms TTL=64
Reply from 192.168.197.169: bytes=32 time<1ms TTL=64
Reply from 192.168.197.169: bytes=32 time<1ms TTL=64
Reply from 192.168.197.169: bytes=32 time<1ms TTL=64
               ping的过程中查看统计信息
Ping statistics for 192.168.197.169:
    Packets: Sent = 4, Received = 4, Lost = 0 (0% loss),
Approximate round trip times in milli-seconds:
    Minimum = 0ms, Maximum = 0ms, Average = 0ms
Control-Break
Reply from 192.168.197.169: bytes=32 time<1ms TTL=64
Reply from 192.168.197.169: bytes=32 time<1ms TTL=64
Reply from 192.168.197.169: bytes=32 time<1ms TTL=64
Reply from 192.168.197.169: bytes=32 time<1ms TTL=64

Ping statistics for 192.168.197.169:
    Packets: Sent = 8, Received = 8, Lost = 0 (0% loss),
Approximate round trip times in milli-seconds:
    Minimum = 0ms, Maximum = 0ms, Average = 0ms
Control-C 中断ping命令
^C
C:\>
```

图 8-2　使用参数后的效果

当出现如图 8-3 所示响应失败的信息时，表示主机不存在或网络存在故障。

```
C:\>ping 125.221.32.200

Pinging 125.221.32.200 with 32 bytes of data:

Request timed out.
Request timed out.
Request timed out.
Request timed out.

Ping statistics for 125.221.32.200:
    Packets: Sent = 4, Received = 0, Lost = 4 (100% loss),
```

图 8-3　响应失败

从办公网的主机排除故障的步骤如下。

1）检测主机上的 TCP/IP 协议是否安装正确，可 ping 127.0.0.1，如果 ping 通了，说明协议被正确安装。

2）检测主机上网卡是否正确安装，可 ping 自己网卡上设置的 IP 地址，如果 ping 通了，则说明主机的网卡能正常工作；如果没有 ping 通，则检查主机的 IP 地址、子网掩码、网关等相关参数是否配置正确，检测所配置的 IP 地址是否被其他主机占用。

3）检测从主机到本网段网关的链路是否正常，可 ping 主机所在的网段的网关，如果 ping 通了，则说明主机到网关的链路是连通的。

4）检测主机到远程服务器的链路是否连通，可 ping 远程服务器的 IP 地址，如果 ping 通了，则说明主机到服务器的链路是正常工作的。

如果配置了 DNS 服务器的地址，还可以直接使用命令“ping 域名”替代“ping IP 地址”。

该命令也可以用在网络设备上，在本任务情境中可以尝试 ping 内部服务器和外部服务器的 IP 地址，测试从办公大楼的主机到内、外部服务器或者某两个设备之间的连通性。

（2）路由性能测试与评估

1）tracert/traceroute 工具。tracert/traceroute 是路由跟踪实用程序，用于确定 IP 数据包访问目标所采取的路径。该命令的原理是向目标发送含有不同的 TTL 字段的 IP 包，并接收 ICMP（Internet 控制消息协议）回应消息，来确定 IP 数据包从一个主机（或路由器）到网络上其他主机的路径。

发送方使用命令第一次发送时设置 IP 包的 TTL 为 1，该包经过路由器时 TTL 被递减 1 后再转发，当 IP 包上的 TTL 减为 0 时，路由器将“ICMP 已超时”的消息返回发送方。在第二次发送时设置 IP 包的 TTL 递增 1，重复上述步骤，以此类推，直到被访问目标响应或 TTL 达到最大值。命令会按顺序打印出每次返回“ICMP 已超时”消息的路径中的近端路由器接口列表。tracert 在主机上使用，traceroute 在路由器上使用。

tracert 命令的使用格式如下。

```
tracert [参数 1] [参数 2]......目的 IP 地址或域名
```

参数说明：

[-d] 指定不将路由器的 IP 地址解析为其名称；

[-h maximum_hops] 指定探测目的主机路由的最大跃点数；

[-j host-list] 指定数据包按照松散源路由列表的顺序转发；

[-w timeout] 指定等待每次回复消息的时间，单位为 ms，默认值为 4000ms。如果超时未收到消息则显示“*”。

在使用 tracert 的时候，可以选择带参数或者不带参数。带参数的情况如图 8-4 所示。

以上例子是在命令中带参数[-d]，数据包通过了 11 个路由器才到达域名为 www.sina.com 的主机。以打印结果的第一行为例，第一列的数字代表发送的 IP 包的顺序；最后一列代表的是当 TTL 减为 0 时到达的路由器地址为“192.168.1.1”；第 2～4 列代表从主机到地址 192.168.1.1 发送 3 次探测所得到的往返时间分别为“3ms”、“2ms”、“1ms”，其他以此类推。

如图 8-5 所示，以上例子是指定探测目的主机路由的最大跃点数为 3，探测 3 次后即停止探测，这次是没有带参数[-d]的，所以第一次探测时将路由器的 IP 地址 192.168.1.1 解析为其名称“mobilewifi.home”。

```
C:\>tracert -d www.sina.com
            参数
Tracing route to almack.sina.com.cn [218.30.108.232]
over a maximum of 30 hops:

  1     3 ms     2 ms     1 ms  192.168.1.1
  2    91 ms   399 ms    93 ms  115.168.66.14
  3    93 ms    87 ms   126 ms  115.168.66.85
  4     *       93 ms    82 ms  222.223.225.238
  5    98 ms   122 ms    86 ms  222.223.225.237
  6   118 ms    88 ms    91 ms  27.129.1.25
  7    94 ms    94 ms    92 ms  202.97.80.129
  8    99 ms     *        *     220.181.177.194
  9   102 ms   105 ms   106 ms  218.30.25.237
 10   287 ms   151 ms   142 ms  218.30.28.42
 11    90 ms   100 ms    95 ms  218.30.104.42
 12    99 ms   108 ms   102 ms  218.30.108.232

Trace complete.

C:\>
```

图 8-4 tracert 命令带参数[-d]的使用方法

```
C:\>tracert -h 3 www.sina.com
             参数
Tracing route to almack.sina.com.cn [218.30.108.232]
over a maximum of 3 hops:
                                 解析IP为其名称
  1     2 ms     1 ms     2 ms  mobilewifi.home [192.168.1.1]
  2    85 ms    78 ms    84 ms  115.168.66.14
  3   102 ms   103 ms   104 ms  115.168.66.85

Trace complete.

C:\>
```

图 8-5 tracert 命令带参数[-h]的使用方法

2）route print 工具。route print 是查看主机上当前路由表的工具。

如图 8-6 所示，“Network Destination”代表目的网段；“Netmask”代表子网掩码；“Gateway”代表到达目的地时经过的默认网关，即下一跳的路由器入口 IP 地址；“Interface”代表本机（或路由器出口）的 IP 地址，从这个 IP 地址可以到达目的地；“Metric”代表跳数，即该条路由记录的质量，如果有多条到达相同目的地的路由记录，路由器会采用跳数值小的那条路由，即跳数值越小越优。例如，目的网段为 0.0.0.0 代表发向任意网段的数据通过本机接口 192.168.1.100 被送往默认的网关 192.168.1.1，其跳数为 25。

```
C:\>route print
===========================================================================
Interface List
0x1 ........................... MS TCP Loopback interface
0x2 ...5c ac 4c 35 8f 32 ...... Atheros AR9285 Wireless Network Adapter - 数据包
计划程序微型端口
===========================================================================
===========================================================================
Active Routes:
Network Destination        Netmask          Gateway       Interface  Metric
          0.0.0.0          0.0.0.0      192.168.1.1   192.168.1.100      25
        127.0.0.0        255.0.0.0        127.0.0.1       127.0.0.1       1
      192.168.1.0    255.255.255.0    192.168.1.100   192.168.1.100      25
    192.168.1.100  255.255.255.255        127.0.0.1       127.0.0.1      25
    192.168.1.255  255.255.255.255    192.168.1.100   192.168.1.100      25
        224.0.0.0        240.0.0.0    192.168.1.100   192.168.1.100      25
  255.255.255.255  255.255.255.255    192.168.1.100   192.168.1.100       1
Default Gateway:       192.168.1.1
===========================================================================
Persistent Routes:
  None

C:\>_
```

图 8-6 route print 的使用方法

在本任务情境中可以利用该工具测试某台主机到另一台主机所经过的路径，帮助路由性能评估和故障排错。

（3）本地接口性能的测试与评估

ipconfig 可显示主机当前的 IP 地址、子网掩码和默认网关等 TCP/IP 配置值，用来检验动态配置或手动配置的 TCP/IP 设置是否正确。

ipconfig 命令的使用格式如下。

```
ipconfig [参数 1 | 参数 2 | ……]
```

参数说明：

[/all] 显示本机完整的 TCP/IP 配置信息；

[/release] 在 DHCP 客户端上释放网卡的 IP 地址；

[/renew] 在 DHCP 客户端上向服务器刷新请求；

[/flushdns] 清除本地 DNS 缓存；

[/registerdns] 刷新所有 DHCP 租约和重新注册 DNS 名称；

[/displaydns] 显示 DNS 解析器缓存的内容；

[/showclassid] 显示网络适配器的所有 DHCP 类别信息；

[/setclassid] 修改网络适配器的 DHCP 类别。

如图 8-7 所示，“Host Name”表示域中主机名，“Primary Dns Suffix”表示主 DNS 后缀，“Node Type”表示结点类型，“IP Routing Enabled”表示是否启用 IP 路由服务，“WINS Proxy Enabled”表示 WINS 是否启用代理服务，“Ethernet adapter”表示本地连接，“Connection-specific

DNS Suffix”表示连接特定的DNS后缀，“Description”表示网卡型号，“Physical Address”表示网卡的MAC地址，“DHCP Enabled”表示是否启用动态主机设置协议，“IP Address”表示本机的IP地址，“Subnet Mask”表示子网掩码，“Default Gateway”表示默认网关地址，“DHCP Server”表示DHCP服务器IP地址，“DNS Servers”表示DNS服务器IP地址，“Lease Obtained”表示IP地址租用开始时间，“Lease Expires”表示IP地址租用结束时间。

```
C:\>ipconfig /all
                参数
Windows IP Configuration

        Host Name . . . . . . . . . . . . : 20101003-1215
        Primary Dns Suffix  . . . . . . . :
        Node Type . . . . . . . . . . . . : Unknown
        IP Routing Enabled. . . . . . . . : Yes
        WINS Proxy Enabled. . . . . . . . : No

Ethernet adapter 本地连接 5:

        Connection-specific DNS Suffix  . :
        Description . . . . . . . . . . . : Windows Mobile-based Internet Sharing Device
        Physical Address. . . . . . . . . : 00-1E-10-██-██-██
        Dhcp Enabled. . . . . . . . . . . : Yes
        Autoconfiguration Enabled . . . . : Yes
        IP Address. . . . . . . . . . . . : 192.168.1.101
        Subnet Mask . . . . . . . . . . . : 255.255.255.0
        IP Address. . . . . . . . . . . . : fe80::21e:10ff:fe1f:0%7
        Default Gateway . . . . . . . . . : 192.168.1.1
        DHCP Server . . . . . . . . . . . : 192.168.1.1
        DNS Servers . . . . . . . . . . . : 192.168.1.1
                                            192.168.1.1
                                            fec0:0:0:ffff::1%1
                                            fec0:0:0:ffff::2%1
                                            fec0:0:0:ffff::3%1
        Lease Obtained. . . . . . . . . . : 2014年2月1日星期六 21:18:15
        Lease Expires . . . . . . . . . . : 2014年2月2日星期日 21:18:15
```

图 8-7 ipconfig 带参数[/all]的使用方法

如图8-8所示，显示DNS解析器缓存的主机访问的各网站域名的相关内容，包括记录的域名、记录的类型、TTL值、数据长度等信息。

```
C:\>ipconfig /displaydns
                参数
Windows IP Configuration

         safebrowsing.google.com
         ----------------------------------------
         Record Name . . . . . : safebrowsing.google.com
         Record Type . . . . . : 5
         Time To Live  . . . . : 53
         Data Length . . . . . : 4
         Section . . . . . . . : Answer
         CNAME Record  . . . . : sb.l.google.com


         rm.api.weibo.com
         ----------------------------------------
         Record Name . . . . . : rm.api.weibo.com
         Record Type . . . . . : 5
         Time To Live  . . . . : 20
         Data Length . . . . . : 4
         Section . . . . . . . : Answer
         CNAME Record  . . . . : remind.api.weibo.com
```

图 8-8 ipconfig 带参数[/displaydns]的使用方法

在本任务情境中可以利用该工具测试某台主机的TCP/IP配置属性是否正确，帮助本地接口进行性能测试与故障排错。

（4）网络整体状态测试与评估

netstat是在内核中访问TCP/IP网络及相关信息的程序，可检验TCP/UDP网络连接情况以及每个网络接口的使用状况。

netstat 命令的使用格式如下。

```
netstat [参数 1][参数 2]……
```

参数说明：

[-a] 显示所有连接和监听端口；

[-b] 显示包含于创建每个连接或监听端口的可执行组件；

[-e] 显示以太网统计，此选项可与[-s]选项结合使用；

[-n] 以数字形式显示地址和端口号；

[-o] 显示与每个连接相关的所属进程 ID；

[-p Protocol] 显示 Protocol 指定的协议信息，包括 TCP、UDP、TCPv6 或 UDPv6 协议，此选项可与[-s]选项结合使用；

[-r] 显示核心路由表；

[-s] 显示按协议统计信息，默认显示 IP、IPv6、ICMP、ICMPv6、TCP、TCPv6、UDP 和 UDPv6 的统计信息；

[-v] 可与[-b]选项结合使用，显示包含于为所有可执行组件创建连接或监听端口的组件；

[Interval] 重新显示选定统计信息，每次显示之间暂停时间间隔（以秒计）。按 Ctrl+C 组合键停止重新显示统计信息。如果省略，netstat 仅显示当前配置信息一次。

如图 8-9 所示，以数字形式显示所有连接和监听端口，“Proto”代表协议名称，“Local Address”代表本地 IP 地址（或机器名）和端口号，“Foreign Address”代表远程 IP 地址（或机器名）和端口号，“State”代表网络连接状态。

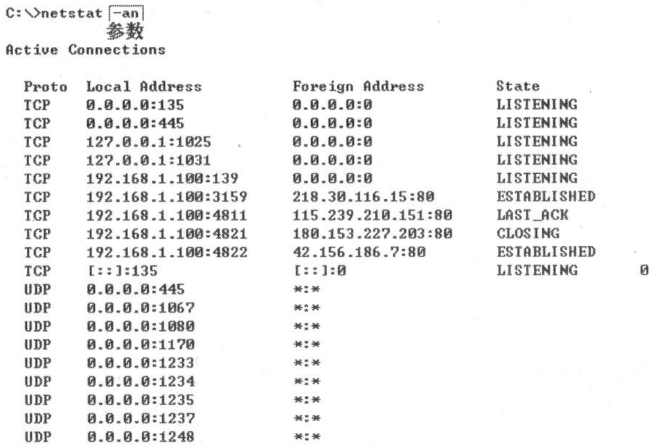

```
C:\>netstat -an
               参数
Active Connections

  Proto  Local Address          Foreign Address        State
  TCP    0.0.0.0:135            0.0.0.0:0              LISTENING
  TCP    0.0.0.0:445            0.0.0.0:0              LISTENING
  TCP    127.0.0.1:1025         0.0.0.0:0              LISTENING
  TCP    127.0.0.1:1031         0.0.0.0:0              LISTENING
  TCP    192.168.1.100:139      0.0.0.0:0              LISTENING
  TCP    192.168.1.100:3159     218.30.116.15:80       ESTABLISHED
  TCP    192.168.1.100:4811     115.239.210.151:80     LAST_ACK
  TCP    192.168.1.100:4821     180.153.227.203:80     CLOSING
  TCP    192.168.1.100:4822     42.156.186.7:80        ESTABLISHED
  TCP    [::]:135               [::]:0                 LISTENING       0
  UDP    0.0.0.0:445            *:*
  UDP    0.0.0.0:1067           *:*
  UDP    0.0.0.0:1080           *:*
  UDP    0.0.0.0:1170           *:*
  UDP    0.0.0.0:1233           *:*
  UDP    0.0.0.0:1234           *:*
  UDP    0.0.0.0:1235           *:*
  UDP    0.0.0.0:1237           *:*
  UDP    0.0.0.0:1248           *:*
```

图 8-9 netstat 命令带参数[-a][-n]的使用方法

在本任务情境中可以利用该工具在某台主机上检测网络整体状态，帮助网络状态监督和故障排错。

2．网络性能的综合测试与评估

（1）Sniffer Pro 工具

Sniffer Pro 是一款网络抓包与协议分析软件，所支持的协议较为丰富，能在有线和无线网络中实时监控网络、捕获数据包和诊断网络故障。

本任务情境中，采用的软件版本为 Sniffer Portable Version 4.70.530，选择网络中某台主机，安装好该软件后，启动软件，默认情况下，软件会自动选择该计算机上的网卡进行监听，主界面如图 8-10 所示。

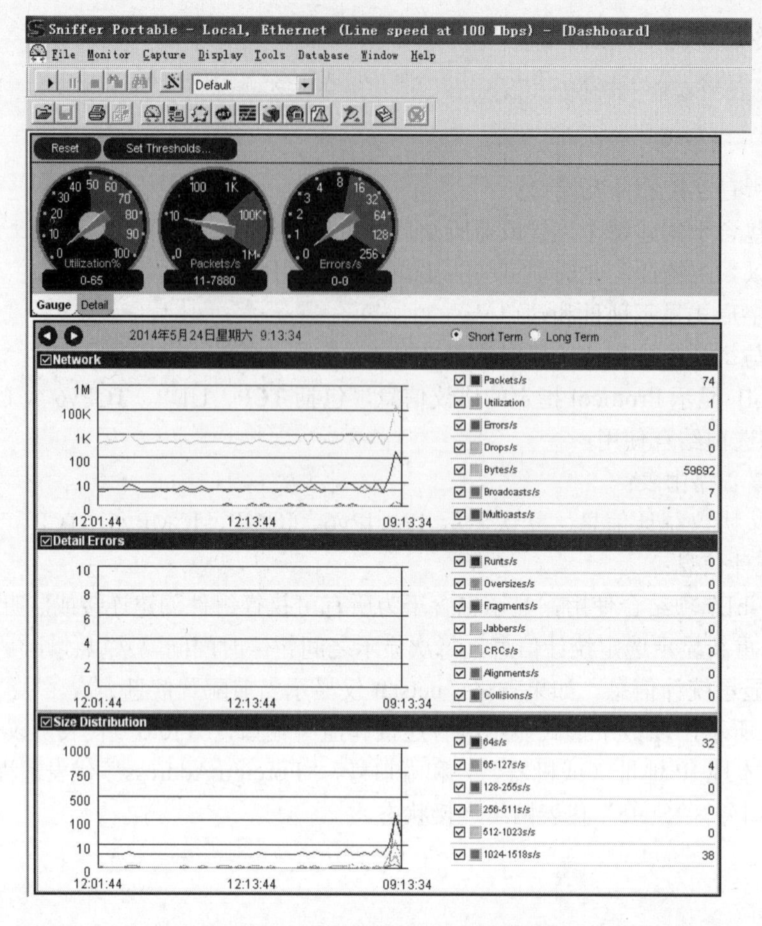

图 8-10　Sniffer Pro 主界面

如图 8-11 所示，也可选择“File”→“Select Settings”选项，选择监听的本地网卡，单击“确定”按钮，如图 8-12 所示。

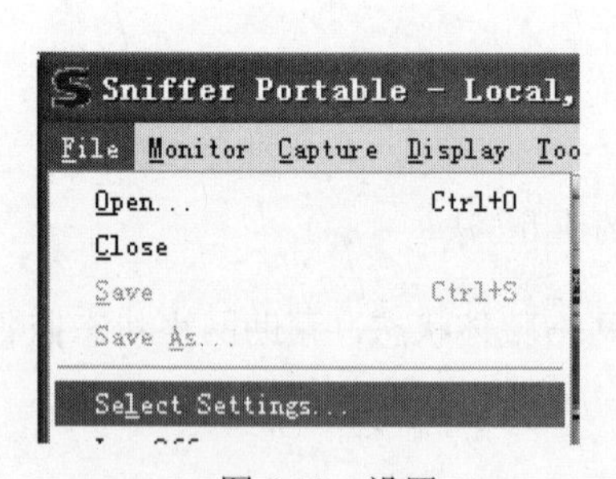

图 8-11　设置

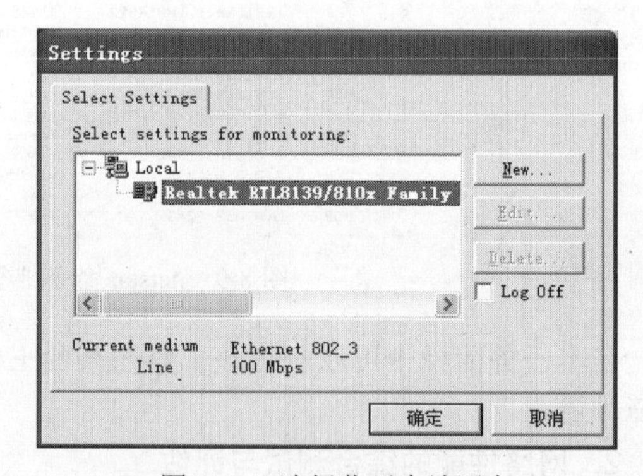

图 8-12　选择监听本地网卡

网络监控模式有如下几种：Dashboard、Host Table、Matrix 等。

1）Dashboard。进入了网卡监听模式后，界面上出现 3 个仪表盘，从左到右依次为“Utilization%”（网络使用率）、“Packets/s”（数据包传输率）、“Errors/s”（网络错误率），如图 8-13 所示，红色区域是警戒区域，即根据网络要求设置的上限，当指针指向红色区域时说明网络负荷较大。

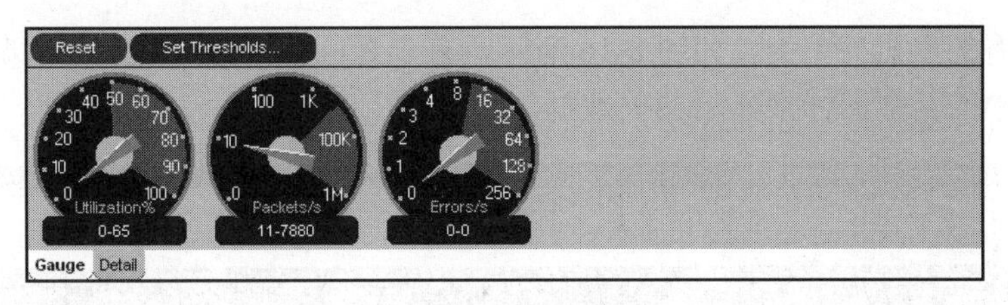

图 8-13　仪表盘

仪表盘下面是网络流量、数据错误细节、数据包大小分布等更为详细的曲线图，如图 8-14 所示，勾选右边的参数复选框即可绘制不同的数据信息的曲线图，如网络流量曲线图可绘制数据包传输率、网络使用率、错误率、丢弃率、传输字节速率、广播包数量、组播包数量等参数，其他两个图表与此类似。

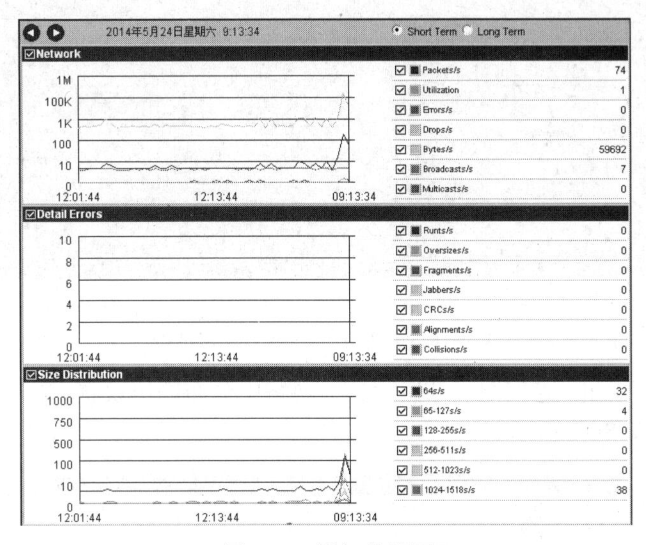

图 8-14　详细曲线图

2）Host Table。如图 8-15 所示，单击主界面工具栏中的图标，再选择图表下方的“IP”选项卡，界面中显示所有在线的本网段的主机地址与外网段相连的服务器或主机地址。

Sniffer Portable - Local, Ethernet (Line speed at 100 Mbps) - [Host Table: 67 stations]

File Monitor Capture Display Tools Database Window Help

IP Addr	In Pkts	Out Pkts	In Bytes	Out Bytes	Broadcast	Multicast	Update Time	Create Time
0.0.0.0	0	1	0	346	1	0	2014-05-24 15:44:06.225.238	2014-05-24 15:44:06.225.238
42.120.107.125	14	12	2,148	1,469	0	0	2014-05-24 15:44:28.965.504	2014-05-24 15:44:12.520.537
42.120.147.22	5	5	1,150	539	0	0	2014-05-24 15:44:11.17.29	2014-05-24 15:44:10.955.409
42.120.176.21	2	2	128	128	0	0	2014-05-24 15:44:08.933.561	2014-05-24 15:44:06.699.224
42.156.140.11	15	17	2,269	11,983	0	0	2014-05-24 15:44:28.935.378	2014-05-24 15:44:12.524.900
42.156.140.137	5	4	1,169	510	0	0	2014-05-24 15:44:12.956.726	2014-05-24 15:44:12.896.10
42.156.146.9	5	5	979	571	0	0	2014-05-24 15:44:31.462.85	2014-05-24 15:44:31.352.345
42.156.166.3	2	1	128	64	0	0	2014-05-24 15:44:18.935.885	2014-05-24 15:44:18.918.734
42.156.186.1	8	7	1,610	998	0	0	2014-05-24 15:44:18.935.651	2014-05-24 15:44:06.323.213
42.156.186.2	6	5	1,551	870	0	0	2014-05-24 15:44:18.933.582	2014-05-24 15:44:12.333.677
42.156.186.3	12	9	1,717	1,132	0	0	2014-05-24 15:44:43.499.788	2014-05-24 15:44:06.967.518
42.156.190.21	2	2	128	128	0	0	2014-05-24 15:44:18.936.518	2014-05-24 15:44:16.829.636
42.156.220.77	5	5	939	596	0	0	2014-05-24 15:44:10.979.534	2014-05-24 15:44:10.922.0
58.51.194.150	2	1	128	64	0	0	2014-05-24 15:44:43.488.242	2014-05-24 15:44:43.483.805
61.183.52.241	10	9	3,935	2,982	0	0	2014-05-24 15:44:43.494.776	2014-05-24 15:44:31.355.68
61.183.52.250	12	12	1,962	10,077	0	0	2014-05-24 15:44:43.493.43	2014-05-24 15:44:11.728.753
69.192.3.82	36	66	2,916	92,335	0	0	2014-05-24 15:44:33.37.737	2014-05-24 15:44:32.296.520
69.192.4.83	3	2	192	134	0	0	2014-05-24 15:44:43.602.426	2014-05-24 15:44:22.104.330
74.125.23.125	2	1	128	64	0	0	2014-05-24 15:44:43.110.227	2014-05-24 15:44:42.872.343
74.125.235.199	3	2	192	134	0	0	2014-05-24 15:44:43.831.61	2014-05-24 15:44:28.441.388
74.125.235.201	38	36	15,696	11,791	0	0	2014-05-24 15:44:43.905.770	2014-05-24 15:44:11.65.200
110.75.18.86	5	5	1,298	1,080	0	0	2014-05-24 15:44:12.348.549	2014-05-24 15:44:12.138.880
110.75.29.139	12	8	3,804	1,203	0	0	2014-05-24 15:44:43.501.56	2014-05-24 15:44:07.916.106
110.75.38.130	10	7	3,099	953	0	0	2014-05-24 15:44:12.724.588	2014-05-24 15:44:12.390.842

MAC　IP　IPX

For Help, press F1

图 8-15　主机列表

选择想查看的主机并单击，如图 8-16 所示，来查看该主机的网络连接情况，可以依次单击左侧工具栏中的其他图标来显示相关数据。

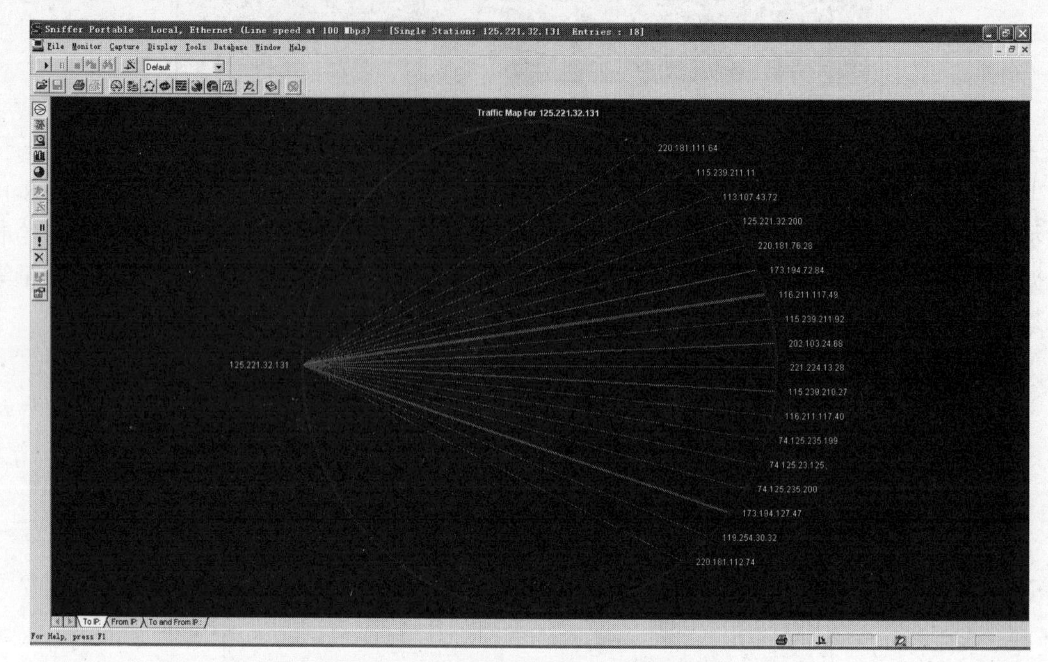

图 8-16　查看主机的网络连接情况

单击主机工具栏中的按钮，可显示整个网络中分布的协议状态，可以查看每台主机运行的所有协议，如图 8-17 所示。

Sniffer Portable - Local, Ethernet (Line speed at 100 Mbps) - [Host Table: 69 stations]

File Monitor Capture Display Tools Database Window Help

Default

Protocol	Address	In Packets	In Bytes	Out Packets	Out Bytes
Bootpc	BROADCAST	1	346	0	0
	0.0.0.0	0	0	1	346
DNS	125.221.32.131	39	13,944	39	3,104
	202.103.24.68	38	3,104	39	13,944
HTTP	116.211.117.49	29	1,856	0	0
	110.75.127.230	3	192	2	134
	221.233.135.240	42	4,587	60	71,868
	42.156.190.21	2	128	2	128
	116.211.118.34	25	1,600	4	256
	42.156.140.137	5	1,169	4	510
	116.211.119.141	23	2,689	34	41,514
	42.156.186.2	6	1,551	5	870
	119.97.134.240	2	128	1	64
	42.120.107.125	14	2,148	12	1,469
	42.156.140.11	15	2,269	17	11,983
	221.233.135.250	11	1,302	12	8,757
	220.181.112.25	6	384	0	0
	220.181.112.74	5	320	0	0
	180.149.132.30	6	384	0	0
	115.239.211.11	3	192	0	0
	42.156.146.9	5	979	5	571
	220.181.132.157	1	71	2	130
	61.183.52.241	10	3,935	9	2,982
	116.211.119.150	2	128	1	64
	116.211.119.140	4	256	2	128
	115.239.210.31	6	384	0	0
	69.192.4.83	3	192	2	134
	110.75.84.33	2	128	1	64
	110.75.18.86	5	1,298	5	1,080
	42.156.166.3	2	128	1	64
	115.239.210.27	8	512	0	0
	116.211.117.39	9	576	0	0
	180.149.131.210	4	256	0	0
	110.75.114.28	15	4,705	15	1,813
	110.75.38.130	10	3,099	7	953
	42.120.176.21	2	128	2	128
	61.183.52.250	12	1,962	12	10,077
	42.156.186.1	8	1,610	7	998
	42.156.186.3	12	1,717	9	1,132
	221.233.60.250	54	7,368	55	41,666
	221.235.187.76	13	832	9	576
	125.221.32.131	343	207,847	441	65,366
	221.233.60.241	16	7,094	13	4,430
	110.75.29.139	12	3,804	8	1,203

MAC IP IPX

For Help, press F1

图 8-17　协议列表

单击主机工具栏中的或按钮，可显示整个网络中占用带宽最高的前十台主机的柱状图或圆形图，如图 8-18 和图 8-19 所示。

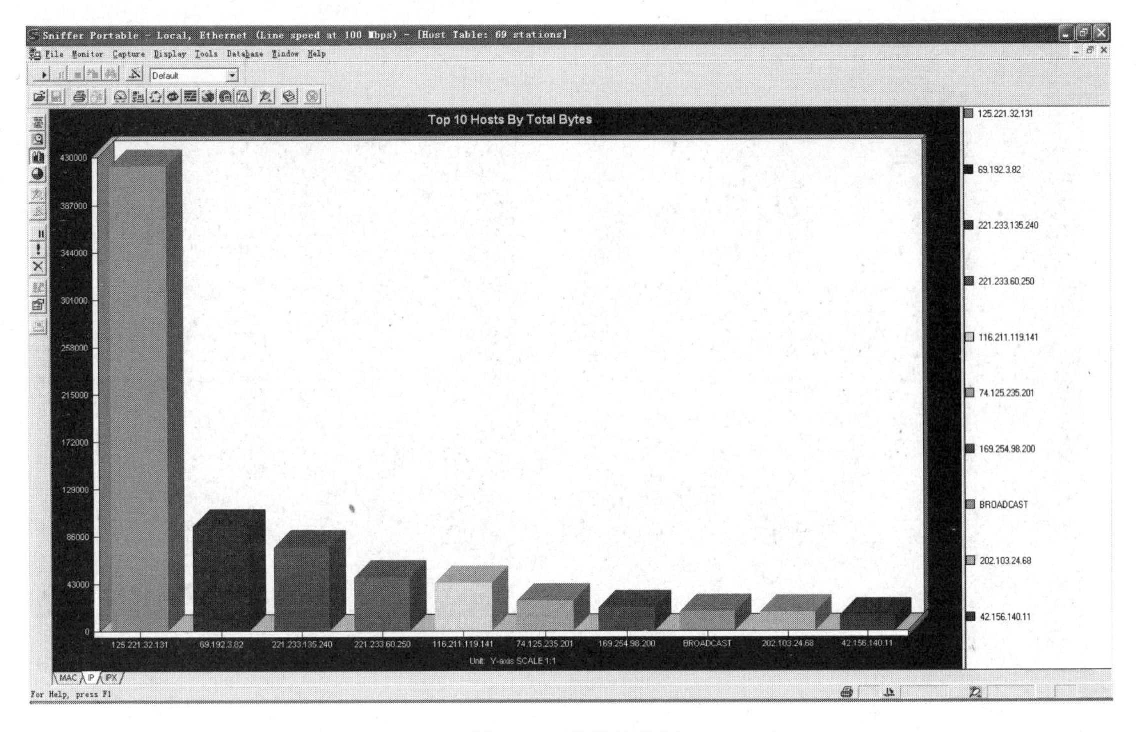

图 8-18 流量柱状图

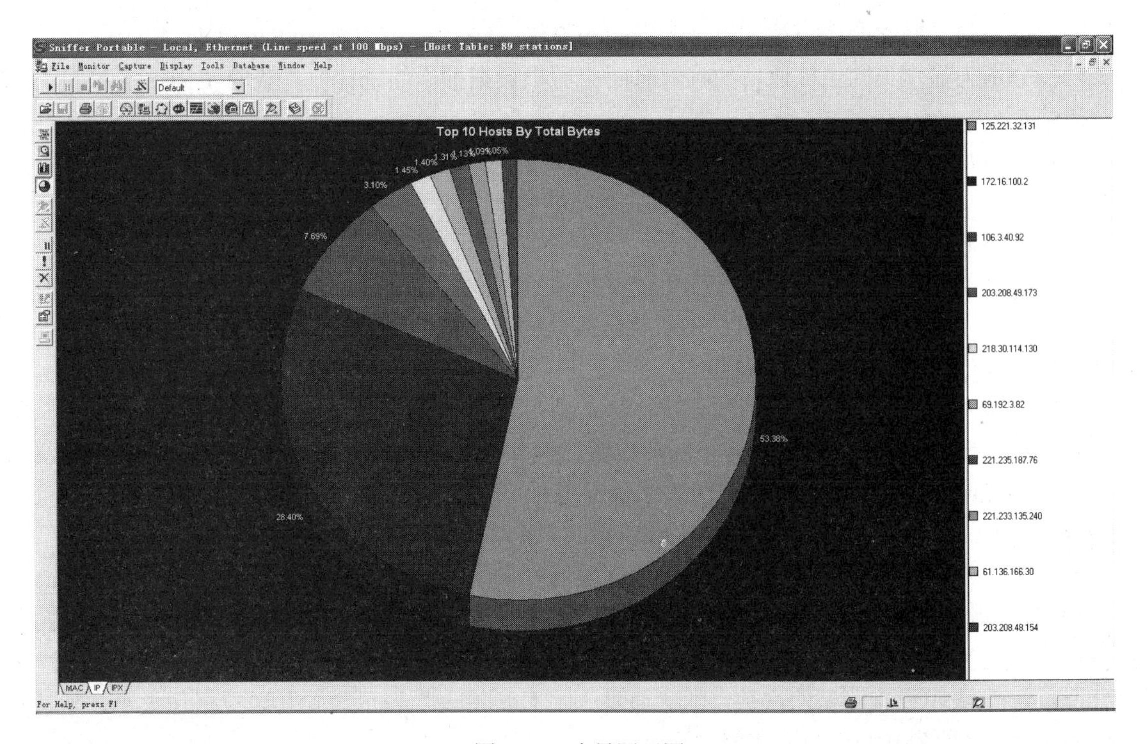

图 8-19 流量圆形图

3）Matrix。单击主界面中的按钮，可显示全网连接图，如图 8-20 所示，绿线表示正在进行的网络连接，蓝线表示以前进行过的连接，可移动鼠标指针查看连接情况。

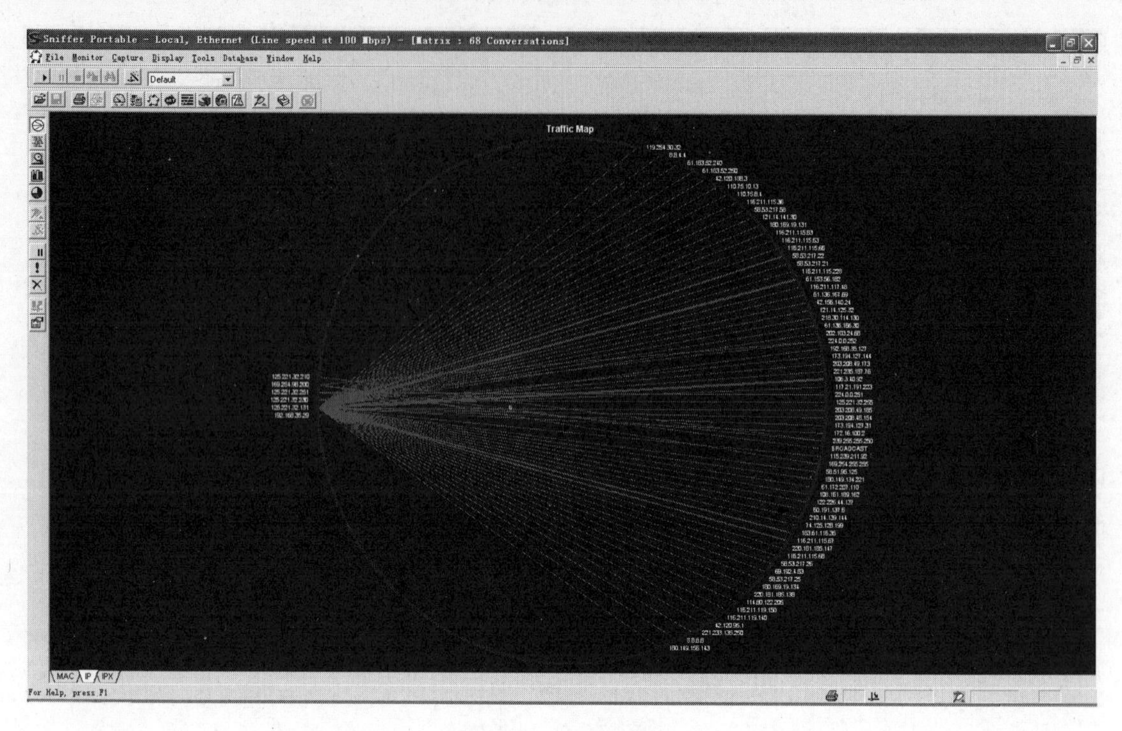

图 8-20　全网连接图

除此以外，网络监控模式还有 Application Response Time、History Samples、Switch 等，其功能分别为显示不同主机通信的响应时间、历史数据抽样的统计值、获取 Cisco 交换机的状态信息。

（2）Qcheck 工具

Qcheck 是一款免费网络测试软件，主要功能是向 TCP、UDP、IPX/SPX 网络发送数据流以测试网络的吞吐率、回应时间等，从而测试网络性能的好坏。

在测试的网络两端使用两台计算机，并且运行该软件，本任务情境中采用免费版。在软件主界面上方，“From Endpoint 1”表示发送数据的计算机，“To Endpoint 2”表示接收数据的计算机，此处填写计算机的 IP 地址。

主界面中部左侧的 4 个圆形按钮代表 4 种可以使用的协议类型（Protocol）：“TCP”、“UDP”、“SPX”、“IPX”；右侧的 4 个圆形按钮代表 4 个可以测试的选项（Options）：“Response Time”、“Throughput”、“Streaming”、“Traceroute”。不同的项目适用于不同的协议：Response Time（响应时间）用来测试响应的最短时间、平均时间与最长时间，适用于所有协议；Throughput（吞吐量）用来测试每秒发送的数据量，即网络带宽，适用于所有协议；Streaming（流）用来测试串流传输率，如多媒体流的带宽，仅适用于 UDP 和 IPX 协议；Traceroute（路由追踪）用来测试从一台主机到另一台主机所经过的路由，仅适用于 TCP 和 UDP 协议。“Iterations”表示设置测试的次数，默认值是 3；“Data Size”表示设置发送数据包大小，默认值为 100，单位为 byte，如图 8-21 所示。

主界面下部黑色框是显示测试结果的区域。测试时，需要选中左侧要使用的协议类型和右侧的测试类型，然后单击主界面下方的“Run”按钮来启动测试，也可单击“Details”按钮来查看详细信息。

在本任务情境中，选择两台主机，IP 地址分别是 125.221.32.131 和 125.221.32.201，安装好 Qcheck 软件并启动，在其中一台主机的 Qcheck 软件中进行配置，在“From Endpoint 1”文本框中输入目的主机的 IP 地址 125.221.32.131，表示从本地主机发送测试，在“To Endpoint 2”文本框中输入目的主机的 IP 地址 125.221.32.201。在 Protocol 中单击“TCP”按钮，在 Options 中单击“Response Time”按钮。在“Iterations”文本框中输入测试次数为 4，在“Data Size”文本框中输入要发送的数据包的大小为 150bytes。单击“Run”按钮开始测试。测试完成在“Response Time Results”框中显示测试结果：“Minimum（最短）为 1ms”、“Average（平均）为 2ms”、“Maximum（最长）为 7ms”，如图 8-22 所示。单击“Details”按钮，弹出“Qcheck Results”窗口，在窗口中显示配置信息、测试结果、主机系统信息和 Qcheck 的版本信息等（图略）。

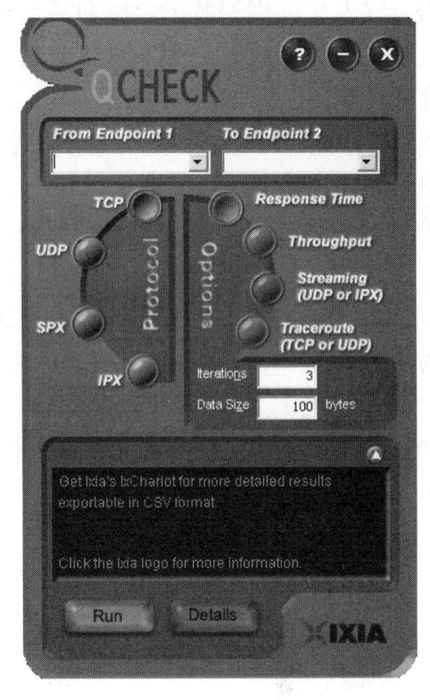

图 8-21 Qcheck 的主界面

保持之前的设置不变，在 Option 中单击“Throughput”按钮，在“Data Size”文本框中设置要发送的数据包的大小为 1000kbytes。单击“Run”按钮开始测试，测试完成在“Throughput Results”框中显示测试结果，如图 8-23 所示，测试 Throughput 值为 94.118Mbps，即从本地主机到目的主机的带宽为 94.118Mb/s。同理，可以检测网络拓扑中任意两台主机之间的网络性能。

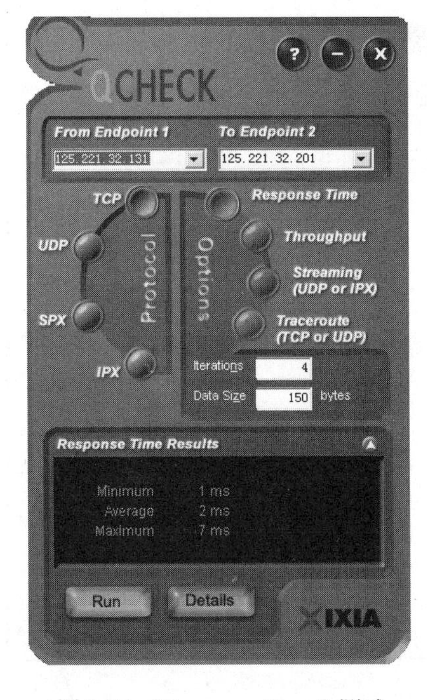

图 8-22 “Response Time”测试

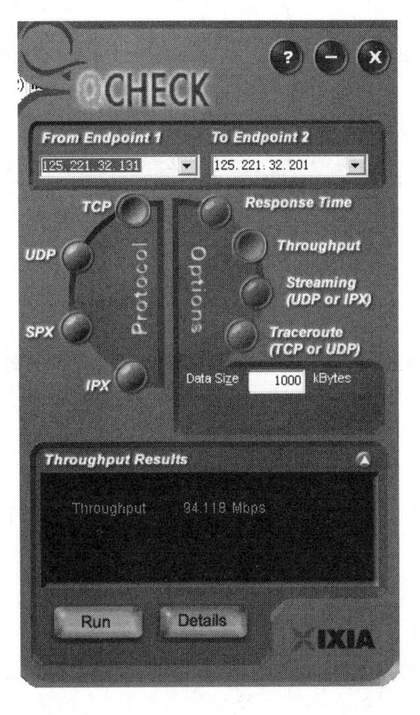

图 8-23 “Throughput”测试

（3）Chariot 工具

Chariot 是一款网络测试软件，其被广泛应用在大型网络的测试中。该软件可模仿各种应用程序发出的网络数据，针对各种网络环境、各种操作系统、各种协议进行测试，提供网络故障定位、系统评估、网络优化等功能，同时提供网络设备的强度测试和网络应用软件性能评估测试。

如图 8-23 所示，Chariot 的组成包括控制台（Console）和 Endpoint（终端）两部分，Console 也可以安装在其中一个 Endpoint 上。Console 可运行于各种 Windows 平台上，并可以定义各种可能的测试拓扑结构和测试业务类型。Endpoint 可运行在几乎所有操作系统上，它利用运行主机的资源，执行控制台发布的脚本命令来完成测试工作。

本任务情境中，采用的软件版本为 IxChariot 5.40，测试网络中任意两台主机 1（IP 地址为 125.221.32.131）与 2（IP 地址为 125.221.32.200）之间的带宽。

在主机 1、2 上运行 Endpoint，在主机 3 上运行 Console，在主界面中单击“New”按钮，如图 8-24 所示，在弹出的窗口中单击工具栏中的“Add Pair”图标，如图 8-25 所示。

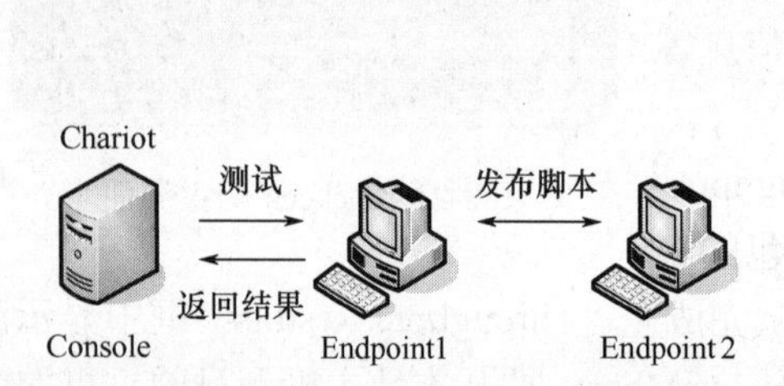

图 8-23　Chariot 的组成

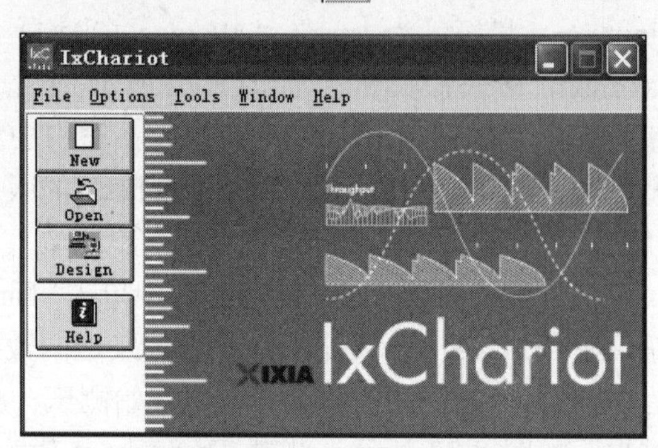

图 8-24　Chariot 主界面

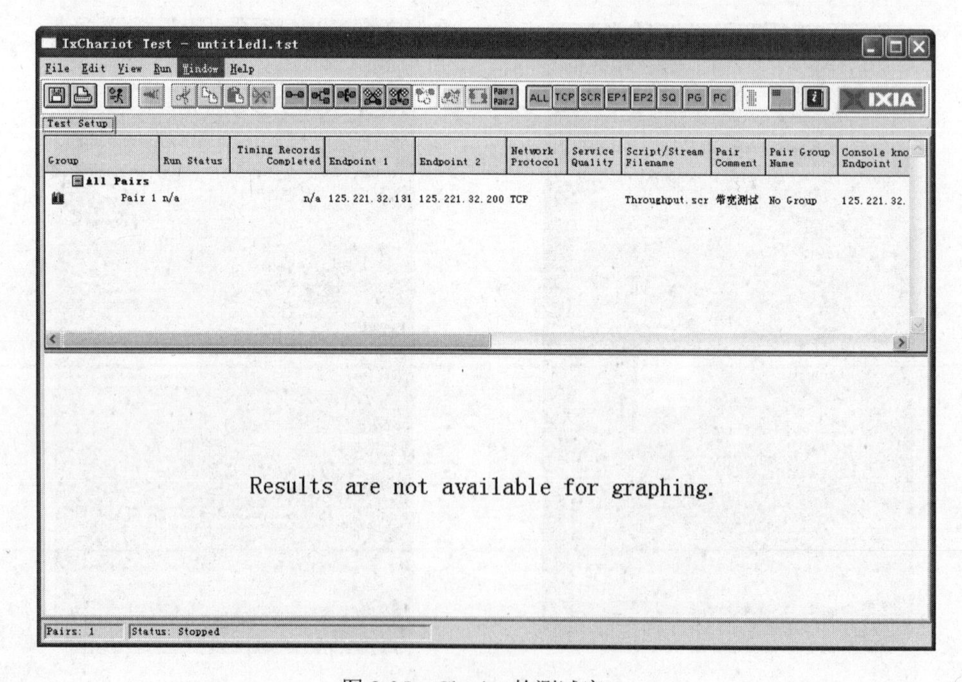

图 8-25　Chariot 的测试窗口

如图 8-26 所示，在“Add an Endpoint Pair”对话框中输入“Pair comment”为“带宽测试”，在“Endpoint 1 network address”处输入主机 1 的 IP 地址“125.221.32.131”，在“Endpoint 2 network address”处输入主机 2 的 IP 地址“125.221.32.200”，“Network protocol”默认为 TCP 协议。单击“Select Script”按钮选择一个需要测试的脚本，此处可选择软件内置的 Throughput.scr 脚本，如图 8-27 所示，此时可以返回“Add an Endpoint Pair”对话框，单击“Edit This Script”按钮来修改默认的脚本文件，修改脚本参数如图 8-28 所示。

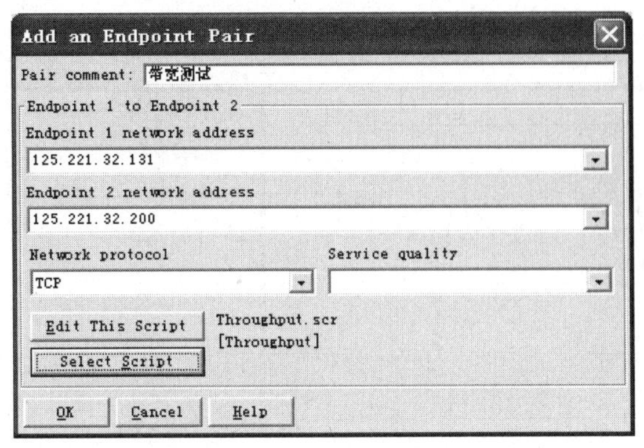

图 8-26 “Add an Endpoint Pair”对话框

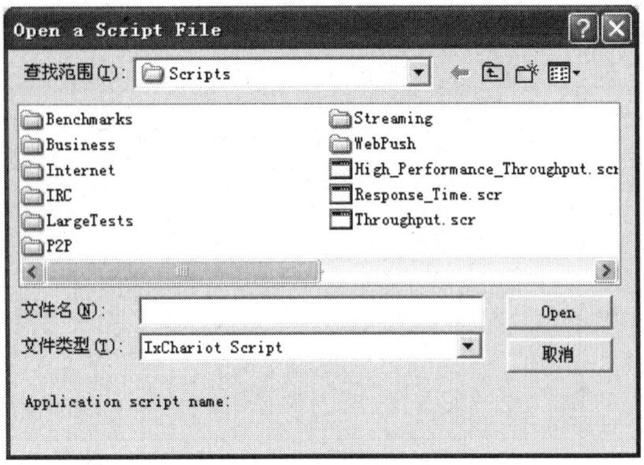

图 8-27 选择测试的脚本

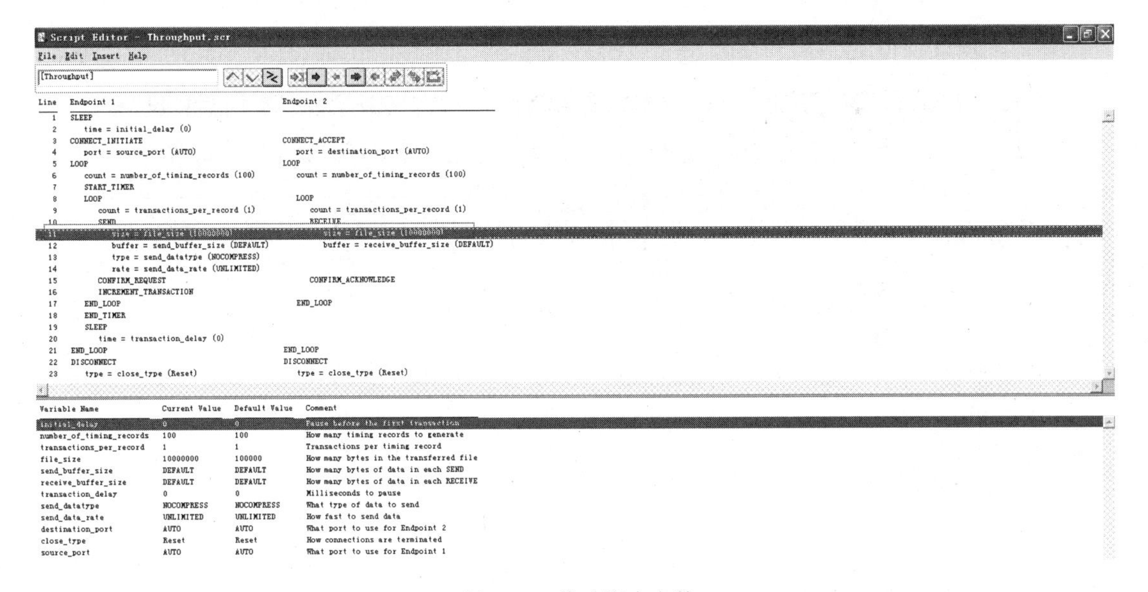

图 8-28 修改脚本参数

单击“OK”按钮后，选择主菜单中的“Run”选项启动测试。如图 8-29 所示，在测试过程中，可随时查看两台测试主机之间的网络吞吐量。

测试结束后，选择“Throughput”选项卡，可以查看具体测量的带宽大小，如图 8-30 所示，主机 1 到主机 2 的带宽为 91.392Mb/s。

测试数据图表可以选择不同的显示模型和不同的单位级别来查看，可将测试结果生成一个文件并进行保存。同理，可以检测网络拓扑中任意两台主机之间的网络性能。

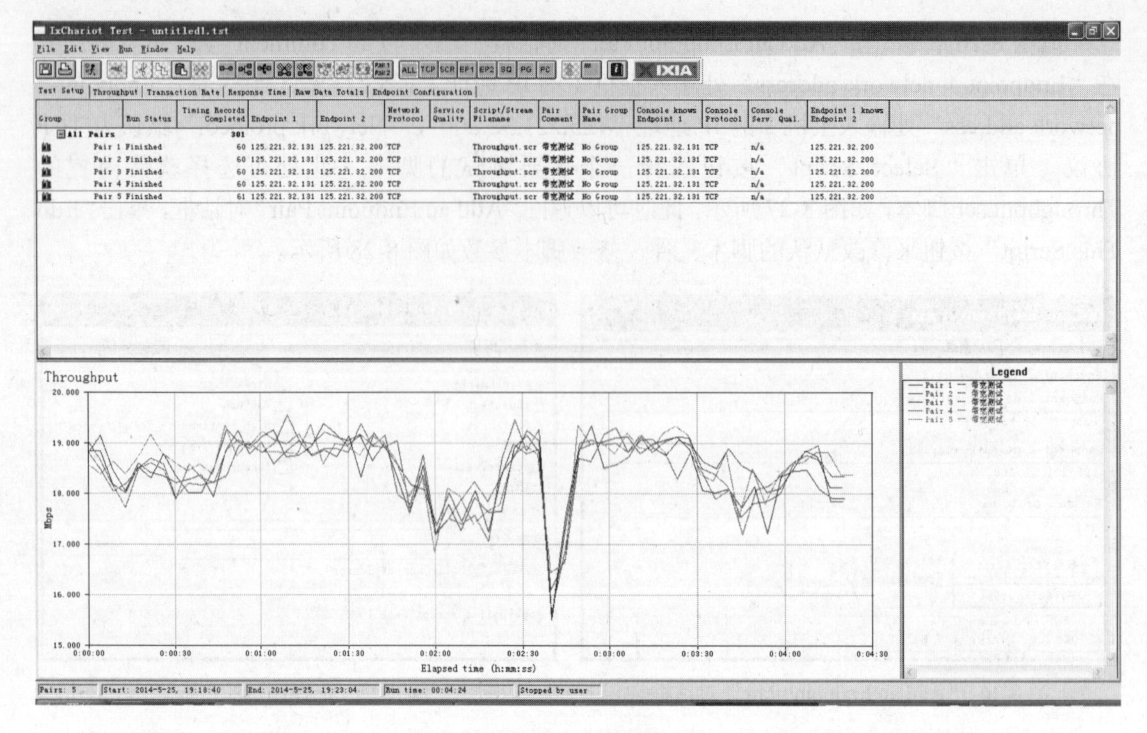

图 8-29 测试过程

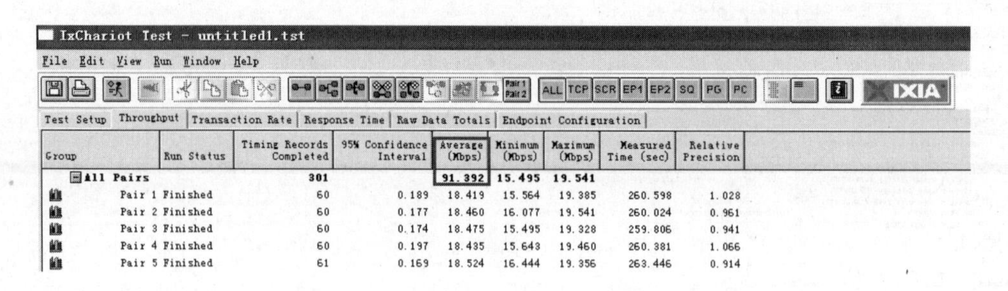

Group	Run Status	Timing Records Completed	95% Confidence Interval	Average (Mbps)	Minimum (Mbps)	Maximum (Mbps)	Measured Time (sec)	Relative Precision
All Pairs		301		91.392	15.495	19.541		
Pair 1	Finished	60	0.189	18.419	15.564	19.385	260.598	1.028
Pair 2	Finished	60	0.177	18.460	16.077	19.541	260.024	0.961
Pair 3	Finished	60	0.174	18.475	15.495	19.328	259.806	0.941
Pair 4	Finished	60	0.197	18.435	15.643	19.460	260.381	1.066
Pair 5	Finished	61	0.169	18.524	16.444	19.356	263.446	0.914

图 8-30 “Throughput”选项卡显示的测量带宽大小

8.4 知识扩展

8.4.1 网络服务质量评估

1. 网络服务质量概述

网络服务质量（Quality of Service，QoS）是指在网络传输数据流时，要求满足的一系列服务请求（RFC2386）。简单地说，就是对网络质量的好坏的评价标准。

网络的飞速发展催生了分布式多媒体业务的发展，这些业务中既包含文本数据，也包含图片、动画、语音和视频等多种类型的多媒体数据，由于多媒体数据的传输对服务质量要求比文本数据高（体现在对带宽、误码率、延迟和抖动等要求上），从设备开发商到网络运营商再到每位用户，网络的建立者、维护者和使用者无一不对网络质量有着各自的要求和标准，在网络规划、使用、维护的各个时期，也需要依靠合理的方法和手段来验证网络性能对业务的支持情况。传统的 IP 网络不能满足多媒体业务的要求，因此要在 IP 网络上提供不同级别的 QoS 以保证网络服务质量。

2．网络服务质量性能指标

常见的 QoS 性能指标包括吞吐量、带宽、时延、丢包率、时延抖动、错序等。错序是指接收端接收到的数据包顺序与发送端的发送顺序不一致，其他性能指标前文有描述，此处不再赘述。

3．网络服务质量测试方法

（1）明确 QoS 策略

明确被测对象的 QoS 策略，如服务区分点、服务等级区分等，并且确认测试目的。

（2）明确测试方法

网络服务质量的测试方法重在制造流量的拥塞和测试性能参数。制造流量拥塞是指在流量拥塞的情况下测试网络部署的 QoS 策略，因为只有网络设备处于较大负荷时，才会通过优先级来决定谁优先被转发，也才能明显测试出 QoS 策略的效果。流量拥塞可以采用多端口流量向一个端口转发的方式制造出来，即输入带宽大于输出带宽。

时延抖动可以用不同的方法进行测试。一种方法是基于时延抖动计算公式，已知时延的值，可计算得到时延抖动的值；另一种方法是在一定的时间内，接收端记录 m 个报文到达的时间值，按照报文先后到达的顺序，依次将时间记为 A_1、A_2、$A_3 \cdots A_m$，然后计算 A_2-A_1、$A_3-A_2 \cdots A_m-A_{m-1}$，得到的即为时延抖动值，然后取这些值的平均值即可。

错序的测试可以在发送的数据包中加入序号标志位 S（1、2、3…）和期望收到该数据包序号的最晚阈值 Y，然后以固定的长度和发送速率发送数据包。在接收端自定义一个期望值 W，表示期望收到的数据包的序号，定义收到的数据包中最大的 S 为 S_{max}，$W=S_{max}+1$，同时定义下一个收到数据包的序号为 S_{next}。当$|W-S_{next}|<Y$ 时，认为该数据包是因为时延而导致的错序；当$|W-S_{next}|>Y$ 时，认为该数据包是可以重新排列的错序。

8.4.2 网络安全性能评估

1．网络安全

随着网络的飞速发展，越来越多的企业的核心工作都依赖网络开展，网络功能越多，结构越复杂，其自身的安全隐患就会越多。现今，网络安全威胁越来越复杂，包括病毒木马攻击、拒绝服务攻击、密码破解、非法入侵、信息截获、欺骗攻击等，各类来自内网和外网的攻击事件层出不穷，受到影响的网络数以万计，造成的经济损失十分巨大，这受到了越来越多的企业以及网络技术人员的关注，面对日趋严重的网络安全威胁，网络安全性能的需求随之产生。

网络的开放性和网络攻击的不可预见性，使得网络安全威胁产生的时间和地点无法被准确预测，所造成的危害的影响程度也无法提前预知，如果能有一种技术手段能够帮助技术人员了解网络在面对安全威胁时的性能表现，即能够对网络的安全性能进行有效的评估，就能够了解网络面对安全威胁时是否具有一定的响应和恢复机制。网络安全评估的关注焦点在 OSI 的传输层到应用层之间，通过安全评估，能够准确衡量各类网络安防产品的真实性能，为网络的安全环境部署提供参考依据。

网络安全部署中，较常见的安防产品有病毒查杀软件、加密/解密软件、防火墙、入侵检测系统/入侵防御系统等。

2. 网络安全性能指标

网络安全性能指标主要包括网络 OSI 七层模型中传输层到应用层各层的性能指标和网络安防产品性能指标。前者的性能指标包括最大 TCP 连接速率、并发 TCP 连接数、最大同步用户数、最大事件处理速率等。后者的性能指标包括防火墙、IDS/IPS 等大型网络安防设备的主要性能指标，包括防火墙的吞吐量、丢包率、时延、背对背等，以及 IDS/IPS 每秒数据流量、每秒抓包数、每秒处理事件数和每秒监控的网络连接数等。其中，IDS/IPS 和单位时间内该设备的处理能力相关，如单位时间内截获的网络数据流、抓获数据包的数量、处理应急事件的数量以及跟踪网络连接数的能力。

3. 网络安全性能测试方法

要测试一个网络的网络安全性能，主要是针对网络产品进行安全性能测试。测试时要仿真 Internet 上的客户环境，构建接近真实网络的基本环境，不要让测试环境影响测试的结果，测试工作需要借助一些工具或者测试仪才能完成。在测试前，将被测试的性能参数作为负载的配置参数进行设置，测试时，需要随时对出现的问题和错误进行修正和调整，并在基本环境容许的范围内逐步增加参数配置，反复测试，获得较准确的测试结果。

基本测试完成后，还可以调整测试环境，对防火墙进行压力负载及多协议负载流量、负载极限测试、在拒绝服务攻击下的性能反应测试，查看测试结果，分析防火墙的故障点。对 IDS/IPS 进行流量监控，以及对突发事件的应急响应和处理能力的测试。

参 考 文 献

[1] 黄传河．网络规划设计师教程[M]．北京：清华大学出版社，2009．

[2] 刘省贤，李建业．综合布线技术教程与实训（第2版）[M]．2版．北京：北京大学出版社，2009．

[3] 杨威．网络工程设计与系统集成（第2版）[M]．2版．北京：人民邮电出版社，2010．

[4] 程控，金文光．综合布线系统工程[M]．北京：清华大学出版社，2005．

[5] 王燊，王廷尧．以太网相关技术标准规范与标准组织简介[J]．北京：电信工程技术与标准化，2003．

[6] David Hucaby．CCNP SWITCH(642-813)认证考试指南[M]．北京：人民邮电出版社，2010．

[7] Cisco System 公司．Cisco 网络技术学院教程[M]．3 版．北京：人民邮电出版社，2004．

[8] 林川，施晓秋．网络性能测试与分析[M]．北京：高等教育出版社，2009．

[9] 王隆杰，梁广民．Cisco 网络实验室 CCNP（交换技术）实验指南[M]．北京：电子工业出版社，2012．